フルオラスケミストリーの基礎と応用
Base and Application of Fluorous Chemistry

監修：大寺純蔵

シーエムシー出版

刊行にあたって

　1994年，T. Horva' th らがフルオラス触媒を用いるオレフィンのハイドロフォルミル化を報告したのを契機に，有機化学にフルオラス化学という新たな領域が誕生した。これは，パーフルオロカーボンが有機溶媒や水とは混じらず，第3の層として高度にフッ素化された誘導体をよく溶解する特徴を有していることに着目し，分離精製を容易にしようとする方法論である。触媒の回収再利用が容易になることから，近年，フルオラス触媒の研究が盛んになってきている。

　また，1997年，D. P. Curran らが従来の有機合成化学の分離精製の過程を大きく改善する手段としてフルオラス合成という概念を提唱し，この技術を用いて，「フルオラス・タグ」を用いた糖鎖合成などの論文が発表されている。

　この新しい技術を日本で広く紹介し，我が国の化学技術の発展を積極的に推進したいという観点から世に先駆けて2001年に Noguchi Fluorous Project が発足した。本 Project では年1回の公開シンポジウムを開催してきたが，本書はこの3年間にわたる Noguchi Fluorous Project の集大成ともいうべきものであり，本分野の研究の最前線でご活躍されている先生方の研究成果を紹介したものである。

　この一冊がこれからの化学工業技術の進展に少しでも貢献できれば幸いである。

　昭和16年2月に創立された公益財団法人である野口研究所の設立趣意書には「本研究所ハ化學工業ノ振張ヲ期スル為メ，諸般ノ研究並ニ調査ヲ行フト共ニ，廣ク重要ナル研究ニ對シ援助ヲナシ，尚研究者ノ養成發明考案ノ工業化等ニモ亦力ヲ注カントス。」とあり，研究所はこの趣意書に添った活動を営々と続けてきているつもりである。野口研究所の存在が読者諸兄に少しでも認められることは私の望外の喜びである。

2005年11月

(財)野口研究所　顧問

山本修司

普及版の刊行にあたって

本書は2005年に『フルオラスケミストリー』として刊行されました。普及版の刊行にあたり，内容は当時のままであり加筆・訂正などの手は加えておりませんので，ご了承ください。

2010年11月

シーエムシー出版　編集部

編集委員一覧

柳　　日　馨	大阪府立大学大学院　理学系研究科　教授	
畑　中　研　一	(現) 東京大学　生産技術研究所　教授	
白　井　　孝	㈶野口研究所　常務理事	
山　本　修　司	㈶野口研究所　顧問	

執筆者一覧(執筆順)

大　寺　純　蔵	(現) 岡山理科大学　工学部　教授
柳　　日　馨	大坂府立大学大学院　理学系研究科　教授
John A. Gladysz	Friedrich-Alexander-Universität Erlangen-Nürnberg Institut Für Organische Chemie Professor
坂　倉　　彰	(現) 名古屋大学　エコトピア科学研究所　准教授
石　原　一　彰	(現) 名古屋大学大学院　工学研究科　化学・生物工学専攻　教授
松　儀　真　人	(現) 名城大学　農学部　応用生物化学科　教授
Dennis P. Curran	University of Pittsburgh Faculty of Arts and Sciences Professor
水　野　真　盛	(現) ㈶野口研究所　糖鎖有機化学研究室　室長
後　藤　浩太朗	(現) ㈶野口研究所　研究部　糖鎖有機化学研究室　研究員
三　浦　　剛	㈶野口研究所　糖鎖有機化学研究室　研究員 (現) 岐阜薬科大学　准教授
畑　中　研　一	(現) 東京大学　生産技術研究所　教授
和　田　　猛	(現) 東京大学大学院　新領域創成科学研究科　准教授
稲　津　敏　行	(現) 東海大学　工学部　応用化学科　教授；東海大学　糖鎖科学研究所

(つづく)

池田　　潔	（現）広島国際大学　薬学部　教授	
佐藤　雅之	静岡県立大学　薬学部　教授	
中村　　豊	新潟薬科大学　応用生命科学部　助教授	
武内　征司	（現）新潟薬科大学　応用生命科学部　教授	
国嶋　崇隆	神戸学院大学　薬学部　助教授	
	（現）金沢大学　医薬保健研究域　薬学系　教授	
船曳　一正	（現）岐阜大学　工学部　機能材料工学科　准教授	
伊藤　彰近	（現）岐阜薬科大学　創薬化学大講座　合成薬品製造学研究室　教授	
正木　幸雄	岐阜薬科大学　薬学部　製造薬学科　教授	
根東　義則	（現）東北大学大学院　薬学研究科　教授	
上野　正弘	東北大学大学院　薬学研究科　博士課程後期	
松原　　浩	（現）大阪府立大学大学院　理学系研究科　准教授	
吉田　彰宏	（現）㈶野口研究所　機能性材料研究室　研究員	
郝　　秀花	㈶野口研究所　錯体触媒研究室　研究員	
山崎　長武	㈶野口研究所　錯体触媒研究室　研究員	
山田　一作	㈶野口研究所　錯体触媒研究室　研究員	
錦戸　條二	㈶野口研究所　錯体触媒研究室　室長	
折田　明浩	（現）岡山理科大学　工学部　バイオ・応用化学科　教授	
三上　幸一	東京工業大学大学院　理工学研究科　教授	
松澤　啓史	東京工業大学大学院　理工学研究科	
長島　忠道	Fluorous Technologies, Inc.　Discovery Chemistry Research Scientist	
下川　和弘	（現）ダイキン工業㈱　化学事業部　ファインケミカル部　マーケティングマネージャー	

執筆者の所属表記は，注記以外は2005年当時のものを使用しております。

目　次

序　章　　大寺純蔵…………………………………1

【第Ⅰ編　総　論】

第1章　フルオラス化学のフロンティア　　柳　日馨

1　はじめに………………………………7
2　フルオラス化学の始まりと発展…………8
3　フルオラス化学を支える有機フッ素化合物
　　の特異な性質………………………………15
4　おわりに……………………………………17

第2章　フルオラスケミストリーの基礎
—Fundamental Aspects of Fluorous Chemistry—
John A. Gladysz，翻訳：坂倉　彰，石原一彰

1　フルオラスの範囲と定義……………………19
　1.1　用語の起原………………………………19
　1.2　現在のフルオラスの定義 ………………20
2　フルオラスケミストリー関連のその他
　　の用語の定義………………………………20
3　市販のフルオラス溶媒……………………21
4　フルオラス溶媒中の溶質の溶解度…………23
5　フルオラス—非フルオラス溶媒の混合
　　度………………………………………………25
6　典型的な回収プロトコル……………………27
　6.1　フルオラス—非フルオラスの液—
　　　　液二相系触媒 ……………………………27
　6.2　フルオラス—非フルオラスの液—
　　　　固二相系触媒 ……………………………28
　6.3　フルオラス担体を用いたプロトコ
　　　　ル……………………………………………28
7　ポニーテール…………………………………29
8　分配係数と親フッ素性………………………31

第3章　フルオラスケミストリーの新展開
　　　　　—Light Fluorous Chemistry—
　　　　　　　　　　　　　　松儀真人，Dennis P. Curran

1　はじめに……………………………43
2　なぜ今，ライトフルオラスケミストリーなのか？…………………………44
　2.1　ヘビーフルオラスケミストリーからライトフルオラスケミストリーへ……………………………………44
　2.2　ライトフルオラスケミストリー *vs* 固相反応………………………45
3　Fluorous Solid Phase Extraction (FSPE) を利用するフルオラス分子の分離……45
　3.1　フルオラスシリカゲルの構造………45
　3.2　Fluorous Solid Phase Extraction (FSPE) とは？……………………46
　3.3　Fluorous Solid Phase Extraction によるライトフルオラス分子の分離例…………………………………47
　　3.3.1　アミド化，エステル化反応……49
　　3.3.2　光延反応……………………49
　　3.3.3　触媒反応……………………49
　　3.3.4　フルオラス保護基（フルオラスタグ）……………………………51
　　3.3.5　フルオラス捕捉剤……………52
　3.4　Reverse Fluorous Solid Phase Extraction：発想の転換………………53
　3.5　フルオラスシリカゲルを用いる二相反応………………………………54
　3.6　Fluorous HPLC ……………………55
4　プロセス化学を指向したライトフルオラスケミストリー……………………57
　4.1　フルオラスミクスチャー合成………57
　4.2　エナンチオマーへのタグ導入………57
　4.3　ジアステレオマーへのタグ導入……58
　4.4　類縁体へのタグ導入…………………59
　4.5　フルオラス性を利用した三層反応…59
5　おわりに……………………………61

【第Ⅱ編　合成への応用】

第1章　フルオラス・タグを用いた糖鎖およびペプチドの合成
　　　　　　　　　　　　　水野真盛，後藤浩太朗，三浦　剛

1　はじめに……………………………67
2　フルオラス合成法……………………67
3　糖鎖合成………………………………68
　3.1　アシル型フルオラス保護基 Bfp を用いたフルオラス糖鎖合成の天然糖鎖への応用……………………68
　3.2　アシル型フルオラス担体 Hfb–OH の開発および糖合成への応用……69

3.3　ベンジル型フルオラス担体 HfBn–
　　 OH の開発および糖鎖合成への応用 …71

4　ペプチド合成 ………………………………72
5　おわりに ……………………………………74

第2章　フルオラスタグを有するグリコシドを用いる細胞内糖鎖伸長反応

畑中研一

1　はじめに ……………………………………76
2　オリゴ糖合成 ………………………………77
3　細胞を用いた糖鎖合成 ……………………78
4　フッ素原子を有する糖鎖プライマー
　　（フルオラスプライマー）…………………79
5　フルオラスプライマーへの糖鎖伸長反
　　応 ……………………………………………81
6　フルオラスタグを有するグリコシドの
　　溶解性 ………………………………………83
7　おわりに ……………………………………84

第3章　フルオラスデンドロンを担体として用いる DNA の化学合成

和田　猛

1　はじめに ……………………………………86
2　核酸の化学合成とフルオラスケミスト
　　リー …………………………………………86
3　H-ホスホネートモノマーの合成 …………88
4　フルオラス担体のデザインと合成 ………90
5　H-ホスホネート法による DNA のフル
　　オラス合成 …………………………………91
6　おわりに ……………………………………92

第4章　新規フルオラス試薬類の開発

稲津敏行

1　はじめに ……………………………………94
2　金属イオンスカベンジャー ………………95
3　カルボジイミド型縮合試薬 ………………96
4　包接化合物 …………………………………99
5　おわりに …………………………………100

第5章　フルオラス・タグ法による抗シアリダーゼ活性を持つ
　　　　シアル酸誘導体の効率的合成研究

池田　潔，佐藤雅之

1　はじめに …………………………………102
2　新規フルオラス保護基の合成と応用 …104
3　新規フルオラス保護基を用いたシアル
　　酸誘導体の酵素合成とシアリダーゼ阻
　　害剤合成への応用 ………………………107
　3.1　N-アセチル-D-マンノサミン誘導

体39の合成 …………………107	害剤合成 DANA(41)への応用………109
3.2 シアル酸誘導体40の酵素合成………108	4 おわりに ……………………………110
3.3 シアル酸誘導体のシアリダーゼ阻	

第6章　フルオラス保護基を用いた海洋天然物の合成　　中村　豊，武内征司

1 はじめに ……………………………112	成 ……………………………………115
2 海洋天然物ビストラタミド類の全合成	2.3 オキサゾールアミノ酸ユニットの
研究 ……………………………………113	合成 ………………………………116
2.1 新しいアミノ基の保護基の開発……113	2.4 ビストラタミドHの全合成 ………118
2.2 チアゾールアミノ酸ユニットの合	3 おわりに ……………………………120

第7章　フルオラス脱水縮合剤を用いた液—液二相系での基質選択的アミド化反応　　国嶋崇隆

1 はじめに ……………………………122	アミド化反応 ………………………125
2 研究背景 ……………………………122	6 無保護アミノ酸を用いたペプチド合成
3 フルオラス脱水縮合反応系の設計 ……123	モデル ………………………………128
4 カルボン酸ならびに触媒の合成 ………125	7 おわりに ……………………………129
5 フルオラス二相系における基質選択的	

第8章　フルオラス化した光学活性プロリノール誘導体の合成と触媒的不斉還元反応への利用　　船曳一正

1 はじめに ……………………………131	たケトン類の触媒的不斉還元反応 ……135
2 キラルフルオラスプロリノールの合	4.1 ［液体／液体］二層系での触媒的不
成 ……………………………………132	斉還元反応……………………………135
3 キラルフルオラスプロリノールの性	4.2 ［液体／固体］二層系での触媒的不
質 ……………………………………134	斉還元反応……………………………138
4 キラルフルオラスプロリノールを用い	5 おわりに ……………………………140

【第Ⅲ編 触媒・その他への応用】

第1章 フッ素系界面活性剤を利用するメソポーラスシリカの環境負荷低減型合成法の開発研究　　伊藤彰近, 正木幸雄

1 はじめに …………………………… 145
1.1 メソポーラスシリカとは ………… 145
1.2 メソポーラスシリカ合成法の問題点 …………………………………… 146
2 フッ素系界面活性剤によるFSMの合成 ……………………………………… 147
2.1 フッ素系4級アンモニウム塩の合成 …………………………………… 147
2.2 フッ素系4級アンモニウム塩3によるメソポーラスシリカ(FSM-R$_f$11)の合成 …………………………… 148
2.3 合成メソポーラスシリカ(FSM-R$_f$11)の評価 …………………………… 149
3 フッ素系4級アンモニウム塩3の回収 ……………………………………… 150
3.1 2,2,2-trifluoroethyl trifluoroacetate（TFETFA）を利用する回収法 …… 150
3.2 BF$_4^-$イオンを利用する回収法 …… 151
4 おわりに …………………………… 152

第2章 ケイ素化求核剤の触媒的活性化とフルオラス化学　　根東義則, 上野正弘

1 はじめに …………………………… 154
2 ヘテロ元素—ケイ素結合の活性化 … 155
3 炭素—ケイ素結合の活性化 ………… 157
4 水素—ケイ素結合の活性化 ………… 158
5 活性化の機構 ……………………… 158
6 フルオラスタグ化フォスファゼン塩基 …………………………………… 159

第3章 再利用可能な酸触媒の設計　　石原一彰

1 はじめに …………………………… 161
2 回収・再利用可能なアミド脱水縮合触媒の開発 ……………………… 161
3 回収・再利用可能な超強酸触媒の開発 ……………………………………… 164
4 疎水効果を利用したエステル脱水縮合触媒の開発 ……………………… 166

第4章　フルオラスメディアに依拠した新反応プロセス　　松原　浩

1　はじめに ……………………………170
2　フルオラスメディア中での臭素化 ……170
3　フルオラス／有機両親媒性溶媒中での反応 ……………………………………171
　3.1　ベンゾトリフルオリド（BTF）……172
　3.2　フルオラスエーテル F-626…………173
4　フルオラス三相系反応 ………………175
5　フェイズ・バニシング法 ……………176
6　メディアチューニング ………………183
7　おわりに ………………………………184

第5章　フルオラスルイス酸触媒反応の開発と応用
吉田彰宏，郝　秀花，山崎長武，山田一作，錦戸條二

1　はじめに ………………………………185
2　フルオラスルイス酸触媒の調製 ………186
3　フルオラス二相系ルイス酸触媒反応 …188
4　フルオラス二相系ベンチスケール流通式連続反応 ……………………………192
5　フルオラスシリカゲル担持ルイス酸触媒 …………………………………195
6　おわりに ………………………………198

第6章　フルオラス有機スズ触媒　　折田明浩，大寺純蔵

1　はじめに ………………………………200
2　フルオラススズの合成 ………………200
3　溶解度 …………………………………201
4　フルオラススズ化合物の酸性度 ………202
5　フルオラスカーボン溶媒を用いたトランスエステル化 ……………………203
6　フルオロカーボン／有機溶媒二層系でのトランスエステル化 ………………206
7　有機溶媒を用いたトランスエステル化 ……………………………………206
8　エステル化反応 ………………………207
9　おわりに ………………………………210

第7章　Fluorous Chemistry を基礎とした高効率的フルオラス二相系触媒反応とキラル β-シクロデキストリンカラムによるフルオラス化合物の光学分離技術の開発　　三上幸一，松澤啓史

1　はじめに ………………………………211
2　フルオラスナノフローリアクターによる高効率的フルオラス二相系触媒反応 ……………………………………212
　2.1　ナノフローマイクロリアクターを用いたフルオラス二相系向山アル

ドール反応 …………………213
  2.2 ナノフローマイクロリアクターを
      用いた水—BTF 二相系 Baeyer-Vil-
      liger 反応 ……………………216
3 キラル β ーシクロデキストリン（β-
  CD）カラムによるフルオラス化合物
の分離 ……………………………219
  3.1 β-CD カラムのフルオラスタグ識
      別能 …………………………220
  3.2 β-CD カラムを用いた効率的光学
      分割 …………………………228
4 フルオラスラセミ合成 ……………233

【第IV編　試薬・製品】

第1章　Fluorous Technologies, Inc.
長島忠道，翻訳：松儀真人

1 はじめに ……………………………243
2 ビルディングブロック ……………244
  2.1 Fluorous Iodides ……………244
    2.1.1 Rf-iodide ………………245
    2.1.2 Rf-ethyl iodide …………245
    2.1.3 Rf-propyl iodides ………246
3 保護基 ………………………………246
  3.1 アミンの保護基 ……………246
  3.2 アルコールの保護基 ………247
  3.3 カルボン酸の保護基 ………248
  3.4 フェノールの保護基 ………248
  3.5 Fluorous Mixture Synthesis …249
4 試薬 …………………………………250
  4.1 F-光延試薬 …………………250
  4.2 フルオラススズ試薬 ………250
  4.3 フルオラストリフェニルフォス
      フィン類 ……………………251
  4.4 フルオラスジアセトキシヨードベ
      ンゼン（F-DAIB）……………252
  4.5 フルオラスカップリング試薬 …252
5 捕捉剤 ………………………………254
  5.1 求核的捕捉剤 ………………254
  5.2 求電子的捕捉剤 ……………254
  5.3 金属捕捉剤 …………………255
6 タンパクのタグ化試薬 ……………255
7 吸着剤 ………………………………256
8 おわりに ……………………………257

第2章　ダイキン化成品販売㈱
下川和弘

1 はじめに ……………………………259
2 含フッ素カタログ試薬 ……………259
3 含フッ素原料の製造フロー ………265
4 含フッ素原料の反応例 ……………266
  4.1 オレフィン類 ………………266
  4.2 エーテル類 …………………270
    4.2.1 ヘキサフルオロプロピレンオ
          キサイド（HFPO）………270

4.2.2 テトラフルオロオキセタン (TFO) ……………………………272
4.2.3 オクタフルオロイソブチルメチルエーテル (OIME) ………273
4.3 ヘキサフルオロアセトン (HFA) の反応……………………………274
4.4 テロマー類……………………………275

序　章

大寺純蔵*

　フルオラスケミストリーまたはフルオラステクノロジーの歴史は実質的には1994年のHorváth と Rábai が Science に発表したヒドロホルミル化に関する論文（Horváth, Rábai, *Science*, **266**, 72, 1994）をもって嚆矢とするものであり[1]，フルオラス（fluorous）という術語も彼らの造語である。それは"aqueous"から連想されたもので彼らの論文中では次のように定義されている。"The fluorous phase is defined as the fluorocarbon（mostly perfluorinated alkanes, ethers, and tertiary amines）-rich phase of a biphase system"。無機化学者の中には金属イオンとの関連で語尾の"ous"から低原子価フッ素カチオンを想像する人がいるなど，今でも少し奇異な感じを抱く人もいるようであるが，この言葉は徐々に化学者の間に浸透しつつあり，特に有機合成化学者の社会ではほぼ定着したと言ってよいであろう。

　しかしながらこのような短い歴史にもかかわらず，この分野の発展はめざましく，発表される論文の数はうなぎ登りに増加している。アカデミックな分野における研究に加えてかなりの数の企業がこの技術に興味を示している。これまでのところ企業における研究は潜行していて公に発表されているものは必ずしも多くはないが，新規なプロセスとしての可能性に期待が寄せられている。ではなぜこのように急速に発展したのであろうか？　理由はいろいろ挙げられるが，その背景には近年その重要性がとみに高まっているグリーンケミストリーへの志向がある。

　フルオラステクノロジーを利用すれば触媒および生成物を単に相分離するだけで分離・回収することができる。エネルギーコストのかかる蒸留，晶析などを用いる必要がないため省エネルギー・省資源の目的に適している。もちろんこのような相分離の利用はフルオラステクノロジーの独壇場ではなく他の流体などにも共通する技術である。古くは相間移動触媒にはじまり超臨界二酸化炭素，イオン性流体などに続く新規媒体開拓の流れがある。これらの技術との比較で言えば，フルオラステクノロジーの一番の特徴は触媒溶液の回収が簡単であり，容易に溶液をそのまま次の反応に供することができる点であろう。さらに，小さな蒸発潜熱は溶媒回収にとってエネルギー的に有利である。もっとも一方では，この特徴は溶媒回収ロスの増加しやすさにつながるので一長一短である。

　＊　Junzo Otera　岡山理科大学　工学部　応用化学科　教授

前述のオリジナルなフルオラステクノロジーでは，触媒，反応剤，基質の親フッ素性を増し，フッ素系溶媒への溶解度を増加させることにより，反応系からの回収効率を上げることに重点が置かれている。そしてそのための一番有効な方策は，できるだけ触媒，反応剤，基質のフッ素含量を高くすることである。Horváthらによりフッ素含量が60％を超えることがフルオラス触媒の一応の目安とされた（Herrera, de Rege, Horváth, Huseobo, Hughes, *Inorg. Chem. Commun*., 1, 197, 1998）。しかしながら，フッ素含量の増加はコスト的に不利であり，その改善策として触媒あるいは基質を比較的フッ素含量の少ないフルオラスタグに結合させフルオラスシリカゲルで分離する方法がCurranらにより提唱された（Studer, Hadida, Ferritto, Kim, Jeger, Wipf, Curran, *Science*, 1, 823, 1997）。ライトフルオラス法と呼ばれるこの方法は，オリジナルの液―液二層系の特徴である省エネルギーの利点が薄れているが，その代わりに液―液法では不可能な多成分の分離が可能となる。

この他にもさまざまな改良が提案されている。例えば，高価なフッ素系溶媒の代わりに通常の有機溶媒中で反応させることが提案されている。具体的には，フルオラス触媒の有機溶媒に対する溶解度の大きな温度依存性やテフロンテープへのフルオラス触媒の吸・脱着を利用する方法が報告されている。さらにフルオラス溶媒を隔膜として利用するPhase Vanishing法も提案されている。これは，フルオラス溶媒より比重の大きな反応剤とより比重の小さな基質を静置すると，反応剤が徐々にフルオラス層を通って基質層に達し，通常ならば激しく起こる反応の速度を制御する技法である。以上ざっと概観したように，極めて短期日のうちにオリジナルな液―液二層系から多様な変法への展開が行われたが，今後もより一層多彩な発展が予想される。

さて，この分野の研究を世界的な視野で見るとどのようになっているのであろうか。冒頭に述べたHorváthとRábaiの研究は彼らが米国のExxon社に在籍していたときに行われたものであるが，現在彼らは故国のハンガリーに戻っている。さらに，Horváthらの研究が行われていたときにExxon社の研究顧問として初期段階から研究を熟知し，早い段階でこの分野に足を踏み入れたGladyszもUtah大学からドイツのErlangen大学に移籍した。したがって，本当の創設に関わった3人は現在ヨーロッパに在住している。そして彼らをはじめ，フランスや英国，ドイツ，イタリアなどでは活発な研究が行われている。ヨーロッパでは均一系触媒，有機合成化学者以外に，もともとフッ素化学を専門とする研究者が多数関係していることが特徴的である。一方，米国ではPittsburgh大学のCurranが中心的役割を果たしている。同時に彼はFluorous Technology Incorporationというベンチャー企業を立ち上げ，ここでも研究開発を指導している。またCalifornia大学，Berkeley校のFishも活発な研究を展開している。これに対する我が国の態勢はどうであろうか。現在直接的にこの分野に関わっているアカデミックな研究者ないし研究室はおそらく15以上になるであろう。またかなりの企業でも検討が加えられているものと推定され，層の厚さの

序　章

点ではどこにも負けていないと言えよう。したがって，フルオラス化学の今後の展開において主導的な役割を果たすと考えられる。

このような世界的な潮流の中，第1回国際会議 International Symposium of Fluorous Technology-2005（ISOFT-2005）がフランスのボルドーで2005年7月3～6日に開催された。本会議では当該分野の第一線で活躍する研究者が一堂に会し，熱心な討論が交わされた。そして，その研究発表の多くがフルオラス化学の将来性を強く示唆するものであった。この潮流をさらに発展させるべく，第2回の会合を日本で2007年に開催することが決定している。

フルオラス化学の普及に大きく貢献したものとして Gladysz, Curran, Horváth により編集された"Handbook of Fluorous Chemistry"の発刊がある。この本にはそれまでの当該分野の成果がほぼ完ぺきに網羅されており，専門家，非専門家を問わず有益な情報を得ることができる。一方，国内にはこれまでフルオラス化学に関する成書は皆無であり不便をかこってきた。本書はこのような状況にかんがみ日本語での出版が企画されたものである。第Ⅰ編ではフルオラス化学の基礎的解説，第Ⅱ・Ⅲ編では合成，触媒などの応用についてそれぞれ国内外の第一線の化学者により述べられている。特に J. A. Gladysz, D. P. Curran 両教授には多忙にもかかわらず出稿いただき感謝にたえない。本書の発行が本邦におけるフルオラス化学のさらなる発展に寄与することを切に期待するものである。

文　献

1) 実は彼らの発表に先立ち，類似の手法を用いるエチレンのオリゴメリゼーション，ブタジエンのテロメリゼーション，シクロヘキセンの酸化が Aachen 工科大学の博士論文（M. Vogt, PhD Thesis, 1991）に掲載されているが，この報告の優先権は認められていない。

第Ⅰ編　総　論

第１編 総 論

第1章　フルオラス化学のフロンティア

柳　日馨*

1　はじめに

　有機合成にはかつてないほどさまざまな波が押し寄せている。その一つの大きな波は「もっと手際よく迅速に目的の化合物を作れないか」，「もっと多様な化合物を一度の手間で作れないか」といった効率性を追求する波である。医薬，機能物質，電子材料など，有機合成が関与するところには，新しい力量ある有機化合物の開発という強い要請があり，目的の機能を満たす有機化合物へできる限り早く到達したいという強い期待に有機化学者は応えなければならない。ペルフルオロアルキル基が有するさまざまな特異的性質を活用することで有機合成を効率化させ，これまで以上に豊富な学問分野にしていくことこそが，フルオラス化学がなすべきミッションであろう。斬新で革新的な手法を有機合成は絶えず求めているが，10年あまりに過ぎない期間に急速に発展し始めたフルオラス化学の展開は，着実に有機化学者の有機合成における手法の選択肢を広げている。

　分子の構造を設計し，これを実際に作り出す有機合成は，さまざまな技術の裏付けのもとに成立していることは論を待たない。有機合成化学者はその技術に支えられ，「最後の華」を取るのであるから，周辺技術の進展や優れた分離法，そして簡便な後処理法などにも謙虚にならなければならないであろう。フルオラス化学は反応後の処理の簡素化や，生成物と試薬や触媒との迅速分離あるいは回収に対して見事な解を出している。ペルフルオロアルキル基は疎有機性を示すが，加熱によるその度合いの変化がそこではうまく使われている。

　アッセイ系の進歩は格段に著しい。数 mg の化合物サンプルがあれば，追求すべき化合物かどうかが短い時間で判別できる HTS（ハイスループットスクリーニング）技術は大きく進んだ。この間，HTS 技術の進歩に呼応するべくコンビナトリアルケミストリーが出現したことも記憶に新しいが，今やパラレル合成は日常化し，自動合成ツールやライブラリー構築においても多くの起業を産んだ。固相コンビナトリアルケミストリーの研究展開は，有機化学者が長く親しんできた液相反応について，あらたな観点からの見直しの機会を与え，液相コンビナトリアルケミストリーの旗手としてフルオラス化学の挑戦が起こっている。ここにおいてはペルフルオロアルキ

＊　Ilhyong Ryu　大阪府立大学大学院　理学系研究科　教授

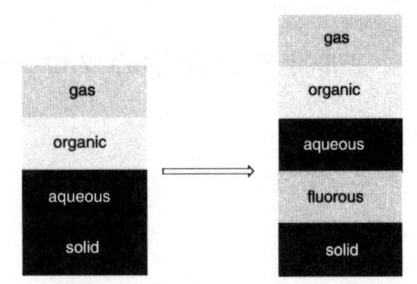

図1　有機合成における新反応メディア：フルオラス相

ル基を「タグ」として巧みに機能させている。

　有機合成や物質製造を取り巻くもう一つの大きな波は，環境問題のクリアという波である。人類は有害物質の地球環境への放出をこれ以上放置することはできない。反応の見直しとプロセスの見直しが行われ，グリーンケミストリー（グリーンサステイナブルケミストリー：GSC）の探求が起こっている。これら有機合成を取り巻く状況の変化の中で，脱有機溶媒プロセスが切実に求められ，フルオラス系反応メディアの活用が検討されてきた。従来，有機合成化学者は気相，液相，水相，固相を頭に置き仕事を進めてきたが，各種新反応メディアとともにフルオラス相への期待も一段と高まっている（図1）。

　このわずか10年あまりの短い歴史を持つに過ぎない研究分野に関わる研究者たちは何を目指し，今後この研究分野はどんな方向に進むのであろうか。紙面の限られた本稿の目的は明らかにフルオラス化学の包括的網羅[1]ではありえない。読者をフルオラス化学へ誘うガイドとして，これまでの歴史と研究動向そしてフルオラス化学の根元をなすフルオラス化合物の特異な性質について，限られた研究例を挙げながら概観してみたい。本書の各章にはこの分野をリードする個々の研究者による最新の研究事例が記されており，本稿は，読者をそこへ誘う役目を担えれば幸甚である。

2　フルオラス化学の始まりと発展

　フルオラス化学はペルフルオロ有機基特有の性質である疎有機性を頻繁に活用している。また，ある時は，ペルフルオロ有機基が加熱により親有機性になり，冷却により疎有機性を回復するという thermomorphic nature をうまく活用している。図2にはそのようなフルオラス二相系（FBS: Fluorous Biphasic Systems）のコンセプトを示している。

　1991年にドイツ・アーヘン大学の大学院生 Vogt がパーフルオロ化されたポリエーテルの均一

第1章　フルオラス化学のフロンティア

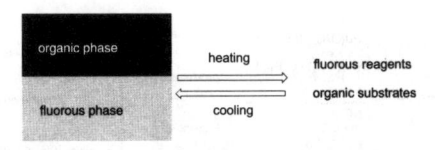

図2　フルオラス二相系の反応と温度による効果

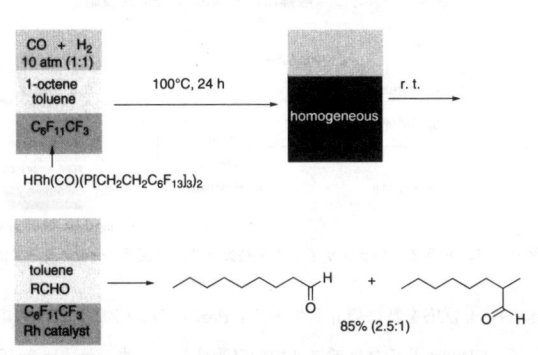

図3　フルオラス触媒によるヒドロホルミル化反応

触媒固定化への応用に関する学位論文を書いたが，これがこの分野の最初の研究報告であり，この成果は後に学術論文として報告される[2]。1993年にアメリカ3M社のZhuがパーフルオロブチルTHF（3M社の商標名：FC-77，沸点97℃）を反応メディアに用いた共沸条件下でのエステル化を報告した[3]。これらの初期の研究時にはまだフルオラス（fluorous）という造語は用いられていなかった。世界的に注目を集めたのは，当時アメリカのエクソン社で研究を行っていたHorváthとRábai（現在ハンガリーのEtvos大学）が，1994年のScience誌に出したフルオラス・リン配位子を用いたヒドロホルミル化の報告である[4]。このフルオラス二相系反応では，フルオラス相としてパーフルオロメチルシクロヘキサンを，そして有機相としてトルエンを用いているが（図3），図2に示した温度による状態変化を見事に利用している。加熱すると系は均一となり，反応が良好に進行する。冷却後，再び二相となるが，上の相からは生成物であるアルデヒドが得られる。一方，下のフルオラス相にはロジウム触媒が含まれる。このフルオラス相は触媒相として次の反応へ再び繰り返して用いる。均一系触媒の回収利用について一つの解決策を示したこの方法は，"Fluorous biphase hydroformylation of olefins"と論文タイトルにフルオラスという造語が用いられたことが象徴するように，フルオラス化学の大きな出発点となった。

その後，fluorous biphasic catalysis（FBS）に関する研究はさまざまな触媒反応に応用され，大きく広がることとなった。以下の図4と図5にはPoziらとGladyszらによるフルオラスPd触媒

図4　フルオラス触媒による溝呂木—Heck 反応

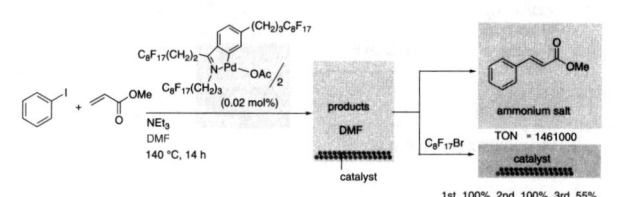

図5　フルオラス・パラダサイクルを触媒とする溝呂木—Heck 反応の例

を活用した溝呂木—Heck 反応を特に紹介しておく。Pozi らの反応では FBS の応用と言える（図4）[5]。これに対して，Gladysz らの反応では3つのフルオラス・ポニーテール（fluorous ponytail）を持つパラダサイクルを触媒として用いているが，反応は有機溶媒（DMF）のみで行っている（図5）[6]。この系で興味深いことは，達成された触媒効率の高さも極めて顕著であるが，実際の触媒活性種は Pd ナノパーティクルであり，パラダサイクルはその発生源として機能していることが別の実験で確認されている。反応後に $C_8F_{17}Br$ を加える意味は二相系の処理ではなく，Pd ナノパーティクルと有機相を分離しやすくするための便法である。

次の図6に示す報告例は，Gladysz らによるフルオラス・ホスフィンを触媒とするアルコールのアセチレンへの付加反応であるが，溶媒はオクタンを用いる。加熱で触媒は有機相に溶け，反応後−30℃まで冷却すると触媒が沈降する。これをデカンテーションで分離し再利用する[7]。さらに興味深いことに，Gladysz らはテフロンテープを反応後に液にさらしてフルオラス触媒をサポートさせ，生成物と分離する方法についても成功している。

FBS を活用するフルオラス触媒は遷移金属触媒に始まったが，フルオラス・ルイス塩基触媒，

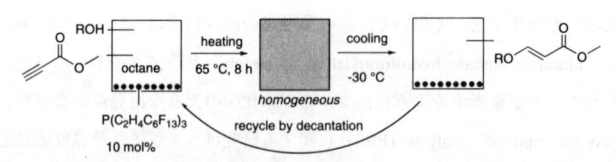

図6　フルオラス・ルイス塩基触媒によるアルコールのアセチレンへの付加反応

第1章　フルオラス化学のフロンティア

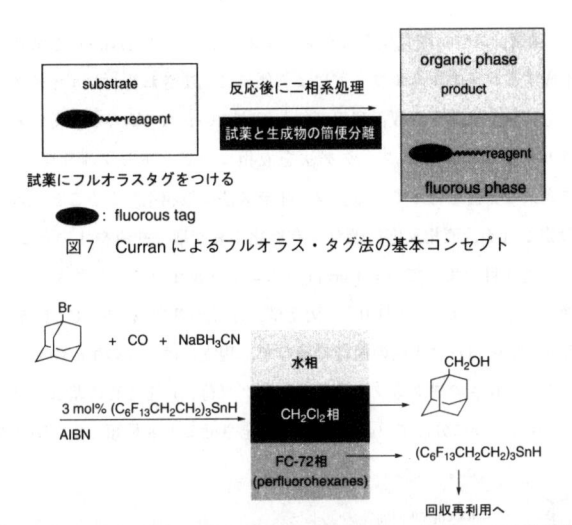

図7　Curranによるフルオラス・タグ法の基本コンセプト

図8　触媒量のフルオラス・スズヒドリドを用いたヒドロキシメチル化反応

フルオラス・ルイス酸触媒，フルオラス・ブレンステッド酸触媒，フルオラス分子触媒など多方面への展開が精力的に行われており，各章ではその第一線の研究成果について議論されることとなろう。

フルオラス化の効用は触媒の分離・回収にとどまるわけではなく，試薬の分離にも威力を発揮する。ピッツバーグ大学のCurran教授はフルオラス化スズ試薬を開発するとともにフルオラス・タグ（荷札標識）法の概念を提出した（図7）[1b]。例えば，トリブチルスズヒドリドで有機ハロゲン化物のラジカル反応を行うと，トリブチルスズブロミドやトリブチルスズヨージドが副生するが，特に前者はシリカゲルカラムで切れが悪く，KF水溶液で不溶性のトリブチルスズフルオリドにいったん変換し濾過で除く方法がよく取られている。しかし，フルオラス基を備えたスズヒドリド試薬[8]を用いて反応させ，有機―フルオラスの二相系の後処理法を行えば，生成物とフルオラススズ由来の副生物を簡便分離することができる。触媒量のフルオラス・スズヒドリドを用いた反応例を図8に示しておく[9]。この反応において一酸化炭素はヒドロキシメチル基として組み込まれ，反応後は三相系の処理が便利に行える。この場合，無機塩は水相に溶かされる。また，フルオラス相から回収したスズヒドリドは次の反応に簡便に再利用できる。なお，FC-72はパーフルオロヘキサンの異性体混合物の商標である。

通常の合成反応で用いられる有機試薬にフルオラス・タグを付けた試薬の開発は着実に広がっている。以下の図9はCrichらにより以前に報告された「臭わない」フルオラス・スワン酸化反

11

応の例である[10]。通常，スワン酸化反応はジメチルスルホキシド（DMSO）を酸化剤とするため，反応とともに生成するジメチルスルフィドによる悪臭に悩まされる。フルオラス化することで，悪臭を絶つとともに硫黄試薬を回収再利用可能な興味深いシステムとなっている。

　Curran らのグループはフルオラス・タグ法を液相コンビナトリアル化学の立場からも展開し，多くの研究成果の発信を行っている。フルオラス法は液相系であることから，もととなる液相反応に条件設定が近く，液相反応に慣れた有機化学者が取り組みやすいところにも利点がある。ここでは，最近注目を集めている Curran らによるフルオラス・ミクスチャー合成のもとになる考え方を簡単に示しておく（図10）[11]。例えば，4種の基質 A，B，C，D を混ぜて液相系で反応を行ったとき，反応自身は1回の操作で済むが，現実には4つの生成物を分けることがネックとなる。ところが，長さの異なるフルオラス・タグ（荷札）を4種の基質に付けて反応を行い（tag & mix），これを2つに分けて（split），再び反応させると8種類の生成物となる。生成物を

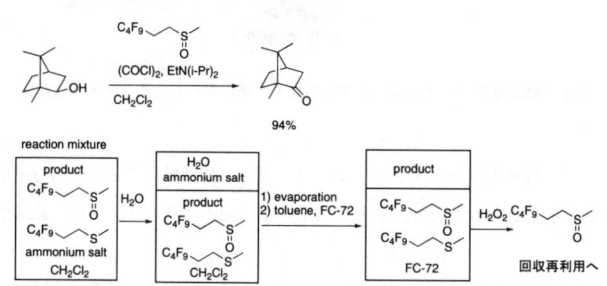

図9　フルオラス化した DMSO 試薬による「臭わない」スワン酸化

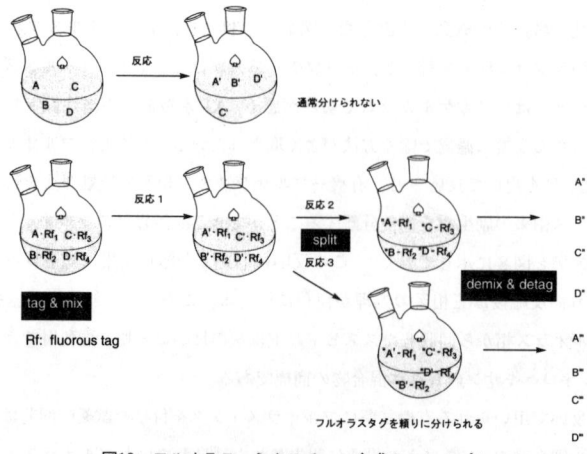

図10　フルオラス・ミクスチャー合成のコンセプト

第1章 フルオラス化学のフロンティア

フルオラス逆相シリカゲル（図11）を搭載した液体クロマトグラフィーにかけると、このカラムはフルオラスタグを認識するため生成物のミクスチャーを簡単に分離することができる（demix）。そして分けたそれぞれの生成物からタグをはずし、目的物を得る（detag）。このような原理に基づきスプリット・ミックス合成を繰り返していけば、リード化合物を得るために必要な数多くの類縁化合物へと到達できる。Curranらのグループは薬理活性化合物への応用を数々試みており、フルオラス化学に基づく液相系コンビナトリアル化学の発展は注目に値する。なお、最近では、三上らにより非フルオラス系のカラムによるフルオラス化合物の分離も検討されており、フルオラスタグを付けた混合物を分離する方法の選択肢も着実に広がっている（図12）[12]。

一方、フルオラス反応メディアを有機溶媒に代わる反応媒体として有機合成へ積極的に活用する研究も進展している。2002年からのPRTR（Pollutant Release and Transfer Registration：環境汚染物質排出移動登録）制度導入にあたって揮発性有機物質の排出削減の取り組みが進められており、化学反応における非有機溶媒型プロセスの開発が強く望まれている。有機物質中の水素原子

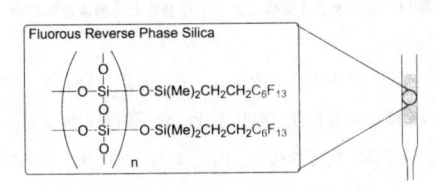

図11 フルオラス逆相シリカゲルの例

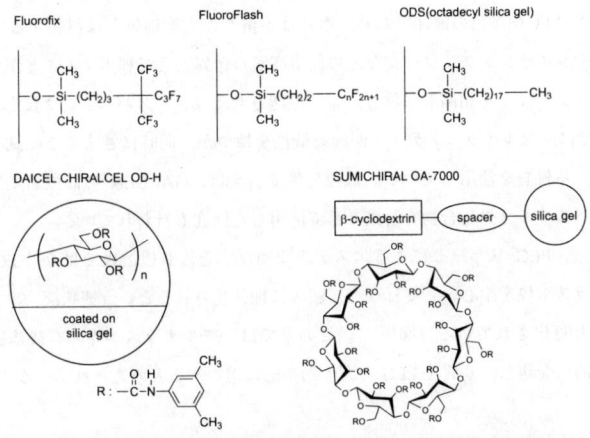

図12 フルオラス化合物の分離が検証されているカラム充填剤の例

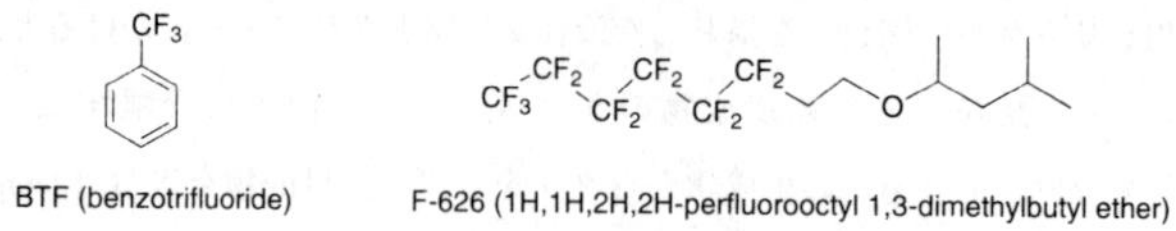

図13 フルオラス両親媒性溶媒の例

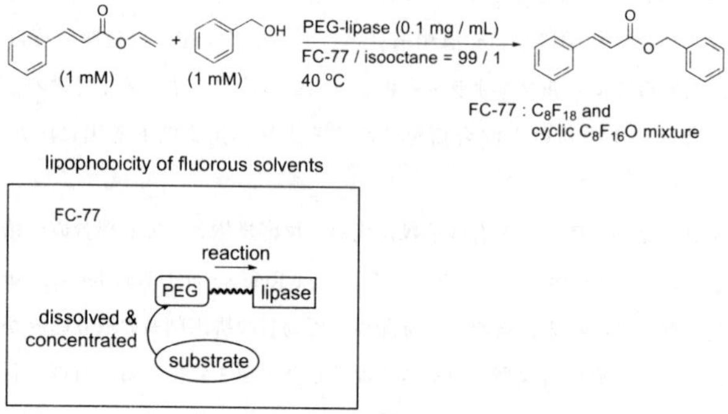

図14 フルオラス溶媒によって促進される酵素反応の例

を多くフッ素原子に置き換えたフルオラス溶媒は，先にも述べたようにフッ素原子の導入効果により，水・有機溶媒との適度な非親和性，高比重化，化学的安定性などを有したリサイクル可能な環境調和型反応溶媒として高く期待される。例えば，ジクロロメタンの代替溶媒としてベンゾトリフルオリドを用いることができる（図13）。また，花王の喜多，藤井らは有機―フルオラス両親媒性の性質を持つエーテル系溶媒を各種開発している。中でも両親媒性フルオラス溶媒であるF-626は沸点214℃の無色の液体であり，水には不溶だが有機溶媒とは混和する（図13）[13]。F-626は，DMFやジエチレングリコールなどの代用高沸点溶媒として利用することができる。さらに，フルオラスメディアを相間液膜物質として機能させるフェイズバニシング反応も開発されている[14]。ここでは，フルオラスメディアが疎有機性を持つが，同時にさまざまな試薬の拡散が比較的容易に起こる性質を活用している。低揮発性で言えば，GALDEN®の商標名で知られるポリエーテル型のペルフルオロ化合物を溶媒として活用した研究も行われている。

ところで最近，PEG-リパーゼによるエステル交換反応を，有機溶媒ではなくFC-72やFC-77などのフルオラス溶媒を中心として行うと，顕著に加速化されるという興味深い事実が九州大学の後藤らにより見出されている（図14）[15]。この系では，フルオラス溶媒の有機基質に対する疎有機性が効果的に発現し，基質をPEGの方へ効率的に追いやると考えられている。

3　フルオラス化学を支える有機フッ素化合物の特異な性質

フルオラス化学を支えるのはペルフルオロアルキル基の持つ各種の特異な性質である。ここではそのいくつかについて簡単に触れておくことにしたい。電気陰性度の大きなフッ素と炭素の結合は分極しているが、分極率はそれほど大きくないことから分子間力は必ずしも強くない。このため分子量が大きいわりには低沸点であり、表面張力が小さく、一般にはさらりとしている。フルオラス溶媒の沸点は対応する炭化水素の沸点よりもやや低い傾向にあるが、パーフルオロベンゼンのようにベンゼンとほぼ同じであるものがある。基本的なフルオラス溶媒の沸点を以下の表1に示した。

ペルフルオロアルカンは水には溶けない。ヘキサンやエーテルのような低分子量の有機溶媒にはある程度の溶解性を示すが、パーフルオロ鎖の長さが増せば一般に有機溶媒には不溶となる。いくつかのペルフルオロ化合物は加熱したときに均一系となる性質も知られている。表2には3種類のパーフルオロアルカンの例を示したが、パーフルオロ鎖長が溶解性に大きな影響を与えていることは明らかである。フルオラス鎖の長さを制御することで、フルオラス性のバリエーションを得ることができる。Curranらは、フルオラス化合物をおおよそフッ素の含有量60wt%をもって「重い」フルオラス化合物 (heavy fluorous compounds) と「軽い」フルオラス化合物 (light fluorous compounds) の2つに分類することを提唱している。この分類において定義される「重い」フルオラス化合物は冷却すると有機溶媒にほとんど溶けないので、冷却して固体になる場合は濾過により、また冷却しても液体となる場合はFC-72などのフルオラス溶媒を用いる有機・フルオラス二相系処理によって容易に回収することができる[6]。しかしながら、高度にチューニングさ

表1　ペルフルオロ化合物の沸点(℃)と対応する有機化合物との比較

C_6F_{14}	58–60	C_6H_{14}	69
c-$C_6F_{11}CF_3$	76	c-$C_6H_{11}CF_3$	101
C_8F_{18}	103–104	C_8H_{18}	125–127
C_6F_6	80.5	C_6H_6	80
perfluorodecalin	142	decalin	189–191

表2　ペルフルオロカーボンの溶解度 (wt%、27℃)

	c-$C_6F_{11}CF_3$	C_8F_{18}	$C_{12}F_{26}$
石油エーテル	混和	混和	67
ベンゼン	3	5	不溶
クロロホルム	6.9	10	1
エーテル	混和	混和	19
アセトン	10	9	不溶
メタノール	不溶	3	不溶

フルオラスケミストリー

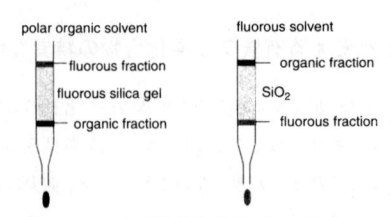

図15 フルオラスシリカゲルによる分離法（左）とシリカゲルによる分離法（右）

れた触媒に「重い」フルオラス性を付与させることでその高い機能を保持できるとは限らない。したがって、できるだけ「軽い」フルオラス性の付与で高機能を保持でき、しかも分離が容易となれば、さらに好ましい。フッ素の含有量が30wt%程度の「軽い」フルオラス化合物であってもフルオラス逆相シリカゲルに特異的に吸着されるため、有機物と容易に分離することができる。また最近になって、FC-72を移動相に用いることにより、安価な通常のシリカゲルを用いてもフルオラス化合物と有機化合物の分離が十分可能であることも報告された（図15）[17]。

ペルフルオロカーボンは対応する炭化水素に比べておおむね2倍から3倍近く気体を溶かす性質を持つ（表3）。この理由は、分子間力が小さいために分子間の隙間が大きく、そこに気体分子が入り込みやすいためと考えられている。気体を用いる合成反応にこの特性を利用する試みも行われている。例えば、Knochelらはペルフルオロデカリンが酸素をよく溶かす性質に着目し、FBSによる触媒リサイクルと効率空気酸化を意図した研究を展開している（図16）[18]。

フルオラス化合物がペルフルオロアルカンと有機溶媒のどちらにどれほど溶けやすいかを調べれば、フルオラス—有機二相系を考察するうえでよい指標となる。このような指標として分配係数があるが、表4にはいくつかの化合物について分配係数を示した。これを見ると、前述のHorváthらによるフルオラスロジウム錯体とCurranらによるフルオラス・スズヒドリドが、二相系処理において大変よい回収効率を持つことが容易に想像されよう。

一方、フルオラス溶媒の顕著な特長として高比重であることが知られる。例えば、ペルフルオロヘキサンの比重は1.67であり、この性質を活用した三相系や四相系の反応が開発されている。

表3 フルオロカーボンへの気体の溶解度（$\beta \times 10^2$、25℃）

	O_2	N_2	CO	H_2
C_7F_{16}	54.8	38.6	38.6	14.1
c-$C_6F_{11}CF_3$	57.2	32.8	—	—
C_6F_6	48.8	34.8	41.1	—
perfluorodecalin	40.3	29.5	32.4	—
C_6H_6	20.6	11.3	16.9	6.5

β: Ostwaldの溶解度係数

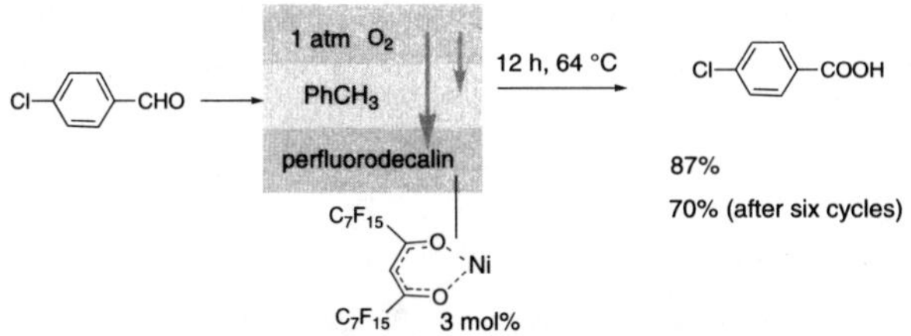

第1章　フルオラス化学のフロンティア

図16　ペルフルオロデカリンを用いる触媒的空気酸化

表4　代表的なフルオラス化合物の分配係数[a]

化合物	分配係数
C_6F_6	toluene/c-$C_6F_{11}CF_3$ = 1/0.39
$C_6H_5CF_3$（BTF）	benzene/C_6F_{14} = 1/0.18
F-626	benzene/C_6F_{14} = 1/1.6
$C_8F_{13}CH_2CH_2OH$	toluene/c-$C_6F_{11}CF_3$ = 1/1.1
$C_8F_{17}CH_2CH_2CH_2OH$	toluene/c-$C_6F_{11}CF_3$ = 1/1.8
$C_8F_{17}CH_2CH_2OH$	toluene/c-$C_6F_{11}CF_3$ = 1/2.8
$(C_8F_{17}CH_2CH_2CH_2)_2NH$	toluene/c-$C_6F_{11}CF_3$ = 1/27.6
$C_8F_{17}CH_2CH_2CH_2NH_2$	toluene/c-$C_6F_{11}CF_3$ = 1/23.3
$(C_6F_{13}CH_2CH_2)_3P$	toluene/c-$C_6F_{11}CF_3$ = 1/82.3
$(C_6F_{13}CH_2CH_2)_3SnH$	benzene/c-$C_6F_{11}CF_3$ = 1/44.5
$\{(C_8F_{17}CH_2CH_2)_3P\}_3Rh(H)CO$	toluene/c-$C_6F_{11}CF_3$ = 1/199

[a] F-626以外のデータは http://www.organik.uni-erlangen.de/gladysz/ に収録

フェイズバニシング法のオリジナルな着想は，まさにペルフルオロアルカンが有機溶媒と混和しない「重い液体」であるところから出発している。

4　おわりに

　FBSの活用から始まったフルオラス化学は，10年を経た今も多彩な広がりをみせている。今後も新しいフルオラス触媒そしてフルオラス試薬が網羅的に開発されていくこととなるだろう。また，触媒固定の観点から，フルオラスポリマーの活用も活発化することが予想される。フルオラス保護基は糖類やタンパク質合成での有用性が認識されており，そのような現場で検証を受けた使いやすいフルオラス保護基（タグ）も開発されていくに違いない。本稿では触れなかったが，過剰試薬を反応後に直ちにフルオラス化し，生成物との分離を効率化するフルオラス・スカベンジャーの開発も期待できる分野である。そして環境調和型化学プロセスを求め，低揮発性のフルオラス溶媒を高揮発性有機溶媒の代替溶媒として用いる研究や，フルオラス反応メディアを反応膜として用いる研究も，工業化を視野に入れながらますます充実・発展していくであろう。

歴史が10年あまりにすぎないこの新規分野は，依然として未踏領域を持っており，今後の発展が強く期待される。

文　　献

1) (a) Horváth I. T., *Acc. Chem. Res.*, **31**, 641 (1998)
   (b) Curran D. P., *Angew. Chem. Int. Ed. Engl.*, **37**, 1174 (1998)
   (c) Cornils B., *Angew. Chem. Int. Ed. Engl.*, **36**, 2057 (1997)
   (d) Barthel-Rosa L. P., Gladysz J. A., *Coord. Chem. Rev.*, **192**, 587 (1999)
   (e) Luo Z., Zhang Q., Oderaotoshi Y., Curran D. P., *Science*, **291**, 1766 (2001)
   (f) Betzemeier B., Knochel P., *Topics in Current Chemistry*, Knochel P., Ed., Springer, Berlin, Vol. 206, 61 (1999)
   (g) Hováth I. T., Gladysz A, Curran D. P., Eds., Handbook of Fluorous Chemistry, Wiley-VCH, Weinheim (2004)
2) (a) Vogt M., Ph. D. Thesis, University of Aaxhen (1991)
   (b) Keim W., Vogt M., Wassercheid P., Driessen-Hölscher B., *J. Mol. Catal. A: Chem.*, **139**, 171 (1999)
3) Zhu D.-W., *Synthesis*, 953 (1993)
4) Horváth I. T., Rábai J., *Science*, **266**, 72 (1994)
5) Moineau J., Pozzi G., Quici S., Sinou D., *Tetrahedron Lett.*, **40**, 7683 (1999)
6) Gladysz J. A., Rocaboy C., *Org. Lett.*, **4**, 1993 (2002)
7) Wende M., Meier R., Gladysz J. A., *J. Am. Chem. Soc.*, **123**, 11490 (2001)
8) Curran D. P., Hadida S., *J. Am. Chem. Soc.*, **118**, 2531 (1996)
9) (a) Ryu I., Niguma T., Minakata S., Komatsu M., Hadida S., Curran D. P., *Tetrahedron Lett.*, **38**, 7883 (1997)
   (b) Ryu I., *Chem. Rec.*, **2**, 249 (2002)
10) Crich D., Neelamkavil, *Tetrahedron*, **58**, 3865 (2002)
11) Luo Z., Zhang Q., Oderaotoshi Y., Curran D. P., *Science*, **291**, 1766 (2001)
12) (a) Matsuzawa H., Mikami K., *Synlett*, 1607 (2002)
    (b) Curran D. P., Dandapani S., Werner D., Matsugi M., *Synlett*, 1545 (2004)
    (c) Mikami K., Matsuzawa H., Takeuchi S., Nakamura Y., Curran D. P., *Syulett*, 2713 (2004)
13) Fujii Y., Furugaki H., Tamura E., Kita K., *Bull. Chem. Soc. Jpn.*, **78**, 456 (2005)
14) Ryu I., Matsubara H., Yasuda S., Nakamura H., Curran D. P., *J. Am. Chem. Soc.*, **124**, 12946 (2002)
15) Maruyama T., Kotani T., Yamamura H., Kamiya N., Goto M., *Org. Biomol. Chem.*, **2**, 524 (2004)
16) Curran D. P., Luo Z., *J. Am. Chem. Soc.*, **121**, 9069 (1999)
17) Matsugi M., Curran D. P., *Org. Lett.*, **6**, 2717 (2004)
18) Klement I., Lutjens H., Knochel P., *Angew. Chem. Int. Ed. Engl.*, **36**, 1454 (1997)

第2章 フルオラスケミストリーの基礎
－Fundamental Aspects of Fluorous Chemistry－

John A. Gladysz[*1]

翻訳：坂倉 彰[*2]，石原一彰[*3]

1 フルオラスの範囲と定義

1.1 用語の起原

「フルオラス」という言葉は12年前の化学用語にはなく，それはHorváthとRábaiが1994年の論文で初めて用いた用語である。彼らは「フルオラス（fluorous）」という語を「アクエアス（aqueous）」や「アクエアスメディア（aqueous media）」と同じように用いることができると考えた[1]。後述するように，それ以前からフルオラスメディア中での反応は報告されていたが[2]，その適用範囲や能力，幅広い有用性についてはまだ十分に認知されていなかった。

フルオラス溶媒を単に非アクエアス（non-aqueous）であるというのはどうだろうか。ここで重要なことは，フルオラス溶媒は室温で水や汎用有機溶媒と混ざらないということである。フルオラス溶媒は疎水性かつ疎油性であり，液―液二相系を形成し，高密度のフルオラス溶媒が下層になる。この両者と相容れない性質を考慮すると，フルオラスが一つの特別な用語であることが理解できる。

また，フルオラス溶媒と有機溶媒が，通常，高い温度で溶け合うことも重要である。これにより，不均一な反応条件と均一な反応条件を容易に切り替えることが可能となる。温度に依存した混和性は「サーモモルフィック（thermomorphic）」な反応の一例であり，溶解度が温度に強く依存する触媒もサーモモルフィックと言われる。

1994年の論文では「ポニーテール（ponytail）」の概念も導入されている。これは，一般的に分子式（CH_2）$_m$（CF_2）$_{n-1}CF_3$（しばしば（CH_2）$_m R_{fn}$と略される）で表されるフルオロアルキル基のことである。ペルフルオロアルキルセグメントの量と長さに依存し，その分子はフルオラス液相

[*1] John A. Gladysz　Friedrich-Alexander-Universität Erlangen-Nürnberg　Institut Für Organische Chemie　Professor
[*2] Akira Sakakura　名古屋大学大学院　工学研究科　講師
[*3] Kazuaki Ishihara　名古屋大学大学院　工学研究科　教授

へ，部分的に，優先的に，あるいは完全に溶解する。これは「同種のものはよく溶ける」というごくあたり前の現象を反映したものである。後述するように，一般的な有機分子は優先的に有機相へと分配される（>95：<5）。

したがって，十分なポニーテールを含む触媒をフルオラス―有機混合溶媒中で反応基質と混合し，高温にすると，一相になり均一系触媒として働く（図2参照）。その後温度を下げると二相になり，生成物と触媒をきれいに分離することができる。この一般的な概念は直ちに拡張され，生成物と（消費された）試薬との分離に利用されたり，さまざまなフッ素含有量のポニーテールが化合物ライブラリのラベルやタグに用いられたりするようになった。

1.2 現在のフルオラスの定義

前述したように，当初フルオラスという用語はアクエアスやアクエアスメディアと同じように用いられると考えられていた。しかし，初期の研究者はフルオラスという用語の範囲を拡張し，フルオロアルキルラベルされた種も含めてその用語を用いていた。そして現在もこの見解が影響しており，次に示すものが形容詞的な"フルオラス"の定義として一般的に受入れられている[3]。

「高度にフッ素化された飽和の有機物，有機分子，有機分子断片の特性を持っているまたはその特性に関連しているところの。すなわち，フッ素原子を豊富に含んでおり，sp^3混成炭素で構成されているところの。」

この広い定義は科学技術の分野を越えて「フルオラスケミスト」や「フルオラスコミュニティー」のように社会学的な現象にまで及んだ。しかしながら，フッ素を含むあらゆる物質がフルオラスというわけではない。例えば，BF_4^-を「フルオラスアニオン」と呼ぶのは適切ではない。

2　フルオラスケミストリー関連のその他の用語の定義

以下に示す関連した定義も一般的である[3]。
（1）「フルオラスメディアとは，ペルフルオロアルカン，ペルフルオロジアルキルエーテル，ペルフルオロトリアルキルアミン，あるいはそれらと類似した非極性種からなる相である。または，これらの種と主要な物理的性質を共有する非フルオラスメディア中に，同様に構築された微小環境である。」

ペルフルオロアレーンは，この定義ではフルオラスではないということを強調しておく必要がある。ペルフルオロアレーンは，ペルフルオロアルカンよりも遥かに極性が高い。親フッ素性の分子や物質，フラグメントはフルオラスメディアに対して親和性を示すが，疎フッ素性のそれらは親和性を示さない。

第 2 章　フルオラスケミストリーの基礎－Fundamental Aspects of Fluorous Chemistry－

（2）「フルオラス分離技術とは，主に分子のフルオラスな領域の構造をもとに，フルオラス分子やフルオラスラベルされた分子を他の種類の分子から分離する方法，あるいはフルオラス分子とフルオラスラベルされた分子を分離する方法である。」

　フルオラス分離技術は，通常，フルオラスメディアと分子のフルオラス基との相互作用を利用して，抽出，クロマトグラフィー，沈澱などにより行なわれる。

（3）「フルオラスラベルあるいはフルオラスタグとは，sp^3炭素―フッ素結合を豊富に含んだ分子の一部あるいは領域で，フルオラス分離技術において分子の分離特性を主に制御しているものである。」

　ポニーテールは，完全にフッ素化されたsp^3炭素原子を少なくとも 6 つ含むが，これは極めて大きなフルオラス相―有機相分配係数を持つ化合物に関する，初期のフルオラスの研究目的に由来している。タグとポニーテールはどちらもラベル（相ラベル）である。多くの著者たちがこれらの用語を混同して使っているが，前者は（保護基のような）一時的なラベルであり，後者は切断できない分子の一部である。それはしばしば「ライトフルオラス」および「ヘビーフルオラス」と言うと便利である。前者は，タグあるいはポニーテールを一つだけ含むものである。

（4）「フルオラス反応成分とは，反応に関与するもの（触媒，触媒前駆体，試薬，基質，生成物，スカベンジャーなど）で，フルオラスラベルが適切に結合しているものである。」

（5）「フルオラス反応とは，少なくとも一つのフルオラス反応成分を含むものであり，その成分はフルオラス分離技術によって反応混合物中の非フルオラス成分あるいは他のフルオラス成分から分離できる。」

（6）「フルオラスケミストリーとは，フルオラス分子，フルオラス分子断片，フルオラス物質，フルオラスメディアの構造，組成，性質および反応に関する研究である。」

3　市販のフルオラス溶媒

　表 1 に市販のフルオラス溶媒をまとめた。ペルフルオロアルカン[4]が最も一般的であり，その他にペルフルオロジアルキルエーテル，ペルフルオロポリエーテル，ペルフルオロトリアルキルアミンなどがある。これらのエーテルやアミンの非共有電子対は極めて弱い。塩基性はなく，大きな分子間力のもとになる他の性質もない。予想されるように，フルオラス溶媒の密度は塩素化アルカンを含む他の一般的な有機溶媒よりも遥かに大きい。n-ペルフルオロアルカンは対応するn-アルカンよりも常にわずかに揮発性が高く，その沸点は一次の相関関係にある[5]。

　フルオラスケミストリーにおいて，最も一般的な溶媒はペルフルオロヘキサンすなわち FC-72 である（Entry 1，表 1）。しかし，ヘキサン（hexanes）と同様に FC-72 は異性体の混合物であり，

表1 代表的な市販のフルオラス溶媒

Solvent	Common Name (trade name family)	Formula	bp (°C)	mp (°C)	Density (g/mL)	Vendors[a]	CAS#
perfluorohexane[b,c]	FC-72(Fluorinert)	C_6F_{14}	57.1	-90	1.669	a-e, g, h, m	[355-42-0]
perfluoroheptane[b,d]	----	C_7F_{16}	82.4	-78	1.745	a-d, g, h, m	[335-57-9]
perfluorooctane(s)[b,e]	----	C_8F_{18}	103-104	-25	1.766	a-e, g, m	[307-34-6]
perfluoro(methylcyclohexane)	PFMC	$CF_3C_6F_{11}$	76.1	-37	1.787	a-e, g-i, m	[355-02-2]
perfluoro-1,2-dimethylcyclohexane	PP3(Flutec(R))	C_8F_{16}	101.5	-56	1.867	a-d, g, m	[306-98-9]
perfluoro-1,3-dimethylcyclohexane	----	C_8F_{16}	101-102	-55	1.828	a-e, g, h, m	[335-27-3]
perfluoro-1,3,5-trimethylcyclohexane	----	C_9F_{18}	125-128	-68	1.888	a-d, m	[374-76-5]
perfluorodecalin	----	$C_{10}F_{18}$	142	-10	1.908	a-c, e, g-i, m	[306-94-5]
perfluoro-2-butyltetrahydrofuran	FC-75(Fluorinert)	$C_8F_{16}O$	99-107	-88	1.77	a-e, h, m	[335-36-4]
perfluoropolyether[f]	HT55(Galden)	MW≈340	57	---	1.65	l	----
perfluoropolyether[f]	HT70(Galden(R))	MW≈410	70	---	1.68	c, l, m	[69991-67-9]
perfluoropolyether[f]	HT90(Galden(R))	MW≈460	90	---	1.69	c, l, m	----
perfluoropolyether[f]	HT110(Galden(R))	MW≈580	110	---	1.72	c, l, m	----
perfluorotributylamine[b,g]	FC-43(Fluorinert)	$C_{12}F_{27}N$	178	---	1.883	a-e, g, h, k, m	[311-89-7]
perfluorotripentylamine[b,h]	FC-70(Fluorinert)	$C_{15}F_{33}N$	212-218	---	1.93	a-e, k, m	[338-84-1]
perfluorotrihexylamine	FC-71(Fluorinert)	$C_{18}F_{39}N$	250-260	33	1.90	a-c, m	[432-08-6]
1-bromoperfluorooctane	----	$C_8F_{17}Br$	142	6	1.930	a-e, g, h	[423-55-2]

[a]Codes for vendors are as follows: a=Oakwood Products (http://www.oakwoodchemical.com); b=ABCR (http://www.abcr.de); c=Fluorochem (http://www.fluorochem.co.uk/index2_ns.asp); d=Lancaster (http://www.lancastersynthesis.com); e=Acros Organics (http://www.acros.be); f=3M (http://www.3m.com); g=Aldrich (http://www.sigmaaldrich.com/Brands/Aldrich.html); h=Fluka (http://www.sigmaaldrich.com/Brands/Fluka___Riedel_Home.html); i=Merck (http://pb.merck.de/servlet/PB/menu/1001723/index.html); j=Oxychem (http://www.oxychem.com); k=Sigma (http://www.sigmaaldrich.com/Brands/Sigma.html); l=Solvay Solexis(http://www.solvaysolexis.com); m=Apollo Scientific Ltd.(http://www.apolloscientific.co.uk). [b]Several fluorous solvents are available in technical grades that have distinct CAS numbers and/or common names. [c] [86508-42-1], FC-72(Fluorinert(R)), PP1(Flutec(R)), a, c, f, m. [d] [86508-42-1], FC-84(Fluorinert(R)), a, c, f, m. [e] [86508-42-1], [52623-00-4], [52923-00-4], FC-77(Fluorinert(R)), a, c, e, f, h, k, m. [f] general formula $CF_3[(OCF(CF_3)CF_2)_n(OCF_2)_m]OCF_3$. [g] [86508-42-1], FC-43(Fluorinert(R)), a, c, f, m. [h] [86508-42-1], FC-70(Fluorinert(R)), f, m.

おそらく少量の他のフルオラス分子も含まれている[2]。このことは分離化学にとっては重要ではないが、しかしながら物理的な測定やメカニズムの研究においては、高価ではあるものの均質な溶媒である$CF_3C_6F_{11}$（ペルフルオロメチルシクロへキサン；PFMC）の方がよく好まれる。

　溶媒にはフルオラス溶質と非フルオラス溶質のどちらもよく溶かすことができるものもある。これらは「ハイブリッド（hybrid）」、「ユニバーサル（universal）」、「両親媒性（amphiphilic）」と呼ばれる。最も一般的なものは$CF_3C_6H_5$（mp/bp −29/102℃）であり、トリフルオロメチルベンゼン、α, α, α-トリフルオロトルエンあるいはベンゾトリフルオリド（BTF）という名前で知られている[6]。ただし、この溶媒はフルオラスではない。もう一つの例に、エーテル$CF_3(CF_2)_5$-$CH_2CH_2OCH(CH_3)CH_2CH(CH_3)_2$ (F-626; mp/bp <−78/214℃)[7]があり、これはフルオラスセグメントを含んでいる。

　前述したように、ヘキサフルオロベンゼンやそれと同種の分子はフルオラス溶媒ではない。芳

香環のπ電子雲やsp^2炭素—フッ素結合によって，非フルオラス分子との大きな分子間結合双極子相互作用，誘起双極子相互作用，四極子相互作用が引き起こされる[8,9]。後述するように，それらは有機溶媒へと優先的に分配される。

　フルオラス溶媒は極めて極性が低い。文献[10]の中で十分に議論されているように，最もよい尺度の一つは，ペルフルオロヘプチル置換された色素の吸収極大の変化である[11]。ここにはデータを転載しないが，その結果は容易に予想できる[10,11]。ペルフルオロアルカンは，ペルフルオロ化されたトリアルキルアミンと同程度の極性であり，対応するアルカンよりもずっと極性が低い。

4　フルオラス溶媒中の溶質の溶解度

　K_{sp}値（溶解度定数）あるいはそれと同種のパラメーターで定義される溶質の絶対的な溶解度と，2つの溶媒間の溶質の平衡分布を表し，分配係数によって定義される相対的な溶解度とを区別することは重要である。ここでは前者について述べ，後者は8節で取り上げる。

　フルオラス溶媒中での溶解度は，溶質の極性と大きさの2つのパラメーターに大きく依存している。溶質の極性は，よく知られた「同種のものはよく溶ける」という概念の延長である。一方，溶質の大きさは，ペルフルオロ化溶媒にとって特に重要である。ペルフルオロ化溶媒は分子間力が弱いために，中に大きな空洞があり，そこに小さな分子を取り込むことができる。フルオロカーボン中の気体の溶解度に関する広範囲なデータを掲載した文献がある。そのデータは溶媒の等温圧縮率に相関しており[12]，空洞にもとづく溶解度モデルを支持している。

　典型的な単官能フルオラスや非フルオラス分子のような，最も興味深い溶質に関する定量的な溶解度のデータはほとんどないが，小さな非フルオラス分子の溶解度を載せた文献はいくつかある[13]。例えば，オクタンの飽和ペルフルオロヘプタン溶液は，27.5℃で11.2mol%，60.0℃で31.8mol%，65.8℃で45.1mol%のオクタンを含む[13e]。このことは，フルオラス相での溶解度が温度に大きく依存することを示している。オクタンよりも小さい炭化水素のヘプタンは，オクタンの約2倍の溶解度（21.4mol%，27.3℃）を持っており，前述した一般論に一致している。クロロホルムの溶解度も同程度（22.4mol%，24.6℃）である。$CF_3C_6F_{11}$中におけるいくつかのフルオラスアリールホスフィンの溶解度が測定されている[14]。また，コンピューターを利用した研究も増えてきている[15]。

　フルオラス化合物には，室温ではフルオラス溶媒にあまり溶けないものもある。これは，長いR_{fn}セグメント（$n>8$）を持つ分子においてよく観測される。このような化合物は有機溶媒に対する溶解度も低い。フルオラスフェロセン[16]，フルオラススルホキシド$[R_{f8}(CH_2)_m]_2S=O$（$m=2, 3$）[17]，ある種のフルオラスコバルトサレン錯体[18]，パラダサイクル[19]が，その代表的な例で

ある。また，フルオラスホスフィンの溶解度は，すべての溶媒中において〔$R_{f6}(CH_2)_2$〕$_3$P，〔$R_{f8}(CH_2)_2$〕$_3$P，〔$R_{f10}(CH_2)_2$〕$_3$P の順に劇的に減少する[20,21]。

この現象を理解するために，ポニーテールをテフロンの短いものであると考える手もある。テフロンは一般的なフルオラス溶媒または非フルオラス溶媒に溶解しない。ポニーテールが長くなるにつれて，その分子の多くの物理的性質がテフロンに近付いていく。しかし，フルオラス液相と有機液相との混和性が温度に強く依存するのと同様に，フルオラス液相あるいは非フルオラス液相中のフルオラス固体の溶解度もまた温度に強く依存する。したがって，フルオラス固体は高い温度でよく溶ける。後述するように，このことは重要な応用へと導いている。

前述のように，フルオラス溶媒は容易に気体を溶解する[22]。しかし，文献[10]に掲載されている詳細な解析によれば，その溶解度はモル濃度単位を用いると，多くの有機溶媒と同程度である。例えば，O_2やH_2の$CF_3C_6F_{11}$中での溶解度は，THF中での溶解度の2倍程度である。しかしながら，フルオラス溶媒は実際に水よりも遥かに高濃度の気体を溶解する。これは強い水素結合のネットワークを切断しなければならないためである[23]。

当然のことではあるが，フルオラス溶媒は気体反応において優れたメディアであるとしばしば提唱される。しかしながら，有機溶媒と比較して，溶解度にもとづく反応の加速はそれほど大きくないと考えられる。さらに，図1に示した平面四角形のイリジウム錯体への酸素付加は，THF中よりも$CF_3C_6F_{11}$中の方がずっと遅い[24]。律速段階の遷移状態は，反応基質よりも高極性である—化学反応においてごく一般的な状態である—と考えられる。このことは，フルオラス溶媒にとって，溶解度にもとづくメリットを打ち消す以上に，速度定数にもとづくデメリットを生み出している。同様なイリジウムへのH_2の付加もまた，THF中よりも$CF_3C_6F_{11}$中の方が遅い。

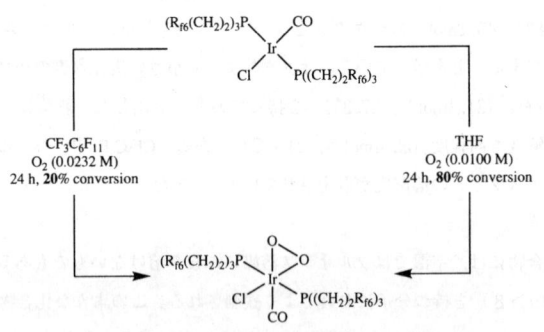

図1 平面四角形のインジウム錯体への酸素付加
酸素濃度が高いにも関わらずフルオラス溶媒中の酸化は遅い

第2章 フルオラスケミストリーの基礎－Fundamental Aspects of Fluorous Chemistry－

5　フルオラス―非フルオラス溶媒の混合度

　フルオラスケミストリーは不均一の液―液二相系の条件下で行うこともできるが，一般には均一の一相系の条件下の方が反応は速い。反応を均一系で行なうためには，さまざまなフルオラス溶媒と非フルオラス溶媒が混ざり合う温度を知ることが重要である。二成分の溶媒系においては，どのような組成であっても相分離が起きない「共溶温度」すなわち「上限臨界共溶温度」を決定するのが通常である[25]。文献値と著者の共同研究者による定性的な観察結果を表2にまとめた[1, 13c, 26]。

　重要なことは，共溶温度が不純物なども含め溶解しているものに強く影響を受けることである。水とある種の有機溶媒との均一混合物に適切な物質を添加すると，「塩析」すなわち相分離が起こることがよく知られている。したがって，表2のデータは，多くの要因によって決定される性質のおおまかな指標に過ぎない。ペンタンやエーテルのような軽い有機溶媒は，室温で均一系反応条件になる傾向が最も高い。

　2つの液相が混ざることはエントロピーにおいて有利である。一方，エンタルピーの観点では，極性の低い純粋なフルオラス溶媒中よりも極性の高い純粋な非フルオラス溶媒中の方が，分子間で引き合う力は強い。両者が混ざると非フルオラス相の強い分子間相互作用は著しく弱められるが，フルオラス分子の受ける分子間相互作用はわずかに増加するだけである。このためエンタルピーの増加は期待できない。Hildebrand–Scatchard 理論（正則溶液理論）は，この定性的な議論に定量的な体系を与えてくれる[27]。原理的には，共溶温度は2つの液体の Hildebrand の溶解

表2　フルオラス溶媒の混合度

Solvent System	two phases at (℃)	one phase at (℃)	Ref.
$CF_3C_6F_{11}/CCl_4$	RT	≥26.7[a]	13c
$CF_3C_6F_{11}/CHCl_3$	RT	≥50.1[a]	13c
$CF_3C_6F_{11}/C_6H_6$	RT	≥84.9[a]	13c
$CF_3C_6F_{11}/CH_3C_6H_5$	RT	≥88.6[a]	13c
$CF_3C_6F_{11}/ClC_6H_5$	RT	≥126.7[a]	13c
$C_8F_{17}Br/CH_3C_6H_5$	RT	50–60[b]	26a
$C_{10}F_{18}{}^c/CH_3C_6H_5$	RT	64[b]	26a
$CF_3C_6F_{11}/hexane/CH_3C_6H_5$	RT	36.5[b,d]	1
$CF_3C_6F_{11}/hexane$	0	RT[b]	26b
$CF_3C_6F_{11}/pentane$	−16	RT[b]	26b
$CF_3C_6F_{11}/ether$	0	RT[b]	26b

[a]Consolute Temperature, [b]Experimental observation, 1: 1volume ratio unless noted; not a consolute temperature. [c]Perfluorodecalin. [d]Volume ratio 3: 3: 1.

度パラメーターに関係していると言うことができる。

ここで、ある重要な点を強調しておく。「同種のものはよく溶ける」という概念があるが、フルオラス溶媒が分子間で強く引き合ったり反発し合ったりできると考えるのは誤りである。むしろ、フルオラス溶媒中では「異性分子排他性（molecular xenophobia）」、すなわち分子間の相互作用の強い非フルオラス分子が、分子間の相互作用の弱いフルオラス分子から分離してくると考えるのが適切である。

液―液二相系を形成するそれぞれの分子は、一般にどちらの相にも含まれる。このことは溶媒のリーチングにつながる。よく知られた例にエーテル―水がある。エーテル―水二相系から水相を分離した後、エーテル相を無水にするために乾燥剤が必要となる。著者の共同研究者がトルエン―$CF_3C_6F_{11}$（50：50 v/v）の特定の系を25℃で測定したところ、上層の有機相は、98.4：1.6（モル比）、94.2：5.8（重量比）、97.1：2.9（体積比）であり、下層のフルオラス相は、3.8：96.2（モル比）、1.0：99.0（重量比）、2.0：98.0（体積比）であった[28]。溶媒のリーチングは、液―液二相系回収プロトコルにおける本質的な欠点である。

興味深いことに、CO_2の圧力はフルオラス溶媒と有機溶媒の熱によらない「混合度スイッチ」として機能することができる[29]。これは、例えば熱に対して不安定な基質や触媒を用いるような場合に、熱を使うよりも有利である。CO_2がフルオロ化された溶質や有機溶媒と相容性を持つことはよく知られており、その役割は本質的には共溶媒であると考えられている。さまざまな有機溶媒とフルオラス溶媒を体積比1：1で混ぜるために必要な圧力を表3に示した。エタノールや

表3　25℃で体積比1：1の有機溶媒とフルオラス溶媒を混合するのに必要な CO_2圧（MPa）

Organic Solvent	C_6F_{14}	FC–75	FC–40
Ethyl Acetate	1.65	1.78	2.57
THF	1.92	1.92	2.58
Chloroform	1.93	–	–
Acetone	2.15	2.37	3.04
Cyclohexane	2.64	2.69	3.40
Propionic Acid	2.74	–	–
Acetic Acid	2.76	–	–
Toluene	3.23	3.35	3.42
Decane	3.61	–	4.45
Acetonitrile	4.00	4.02	–
DMF	4.41	–	–
Nitromethane	4.42	–	–
Ethanol	4.44	–	–
Methanol	4.59	4.74	–
Decalin	5.39	5.77	–

メタノールのように強く会合する溶媒は，最も高い混合圧を持つ。溶液中で2量体を形成する酢酸やプロピオン酸は，それらよりも混合圧が低い。その他の傾向も研究者らにより論理的に説明されており，他のフルオラス溶媒も同様なデータを示している。

6　典型的な回収プロトコル

さまざまな反応および回収条件が報告され，文献にまとめられている[30]。本節では，最もよく用いられている方法あるいは特に将来有望な方法を記述する。

触媒を用いる場合，回収されるものは常にその残留物であるということを強調しておく。回収されるものは，時には触媒前駆体とは全く異なっている。そのため，回収効率はその残留物の分配係数，溶解度あるいは他の物理的性質によって決定される。

6.1　フルオラス—非フルオラスの液—液二相系触媒

このプロトコルはHorváthとRábaiによって紹介されたものであり[1]，図2に示した。非フルオラス相はニートの反応基質のみが用いられる場合もあるが，ほとんどの場合は有機溶媒である。反応は高温の一相の状態で行なわれる（方法Ⅰ）。あるいは反応が十分に速い場合には，低温で二相の状態で行なわれる（方法Ⅱ）。フルオラスケミストリーの研究が始まって間もない頃は，方法Ⅰを設計するのが一般的であった。方法Ⅱについては，溶媒の共溶温度より低い温度でも反応が速いということを見出すのみで，回収プロトコルに用いられなかった[28]。低温状態における触媒の分配係数により，どの程度リーチングするかが決定する。

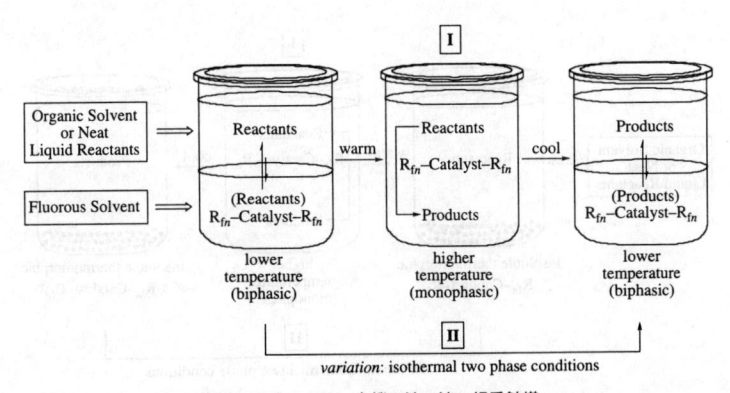

図2　フルオラス—有機の液—液二相系触媒

6.2　フルオラス―非フルオラスの液―固二相系触媒

　大部分のフルオラス溶媒は非常に高価であるため，その使用量を最小限に抑えることに強い関心が向けられている。前述のように，R_{f8}やR_{f10}のポニーテールを持つフルオラス化合物は低融点の固体またはワックスであり，室温では非フルオラス溶媒にほとんど，あるいは全く溶解しない。したがって，フルオラス―有機の液―液二相系の混和性に高い温度依存性を生じさせる要因と同じ要因によって，フルオラス―有機の固―液二相系の混和性（すなわち溶解度）も高い温度依存性を示すと提唱されている[31]。このような考えから，図3に示した一液相プロトコルが開発された[31~35]。

　ここで，サーモモルフィックなフルオラス触媒は，反応基質を含んだ有機溶媒中では（あるいは液体の反応基質中という「グリーンな」無溶媒条件下では）単に懸濁している。反応系が温められるとフルオラス触媒が溶解し，一相の反応条件に達する。次いで冷却すると触媒が沈澱し，簡単な固―液相の分離によって触媒と生成物が分離できる。図2と同様に，わずかな触媒しか溶けないような低温の二相状態（方法Ⅱ）で，素早く反応が進行することもありうる。低温状態における触媒の溶解度によって，どの程度のリーチングが起こるかが決まる。また，R_{fn}セグメントの長さを変えることにより絶対的な溶解度を調節することができる。

6.3　フルオラス担体を用いたプロトコル

　図3の反応系から極少量のフルオラス触媒を効率よく回収するためにはどうしたらよいだろうか？　一つの方法は，図4に示すように固相担体を用いて重量を増加させることだろう。固相担体は不活性であり機械的な機能しか持たないが，一方で固相担体は回収率を向上させ，リーチングを少なくするような吸引性の相互作用を示すこともある。前述のように，飽和したフルオロ

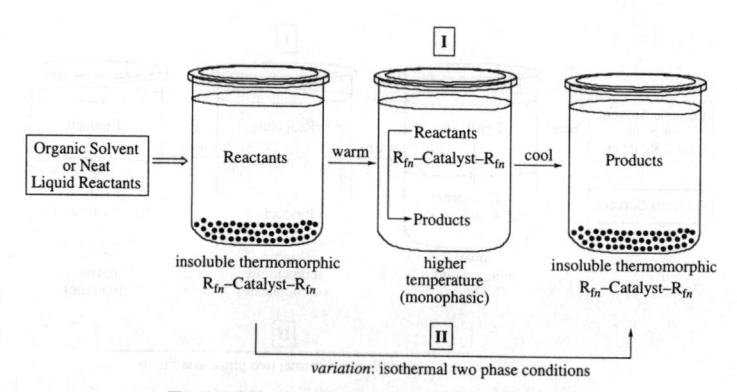

図3　フルオラス―非フルオラスの固―液二相系触媒

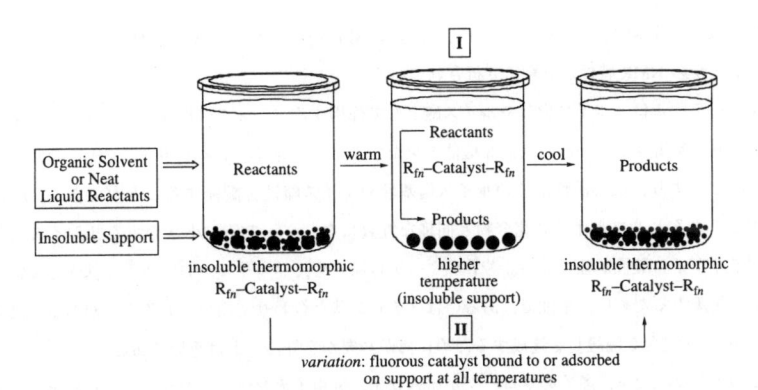

第2章 フルオラスケミストリーの基礎－Fundamental Aspects of Fluorous Chemistry－

図4 不溶な固相担体によるフルオラス触媒の回収

カーボン間のエンタルピー的な相互作用は極めて小さいが，それにも関わらずフルオラス担体はその相互作用を有効に機能させるだろう。

　これまでに，2種類の固相担体による非常に優れたプロトコルが報告されている。一つはテフロン®で削り状のものとリボン状のもの[31,36]，もう一つはフルオラスシリカゲルである[37~40]。コーティングされたリボン状のものは，フルオラス触媒を運搬する手段に用いることができるだろう。一方，シリカゲルに結合した触媒は「固定化されたフルオラス相触媒」として働き，図4の方法Ⅱに相当すると提唱されてきた。しかしながら，一部の触媒反応が固相から脱着した触媒によって均一系反応条件下で進行しているという可能性も残されている。最後に，温度の代わりにCO_2の圧力を用いて，フルオラスシリカゲルからフルオラスロジウム水素化触媒を脱着させるというすばらしいプロトコルがあることを強調しておきたい[41]。

　もう一つの将来有望なリサイクル技術は，フルオラス固相抽出法である[42]。このプロトコルでは，フルオラスシリカゲルによるろ過と本質的に等しい方法でフルオラス触媒が回収される。フルオラス分子に固有の保持特性により分離するため，古典的なクロマトグラフィーによる分離で求められるような注意を払う必要がない。

7　ポニーテール

　本稿で述べるポニーテールのほとんどが $(CH_2)_m R_{fn}$ という分子式を持つが，文献で詳細に述べられているように[43]，他にもさまざまな構造のものがある。例えば，枝分かれをしたものや酸素原子を含んだものなどがある。これまでに，異なるタイプのポニーテールを持つフルオラス化合物の化学的，物理的性質を比較した研究はほとんどなかった。自然環境下で長時間存続すること

のできない生分解性ポニーテールの開発に強い関心が注がれている。$(CH_2)_mR_{fn}$ のタイプのポニーテールの NMR 特性が詳細に分析されている[43]。

ポニーテールは，ルイス塩基やルイス酸として作用するフルオラス触媒やフルオラス試薬の電気的性質を制御するという二次的な機能を果たすことができる。スペーサー $(CH_2)_m$ の数を調節することにより，反応活性部位のルイス塩基性やルイス酸性を調節することができる。m の値を大きくすると非フルオラス化合物と同様な性質になり，m の値を小さくするとルイス塩基性が弱まりルイス酸性が強くなる。芳香環やヘテロ原子も，ペルフルオロアルキル基から反応活性部位を隔離するために，単独で，あるいはメチレン基と合わせて用いられることがある。設計の観点から，「完全な隔離」を達成するために何が必要かを知ることは重要である。

このような状況下，多くのプローブが赤外分光，気相イオン化ポテンシャル，熱量測定，溶液平衡，コンピュータのデータのようなものに用いられてきた[43,44]。R_{fn} セグメントの電気的影響は，驚くほど多くの σ 結合を通して観測される。図5に示したように，フルオラスホスフィンや

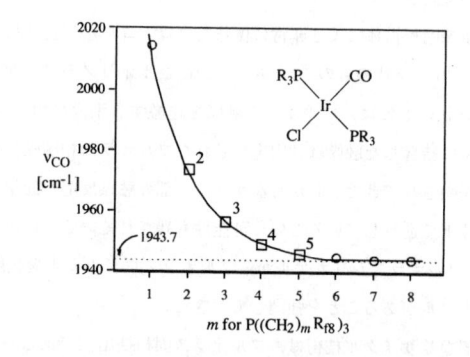

R	IR ν_{CO} (cm^{-1})	Medium
$(CH_2)_2R_{f8}$ (2)	1973.9	$CF_3C_6H_5$
$(CH_2)_3R_{f8}$ (3)	1956.7	$CF_3C_6H_5$
$(CH_2)_4R_{f8}$ (4)	1949.2	$CF_3C_6H_5$
$(CH_2)_5R_{f8}$ (5)	1946.1	$CF_3C_6H_5$
$(CH_2)_7CH_3$	1942.3	$CF_3C_6H_5$
p-$C_6H_4(CH_2)_3R_{f8}$	1958	Nujol
C_6H_5	1952	Nujol

図5 Vaska 錯体のフルオラスホスフィン類似体の IR データ

第2章　フルオラスケミストリーの基礎－Fundamental Aspects of Fluorous Chemistry－

非フルオラスホスフィンを持つ Vaska 錯体類似体の IR データは，その典型である[24]。この図から，限界値に達するのに 7～8 個のメチレン基が必要であることが分かる。ここで，検出可能な物理的効果が反応性に重要な影響を与えるかどうかという疑問が生じる。しかし，多くの実験から，非フルオラス類似体と比較するとかなり弱いものの，$R_{fn}(CH_2)_2D$ や $R_{fn}(CH_2)_3D$ の部分構造（D＝ドナー原子）を持つ化合物がルイス塩基性や求核性を示すことは明らかである。

8　分配係数と親フッ素性

著者の研究室では，トルエン－$CF_3C_6F_{11}$ の溶媒系を用いて一連の分配係数を測定してきた。これらのデータと他の研究グループによって測定された代表的な値を表 4 にまとめた。それ以上の幅広いリストは文献に掲載されている[45]。著者は分配係数を 100 に規格化した比率で表すのを好むが，他の研究者はそれらを分数や対数で表すのを好むようである。親フッ素性を定量的に予測できるように，これらのデータのパラメータ化が現在も勢力的に行なわれている。

表 4 の Entry I-1 から I-6 には n－アルカン（デカンからヘキサデカン）の分配係数（トルエン－$CF_3C_6F_{11}$），Entry II-1 から II-6 には対応する末端アルケンのデータを示した。アルカンは極めて低極性であるが，トルエン相に対して高い親和性を示す。また，分配係数はアルカンの大きさとともに単調に増加する（デカンの 94.6：5.4 からヘキサデカンの 98.9：1.1）。n－アルケンはアルカンよりもわずかにトルエン相に対する親和性が高いが，このことはアルケンの方がわずかに極性が高いことと一致している。アルカンと同様に大きさに単調に依存するという傾向が見られる（95.2：4.8 から 99.1：0.9）。

表 4 の IV には，いくつかの単純なフルオラスアルコールを示した。Entry IV-2 および IV-3 に示した短鎖の R_{f1}/R_{f2} アルコールは，フルオラス相に対する親和性がとても低い。ペルフルオロアルキルセグメントの長さが，$R_{f6}(CH_2)_3OH$，$R_{f8}(CH_2)_3OH$，$R_{f10}(CH_2)_3OH$（Entry IV-5，IV-7，IV-8）の順に長くなると，フッ素親和性は，55.9：44.1，35.7：64.3，19.5：80.5 へと増加する。予想されるように，最初の 2 つの化合物からメチレン基を 1 つ減らすと，親フッ素性は増加する（47.4：52.6，26.5：73.5；Entry IV-4，IV-6）。表 4 に示した他の官能基を持つすべての化合物が同様の傾向を示している。

チオール $R_{f8}(CH_2)_3SH$（Entry XII-1），ヨウ化物 $R_{f8}(CH_2)_3I$（Entry VIII-4）および 1 級アミン $R_{f8}(CH_2)_3NH_2$（Entry IX-1）の分配係数（44.1：55.9，49.3：50.7，30.0：70.0）は，大雑把に言えば対応するアルコール（35.7：64.3）と同程度である。したがって，単純な単官能有機化合物を効果的にフルオラス溶媒中に固定化するためには，明らかに 1 つ以上の R_{f8} ポニーテールが必要である。

フルオラスケミストリー

ポニーテールの数による効果は，構造式 $[R_{f8}(CH_2)_3]_xNH_{3-x}$ で表されるアミン (Entry IX-1, IX-5, IX-10) を見ると明らかである。x が 1 から 3 へ増えると，フルオラス相に対する親和性は，30.0：70.0から3.5：96.5，さらにはトルエン相において GLC による検出限界以下 (<0.3：>99.7) の点まで増加する。したがって，$[R_{f8}(CH_2)_3]_3N$ はしっかりと固定化されたフルオラス塩基であると言える。それぞれのポニーテールのメチレン基の数が 5 に増加すると，少量のアミンがトルエン相の中で再び検出できるようになる (0.5：99.5；Entry IX-12)。

3 級のフルオラスホスフィンも同様の傾向を示す。ここで，$(CH_2)_m$ セグメントと同様に R_{fn} セグメントの長さも変えられ，非常に高いフルオラス親和性が達成されている ($[R_{f8}(CH_2)_3]_3P$ と $[R_{f10}(CH_2)_2]_3P$ において <0.3：>99.7)。比較が可能な限りでは，その値は対応するアミンよりもわずかに小さい。また，ホスフィンを酸化してホスフィンオキシドにすると，親フッ素性がわずかに増加する (Entry X-7 vs X-1)。

中心にあるヘテロ原子上に 2 つのポニーテールしか持てないチオエーテルは，対応するアミンやホスフィンよりもフルオラス相親和性がわずかに低い（例えば，$[R_{f8}(CH_2)_2]_2S$ において1.3：98.7，$[R_{f8}(CH_2)_3]_2S$ において3.4：96.6；Entry XII-5, XII-6)。表 4 の XI に示すように，適切に設計された水素化トリアルキルスズも高い親フッ素性を示す。溶媒系は少し異なるが，分子式 $[R_{fn}(CH_2)_2]_3SnH$ ($n = 6, 10$；Entry XI-3からXI-6) で表される化合物の分配係数は，対応するホスフィンと類似している。

単純な構造の芳香族炭化水素のデータを表 4 の VI に示した。ペンタフルオロベンゼンとヘキサフルオロベンゼンはどちらもトルエン相に優先的に分配される (77.6：22.4，72.0：28.0；Entry VI-2, VI-3)。これは前述した非フルオラスの性質に一致している。ベンゼンはさらに強いトルエン親和性を示す (94.1：5.9；Entry VI-1)。しかし，分子式 $R_{f8}(CH_2)_3$ のポニーテールを 1 つ導入すると，それぞれの相に同じ程度分配されるようになり，その分配係数は50.5：49.5である (Entry VI-11)。この値は，$R_{f8}(CH_2)_3$ 基がヨウ素原子やメルカプト基と結合した場合と同程度である。メチレンスペーサーのない化合物 $R_{f8}C_6H_5$ (Entry VI-6) は，さらに強い親フッ素性を示す (22.5：77.5) が，その芳香環の電子的性質は強い影響を受けて変化する。

Entry VI-16, VI-18, VI-19に示すように，分子式 $R_{f8}(CH_2)_3$ の 2 つのポニーテールを持つベンゼンは良好な親フッ素性を示し，その分配係数は8.8：91.2から9.3：90.7である。そして，その置換パターンはほとんど影響を受けない。上述した他の化合物で見られたように，ポニーテールのペルフルオロアルキルセグメントが短くなるとフルオラス相親和性が減少し (26.3：73.7；Entry VI-15)，長くなるとフルオラス相親和性が増加する (2.6：97.4；Entry VI-17)。重要なことは，分子式 $R_{f8}(CH_2)_3$ の 3 つのポニーテールを持つベンゼンは，少なくともそれらが 1, 3, 5 に置換された場合に，検出範囲内で完全に $CF_3C_6F_{11}$ 相に分配される (Entry VI-20)。

第2章 フルオラスケミストリーの基礎－Fundamental Aspects of Fluorous Chemistry－

　Entry VI-22からVI-25には，前述したいくつかのフルオラスベンゼンのヨウ化物を示した。すべてにおいて親フッ素性は減少している。Entry VI-25の3つのポニーテールを持つ化合物のみ，大きく偏った分配係数を維持している（2.0：98.0）。メタノールのような極性の高い非フルオラス溶媒を用いると，フルオラス相の親和性は増加する。それでもなお単官能芳香族炭化水素の場合は，相当量をフルオラス相に固定化するためには，少なくとも分子式 $R_{f8}(CH_2)_3$ で表される3つのポニーテールが必要である。Entry III-4, IV-9, V-3は，分子式 R_{f8} で表される（スペーサーのない）2つのポニーテールが本質的に有効であることを示している（1.4：98.6, 2.6：97.4, 1.2：98.8）。

　これらの点については，表4のXのフルオラストリアリールホスフィンにおいても同様の傾向が見られる。Entry X-9によると，芳香環ごとに分子式 $R_{f6}(CH_2)_3$ の1つのポニーテールを持つ化合物は，トルエン相との親和性が高い（80.5：19.5）。芳香環ごとに分子式 $R_{f8}(CH_2)_3$ の1つのポニーテールがあればフルオラス相との親和性が高くなる（33.4：66.6；Entry X-10）。芳香環上に $R_{f8}(CH_2)_3$ のポニーテールをさらに導入するのは困難であったが，この問題を解決するすばらしい方法が開発された[14,47,48]。すなわち，分子式 $(R_{f6}(CH_2)_2)_xSi(CH_3)_{3-x}$ で表されるケイ素原子に結合したポニーテールが，芳香環ごとに最大で3つの R_{f6} または R_{f8} を導入するために用いられている。Entry X-16からX-21に示すように，このポニーテールはホスフィンに高いフルオラス相親和性をもたらす（$x=3$, $n=8$ の場合に最大で4.8：95.2）[14a,b]。

　Entry VII-1からVII-3に示したピリジンは，オルソ，メタ，パラ位に1つの R_{f8} を持つ異性体であるが，36.8：63.2から29.3：70.7までの狭い範囲の中で適度な親フッ素性を持つ。Entry VII-5のピリジンは，Entry VI-18のベンゼン誘導体に厳密に相当し（N：とCHを交換），本質的に同一の分配係数を持つ（9.6：90.4 vs 9.3：90.7）。そのため，極性の高いピリジンの窒素原子はほとんど影響を及ぼさない。Entry VII-6は，分子式 $R_{f8}(CH_2)_2$ の3つのポニーテールが結合すると，ほぼ完全にフルオラス相に固定化されることを示している（<0.3：>99.7）。また，Entry VII-5のピリジンを水素化しEntry VII-7のピペリジンへと変換すると，親フッ素性が増加する（9.6：90.4 vs 6.4：93.6）。この2級アミンは，CH_n 基が1つ少なくまた，非常に近いフルオラス相親和性（7.0：93.0）を示す $HN((CH_2)_3R_{f8})_2$（Entry IX-7）に相当すると言うことができる。

　表4のXIIIには，優れた触媒前駆体であるロジウム錯体とパラダサイクルを示した。他の含金属化合物については文献に記載されている[45]。最も興味深い傾向はEntry XIII-8に見られる。中心にあるロジウム金属は3つのフルオラスホスフィンによって囲まれており，そのフルオラスホスフィンは芳香環ごとに1つのポニーテールしか持たず，0℃での n-$C_8H_{18}/CF_3C_6F_{11}$ の分配係数は47.6：52.4である（Entry X-12）。それにも関わらず，そのロジウム錯体は極めて親フッ素性が高く，同様条件での分配係数は0.3：99.7である。部分よりも全体の方が大きくなるという同様

の現象は，フルオラスビルディングブロックの集合体である他の化合物においても観測される。例えば，メタロセン[49)]やジスタンナンルイス酸の二量体[50)]などに観測される。おそらくポニーテールは，その分子の周辺で最も効果的になるように配置されているのだろう。フルオラスパラダサイクル（Entry XIII-6, XIII-7）においては，芳香環ごとに分子式 $R_{f8}(CH_2)_m$ の3つのポニーテールが結合していることに注意する必要がある。その分配係数（4.5：95.5，9.3：90.7）は，Entry IX-13 および XII-7 に示したパラジウムと結合していないフリーのリガンド（1.3：98.7，0.5：99.5）よりもやや小さい値である。

表4　炭化水素―フルオラスの液―液分配係数

Entry[a]	Substance[b]	Solvent System	Partitioning% organic:fluorous	Ref.
I	Alkanes			
1	$CH_3(CH_2)_8CH_3$	$CH_3C_6H_5 : CF_3C_6F_{11}$	94.6 : 5.4	1
2	$CH_3(CH_2)_9CH_3$	$CH_3C_6H_5 : CF_3C_6F_{11}$	95.8 : 4.2	1
3	$CH_3(CH_2)_{10}CH_3$	$CH_3C_6H_5 : CF_3C_6F_{11}$	96.6 : 3.4	1,2
4	$CH_3(CH_2)_{11}CH_3$	$CH_3C_6H_5 : CF_3C_6F_{11}$	97.6 : 2.4	1
5	$CH_3(CH_2)_{12}CH_3$	$CH_3C_6H_5 : CF_3C_6F_{11}$	98.1 : 1.9	1
6	$CH_3(CH_2)_{14}CH_3$	$CH_3C_6H_5 : CF_3C_6F_{11}$	98.9 : 1.1	1
II	Alkenes			
1	$CH_3(CH_2)_8CH=CH_2$	$CH_3C_6H_5 : CF_3C_6F_{11}$	95.2 : 4.8	3
2	$CH_3(CH_2)_9CH=CH_2$	$CH_3C_6H_5 : CF_3C_6F_{11}$	96.3 : 3.7	3
3	$CH_3(CH_2)_9CH=CH_2$	$CH_3C_6H_5 : CF_3C_6F_{11}$	97.5 : 2.5	2
4	$CH_3(CH_2)_{10}CH=CH_2$	$CH_3C_6H_5 : CF_3C_6F_{11}$	98.1 : 1.9	3
5	$CH_3(CH_2)_{11}CH=CH_2$	$CH_3C_6H_5 : CF_3C_6F_{11}$	98.4 : 1.6	3
6	$CH_3(CH_2)_{13}CH=CH_2$	$CH_3C_6H_5 : CF_3C_6F_{11}$	99.1 : 0.9	3
7[c]	$R_{f8}CH=CH_2$	$CH_3C_6H_5 : CF_3C_6F_{11}$	6.5 : 93.5	4a
III	Ketones and Aldehydes			
1	cyclohexanone	$CH_3C_6H_5 : CF_3C_6F_{11}$	97.8 : 2.2	2
2	2-cyclohexen-1-one	$CH_3C_6H_5 : CF_3C_6F_{11}$	98.3 : 1.7	2
3	$R_{f8}(CH_2)_3$-C₆H₄-$C(O)(CH_2)_2R_{f8}$	$CH_3C_6H_5 : CF_3C_6F_{11}$	15.4 : 84.6	5
4[c]	$3,5-(R_{f8})_2C_6H_3(CHO)$	$CH_3C_6H_5 : CF_3C_6F_{11}$	1.4 : 98.6	4
IV	Alcohols			
1	cyclohexanol	$CH_3C_6H_5 : CF_3C_6F_{11}$	98.4 : 1.6	2
2[c]	CF_3CH_2OH	$CH_3C_6H_5 : CF_3C_6F_{11}$	85.5 : 14.5	6
3[c]	$(CF_3)_2CHOH$	$CH_3C_6H_5 : CF_3C_6F_{11}$	73.5 : 26.5	6
4[c]	$R_{f6}(CH_2)_2OH$	$CH_3C_6H_5 : CF_3C_6F_{11}$	47.4 : 52.6	6
5[c]	$R_{f6}(CH_2)_3OH$	$CH_3C_6H_5 : CF_3C_6F_{11}$	55.9 : 44.1	6
6[c]	$R_{f8}(CH_2)_2OH$	$CH_3C_6H_5 : CF_3C_6F_{11}$	26.5 : 73.5	6
7[c]	$R_{f8}(CH_2)_3OH$	$CH_3C_6H_5 : CF_3C_6F_{11}$	35.7 : 64.3	6
8[c]	$R_{f10}(CH_2)_3OH$	$CH_3C_6H_5 : CF_3C_6F_{11}$	19.5 : 80.5	6

第2章 フルオラスケミストリーの基礎 －Fundamental Aspects of Fluorous Chemistry－

#	Compound	Solvents	Ratio	Ref
9^c	3,5-(R$_{f8}$)$_2$C$_6$H$_3$-CH$_2$OH	CH$_3$C$_6$H$_5$: CF$_3$C$_6$F$_{11}$	2.6 : 97.4	4a
V	**Carboxylic Acids and Derivatives**			
1^c	R$_{f7}$CO$_2$CH$_2$-C$_6$H$_4$-OCF$_3$	CH$_3$C$_6$H$_5$: CF$_3$C$_6$F$_{11}$	4.1 : 95.9	4a
2^c	3-R$_{f8}$-C$_6$H$_4$-CO$_2$CH$_3$	CH$_3$C$_6$H$_5$: CF$_3$C$_6$F$_{11}$	46.9 : 53.1	4a
3^c	3,5-(R$_{f8}$)$_2$-C$_6$H$_3$-CO$_2$CH$_3$	CH$_3$C$_6$H$_5$: CF$_3$C$_6$F$_{11}$	1.2 : 98.8	4a
4^c	[R$_{f8}$(CH$_2$)$_3$]$_2$CHCO$_2$H	CH$_3$C$_6$H$_5$: CF$_3$C$_6$F$_{11}$	2.9 : 97.1	7
VI	**Aromatic Compounds**			
1^c	C$_6$H$_6$	CH$_3$C$_6$H$_5$: CF$_3$C$_6$F$_{11}$	94.1 : 5.9	4a
2	C$_6$HF$_5$	CH$_3$C$_6$H$_5$: CF$_3$C$_6$F$_{11}$	77.6 : 22.4	1
3	C$_6$F$_6$	CH$_3$C$_6$H$_5$: CF$_3$C$_6$F$_{11}$	72.0 : 28.0	1
4	C$_6$H$_5$-CH$_2$CH$_3$	CH$_3$C$_6$H$_5$: CF$_3$C$_6$F$_{11}$	98.8 : 1.2	1
5^c	C$_6$H$_5$-CF$_3$	CH$_3$C$_6$H$_5$: CF$_3$C$_6$F$_{11}$	87.6 : 12.4	4a
6^c	C$_6$H$_5$-R$_{f8}$	CH$_3$C$_6$H$_5$: CF$_3$C$_6$F$_{11}$	22.5 : 77.5	4a
7^c	C$_6$H$_5$-R$_{f10}$	CH$_3$C$_6$H$_5$: CF$_3$C$_6$F$_{11}$	14.6 : 85.4	4a
8^c	F$_3$C-C$_6$H$_4$-R$_{f8}$	CH$_3$C$_6$H$_5$: CF$_3$C$_6$F$_{11}$	10.6 : 89.4	4a
9^c	R$_{f8}$-C$_6$H$_4$-R$_{f8}$	CH$_3$C$_6$H$_5$: CF$_3$C$_6$F$_{11}$	0.7 : 99.3	4a
10^c	3,5-(F$_3$C)$_2$-C$_6$H$_3$-R$_{f8}$	CH$_3$C$_6$H$_5$: CF$_3$C$_6$F$_{11}$	1.7 : 98.3	4a
11	C$_6$H$_5$-(CH$_2$)$_3$R$_{f8}$	CH$_3$C$_6$H$_5$: CF$_3$C$_6$F$_{11}$	50.5 : 49.5	1
12^c	2-Cl-C$_6$H$_4$-(CH$_2$)$_2$R$_{f6}$	CH$_3$C$_6$H$_5$: CF$_3$C$_6$F$_{11}$	65.5 : 34.5	4a
13^c	Cl-C$_6$H$_4$-(CH$_2$)$_2$R$_{f6}$	CH$_3$C$_6$H$_5$: CF$_3$C$_6$F$_{11}$	73.5 : 26.5	4a
14^c	Cl-C$_6$H$_4$-(CH$_2$)$_2$R$_{f8}$	CH$_3$C$_6$H$_5$: CF$_3$C$_6$F$_{11}$	59.2 : 40.8	4a

#	構造	溶媒系	比	Ref
15	1,2-(CH$_2$)$_3$R$_{f6}$ benzene	CH$_3$C$_6$H$_5$: CF$_3$C$_6$F$_{11}$	26.3 : 73.7	1
16	1,2-(CH$_2$)$_3$R$_{f8}$ benzene	CH$_3$C$_6$H$_5$: CF$_3$C$_6$F$_{11}$	8.8 : 91.2	1
17	1,2-(CH$_2$)$_3$R$_{f10}$ benzene	CH$_3$C$_6$H$_5$: CF$_3$C$_6$F$_{11}$	2.6 : 97.4	1
18	1,3-(CH$_2$)$_3$R$_{f8}$ benzene	CH$_3$C$_6$H$_5$: CF$_3$C$_6$F$_{11}$	9.3 : 90.7	1
19	R$_{f8}$(CH$_2$)$_3$-C$_6$H$_4$-(CH$_2$)$_3$R$_{f8}$ (1,4)	CH$_3$C$_6$H$_5$: CF$_3$C$_6$F$_{11}$	8.9 : 91.1	1
20	1,3,5-(R$_{f8}$(CH$_2$)$_3$)$_3$-C$_6$H$_3$	CH$_3$C$_6$H$_5$: CF$_3$C$_6$F$_{11}$	<0.3 : >99.7	1
21^c	PhCH(CH$_2$R$_{f8}$)$_2$	CH$_3$C$_6$H$_5$: CF$_3$C$_6$F$_{11}$	2.1 : 97.9	8
22	I-C$_6$H$_3$(CH$_2$)$_3$R$_{f8}$)$_2$	CH$_3$C$_6$H$_5$: CF$_3$C$_6$F$_{11}$	30.5 : 69.5	9
23	R$_{f8}$(CH$_2$)$_3$-C$_6$H$_3$(I)-(CH$_2$)$_3$R$_{f8}$	CH$_3$C$_6$H$_5$: CF$_3$C$_6$F$_{11}$	25.3 : 74.7	9
24	R$_{f8}$(CH$_2$)$_3$-C$_6$H$_2$(I)-(CH$_2$)$_3$R$_{f8}$	CH$_3$C$_6$H$_5$: CF$_3$C$_6$F$_{11}$	26.1 : 73.9	9
25	I-C$_6$H$_2$((CH$_2$)$_3$R$_{f8}$)$_3$	CH$_3$C$_6$H$_5$: CF$_3$C$_6$F$_{11}$	2.0 : 98.0	9
26^d	6,6'-bis((R$_{f8}$(CH$_2$)$_2$)$_3$Si)-BINOL	CH$_3$C$_6$H$_5$: C$_6$F$_{14}$	1 : 99	10

Ⅶ Nitrogen Heterocycles

#	構造	溶媒系	比	Ref
1^c	2-R$_{f8}$-pyridine	CH$_3$C$_6$H$_5$: CF$_3$C$_6$F$_{11}$	36.8 : 63.2	4a
2^c	3-R$_{f8}$-pyridine	CH$_3$C$_6$H$_5$: CF$_3$C$_6$F$_{11}$	29.3 : 70.7	4a
3^c	4-R$_{f8}$-pyridine	CH$_3$C$_6$H$_5$: CF$_3$C$_6$F$_{11}$	31.1 : 68.9	4a

第2章　フルオラスケミストリーの基礎－Fundamental Aspects of Fluorous Chemistry－

4	$R_{f8}(CH_2)_2$-N-pyridine-$(CH_2)_2R_{f8}$	$CH_3C_6H_5 : CF_3C_6F_{11}$	6.2 : 93.8	11
5	$R_{f8}(CH_2)_3$-N-pyridine-$(CH_2)_3R_{f8}$	$CH_3C_6H_5 : CF_3C_6F_{11}$	9.6 : 90.4	11
6	$R_{f8}(CH_2)_2$-N-pyridine-$(CH_2)_2R_{f8}$, $(CH_2)_2R_{f8}$	$CH_3C_6H_5 : CF_3C_6F_{11}$	<0.3 : >99.7	11
7	$R_{f8}(CH_2)_3$-NH-piperidine-$(CH_2)_3R_{f8}$	$CH_3C_6H_5 : CF_3C_6F_{11}$	6.4 : 93.6	11
VIII	Halides			
1[c]	$R_{f8}I$	$CH_3C_6H_5 : CF_3C_6F_{11}$	21.2 : 78.8	4a
2[c]	$R_{f8}I$	$CH_3C_6H_5 : CF_3C_6F_{11}$	11.5 : 88.5	4a
3[c]	$R_{f10}I$	$CH_3C_6H_5 : CF_3C_6F_{11}$	5.5 : 94.5	4a
4	$R_{f8}(CH_2)_3I$	$CH_3C_6H_5 : CF_3C_6F_{11}$	49.3 : 50.7	1
IX	Amines and Imines			
1	$R_{f6}(CH_2)_3NH_2$	$CH_3C_6H_5 : CF_3C_6F_{11}$	30.0 : 70.0	4b,12
2	$R_{f6}(CH_2)_4NH_2$	$CH_3C_6H_5 : CF_3C_6F_{11}$	36.8 : 63.2	12
3	$R_{f6}(CH_2)_5NH_2$	$CH_3C_6H_5 : CF_3C_6F_{11}$	43.1 : 56.9	12
4[c]	$R_{f6}(CH_2)_3NH(CH_3)$	$CH_3C_6H_5 : CF_3C_6F_{11}$	29.1 : 70.9	4b
5	$[R_{f6}(CH_2)_3]_2NH$	$CH_3C_6H_5 : CF_3C_6F_{11}$	3.5 : 96.5	4b,12
6	$[R_{f6}(CH_2)_4]_2NH$	$CH_3C_6H_5 : CF_3C_6F_{11}$	4.9 : 95.1	12
7	$[R_{f6}(CH_2)_5]_2NH$	$CH_3C_6H_5 : CF_3C_6F_{11}$	7.0 : 93.0	12
8[c]	$R_{f6}(CH_2)_3N(CH_3)_2$	$CH_3C_6H_5 : CF_3C_6F_{11}$	20.2 : 79.8	4b
9[c]	$[R_{f6}(CH_2)_3]_2N(CH_3)$	$CH_3C_6H_5 : CF_3C_6F_{11}$	2.6 : 97.4	4b
10	$[R_{f6}(CH_2)_3]_3N$	$CH_3C_6H_5 : CF_3C_6F_{11}$	<0.3 : >99.7	4b,12
11	$[R_{f6}(CH_2)_4]_3N$	$CH_3C_6H_5 : CF_3C_6F_{11}$	<0.3 : >99.7	12
12	$[R_{f6}(CH_2)_5]_3N$	$CH_3C_6H_5 : CF_3C_6F_{11}$	0.5 : 99.5	12
13	$R_{f8}(CH_2)_2$-N=CH-aryl with $(CH_2)_3R_{f8}$ and $(CH_2)_2R_{f8}$	$CH_3C_6H_5 : CF_3C_6F_{11}$	1.3 : 98.7	5,13
X	Phosphorus Compounds			
1[c]	$[R_{f6}(CH_2)_2]_3P$	$CH_3C_6H_5 : CF_3C_6F_{11}$	1.2 : 98.8	14
2[c]	$[R_{f8}(CH_2)_2]_3P$	$CH_3C_6H_5 : CF_3C_6F_{11}$	<0.3 : >99.7	14
3[c]	$[R_{f10}(CH_2)_2]_3P$	$CH_3C_6H_5 : CF_3C_6F_{11}$	<0.3 : >99.7	14
4[c]	$[R_{f6}(CH_2)_3]_3P$	$CH_3C_6H_5 : CF_3C_6F_{11}$	1.2 : 98.8	14
5[c]	$[R_{f6}(CH_2)_4]_3P$	$CH_3C_6H_5 : CF_3C_6F_{11}$	1.1 : 98.9	14
6[c]	$[R_{f8}(CH_2)_2]_3P$	$CH_3C_6H_5 : CF_3C_6F_{11}$	1.1 : 98.9	15
7[c]	$[R_{f6}(CH_2)_2]_3P=O$	$CH_3C_6H_5 : CF_3C_6F_{11}$	<0.3 : >99.7	14
8[d]	$[R_{f6}(CH_2)_2$-C$_6$H$_4$-P$]_3$	$CH_3C_6H_5 : C_6F_{14}$	57.1 : 42.9	16
9[c]	$[R_{f6}(CH_2)_3$-C$_6$H$_4$-P$]_3$	$CH_3C_6H_5 : CF_3C_6F_{11}$	80.5 : 19.5	17

フルオラスケミストリー

10[c]	[$R_{f8}(CH_2)_3$-C6H4-]$_3$P		$CH_3C_6H_5$: $CF_3C_6F_{11}$	33.4 : 66.6	17
11[c]	[$R_{f8}(CH_2)_3$-C6H4-]$_3$P→BH$_3$		$CH_3C_6H_5$: $CF_3C_6F_{11}$	62.7 : 37.3	8
	[($R_{fn}CH_2CH_2$)$_x$Si(CH$_3$)$_{3-x}$-C6H4-]$_3$P				18,19
12[f]		$x=1, n=6$	$n-C_8H_{18}$: $CF_3C_6F_{11}$	47.6 : 52.4	18
13[f]		$x=1, n=8$	$n-C_8H_{18}$: $CF_3C_6F_{11}$	17.9 : 82.1	18
14[f]		$x=2, n=6$	$n-C_8H_{18}$: $CF_3C_6F_{11}$	5.6 : 94.4	18
15[f]		$x=2, n=8$	$n-C_8H_{18}$: $CF_3C_6F_{11}$	3.4 : 96.6	18
16[f]		$x=3, n=6$	$CH_3C_6H_5$: $CF_3C_6F_{11}$	18.9 : 81.1	18
17[f]			$n-C_8H_{18}$: $CF_3C_6F_{11}$	9.6 : 90.4	18
18[f]			$n-C_5H_{12}$: $CF_3C_6F_{11}$	6.2 : 93.8	18
19[f]		$x=3, n=8$	$CH_3C_6H_5$: $CF_3C_6F_{11}$	32.3 : 67.7	18
20[f]			$n-C_8H_{18}$: $CF_3C_6F_{11}$	7.7 : 92.3	18
21[f]			$n-C_5H_{12}$: $CF_3C_6F_{11}$	4.8 : 95.2	18
XI	Stannanes				
1[d]	[CH$_3$(CH$_2$)$_3$]$_3$SnH		C_6H_6 : C_6F_{14}	>99.7 : <0.3	20
2[d]	[R_{f4}(CH$_2$)$_3$]$_3$SnH		C_6H_6 : C_6F_{14}	8.7 : 91.3	20
3[d]	[R_{f6}(CH$_2$)$_3$]$_3$SnH		C_6H_6 : $CF_3C_6F_{11}$	2.2 : 97.8	21
4[d]			C_6H_6 : C_6F_{14}	2.2 : 97.8	20
5[d]	[R_{f10}(CH$_2$)$_3$]$_3$SnH		C_6H_6 : C_6F_{14}	<0.3 : >99.7	20
6[d]	[R_{f4}(CH$_2$)$_2$]$_3$SnH		C_6H_6 : C_6F_{14}	45.5 : 54.5	20
7[d]	[R_{f6}(CH$_2$)$_2$]$_3$SnH		C_6H_6 : C_6F_{14}	9.1 : 90.9	20
8[d]	[R_{f6}(CH$_2$)$_3$]$_3$SnCH$_2$CH=CH$_2$		C_6H_6 : C_6F_{14}	2.0 : 98.0	22
XII	Sulfur Compounds				
1[c]	R_{f8}(CH$_2$)$_3$SH		$CH_3C_6H_5$: $CF_3C_6F_{11}$	44.1 : 55.9	4a
2[c]	$CF_3SC_6H_5$		$CH_3C_6H_5$: $CF_3C_6F_{11}$	92.1 : 7.9	4a
3[c]	$R_{f8}SC_6H_5$		$CH_3C_6H_5$: $CF_3C_6F_{11}$	35.7 : 64.3	4a
4[c]	$R_{f7}C(O)SCH_3$		$CH_3C_6H_5$: $CF_3C_6F_{11}$	23.9 : 76.1	4a
5	[R_{f8}(CH$_2$)$_2$]$_2$S		$CH_3C_6H_5$: $CF_3C_6F_{11}$	1.3 : 98.7	23
6	[R_{f10}(CH$_2$)$_2$]$_2$S		$CH_3C_6H_5$: $CF_3C_6F_{11}$	3.4 : 96.6	23
7	R_{f8}(CH$_2$)$_2$-C6H4-(CH$_2$)$_3$R$_{f8}$ with S-(CH$_2$)$_3$R$_{f8}$		$CH_3C_6H_5$: $CF_3C_6F_{11}$	0.5 : 99.5	5
XIII	Transition Metal Compounds				
1[e]	[{R_{f6}(CH$_2$)$_2$}$_3$P]$_3$RhCl		$CH_3C_6H_5$: $CF_3C_6F_{11}$	0.14 : 99.86	24
2[e]	[{R_{f8}(CH$_2$)$_2$}$_3$P]$_3$RhCl		$CH_3C_6H_5$: $CF_3C_6F_{11}$	0.12 : 99.88	24
3[e]	[{R_{f6}(CH$_2$)$_2$}$_3$P]$_3$Rh(H)(CO)		$CH_3C_6H_5$: $CF_3C_6F_{11}$	0.5 : 99.5	4a,25
4[g]	[R_{f10}(CH$_2$)$_2$C$_5$H$_4$]Rh(CO)$_2$		$CH_3C_6H_5$: $CF_3C_6F_{11}$	55.5 : 44.5	25
5[g]	[R_{f10}(CH$_2$)$_2$C$_5$H$_4$]Rh(CO)[P{(CH$_2$)$_2$R$_{f6}$}$_3$]		$CH_3C_6H_5$: $CF_3C_6F_{11}$	3.3 : 96.7	25

第2章 フルオラスケミストリーの基礎－Fundamental Aspects of Fluorous Chemistry－

6	$R_{f8}(CH_2)_2$, $R_{f8}(CH_2)_3$ N-Pd-OAc (指示構造) /2 ―(CH$_2$)$_3$R$_{f8}$	$CH_3C_6H_5 : CF_3C_6F_{11}$	4.5 : 95.5		5,13
7	$R_{f8}(CH_2)_2$, $R_{f8}(CH_2)_3$ S-Pd-OAc /2 ―(CH$_2$)$_3$R$_{f8}$	$CH_3C_6H_5 : CF_3C_6F_{11}$	9.3 : 90.7		5
	$(R_3P)_3RhCl$				19
8[f]	R = C_6H_4-p-Si(CH$_3$)$_2$(CH$_2$)$_2$R$_{f6}$	n-$C_8H_{18} : CF_3C_6F_{11}$	0.3 : 99.7		19
9[c]		n-$C_8H_{18} : CF_3C_6F_{11}$	1.3 : 98.7		19
10[f]	R = C_6H_4-p-Si(CH$_3$)$_2$(CH$_2$)$_2$(CH$_2$)$_2$R$_{f8}$	n-$C_8H_{18} : CF_3C_6F_{11}$	0.1 : 99.9		19

[a]All measurements obtained at 24℃ unless otherwise stated. [b]R$_{fn}$=(CF$_2$)$_{n-1}$CF$_3$. [c]25℃. [d]Ambient temperature implied. [e]27℃. [f]0℃. [g]20℃.

文　献
(1) Rocaboy, C.; Rutherford, D.; Bennett, B. L.; Gladysz, J. A. *J. Phys. Org. Chem.*, **13**, 596 (2000)
(2) Rutherford, D.; Juliette, J. J. J.; Rocaboy, C.; Horváth, I. T.; Gladysz, J. A. *Catalysis Today*, **42**, 381 (1998)
(3) Rutherford, D. unpublished results.
(4)(a) Kiss, L. E.; Kövesdi, I.; Rábai, J. *J. Fluorine Chem.*, 108, 95
  (b) Szlavik, Z.; Tárkányi, G.; Gömöry, Á.; Tarczay, G.; Rábai, J. *J. Fluorine Chem.*, **108**, 7 (2001)
(5) Rocaboy, C.; Gladysz, J. A. *New J. Chem.*, 27, 39 (2003)
(6) Szlávik, Z.; Tárkányi, G.; Tarczay, G.; Gömöry, A.; Rábai, J. *J. Fluorine Chem.*, **98**, 83 (1999)
(7) Loiseau, J.; Fouquet, E.; Fish, R. H.; Vincent, J. -M.; Verlhac, J. -B. *J. Fluorine Chem.*, **108**, 195 (2001)
(8) Wende, M.; Seidel, F.; Gladysz, J. A. *J. Fluorine Chem.*, **124**, 45 (2003)
(9) Rocaboy, C.; Gladysz, J. A. *Chem. Eur. J.*, **9**, 88 (2003)
(10) Nakamura, Y.; Takeuchi, S.; Ohgo, Y. *J. Fluorine Chem.*, **120**, 121 (2003)
(11) Rocaboy, C.; Hampel, F.; Gladysz, J. A. *J. Org. Chem.*, **67**, 6863 (2002)
(12) Rocaboy, C.; Bauer, W.; Gladysz, J. A. *Eur. J. Org. Chem.*, 2621 (2000)
(13) Rocaboy, C.; Gladysz, J. A. *Org. Lett.*, **4**, 1993 (2002)
(14) Alvey, L. J.; Rutherford, D.; Juliette, J. J. J.; Gladysz, J. A. *J. Org. Chem.*, **63**, 6302 (1998)
(15) Alvey, L. J.; Meier, R.; Soós, T.; Bernatis, P.; Gladysz, J. A. *Eur. J. Inorg. Chem.*, 1975 (2000)
(16) Zhang, Q.; Luo, Z.; Curran, D. P. *J. Org. Chem.*, **65**, 8866 (2000)
(17) Soós, T.; Bennett, B. L.; Rutherford, D.; Barthel-Rosa, L. P.; Gladysz, J. A. *Organometallics*, **20**, 3079 (2001)
(18) Richter, B.; de Wolf, E.; van Koten, G.; Deelman, B. -J. *J. Org. Chem.*, **65**, 3885 (2000)
(19) Richter, B.; Spek, A. L.; van Koten, G.; Deelman, B. -J. *J. Am. Chem. Soc.*, **122**, 3945 (2000)
(20) Curran, D. P.; Hadida, S.; Kim, S. -Y.; Luo, Z. *J. Am. Chem. Soc.*, **121**, 6607 (1999)
(21) Curran, D. P.; Hadida, S. *J. Am. Chem. Soc.*, **118**, 2531 (1996)
(22) Curran, D. P.; Luo, Z.; Degenkolb, P. *Bioorganic & Medicinal Chemistry Lett.*, **8**, 2403 (1998)
(23) Rocaboy, C.; Gladysz, J. A. *Tetrahedron*, **58**, 4007 (2002)
(24) Juliette, J. J. J.; Rutherford, D.; Horváth, I. T.; Gladysz, J. A. *J. Am. Chem. Soc.*, **121**, 2696 (1999)
(25) Herrera, V.; de Rege, P. J. F.; Horváth, I. T.; Husebo, T. L.; Hughes, R. P. *Inorg. Chem. Commun.*, **1**, 197 (1998)

謝辞

　　本研究を進めるにあたり，資金援助をしていただいた Deutsche Forschungsgemeinschaft（DFG；GL301/3-3）に感謝いたします．また，本稿の作図に協力していただいた Markus Jurisch 氏に感謝いたします．

文　献

1) Horváth, I. T., Rábai, J., *Science*, **266**, 72 (1994)
2) Zhu, D. -W., *Synthesis*, 953 (1993)
3) Gladysz, J. A., Curran, D. P., *Tetrahedron*, **58**, 3823 (2002)
4) Sanford, G., *Tetrahedron*, **59**, 437 (2003)
5) Smart, B. E., In *Organofluorine Chemistry Principles and Commercial Applications*, Chapter 3, Banks, R. E., Smart, B. E., Tatlow, J. C., Eds., New York (1994)
6) Maul, J. J., Ostrowski, P. J., Ublacker, G. A., Linclau, B., Curran, D. P., *Top. Curr. Chem.*, **206**, 79 (1999)
7) Matsubara, H., Yasuda, S., Sugiyama, H., Ryu, I., Fujii, Y., Kita, K., *Tetrahedron*, **58**, 4071 (2002)
8) (a)Filler, R., In *Fluorine-Containing Molecules*, Chapter 2, Liebman, J. F., Greenberg, A., Dolbier, W. R. Jr., Eds., VCH: Weinheim (1988)
(b)Alkorta, I., Rozas, I., Elguero, J., *J. Org. Chem.*, **62**, 4687 (1997), and references therein
9) Collings, J. C., Roscoe, K. P., Robins, E. G., Batsanov, A. S., Stimson, L. M., Howard, J. A. K., Clark, S. J., Marder, T. B., *New J. Chem.*, **26**, 1740 (2002), and references therein
10) Gladysz, J. A., Emnet, C., in *Handbook of Fluorous Chemistry*, Chapter 3, Gladysz, J. A., Curran, D. P., Horváth, I. T. Eds., Wiley / VCH, Weinheim (2004)
11) Freed, B. K., Biesecker, J., Middleton, W. J., *J. Fluorine Chem.*, **48**, 63 (1990)
12) Serratrice, G., Delpuech, J. -J., Diguet, R., *Nouv. J. Chem.*, **6**, 489 (1982)
13) (a)Benesi, H. A., Hildebrand, J. H., *J. Am. Chem. Soc.*, **70**, 3978 (1948)
(b)Scott, R. L., *J. Am. Chem. Soc.*, **70**, 4090 (1948)
(c)Hildebrand, J. H., Cochran, D. R. F., *J. Am. Chem. Soc.*, **71**, 22 (1949)
(d)Hildebrand, J. H., Fisher, B. B., Benesi, H. A., *J. Am. Chem. Soc.*, **72**, 4348 (1950)
(e)Stephen, H., Stephen, T., Eds., *Solubilities of Inorganic and Organic Compounds*, Vol. 1, Part 2, 1027, 1028, 1086, 1394, 1412, 1472, 1473, New York (1963)
14) (a)Richter, B., de Wolf, E., van Koten, G., Deelman, B. -J., *J. Org. Chem.*, **65**, 3885 (2000)
(b)de Wolf, E., Richter, B., Deelman, B. -J., van Koten, G., *J. Org. Chem.*, **65**, 5424 (2000)
15) Deschamps, J., Costa Gomes, M. F., Pádua, A. A. H., *J. Fluorine Chem.*, **125**, 409 (2004)
16) Hughes, R. P., Trujillo, H. A., *Organometallics*, **15**, 286 (1996)
17) Rocaboy, C., Gladysz, J. A., *Tetrahedron*, **58**, 4007 (2002)
18) Shepperson, I., Cavazzini, M., Pozzi, G., Quici, S., *J. Fluorine Chem.*, **125**, 175 (2004)
19) Rocaboy, C., Gladysz, J. A., *New J. Chem.*, **27**, 39 (2003)
20) Alvey, L. J., Rutherford, D., Juliette, J. J. J., Gladysz, J. A., *J. Org. Chem.*, **63**, 6302 (1998)
21) Wende, M., Gladysz, J. A., *J. Am. Chem. Soc.*, **125**, 5861 (2003)
22) Costa Gomes, M. F., Deschamps, J., Menz, D. -H., *J. Fluorine Chem.*, **125**, 1325 (2004)
23) See Riess, J. G., LeBlanc, M., *Pure Appl. Chem.*, **54**, 2388 (1982) and the references in Table 3-3
24) Guillevic, M. -A., Rocaboy, C., Arif, A. M., Horváth, I. T., Gladysz, J. A., *Organometallics*, **17**, 707 (1998)
25) Atkins, P. W. In, *Physical Chemistry*, Third Edition, W. H. Freeman and Company, New York, 197-198 (1986)
26) (a)Klement, I., Lütjens, H., Knochel, P., *Angew. Chem. Int. Ed. Engl.*, **36**, 1454 (1997); *Angew. Chem.*, **109**, 1605 (1997)

第2章 フルオラスケミストリーの基礎－Fundamental Aspects of Fluorous Chemistry－

  (b)Laboratory observations of several coworkers of the authors' group.
27) Lo Nostro, P., *Adv. Colloid Interface Sci.*, **56**, 245 (1995)
28) Juliette, J. J. J., Rutherford, D., Horváth, I. T., Gladysz, J. A., *J. Am. Chem. Soc.*, **121**, 2696 (1999)
29) West, K. N., Hallet, J. P., Jones, R. S., Bush, D., Liotta, C. L., Eckert, C. A., *Ind. Eng. Chem. Res.*, **43**, 4827 (2004)
30) Gladysz, J. A., da Costa, R. C., in *Handbook of Fluorous Chemistry*, Ch. 4, Gladysz, J. A., Curran, D. P., Horváth, I. T. Eds., Wiley / VCH, Weinheim (2004)
31) (a)Wende, M., Meier, R., Gladysz, J. A., *J. Am. Chem. Soc.*, **123**, 11490 (2001)
  (b)Wende, M., Gladysz, J. A., *J. Am. Chem. Soc.*, **125**, 5861 (2003)
32) First example of this methodology: van Vliet, M. C. A., Arends, I. W. C. E., Sheldon, R. A., *Chem. Commun.*, 263 (1999)
33) (a)Ishihara, K., Kondo, S., Yamamoto, H., *Synlett*, 1371 (2001)
  (b)Ishihara, K., Hasegawa, A., Yamamoto, H., *Synlett*, 1299 (2002)
34) (a)Xiang, J., Orita, A., Otera, J., *Adv. Synth. Catal.*, **344**, 84 (2002)
  (b)J. Otera, *Acc. Chem. Res.*, **37**, 288 (2004)
35) (a)Olofsson, K., Kim, S. -Y., Larhed, M., Curran, D. P., Hallberg, A., *J. Org. Chem.*, **64**, 4539 (1999) (see Table 2, entry 4)
  (b)Mikami, K., Mikami, Y., Matsuzawa, H., Matsumoto, Y., Nishikido, J., Yamamoto, F., Nakajima, H., *Tetrahedron*, **58**, 4015 (2002)
  (c)Maayan, G., Fish, R. H., Neumann, R., *Org. Lett.*, **5**, 3547 (2003)
36) Dinh, L. V., Gladysz, J. A., *Angew. Chem., Int. Ed.*, **44**, 4095 (2005); *Angew. Chem.*, **117**, 4164 (2005)
37) (a)Tzschucke, C. C., Markert, C., Glatz, H., Bannwarth, W., *Angew. Chem. Int. Ed.*, **41**, 4500 (2002); *Angew. Chem.*, **114**, 4678 (2002)
  (b)Tzschucke, C. C., Bannwarth, W., *Helv. Chim. Acta*, 2882 (2004)
  (c)Bannwarth, W., Tzschucke, C. C., Andrushko, V., *Eur. J. Org. Chem* (2005)
38) (a)Biffis, A., Zecca, M., Basato, M., *Green Chemistry*, **5**, 170 (2003)
  (b)Biffis, A., Braga, M., Basato, M., *Adv. Synth. Catal.*, **346**, 451 (2004)
39) (a)Yamazaki, O., Hao, X., Yoshida, A., Nishikido, J., *Tetrahedron Lett.*, **44**, 8791 (2003)
  (b)Jenkins, P. M., Steele, A. M., Tsang, S. C., *Catalysis Communications*, **4**, 45 (2003)
40) Schwinn, D., Glatz, H., Bannwarth, W., *Helv. Chim. Acta*, **86**, 188 (2003)
41) Ablan, C. D., Hallett, J. P., West, K. N., Jones, R. S., Eckert, C. A., Liotta, C. A., Jessop, P. G., *Chem. Commun.*, 2972 (2003)
42) (a)Croxtall, B., Hope, E. G., Stuart, A. M., *Chem. Commun.*, 2430 (2003)
  (b)Fawcett, J., Hope, E. G., Stuart, A. M., West, A. J., *Green Chemistry*, **7**, 316 (2005)
43) Gladysz, J. A., in *Handbook of Fluorous Chemistry*, Ch. 5, Gladysz, J. A., Curran, D. P., Horváth, I. T. Eds., Wiley / VCH, Weinheim (2004)
44) Jiao, H., Le Stang, S., Soós, T., Meier, R., Kowski, K., Rademacher, P., Jafarpour, L., Hamard, J. -B., Nolan, S. P., Gladysz, J. A., *J. Am. Chem. Soc.*, **124**, 1516 (2002)
45) Gladysz, J. A., Emnet, C., Rábai, J., in *Handbook of Fluorous Chemistry*, Ch. 6, Gladysz, J. A., Curran, D. P., Horváth, I. T. Eds., Wiley / VCH, Weinheim (2004)
46) (a)Kiss, L. E., Kövesdi, I., Rábai, J., *J. Fluorine Chem.*, **108**, 95 (2001)
  (b)Huque, F. T. T., Jones, K., Saunders, R. A., Platts, J. A., *J. Fluorine Chem.*, **115**, 119 (2002)
  (c)de Wolf, E., Ruelle, P., van den Broeke, J., Deelman, B. -J., van Koten, G., *J. Phys. Chem. B*,

108, 1458 (2004)
(d)Duchowicz, P. R., Fernández, F. M., Castro, E. A., *J. Fluorine Chem*., **125**, 43 (2004)
47) Curran, D. P., Ferritto, R., Hua, Y., *Tetrahedron Lett*., **39**, 4937 (1998)
48) (a)Richter, B., Spek, A. L., van Koten, G., Deelman, B. -J., *J. Am. Chem. Soc*., **122**, 3945 (2000)
(b)de Wolf, E., Speets, E. A., Deelman, B. -J., van Koten, G., *Organometallics*, **20**, 3686 (2001)
49) Dinh, L. V., Gladysz, J. A., *Chem. Eur. J*., 11 (2005)
50) Imakura, Y., Nishiguchi, S., Orita, A., Otera, J., *Applied Organomet. Chem*., **17**, 795 (2003)

第3章　フルオラスケミストリーの新展開
—Light Fluorous Chemistry—

松儀真人[*1], Dennis P. Curran[*2]

1　はじめに

　有機合成反応では通常，反応混合物から目的化合物を単離精製する操作が必要である。精製操作において，目的物のみを容易に単離できる汎用性の高い方法論が確立できれば，合成化学の分野で強力なツールとなる。高選択性や高効率を達成している優れた合成反応も，触媒回収や精製操作がより簡単になれば，さらにその価値が高まるであろう。フルオラスケミストリーは扱いやすく，比較的単純であることから極めて優れた分離技術の基点となりうる。

　フルオラスを利用した有機合成反応や分離技術は最近になって研究が進展している分野であるが，それでもこの10年間に約950報の論文が報告されており（SciFinder 9/20/05現在；Fluorous の Topic 検索），すでに製薬会社などには大きなインパクトを与え始めている[1]。初期のフルオラスケミストリーの基本戦略は，長鎖パーフルオロアルキル基を有機分子に組み込み，フルオラス液相—有機液相の分液操作により反応混合物から目的物を分離するというものであった[2]。この場合，分子量に対するフッ素原子の割合をかなり大きくする必要があり，そのため一般に「ヘビー」なフルオラス分子と呼ばれていた。ヘビーフルオラス分子は分子量が大きいことから，フルオラス触媒の分野などでは少スケールでも比較的取り扱いやすいという利点を有していた。しかしながら，ヘビーフルオラス分子は汎用有機溶媒に溶けにくく，フッ素含有量が高いことに由来する特殊な物性のために，新規フルオラス保護基などのフルオラス試薬の開発は，困難な場合が多いこともまた事実であった。

　この問題点を克服する最も良い方法の一つは，ヘビーフルオラス分子からフッ素含有量をかなり減らした「ライト」なフルオラス分子に置き換えることである。言い換えれば分離操作を「フルオラス液相—有機液相」から「フルオラス固相—有機液相」に置き換えることである。そうすることにより，汎用有機溶媒が反応媒質として使用できるだけでなく，反応過程においてもフルオラス分子は通常の有機分子とほぼ同様の反応挙動をとることが期待できる。ライトフルオラス

---

*1　Masato Matsugi　名城大学　農学部　応用生物化学科　助教授
*2　Dennis P. Curran　University of Pittsburgh　Faculty of Arts and Sciences　Professor

分子の「固相—液相」分離法のブレークスルーとなったのは，1997年のHadidaとCurranの報告である[3]。その後，この手法は幅広い有機合成分野でヘビーフルオラス分子を用いた分離法と相補的に利用されるようになった。本稿ではこの「ライトフルオラスケミストリー」について最近の展開を紹介する。

2 なぜ今，ライトフルオラスケミストリーなのか？

2.1 ヘビーフルオラスケミストリーからライトフルオラスケミストリーへ

　ライトフルオラスケミストリーとヘビーフルオラスケミストリーは，対象となる分子中のフッ素タグ構造中のフッ素原子数により区別される[4]。その明確な指標はないが，分子中にフッ素原子が少なくとも39個以上ある場合には「ヘビー」なフルオラス分子と一般に呼ばれている（要するにフッ素含有量がヘビー級ということである）。ヘビーフルオラス分子は汎用有機溶媒にはほとんど溶けず，フルオラス溶媒に選択的に溶解することから，有機溶媒とフルオラス溶媒を用いて「液相—液相」でのフルオラス分子の分離が可能である。一方，分子中のフッ素原子が21個以下の分子は「ライト」なフルオラス分子と呼ばれている（図1）。

　ライトフルオラス分子はフルオラス溶媒にはほとんど溶解せず，むしろ汎用有機溶媒に可溶である。したがってフルオラス溶媒を用いる「液相—液相」での分離は一般に不可能であるが，Fluorous Solid Phase Extraction（以下FSPEと略す場合もある；次節参照）によりフルオラス分子と非フルオラス分子を効率よく分離することが可能となる[2]。すなわち，ライトフルオラス分子では反応溶媒の選択や反応追跡の方法も含めて，通常の有機分子（非フルオラス分子）とほぼ同様の条件で有機合成反応を行うことができる。フルオラス分子の世界では，「ヘビー」級から「ライト」級への階級ダウンにより得られる恩恵は非常に大きいということである。

　なお，分子中のフッ素原子数が「ヘビー」と「ライト」の間に位置するものは，ウエルター，ミドル，バンタムなどに位置づけされることになるが，予想されるように，これらの分子は「ヘビー」と「ライト」の中間の性質を有しており，有機溶媒に対する溶解度や分離過程での扱いやすさの点でライトフルオラス分子に取って代わるだけのメリットは少ない。

$(C_6F_{13}CH_2CH_2)_3SnH$
Heavy fluorous tin hydride
Mol. Wt.: 1161
%F: 64

$C_6F_{13}CH_2CH_2Sn(CH_3)_2H$
Light fluorous tin hydride
Mol. Wt.: 497
%F: 50

図1　スズヒドリド試薬におけるフルオラス階級比較

2.2 ライトフルオラスケミストリー vs 固相反応

　有機合成においてライトフルオラスケミストリーと固相反応は，それぞれどのような利点，欠点を有しているのだろうか。ライトフルオラスケミストリーでは，標的タグ化合物の分離法としてFSPEを必要とするため，簡便さだけを考えれば固相反応の方が扱いやすい。また，固相反応では大量混合物で反応を順次進めていく場合にも有利である（ライトフルオラスケミストリーでのフッ素タグ数には上限があり限られている）。しかしながら，ライトフルオラスケミストリーは均一液相反応なので，一般に固相反応に比べて反応は速くきれいに進み，大過剰の試薬を必要としないという利点を有している。さらに反応中の分析（TLC，HPLC，GC など）や同定のための各種スペクトル測定（NMR，MS，IR など）も可能である。したがって，液相合成においてフッ素タグによる分離技術を用いたライトフルオラスケミストリーは，現時点で最も優れた手法と言っても良いであろう。いずれにせよ，反応の目的に応じてライトフルオラスケミストリーと固相反応を相補的に用いることで，我々有機化学者の受ける恩恵は飛躍的に増大する。

　簡単な反応条件などの比較を図2に示した。

3　Fluorous Solid Phase Extraction (FSPE) を利用するフルオラス分子の分離

3.1　フルオラスシリカゲルの構造

　ライトフルオラスケミストリーではFluorous Solid Phase Extraction（FSPE）と呼ばれる「フルオラス固相—液相」を用いた手法がフルオラス化合物分離の基点となる[2]。FSPEではフルオロアルキル基をゼオライト構造中に有する「フルオラスシリカゲル」をフルオラス化合物の分離精製に用いるが，フルオラス化合物を選択的に保持することから，1997年以降この分野で急速に普及し始めた（フルオラス固相）。一般的に用いられているフルオラスシリカゲルは，ケイ酸の酸

	Light fluorous reaction	Solid phase reaction
Literature methods used without modification	○	
High yields with molar equivalent stoichiometries	○	
Easy separation of excess reagents and byproducts	○	○
Diverse solvent selection	○	
Convenient spectroscopic analysis	○	
Large mixtures possible		○

図2　ライトフルオラスケミストリーと固相反応

素原子上にエチレンスペーサーを介してパーフルオロアルキル基が導入されたものである（図3）[5]。Fluorous Technologies 社から市販されている *Fluoro Flash*™ は比較的長いパーフルオロオクチル基（C_8F_{17}基）を有するシリカゲルで，現在 FSPE において最も広く用いられているフルオラス固相の一つである。*Fluoro Flash*™ の TLC プレートも市販されているので，事前に処理する混合物の FSPE での挙動を推察することができる。また，フルオラスシリカゲルを充填剤とした HPLC カラムがアメリカのメーカーだけでも数種類市販されている。その大部分のカラムはシリカゲル担体上にパーフルオロヘキシル基（C_6F_{13}基）を有している。もし，より効率的な分離が必要である場合には，より長いパーフルオロオクチル基を有する *Fluoro Flash*™ HPLC カラム（Fluorous Technologies 社）の使用が望ましい[6]。

3.2 Fluorous Solid Phase Extraction（FSPE）とは？

1997年に Curran らが Fluorous Solid Phase Extraction（FSPE）を報告して以来[3]，本手法は「ライト」なフルオラス分子を分離するための最も一般的な方法として用いられるようになった。図4は FSPE の概略を示している。まず，フルオラス化合物と有機化合物の混合物をフルオラスシリカゲル担体のカラムクロマトグラフィーの上にのせる。次に，fluorophobic（疎フルオロ性）の溶離液を流すとフッ素を含まない有機化合物はすぐにカラムから流れ出すが，フルオラス化合

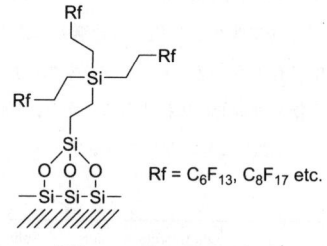

図3　フルオラスシリカゲル

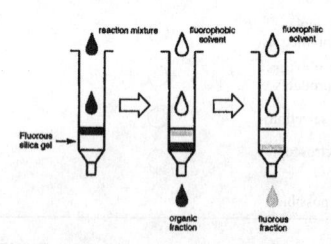

図4　フルオラスシリカゲルによる Solid Phase Extraction

第3章　フルオラスケミストリーの新展開—Light Fluorous Chemistry—

物はカラム上で吸着されたまま移動しない。有機化合物の流出後，最後に fluorophilic（親フルオロ性）の溶離液を流すことでフルオラス化合物が流出し，結果として有機化合物とフルオラス化合物を簡単に分離することが可能である。また，カラムのフラクションは LC や LC-MS などによる直接分析が可能であるし，後半で述べるパラレル合成におけるタグ長に基づく分離にも応用可能である。

　図5には，フルオラスタグを組み込んだオレンジ色の色素と，フルオラスタグを持たない青色の色素の混合物の FSPE 分離操作の写真を示した[7]。80％メタノール水溶液（疎フルオロ性溶離液）を用いた最初のフラクションでは青色素しか流出しない。続いて，100％メタノール（親フルオロ性溶離液）を流すことでフルオラスタグを有するオレンジ色色素が流出する。なお，FSPE に関する詳細な実験方法及び使用溶媒の情報は，web にて容易に入手可能であるので参照いただきたい[8]。

3.3　Fluorous Solid Phase Extraction によるライトフルオラス分子の分離例

　FSPE の具体例を紹介する。図6は Curran らにより報告された FSPE の最初の実施例である[3]。フルオラスアリールスズ試薬2を用いたアリールアルデヒドのアリル化反応において，反応後の FSPE 処理によりほぼ純粋なアリル化生成物3が得られる。なお，フルオラススズ試薬2はフッ

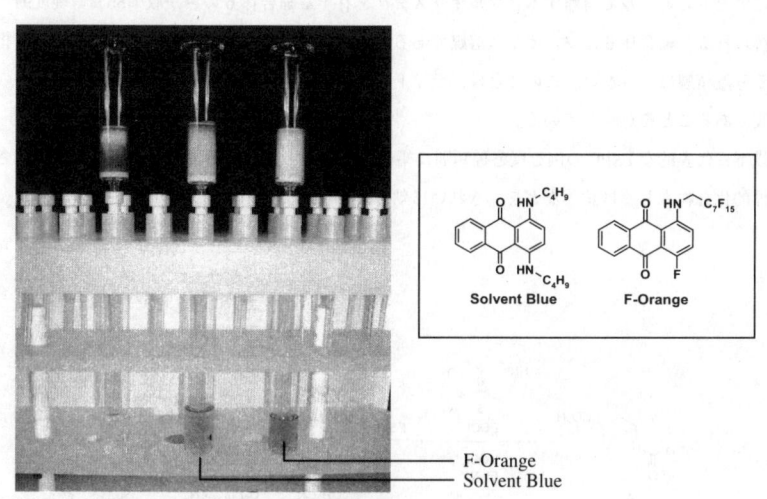

Left tube: beginning of fluorophobic wash (80:20 MeOH:H$_2$O)
Center tube: end of fluorophobic wash
Right tube: end of fluorophilic wash (100% MeOH)

図5　オレンジ色のフルオラス色素と青色非フルオラス色素の FSPE

図6　FSPEの最初の分離例

素の含有率が非常に高い、いわゆる「ヘビー」なフルオラス化合物であり、液相―液相（フルオラス相―有機相）での分離も可能である。一般にヘビーフルオラス分子はFSPEにおいて疎フルオロ性の含水系溶離液を使用しなくても分離できる利点を有している。

FSPEはフルオラス溶媒を使用する必要がないこと、さらにフルオラスシリカゲルの回収および再使用が可能であることから、この報告以降、ライトフルオラス分子の分離精製法として液相―液相（フルオラス相―有機相）抽出に代わり広く用いられるようになった[9]。図7にライトフルオラス分子のFSPEの例として、フルオラスタグを有するアミノ酸誘導体4と過剰量のアミン5の縮合反応を示した[10]。反応終了後のFSPEにおいて、80%メタノール水溶液で溶離するとノンフルオラスな有機化合物群、すなわち、過剰量のアミン、EDCI、EDCU、HOBTが流出する。次にアセトニトリルで溶離するとフルオラスタグを有する縮合体6のみが収率85%（純度94%）で得られる。縮合体6はフルオラス溶媒であるFC-72にはほとんど溶けないので、液相―液相による分離精製はできない。このことは、ライトフルオラス分子の分離にはFSPE処理が第一の選択肢であることを意味している。

以下に代表的なFSPEの例を反応種類別に紹介する。いずれも効率よくフルオラスタグ化された標的化合物もしくは試薬などを、きれいに効率よく反応混合系から分離している。

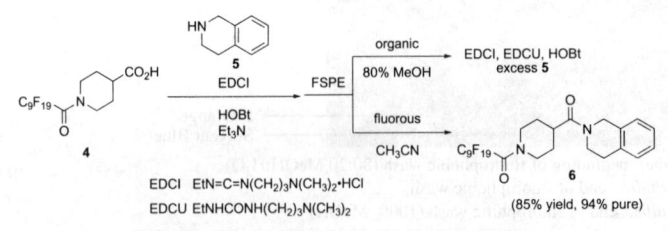

図7　FSPEによるライトフルオラス分子の分離

第3章　フルオラスケミストリーの新展開—Light Fluorous Chemistry—

3.3.1　アミド化，エステル化反応

　フルオラスカルボジイミド7[11]やフルオラス2-クロロ-4,6-ジメトキシトリアジン（CDMT）8[12]およびフルオラス2-クロロピリジニウム塩（改良型向山試薬）9[13]はカルボン酸の活性化剤として働き，相当するアミドもしくはエステルを収率よく与える（図8）。フルオラスピリジニウム塩3を用いたアミドカップリング反応は*N*-ヒドロキシベンゾトリアゾール（HOBT）の存在下で首尾よく進行し，FSPE により高純度のアミド化合物が高収率で得られている。なお，本反応ではポリマー担持型カーボナートを HOBT の捕捉剤として用いている。

3.3.2　光延反応

　2つの C_8F_{13} 側鎖を有するアゾジカルボキシラート12を用いる光延反応が報告されている[14]。化合物12は C_8F_{17} 側鎖を有するトリフェニルホスフィン13と共に用いられ，カルボン酸のエステル化反応や，フェノール類の *O*-アルキル化反応などに応用されている（図9）。反応終了後，FSPE 処理をすることで全ての試薬と副生成物は効率良く除去され，*O*-アルキル化された目的物16のみが高純度で得られる。この場合，目的物は有機相から得られ，フルオラス相からは使用後のフルオラス試薬が回収される。なお，この回収された試薬類はそれぞれ適切な処置により再利用が可能である。

3.3.3　触媒反応

　フルオラスタグを触媒に導入することにより，反応混合物から容易に触媒を分離回収でき，再

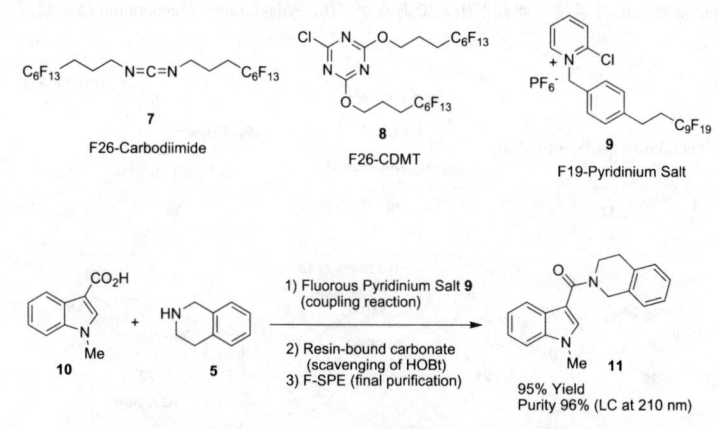

図8　フルオラスカップリング試薬と FSPE による分離例

フルオラスケミストリー

12 F26-DIAD

13 F17-TPP

図9 フルオラス試薬による光延反応と FSPE

利用も可能になると考えられる[15]。この作業仮説を実証したフルオラスタグを有するパラジウム触媒として、フルオラスジクロロビス（トリフェニルフォスフィン）パラジウム（Ⅱ）17[16]、ビススルフィドパラジウム錯体18[17]およびパラダシクル19[18]などがあり、フッ素タグを有しないオリジナルの触媒と同様な触媒活性を示すことが確認されている。例えば、ビススルフィドパラジウム錯体18を用いるマイクロ波照射下での Heck 反応は短時間で目的物22を収率よく与え、触媒は簡単に FSPE により回収可能である（図10）。この触媒はその後3度再使用しても活性の低下は観測されていない。

また、メタセシス反応においてもこのライトフルオラス手法が応用されている。一般に Grabbs 2nd generation は反応終了後の回収が困難であるが、Hoveyda–Grabbs 2nd generation は回収可能とさ

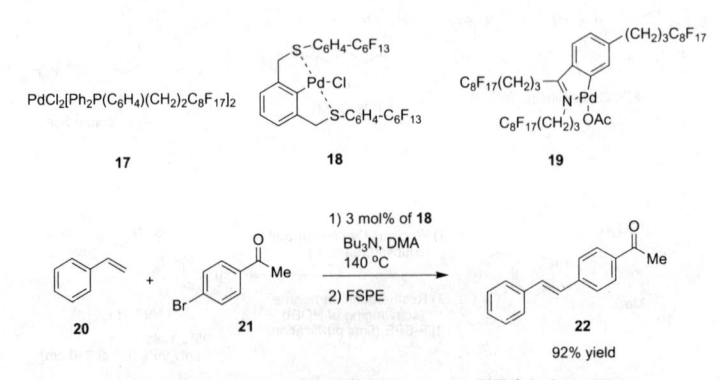

図10 フルオラスパラジウム触媒を用いる Heck 型反応とその FSPE

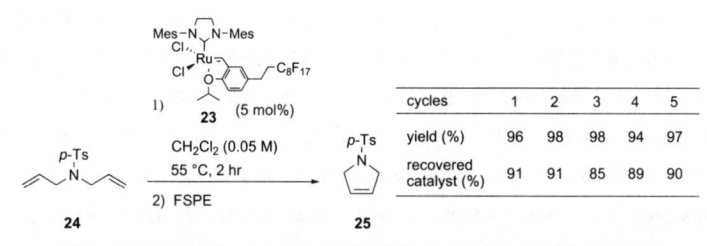

第3章 フルオラスケミストリーの新展開—Light Fluorous Chemistry—

図11 フルオラスルテニウムカルベン錯体を用いたメタセシス反応とその FSPE

れている。しかしながら，生成物と触媒の極性が近い場合には Hoveyda–Grabbs 2ndgeneration でも触媒回収が困難となる。一方，フルオラスルテニウムカルベン錯体23を用いるメタセシス反応では，FSPE によりピンポイントでフルオラス触媒を分離できるので，簡単に触媒のみを回収し再使用することが可能となる（図11)[20]。このフルオラス触媒は，市販されているフルオラススチレン体と Grabbs 2ndgeneration から一段階で簡単に合成できる。

3.3.4 フルオラス保護基（フルオラスタグ）

2.2でも触れたように，固相反応では均一反応に比べて反応速度が低下したり，反応が完結しないといった問題が生じることがある。また，反応のモニタリングが難しいので注意深く最適反応条件を探索する必要がある。一方，フルオラス保護基（タグ）を用いる反応は，固相反応と同

図12 代表的なフルオラス保護基（タグ）

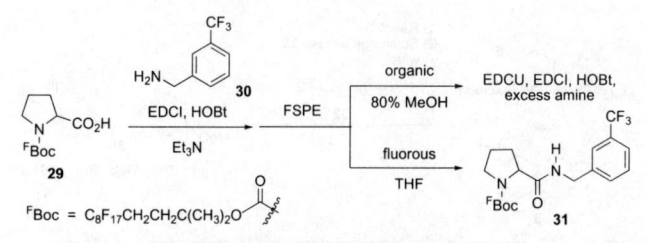

図13 フルオラス保護基を利用した FSPE

じように FSPE により容易に目的化合物を分離することができ，均一反応であるため TLC, GC, HPLC などで反応進行をモニタすることができるという利点がある。図12にアミン類やアルコール類のフルオラス保護基を示した（Boc：26[21]，Cbz：27[22]，TIPS：28[23]）。これらの保護基は，フッ素鎖を持たない保護基と同様の方法で保護・脱保護が可能である。図13は，フルオラス BOC 基を導入した基質を用いたときの反応例である。有機相からは反応系内に存在する過剰のアミンや試薬類が回収され，フルオラス相からはフルオラス保護基を有する目的物のみが得られる。

3.3.5 フルオラス捕捉剤

最近，通常の液相反応において，過剰の基質や試薬さらには触媒などを除去するためにいくつかのフルオラス捕捉剤が用いられている事例がある[24]。代表的な捕捉剤として，フルオラスチオール32[25]，フルオラスイソシアナート33[26]，フルオラス TMT34[27]などがある（図14）。32は求核的な捕捉剤，33は求電子的な捕捉剤，34はパラジウム捕捉剤として用いられる。過剰ハロゲン化物を捕捉するためにフルオラス捕捉剤を用いた反応例として2級アミンとハロゲン化物との N-アルキル化反応を図15に示す。フルオラスチオール32は過剰のハロゲン化物の捕捉剤として効果的に機能する。この場合もまた目的物は有機相から得られ，フルオラス相からは過剰のハロゲン化物35が捕捉されたフルオラス α-チオケトン体と未反応のフルオラス捕捉剤が回収される。

以上の紹介事例のように，FSPE 分離の特徴はフルオラスタグの認識能がターゲット分子のみにピンポイントで行われることである。したがって通常のカラムクロマトグラフィーに比べて分離精製は極めて簡便であり，FSPE はフルオラスタグを有する標的分子のみを分離する手法とし

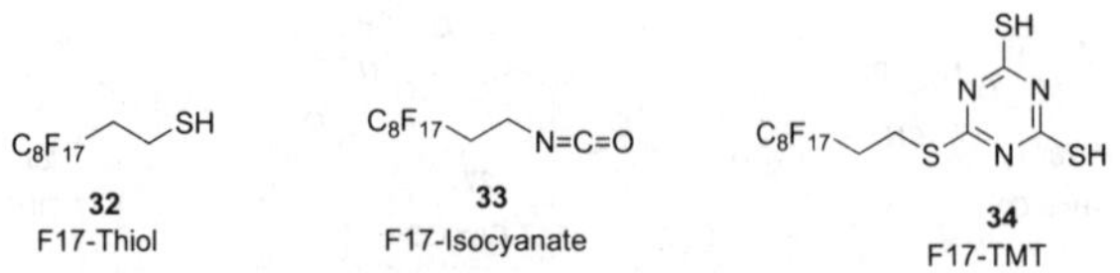

図14　フルオラス捕捉剤

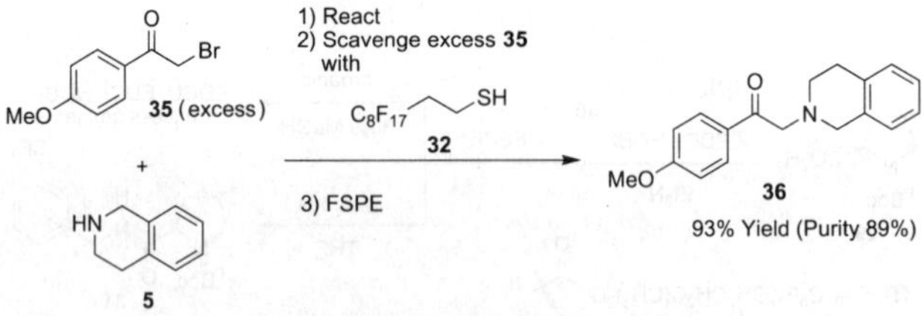

図15　フルオラス捕捉剤によるアミンの捕捉と FSPE

て非常に有用かつ優れたものである。また，ライトフルオラス分子のピンポイント認識能の一般性が非常に高いことも大きな特徴である。

3.4 Reverse Fluorous Solid Phase Extraction：発想の転換

これまで述べてきた FSPE は固相としてフルオラスシリカゲルを用い，最初に疎フルオロ性の溶媒，次に親フルオロ性の有機溶媒を溶離液として用いていた。例えば，ヨウ化パーフルオロオクチル37のラジカル的アリル化反応の FSPE では，最初のアセトニトリルフラクションから副生成物や未反応試薬の残渣が回収され，次のジエチルエーテルフラクションから目的とするフルオラスアリル体39が得られる（図16）[28]。

一方，固相と有機相の関係を逆にすることで，最初のフラクションから目的のフルオラス分子を分離することが可能になると考えられ，実際にその分離例が報告されている[29]。Reverse Fluorous Solid Phase Extraction（R–FSPE）と呼ばれるこの手法は，固相として通常のノンフルオラス

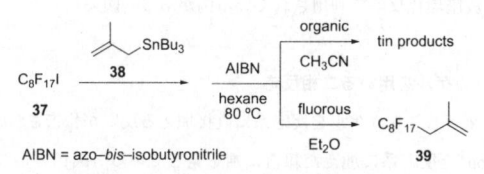

図16 ラジカル的アリル化反応の FSPE

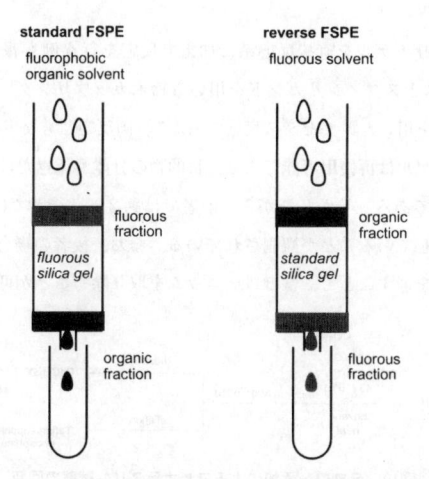

図17 通常の FSPE と Reverse–FSPE

図18 R–FSPE による2段階環化反応での分離精製

のシリカゲル（一般に研究室レベルで使用されている通常のカラムクロマトグラフィー用シリカゲル）を用い，溶離液としてフルオラス溶媒（FC-72とジエチルエーテルもしくはヘキサフルオロイソプロパノールの混合物）を用いる分離戦略である。この R-FSPE のコンセプトを図17に示した。本手法では，多段階反応においてもフルオラス分子だけを簡便に選択的に分離できる可能性があり，実際に2段階環化反応で利用されている例がある（図18）。

3.5 フルオラスシリカゲルを用いる二相反応

最近になってフルオラスシリカゲルを反応系に直接加える反応が報告され始めた。この反応手法は Gladysz が Tefron® を反応系に加えた報告に端を発している（図19）[30]。フルオラスホスフィン触媒を Tefron® に吸着させることにより，固相試薬のように反応後の濾過だけで生成物を簡単に分離することができる。

また，フルオラスシリカゲルを直接反応系に加えて反応を行う例も報告された（図20および21）。前者はフルオラスホスフィンリガンドを用いる鈴木カップリング[31]，後者はフルオラスルテニウムカルベン錯体を用いたメタセシス反応である[20]。両反応とも反応後に回収された触媒担持型フルオラスシリカゲルは再使用可能であり，目的物の分離も濾過だけで良いので，プロセス化学的にも大変魅力的である。しかしながら，前者では約2%，後者では約0.4%の触媒由来金属が目的物中にリークしていることが観測されている。なお，後者の場合は FSPE に続いてごく短いシリカゲルカラムを通すことで，ほぼルテニウムを取り除くことが可能である。

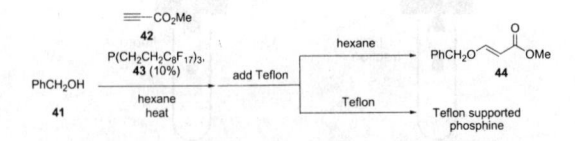

図19 テフロン添加によるフルオラスリン試薬の回収

第3章 フルオラスケミストリーの新展開—Light Fluorous Chemistry—

図20 フルオラスシリカゲル担持型 Pd 触媒を用いた鈴木カップリング

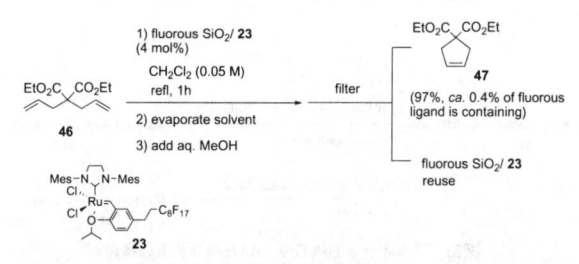

図21 フルオラスシリカゲル担持型 Ru 触媒を用いたメタセシス反応

3.6 Fluorous HPLC

　HPLC 用のカラムにフルオラスシリカゲルを充填したものはフルオラス HPLC カラムと呼ばれ，フルオラスケミストリーの分野だけでなく，通常のノンフルオラスな有機分子や生体分子の分析にも使われてきた。現在では数種類のフルオラス HPLC カラムが市販されており，これらは充填剤のパーフルオロアルキル基の長さなどが異なっている。ここではフルオラス HPLC を使ったライトフルオラス分子の分離手法について紹介する。

　これまで述べてきたように，ライトフルオラス分子とノンフルオラス分子は容易に FSPE により分離できた。では，フルオラス分子のフッ素含有量の違いに基づいて，数種類のフルオラス分子をきれいに分離することはできるのだろうか？　図22はフッ素含有量が異なるタグを有するアミド誘導体混合物のフルオラス HPLC の結果を示している（*Fluoro Flash*™ カラム）[32]。フルオラスタグの長さ（フッ素含量）の違いを明確に反映して，背の低い順（タグの長さ順）にきれいに分離できている。このサンプルには C_5F_{11} のタグが組み込まれていないので，C_4F_9 タグと C_6F_{13} タグとの間にはかなりの保持時間の間隔が観測されている。このことは，タグの炭素鎖の長さを2つ変えるだけで，HPLC による分析と分取の両方が可能であることを意味している。

　フルオラス HPLC を用いた精製分離の一例として，ヘプタペプチドの分離精製を図23に示

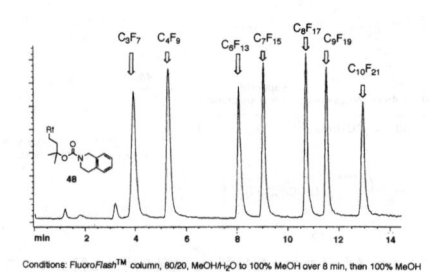

図22 タグの長さに基づくフルオラス HPLC 分離

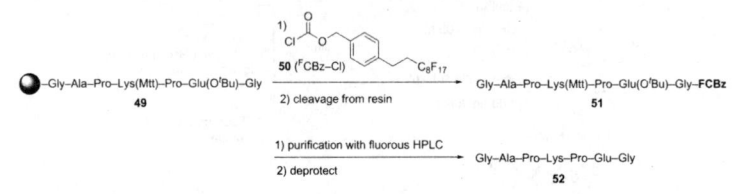

図23 フルオラス HPLC を用いたペプチドの精製

す[33]。49の合成過程でできた N 末端エンドキャップ体は，フルオラスタグ化後にフルオラス HPLC により効率よく取り除かれる。

またフルオラスミクスチャー合成（次節参照）[34]の分離段階においても，フルオラス HPLC は有効な分離手法となる。図24に7つのフルオラスタグからなる Mappicine 誘導体のフルオラス HPLC での保持時間を示した。HPLC 分離手法を駆使したフルオラスミクスチャー合成では，実に560個（7×80個）の天然型および非天然型 Mappicine 誘導体の液相でのコンビナトリアル合成（パラレル合成）が可能となった。

	Rf	R^D	retention time (min)
53a	C_3F_7	Me	ca. 12
53b	C_4F_9	Pr	ca. 15
53c	C_6F_{13}	Et	ca. 20
53d	C_7F_{15}	s-Bu	ca. 24
53e	C_8F_{17}	i-Pr	ca. 27
53f	C_9F_{19}	c-C_6H_{11}	ca. 29
53g	$C_{10}F_{21}$	CH_2CH_2-c-C_6H_{11}	ca. 34

Tagged mappicines 53a-g

図24 フルオラスタグを有する Mappicine 誘導体の HPLC （*Fluoro Flash*™）保持時間

第3章 フルオラスケミストリーの新展開—Light Fluorous Chemistry—

4 プロセス化学を指向したライトフルオラスケミストリー

4.1 フルオラスミクスチャー合成

固相合成は一度に少量の多くの化合物を作るには強力なツールである。固相合成では化合物分子ではなくビーズを混合するので，反応後の処理は濾過するだけでよく極めて簡便である。また，多くの優れたエンコード法を用いることで，合成過程における構造同定も可能である。しかしながら，反応過程での直接分析や反応条件設定などの点では液相反応を凌駕するものではない。

フルオラスミクスチャー合成は2001年に Curran らにより報告された反応手法で，現時点ではタグを用いる液相での唯一のミクスチャー合成である[34]。本手法ではそれぞれの反応段階で純粋な反応生成物を単離，分析，そして同定することが可能である。フルオラスミクスチャー合成の概念を図25に示した。タグの長さが異なるフルオラスタグを用い，数種類の前駆体をまず調製する。これらを混合した後，スプリットし，パラレル合成を行ない，タグ付き標的化合物まで導く。フルオラス HPLC を用いてフルオラスタグの長さの違いに基づく分離を行なった後，最後にタグを外すことでそれぞれの純粋な標的化合物を得る。その際，効果的な分離が可能かどうかは，直接 LC–MS や LC–NMR 分析などによりあらかじめ確認することができる。これは液相反応の利点の一つである。現在ではこのフルオラスミクスチャー合成は，標的化合物の両エナンチオマー，さまざまなジアステレオマー，そしてさまざまな類縁体などを効率よく合成する手法として用いられている。以下にフルオラスタグを標識化別に分類したフルオラスミクスチャー合成例を示す。

4.2 エナンチオマーへのタグ導入

不斉点を有する標的化合物の両エナンチオマー合成では，不斉合成や光学分割により調製され

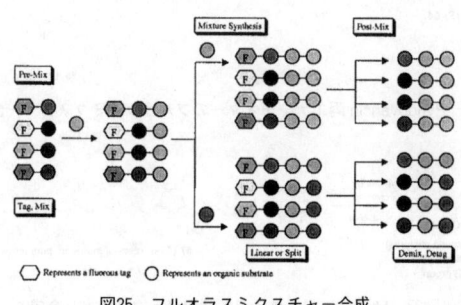

図25 フルオラスミクスチャー合成

た絶対構造既知の前駆体からそれぞれの両エナンチオマーを合成するか，もしくは標的化合物のラセミ体合成後これを光学分割するかのどちらかが一般的に用いられる。前者ではラセミ体合成の倍の反応工程数が必要になり，後者では確実な光学分割法，ならびにどちらが S 体でどちらが R 体なのかを決める手立てが必要になる。もっと簡単に両エナンチオマーを合成する方法はないだろうか？

　試薬カタログに目を通してみると，最近では単純な構造を有する単純化合物の両エナンチオマーは数多く市販されている。これらを絶対構造既知の前駆体として，長さの異なるフルオラスタグを導入した後ミクスチャー合成を行なえば，簡単に両エナンチオマーの合成が可能になると思われる。実際にこのような「エナンチオマーへのタグ導入」によるフルオラスミクスチャー合成が報告されており（図26），Pyridovericin55の両エナンチオマーはラセミ体合成と同様の反応工程数で，フルオラスタグの長さの違いに基づく分離および脱保護により，それぞれ簡便に合成されている[35]。

4.3　ジアステレオマーへのタグ導入

　フルオラスタグをジアステレオマーのタグとして用いたフルオラスミクスチャー合成が報告されている（図27）[36]。まず，56の4種のジアステレオマーそれぞれに長さの異なるフルオラスタグを導入する。続いて4等分してからミクスチャー合成によりMurisolin骨格まで誘導した後，分離，脱保護することで16種類のMurisolin誘導体合成を達成している。

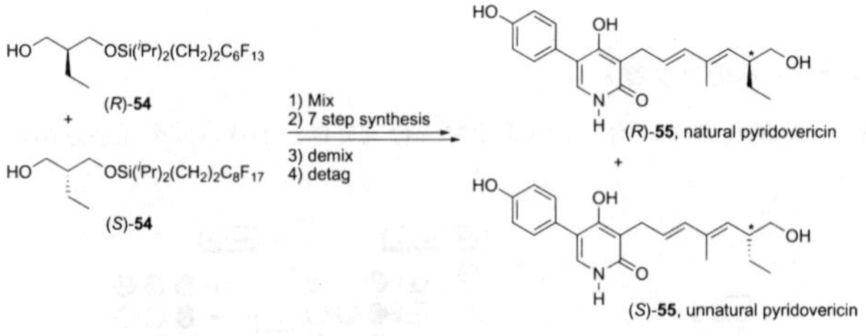

図26　Pyridovericin 両エナンチオマーのフルオラスミクスチャー合成

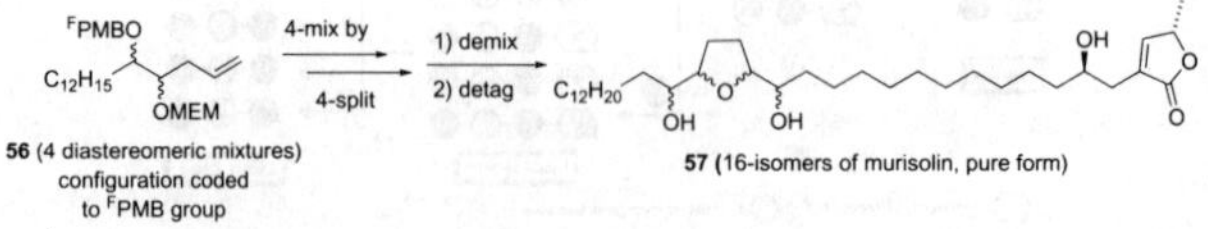

図27　Murisolin 誘導体のフルオラスミクスチャー合成

第3章　フルオラスケミストリーの新展開—Light Fluorous Chemistry—

4.4　類縁体へのタグ導入

　3.6でも述べたように、560種類のMappicine誘導体がわずか90ステップ（1＋1＋8＋80）の反応で合成されている（図28）[32]。まず異なる置換基を有する7種類のアルコール体58を7種類のフルオラスタグを用いて標識化する。続いてこの混合物をヨウ素化した後、8つにスプリットし、それぞれ異なる8種類のアセチレン骨格を導入する。この時点で56個（7×8）の混合物ができる。さらにそれぞれを10個にスプリットし、異なる10種類のイソシアノ体を反応させると560個（7×8×10）の62が得られる。最後にそれぞれのスプリット合成ルートの混合物をF-HPLCで分離した後、脱保護することで560種類のMappicine誘導体が得られる。パラレル合成でこれらすべてを合成するには630ステップ（7＋7＋56＋560）必要であるが、フルオラスミクスチャー合成は540ステップ短縮されることになる。このようにフルオラスミクスチャー合成は、多くの化合物を簡便な液相反応で一挙に合成できるという利点を有しており、創薬部門などの合成化学分野で固相反応とともに今後幅広く応用されるものと期待できる。

4.5　フルオラス性を利用した三層反応

　最近、フルオラス性を利用した三層反応が報告されている。この反応系ではライトなフルオラス分子が用いられ、反応進行とともに生成物の分離も同時に起きるように設計されている。次に三層反応の例を2例示す。前者はフルオラス保護基の脱保護に三層反応を利用した反応系である（図29）[37]。フルオラスタグを有するラセミ64は、加水分解酵素により高い選択性で速度論的光学分割を受ける。次に、この生成混合物を図に示した三層（メタノール層、FC-72層、塩基性メ

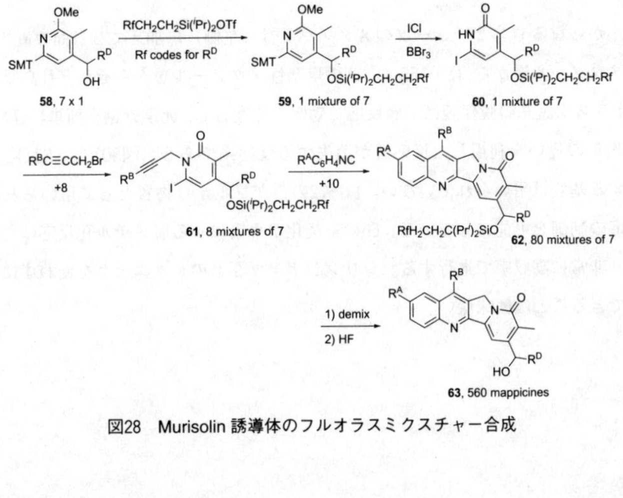

図28　Murisolin誘導体のフルオラスミクスチャー合成

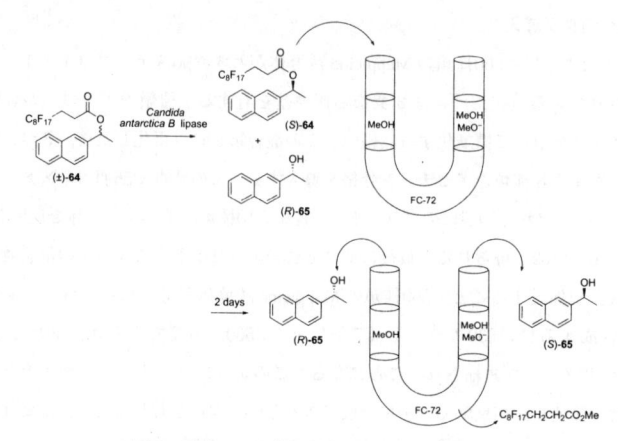

図29 酵素による速度論的光学分割と三層分離

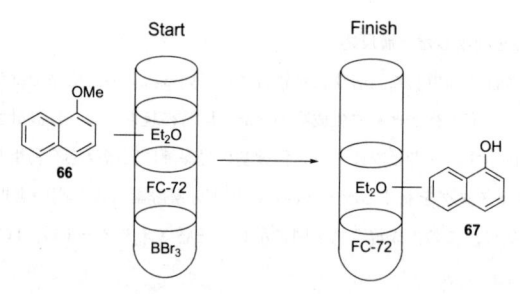

図30 反応層消失反応

タノール層)からなる U 字型チューブのメタノール層(左側)に加えて 2 日間放置すると, (R)-65 は左側のメタノール層から, (S)-65 は右側の塩基性メタノール層からそれぞれ高収率で回収される。フルオラス保護基の脱保護は三層反応で効率よく進行し,光学分割を簡単に達成している。後者は液層比重の違いを利用した反応層が消失する反応系である(図30)[38]。本反応系ではフルオロ基を有する基質は用いられていない。FC-72 のみがフルオロ物質として用いられ,層間の消失により反応の制御を可能にしている。66 の三臭化ホウ素による脱メチル化反応は,この層間消失反応により非常に高収率で進行する。シリンジポンプなどのテクニックを使わずに激しい発熱反応を制御できることは興味深い。

5 おわりに

　本稿ではフルオラス性に基づく興味深い物性や反応性を利用したライトフルオラスケミストリーの最近の展開について述べてきた。この新しいツールは、有機合成化学において精製分離上の問題点の克服や反応の簡便化といった魅力的な恩恵をもたらしてくれる。ぜひこの興味深いケミストリーを簡便な合成化学手法の一つとして利用していただきたい。ヘビーフルオラスケミストリーに取って代わって急速な発展を遂げたライトフルオラスケミストリーは生まれてからまだ10年しか経っていない「若い」ケミストリーである。それにも関わらず、現在ではさまざまなフルオラス試薬やフルオラスシリカゲルなどの関連商品が数多く市販されており、研究者の望むフルオラス試薬がいつでもすぐに使える環境が整えられている（第4編参照）。

　今後この研究領域はさらに多くの研究者から注目を浴び、驚くべき研究スピードで、よりホットな研究成果が世界中に発信されていくものと期待される。

謝辞

　本稿を終えるにあたり、大阪大学・北 泰行教授、京都大学・吉田潤一教授、大阪府立大学・柳 日馨教授、大阪大学・益山新樹助教授、フルオラステクノロジー社（Pittsburgh, USA）・長島忠道博士、ならびにピッツバーグ大学の多くの共同研究者に感謝いたします。

文　献

1) D. P. Curran, in The Handbook of Fluorous Chemistry （Eds.: J. A. Gladysz, D. P. Curran, I. T. Horvath）, Wiley-VCH, Weinheim, 128-156（2004）
2) D. P. Curran, in The Handbook of Fluorous Chemistry （Eds.: J. A. Gladysz, D. P. Curran, I. T. Horvath）, Wiley-VCH, Weinheim, 101-127（2004）
3) D. P. Curran, S. Hadida, M. He, *J. Org. Chem*., **62**, 6714（1997）
4) D. P. Curran, Z. Luo, *J. Am. Chem. Soc*., **121**, 9069（1999）
5) D. P. Curran, S. Hadida, A. Studer, M. He, S.-Y. Kim, Z. Luo, M. Larhed, M. Hallberg, B. Linclau, in Combinatorial Chemistry: A Practical Approach （Ed.: H. Fenniri）, Vol. 2, Oxford University Press, Oxford, 327-352（2001）
6) Fluorous Technologies, Inc. is on the web at http://www.fluorous.com/
7) This data was provided from Fluorous Technologies, Inc.
8) See product application note "Fluorous Solid Phase Extraction（F-SPE）" at http://fluorous.com/download.html

9) (a) D. P. Curran, Z. Luo, *Med. Chem. Res*., **8**, 261 (1998)
   (b) D. P. Curran, Z. Luo, P. Degenkolb, *Bioorg. Med. Chem. Lett*., **8**, 2403 (1998)
   (c) D. P. Curran, S. Hadida, S.-Y. Kim, Z. Luo, *J. Am. Chem. Soc*., **121**, 6607 (1999)
   (d) I Ryu, T. Niguma, S. Minakata, M. Komatsu, Z. Luo, D. P. Curran, *Tetrahedron Lett*., **40**, 2367 (1999)
10) D. P. Curran, Z. Luo, *J. Am. Chem. Soc*., **121**, 9069 (1999)
11) C. Palomo, J. M. Aizpurua, I. Loinaz, M. J. Fernandez-Berridi, L. Irusta, *Org. Lett*., **3**, 2361 (2001)
12) M. W. Markowicz, R. Dembinski, *Synthesis*, 80 (2004)
13) Fluorous pyridinium salt is available from FTI.Cat. No. F019099
14) S. Dandapani, D. P. Curran, *J. Org. Chem*., **69**, 8751 (2004)
15) (a) J. A. Gladysz, R. C.da Costa, Strategies for the Recovery of Fluorous Catalysts and Reagents:Design and Evaluation. In Handbook of Fluorous Chemistry, Gladysz J. A., Curran D. P. Horvath, I. T. (Eds.), Wiley-VCH, Weinheim, Germany, 24-40 (2004)
   (b) S. Schneider, C. C. Tzschucke, W. Bannwarth, Metal Catalyzed Carbon-Carbon Bond Forming Reactions in Fluorous Biphasic Systems., In Handbook of Fluorous Chemistry, J. A. Gladysz, D. P. Curran, I. T. Horvath (Eds.), Wiley-VCH, Weinheim, Germany, 257-272 (2004)
16) S. Schneider, W. Bannwarth, *Angew. Chem. Int. Ed*., **39**, 4142 (2000)
17) D. P. Curran, K. Fischer, G. Moura-Letts, *Synlett*, 1379 (2004)
18) C. Rocaboy, J. A. Gladysz, *Org. Lett*., **4**, 1993 (2002)
19) J. S. Kingsbury, J. P. A. Harrity, P. J. Bonitatebus, Jr. A. H. Hoveyda, *J. Am. Chem. Soc*., **121**, 791 (1999)
20) M. Matsugi, D. P. Curran, *J. Org. Chem*., **70**, 1636 (2005)
21) Z. Luo, J. Williams, R. W. Read, D. P. Curran, *J. Org. Chem*., **66**, 4261 (2001)
22) D. P. Curran, M. Amatore, D. Guthrie, M. Cmapbell, E. Go, *J. Org. Chem*., **68**, 4643 (2003)
23) W. Zhang, Z. Luo, C. H. -T. Chen, D. P. Curran, *J. Am. Chem. Soc*., **124**, 10443 (2002)
24) C. W. Lindsley, W. H. Leister, Fluorous Scavengers., In Handbook of Fluorous Chemistry, J. A. Gladysz, D. P. Curran, I. T. Horvath, (Eds.), Wiley-VCH, Weinheim, Germany, 236-246 (2004)
25) (a) C. W. Lindsley, Z. Zhao, W. H. Leister, K. A. Strauss, *Tetrahedron Lett*., **43**, 4225 (2002)
   (b) W. Zhang, D. P. Curran, C. H. -T.Chen, Tetrahedron, **58**, 3871 (2002)
26) W. Zhang, C. H. -T. Chen, T. Nagashima, *Tetrahedron Lett*., **44**, 2065 (2003)
27) Fluorous TMT is available from Fluorous Technologies, Inc. Cat. No. XP017161
28) I. Ryu, S. Kreimerman, T. Niguma, S. Minakata, M. Komatsu, Z. Luo, D. P. Curran, *Tetrahedron Lett*., **42**, 947 (2001)
29) (a) M. Matsugi, D. P. Curran, *Org. Lett*., **6**, 2717 (2004)
   (b) Highlight of the Recent Literatures in *Science*, **305**, 754 (2004)
30) M. Wende, R. Meier, J. A. Gladysz, *J. Am. Chem. Soc*., **123**, 11490 (2001)
31) C. C. Tzschucke, C. Markert, H. Glatz, W. Bannwarth, *Angew. Chem. Int. Ed. Engl*., **41**, 4500 (2002)
32) W. Zhang, Z. Luo, C. H. -T. Chen, D. P. Curran, *J. Am. Chem. Soc*., **124**, 10443 (2002)
33) D. V. Filippov, D. J. van Zoelen, S. P. Oldfield, G. A. van der Marel, H. S. Overkleeft, J. W. Drijfhout, J. H. van Boom, *Tetrahedron Lett*., **43**, 7809 (2002)
34) Z. Luo, Q. S. Zhang, Y. Oderatoshi, D. P. Curran, *Science*, **291**, 1766 (2001)
35) Q. Zhang, A. Rivkin, D. P. Curran, *J. Am. Chem. Soc*., **124**, 5774 (2002)
36) Q. Zhang, C. Richard, H. Lu, D. P. Curran, *J. Am. Chem. Soc*., **126**, 36 (2004)

37) (a) Z. Luo, S. M. Swaleh, F. Theil, D. P. Curran, *Org. Lett*., **4**, 2585 (2002)
38) (a) I. Ryu, H. Matsubara, S. Yasuda, H. Nakamura, D. P. Curran, *J. Am. Chem. Soc*., **124**, 12946 (2002)
    (b) H. Matsubara, S. Yasuda, I. Ryu, *Synlett*, 247 (2003)

第Ⅱ編　合成への応用

第1章 フルオラス・タグを用いた糖鎖およびペプチドの合成

水野真盛[*1], 後藤浩太朗[*2], 三浦 剛[*3]

1 はじめに

　細胞表層上に存在する複合糖質の糖鎖部位は，細胞間の認識や接着，ウイルスや毒素の感染など，分子や細胞の認識機能に密接に関与している[1-3]。また，糖鎖は加齢や組織の分化などにおいても鍵となる働きをしていることが最近解明されつつある。生命現象において非常に重要な役割を担っている糖鎖は，その生合成が遺伝子による直接支配を受けないため，糖鎖研究はポストゲノムにおける重要な研究分野である。このような糖鎖の機能解明のためには糖鎖標品の供給が必要となる。糖鎖合成は主に液相法により行われているが，より効率的な合成法を確立するため固相合成法の開発も行われている。しかし固相合成法では反応のリアルタイムでのモニタリングが困難であったり，スケールアップには特殊な設備が必要となったり問題点も存在する。また糖鎖合成においては，脱水剤としてモレキュラーシーブスや脱保護試薬として活性炭に担持されたパラジウム触媒などの固体試薬が汎用されているが，固体試薬と固相担体との分離操作を考えると，固相合成での固体試薬の使用には問題がある。

　一方，ペプチドの合成法としては固相合成法のプロトコールがすでに確立されており，自動合成装置も市販されている。しかしアミノ酸側鎖官能基の保護が最小限で済むことや，既存の脱保護法および縮合法を自由に選択できるなど，合成計画に比較的自由度があることから，液相法によるペプチド合成も多用されている。

2 フルオラス合成法

　フルオラス合成法（フルオラス・タグ法）は D. P. Curran らによって固相合成法に匹敵する簡便な液相合成法として提唱された[4]。フルオラス・タグ法は導入するフルオラス・タグの大きさ

[*1] Mamoru Mizuno　(財)野口研究所　糖鎖有機化学研究室　研究員
[*2] Kohtaro Goto　(財)野口研究所　糖鎖有機化学研究室　研究員
[*3] Tsuyoshi Miura　(財)野口研究所　糖鎖有機化学研究室　研究員
　　　　（現：千葉科学大学　薬学部）

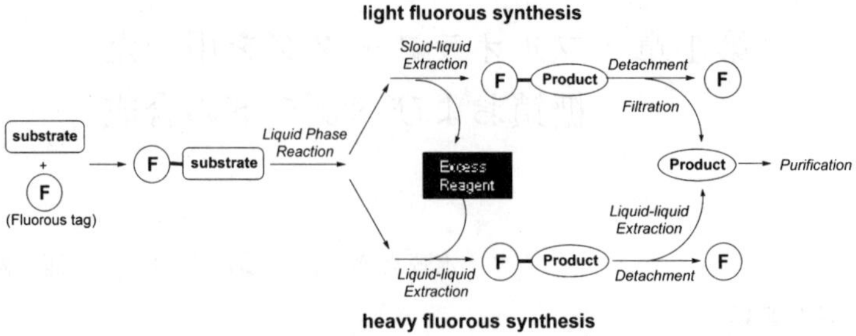

図1 ライト・フルオラス合成とヘビー・フルオラス合成

と反応後の精製方法の違いにより，ライト・フルオラス合成とヘビー・フルオラス合成の2種類に分類される（図1）。

ライト・フルオラス合成とは，比較的小さなフルオラス・タグを用いて固—液抽出により精製を行う手法である。固—液抽出による精製には，フルオラス化合物同士の親和力を利用して通常の有機化合物とフルオラス化合物を効率的に分離することができる性質を持つフルオラスシリカゲルを用いる[5]。この方法は分子サイズの小さな（light な）フルオラス・タグを導入するだけで利用できる半面，合成した化合物の性質によっては通常のカラムクロマトグラフィーと同様に展開溶媒の検討を要する。一方，ヘビー・フルオラス合成は分子サイズの大きなフルオラス・タグを用いて液—液分配により単離を行う手法である。一般に，ある分子を効率的にフルオラス層へ分配させるためには重量比で60％以上のフッ素含量が必要とされている[6]。したがってこの合成法を効率的に応用するためには分子サイズの大きな（heavy な）フルオラス・タグが必要になる。しかし，ライト・フルオラス合成法とは異なり，カラムクロマトグラフィーによる精製工程を大幅に省略することができる。本稿ではヘビー・フルオラス合成法による効率的な糖鎖，およびペプチド合成の例をいくつか紹介したい。

3 糖鎖合成

3.1 アシル型フルオラス保護基 Bfp を用いたフルオラス糖鎖合成の天然糖鎖への応用

著者らはアシル型のフルオラス保護基である **Bfp** を開発し，効率的な糖鎖合成へ応用することに成功した（図2）[7]。その導入試薬である Bfp–OH（**1**）は調製が容易であり，さらに通常のアシル系の保護基と同様に収率よく糖水酸基に導入・除去することができる。この **Bfp** を用いて植物の分化，成長因子と考えられているアラビノガラクタン–プロテインの構成糖鎖である β–

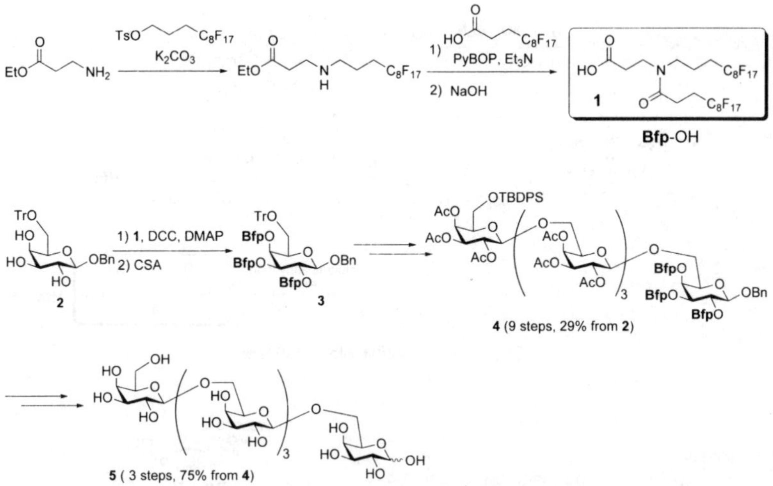

第1章　フルオラス・タグを用いた糖鎖およびペプチドの合成

図2　Bfp-OHの合成およびそれを用いたβ-(1→6)-ガラクトペンタオースの合成

(1→6)-ガラクトペンタオース（**5**）を効率的に合成することに成功した。すなわち，図2に示すようにガラクトース誘導体**2**の遊離の水酸基に**Bfp**基を導入したのち，トリチル基を除去して糖受容体**3**へと導いた。ついでSchmidt法によるグリコシル化およびTBDPS基の選択的除去を繰り返して五糖類**4**を収率29%（9工程）で得ることに成功した。フルオラス保護基**Bfp**が結合した各合成中間体は有機溶媒とFC-72との分配操作だけで容易に精製できた。その後すべての保護基を除去し，目的のβ-(1→6)-ガラクトペンタオース**5**を効率的に合成することに成功した。

3.2　アシル型フルオラス担体Hfb–OHの開発および糖鎖合成への応用

Bfp基を用いて糖合成を行う場合には分配効率の観点から分子内に複数の**Bfp–OH**を導入する必要があった。しかし，例えば分岐型の糖鎖を合成することを考慮に入れた場合には，複数の水酸基に導入できない場合も考えられる。そこで高いフッ素含量を有し，糖のアノマー水酸基一カ所のみに導入するだけで効率的にフルオラス合成に応用できるフルオラス合成用の担体（フルオラス担体）の開発を試みた。すなわち，**Bfp–OH**を原料に6本のパーフルオロ鎖を有するフルオラスアミン**Hfa–H**（**7**）を合成し，これに無水グルタル酸を縮合させてフルオラス担体導入試薬**Hfb–OH**（**8**）を調製した（図3）。

さらに，図4に示すようにこのフルオラス担体**Hfb**を用いて三糖レベルの合成に成功した。

図3 フルオラス担体 Hfb-OH の合成

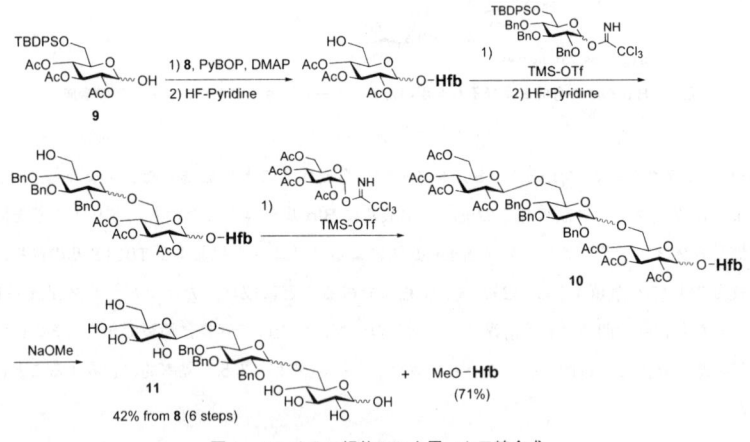

図4 フルオラス担体 Hfb を用いた三糖合成

まず,グルコース誘導体9の遊離のアノマー水酸基に Hfb 基を導入した。ついで TBDPS 基の除去および Schmidt 法によるグリコシル化を繰り返すことで三糖誘導体10へと導いた。この際,Hfb 基の結合した各合成中間体は FC-72 と有機溶媒との分配操作だけで容易に精製できた。化合物10の Hfb 基は NaOMe 処理により容易に除去でき,反応後のメタノールと FC-72 による分配操作により,メチルエステル (Hfb–OMe) として FC-72層より回収 (71%) できた。一方,メタノール層からは三糖誘導体11の粗生成物が得られ,この最終段階のみシリカゲルカラムクロマトグラフィーによって精製することにより,化合物11を全収率 (6工程) 42%で得ることに成功した[x]。

3.3 ベンジル型フルオラス担体 HfBn–OH の開発および糖鎖合成への応用

これまでに合成したフルオラスタグ（Bfp, Hfb）はアシル型であり，糖水酸基とはエステル結合している．一般にエステル結合は塩基性条件下では不安定な場合が多いことから，これらのアシル型フルオラスタグの導入後は塩基の使用が制限される．しかし，糖鎖合成ではアセチル基やベンゾイル基などのアシル型保護基が一時的な保護基として広く用いられている．そこで，塩基処理には安定であり，かつ還元的手法により容易に除去できる保護基であるベンジル型フルオラス担体導入薬 HfBn–OH（12）の開発を行った．HfBn–OH はフルオラスアミン 7 にヒドロキシ安息香酸を縮合させることにより高収率で調製することができた．この HfBn–OH に対して糖供与体13のグリコシル化と TBDPS 基の除去を繰り返して全収率（4工程）54％で二糖類14を得ることに成功した．フルオラス担体の結合した各合成中間体は FC-72 と有機溶媒との分配操作だけで容易に精製できた．さらに化合物14の HfBn 基は Pd(OH)$_2$ を用いた接触還元により除去でき，二糖15を収率76％で得ることに成功した[9]（図 5）．

グリコシル化の方法にはこれまで使用してきた Schmidt 法[10]だけでなくグリコシルブロミドやクロリドを用いる Köenigs–Knorr 法[11]，グリコシルフルオリド法[12]，チオグリコシド法[13]が一般的に用いられている．そこで，種々の糖供与体を用いたグリコシル化についての検討を行った（表 1）．その結果，フルオラス糖鎖合成は Schmidt 法のみならず，チオグリコリド法，Köenigs-Knorr 法，グリコシルフルオリド法などの汎用的なグリコシル化の方法にも適用可能であることが明らかになった．

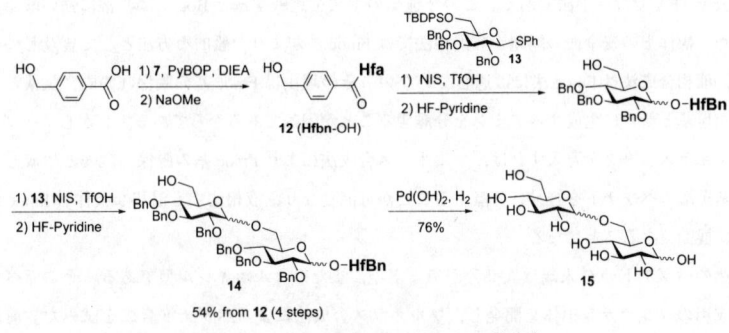

図 5 フルオラス担体 HfBn を用いた二糖合成

表1 種々の糖供与体を用いたグルコシル化

entry	temp.	time	solvent (〜2:1)	R	donor (eq.)	activator	yield (%)[a]
1	0°C	24 h	Ether - EtOC$_4$F$_9$	Cl	10	AgOTf - AgClO$_4$	61
2	−20°C	2.5 h	Ether - EtOC$_4$F$_9$	F	5	Cp$_2$ZrCl$_2$ - AgClO$_4$	77
3	−20°C	4 h	Ether - EtOC$_4$F$_9$	F	3	Cp$_2$ZrCl$_2$ - AgClO$_4$	70
4	0°C	50 min	CH$_2$Cl$_2$ - EtOC$_4$F$_9$	SPh	3	NIS - TfOH	80
5	0°C	2.5 h	CH$_2$Cl$_2$ - EtOC$_4$F$_9$	SPh	1.5	NIS - TfOH	81

[a] isolated yield. [b] detected by ^{1}H NMR spectra of products after deprotection.

4 ペプチド合成

　ペプチド合成には，用いる α-アミノ基の一時的な保護基の種類により Boc 法[14]と Fmoc 法[15]という2種類の合成戦略が用いられている。Boc 法は α-アミノ基の保護基として用いる Boc 基を TFA で除去し，側鎖保護基の除去をフッ化水素や TfOH などで行う手法である。他方の Fmoc 法は α-アミノ基の保護基として用いる Fmoc 基をピペリジンなどの弱塩基で除去し，側鎖保護基の除去を TFA で行う手法である。この2種類の手法を比較すると Boc 法は非常に強い酸を用いるため，操作上の安全面の問題から固相法では Fmoc 法がより一般的な方法として普及しつつあるが，液相合成法は Fmoc 法には適していない。その理由は Fmoc 基の脱保護の際，試薬として用いた塩基と新たに生成するアミンを分離することが困難であるからである。しかし，ペプチドにフルオラス・タグを導入すれば，フルオラス合成法により Fmoc 基の脱保護試薬と生成したアミノ基遊離のペプチドを容易に分離することが可能となり，液相法でも温和な条件の Fmoc 法が容易に展開できることになる。
　天然のペプチドの C 末端は大部分がアミド型，またはカルボキシル型である。そこでペプチド合成用のフルオラス担体を開発し，フルオラス合成法によるペプチド合成を試みた。前述の Hfb–OH に mono – Fmoc –エチレンジアミンを縮合させ化合物16を合成した（図6）。Fmoc 基の除去には一般的に2級アミンが用いられている。しかし均一溶媒系で脱 Fmoc 化を行うと反応後の濃縮操作で溶液の塩基濃度が高くなり，ペプチド中のアミノ酸残基のラセミ化や β 脱離が引き起こる危険性が高くなる。そこで，反応後そのまま FC-72 と有機溶媒との分配操作を行えるよう

第1章 フルオラス・タグを用いた糖鎖およびペプチドの合成

に，FC-72と有機溶媒と10%ピペリジン／DMF溶液との二層系中で化合物16の脱Fmoc化を行ったところ，速やかに反応が進行することが明らかとなった。なお，塩基としてはジエチルアミンも有用であることも確認できた。このようにして得られた化合物17に対してアミド型リンカー18を縮合させC末端アミド型ペプチド合成用フルオラス担体19を調製した。このフルオラス担体19に対して，プロリン，ヒスチジン，ピログルタミン酸の順に縮合とFmoc基の除去を繰り返し行い，フルオラスタグに結合した粗ペプチド20が得られた。粗ペプチド20を，スカベンジャーとして水と1,4-ブタンジチオールを含むトリフルオロ酢酸溶液で処理することにより，フルオラスタグからペプチド鎖の切り出しを行った。粗生成物をFC-72とトルエンと水との3層分配したところ，トルエン層にスカベンジャーなどの有機化合物が，FC-72層にフルオラスタグが，そして水層にペプチドがそれぞれ分配された。水層を凍結乾燥の後，逆層HPLCで精製を行い目的とするトリペプチドTRH（21）を全収率（フルオラス担体19より7工程）62%で得ることに成功した。なお，全工程においてカラムクロマトグラフィーによる精製はフルオラス担体19と最終生成物に対しての2回のみであり，それ以外はFC-72と有機溶媒との分配操作だけで容易に精製できた[16]。

また，C末端カルボキシル型ペプチド合成用フルオラス担体22を合成し，これを用いてペンタペプチドであるロイシンエンケファリン（23）もフルオラス合成法により効率的，かつ高収率（9工程，70%）で得ることに成功した[17]（図7）。

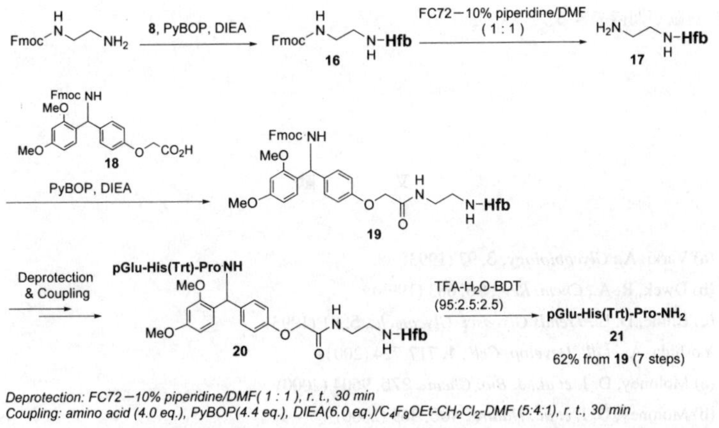

図6 フルオラス担体を用いたトリペプチドTRHの合成

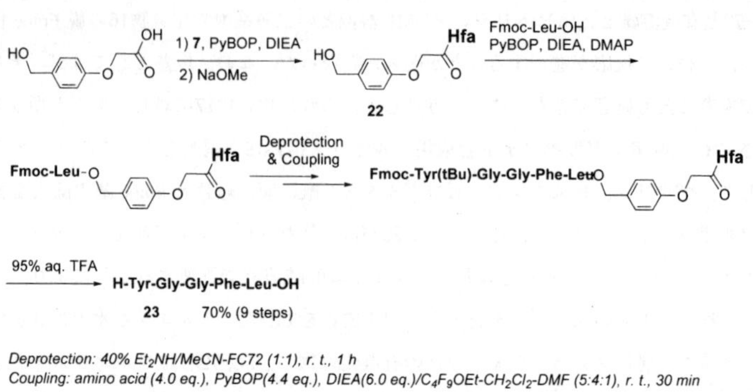

フルオラスケミストリー

図7 ロイシンエンケファリンの合成

5 おわりに

　以上のように，本稿ではフルオラス・タグ法が効率的な糖鎖，およびペプチドの合成手法として有用であることを明らかにした。この方法はフルオラス・タグの結合した反応中間体をFC-72と有機溶媒を用いる分配操作により容易に精製できるため，通常の有機合成において時間と労力を要するシリカゲルカラムクロマトグラフィーなどの精製工程を大幅に省略できる効率的な方法である。さらに，各反応中間体はTLC，NMR，MSなど通常の液相法で用いる分析方法を用いることができるために反応条件の最適化を迅速に行うことができる。本法は糖鎖やペプチドの合成だけではなく，その他の種々の有機化合物の合成にも応用が可能であり，さまざまな分野の合成への貢献が期待できる。

文　　献

1) (a) Varki, A., *Glycobiology*, **3**, 97 (1993)
   (b) Dwek, R. A., *Chem. Rev*., **96**, 683 (1996)
   (c) Blithe, D. L., *Trends Glycosci. Glycotech*., **5**, 81 (1993)
2) Yoshida, A. *et al., Develop. Cell*, **1**, 717-724 (2001)
3) (a) Moloney, D. J. *et al., J. Bio. Chem*., **275**, 9604 (2000)
   (b) Moloney, D. J. *et al., Nature*, **406**, 369 (2000)
   (c) Brucker, K. *et al., Nature*, **406**, 411 (2000)

    (d) Haltiwanger, R. S., *Trends Glycosci. Glycotech*., **13**, 157 (2001)
4) Studer, A. *et al., Science*, **275**, 823 (1997)
5) (a) Zhang, W. *et al., J. Am. Chem. Soc.*, **124**, 10443 (2002)
  (b) Curran, D. P. *et al., Org. Lett*., **4**, 2233 (2002)
  (c) Zhang, Q. *et al., J. Am. Chem. Soc.*, **124**, 5774 (2002)
  (d) Curran, D. P., *Synlett*, 1488 (2001)
  (e) Luo, Z. *et al., Science*, **291**, 1766 (2001)
  (f) Zhang, Q. *et al., J. Org. Chem*., **65**, 8866 (2000)
6) 三上幸一ほか, 化学, **57**, 22（2002）
7) (a) Miura, T. *et al., Org. Lett*., **3**, 3974 (2001)
  (b) Miura, T. *et al., J. Org. Chem*., **69**, 5348-5353 (2004)
8) (a) Miura, T. *et al., Angew. Chem. Int. Ed*., **42**, 2047-2051 (2003)
  (b) Goto, K. *et al., Tetrahedron*, **60**, 8845-8854 (2004)
9) Goto, K. *et al., Synlett*, 2221 (2004)
10) Schmidt method: Schmidt, R. R. *et al., Liebigs Ann. Chem*., 1343 (1984)
11) Köenigs, W. *et al., Ber*., **34**, 957 (1901)
12) (a) Matsumoto, T. *et al., Tetrahedron Lett*., **29**, 3567 (1988)
  (b) *ibid*., **29**, 3571 (1988)
  (c) *ibid*., **29**, 3575 (1988)
  (d) Suzuki, K. *et al., Tetrahedron Lett*., **30**, 4853 (1989)
  (e) Mukaiyama, T. *et al., Chem. Lett*., 431 (1981)
13) Veeneman, G. H. *et al., Tetrahedron Lett*., **31**, 1331 (1990)
14) Merrifield, B. B., *J. Am. Chem. Soc*., **85**, 2149 (1963)
15) (a) Carpino, L. A. *et al., J. Am. Chem. Soc*., **92**, 5748 (1970)
  (b) Fields, G. B. *et al., Int. J. Peptide Protein Res*., **31**, 6991 (1990)
16) Mizuno, M. *et al., Chem. Commun*., 972 (2003)
17) Mizuno, M. *et al., Tetrahedron Lett*., **45**, 3425 (2004)

第2章　フルオラスタグを有するグリコシドを用いる細胞内糖鎖伸長反応

畑中研一*

1　はじめに

　フルオラステクノロジーは，フルオラス化合物（フッ素を複数個有する化合物）同士の親和性を利用して分離・分析を行うことを基盤としている。もちろん，多数のフッ素原子の電子吸引性を利用した超強酸としての利用価値も高いが，ここではフルオラス化合物同士の親和性を考えてみることにする（図1）。

　まず，水層と有機層の二層分離について考えてみる。疎水性の有機分子が水分子の間に入り込むと水の水素結合ネットワークを壊し，エンタルピー的に不安定となる。しかも疎水性分子の生み出す分散力では水素結合切断によって失ったエンタルピーを補うことができない。また，水分子がより多くの（密度の高い）水素結合を形成してエンタルピーを補っても，より多くの水素結合によって水分子を束縛するため，エントロピーが減少し，ΔG（$=\Delta H-T\Delta S$）が正となり不安定化する。そのため，疎水性分子と水分子が接触する面積を最小にすることでエンタルピーの増加を最小限にする。その結果，疎水性の分子は水分子のネットワークから弾き出されて疎水性分

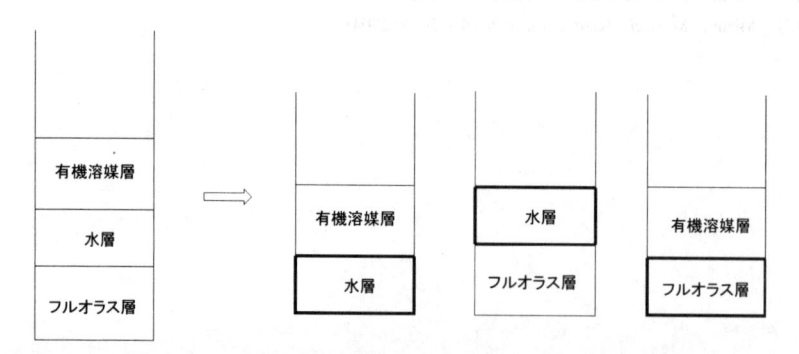

図1　二層分離における溶媒分子間の相互作用（太枠で囲った層が主体的に集合する）

＊　Kenichi Hatanaka　東京大学　国際・産学共同研究センター　教授

子の層を形成するようになる（疎水性相互作用）。ここで注意しなければならないのは，疎水性相互作用が真の物理学的な力なのではなく，「水分子のネットワークから弾き出された」結果として疎水性分子が集合しているのにすぎないことを知っておくことである。

次に，フルオラス層と有機層（主にハイドロカーボン層）の二層分離について考えてみる。フルオラス分子の持っている比較的大きな電気双極子によって起こるフルオラス分子同士の電気的な相互作用によりフルオラス分子同士に引力が生じる。これがフルオラス化合物同士の親和性であると考えられる。水層と有機層の二層分離の場合と同じように，疎水性の分子がフルオラス層に入っていくとエネルギー的に不安定になり，疎水性分子はフルオラス層から弾き出される。

さらに，フルオラス層と水層の二層分離について考えてみる。水素結合エネルギーの方が電気双極子相互作用よりも強いため，水分子同士の水素結合ネットワークが主体的に働き，フルオラス分子は水層から弾き出されて集合する。

以上のように3種類の二層分離を考えることによって，水層，フルオラス層，有機層の三層が分離している系に働いている力を推測することができる。すなわち，まず水分子が水素結合によって集合し，次にフルオラス分子が双極子同士の相互作用で集合し，どちらにも入れない疎水性分子が集合している，と考えられる。ここで注目すべきは，フルオラス相互作用が水素結合と疎水性相互作用（仮想的な力）との中間の強さであるということである。つまり，フルオラス相互作用は，疎水性の有機分子の層に対しては主体性を持って働き，水層に対しては受け身に働く。このことは，フルオラス相互作用を用いて分離・分析を行う際のフルオラス化合物の設計に大きく寄与するものであると考えられる。

2　オリゴ糖合成

糖タンパク質や糖脂質などの「複合糖質」と呼ばれる生体分子に含まれるオリゴ糖鎖が生体機能の調節などに重要な働きをしていることが解明されるにつれ，遺伝子工学とタンパク質工学に続く第三のバイオテクノロジーとしての糖鎖工学が認知されつつある。ところで，遺伝子工学が情報工学であることは明白であるが，タンパク質工学はアミノ酸配列（一次構造）が情報工学的な部分であり，立体構造（三次元構造）は物質工学的な側面が強い。これに対して糖鎖工学は，タンパク質である糖転移酵素の基質ポケットの立体構造によって生み出される糖鎖を扱う工学であるため，物質工学として取り扱うのが妥当であろう。糖鎖工学を物質工学の一部として位置付けるならば，必然的にオリゴ糖鎖の合成が重要な基盤となることは言うまでもない。

オリゴ糖の化学合成においては，糖に存在する複数のヒドロキシ基の位置特異的な保護や選択的な脱保護，あるいは立体特異的なグリコシル化反応など複雑で多段階の合成経路をたどるが，

各反応段階における化合物の分離・精製が操作をさらに困難にしている。近年，オリゴ糖の化学合成にフルオラスタグを導入することによって反応後の分離・精製を簡素化している研究が行われつつある。本稿では，オリゴ糖のもう一つの有力な合成法である生化学的な手法にフルオラス技術を適用した例について紹介する。

3　細胞を用いた糖鎖合成

アルキルグリコシドと呼ばれる一連の化合物を細胞培養系の培地に添加すると，細胞内に取り込まれ，酵素によって糖鎖伸長が行われた後，培地中に放出される（図2）。この方法は，化学合成法のような複雑で多段階の反応を経由することもなく，酵素合成法に必要な糖転移酵素の単離・精製や（基質となる）糖ヌクレオチドの調製といった工程もないため，簡便で安価なオリゴ糖鎖の合成方法と言うことができる。また，化学合成法のように多量の有機溶媒を必要としないため，環境に優しい合成法とも言えよう。オリゴ糖合成の原料となるアルキルグリコシドは細胞の酵素によって糖鎖伸長を受けるので，「糖鎖プライマー」と呼ばれる。

糖鎖プライマーの種類を変えれば，得られるオリゴ糖鎖の構造を変化させることが可能であるが，糖鎖合成に用いる細胞の種類を変えても得られるオリゴ糖が異なる。しかも，得られるオリゴ糖鎖は全て天然に存在するオリゴ糖（あるいはその一部）であるため，細胞を用いたオリゴ糖鎖の合成法は「バイオコンビナトリアル合成」と言うことができる。例えば，ドデシル（C_{12}）ラクトシドを糖鎖プライマーとして用いるとき，B16細胞ではシアリル化された三糖が主に得られるのに対して，MDCK細胞ではシアリル化された三糖の他に，三糖がN-アセチルガラクトサミニル化された四糖，さらにガラクトシル化された五糖の混合物が生成物として得られる（図

アルキルグリコシド
（糖鎖プライマー）

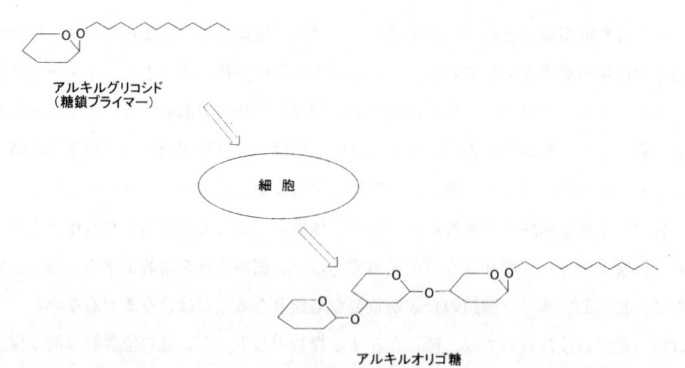

細　胞

アルキルオリゴ糖

図2　糖鎖プライマーを原料とする細胞を用いたオリゴ糖鎖合成

第2章 フルオラスタグを有するグリコシドを用いる細胞内糖鎖伸長反応

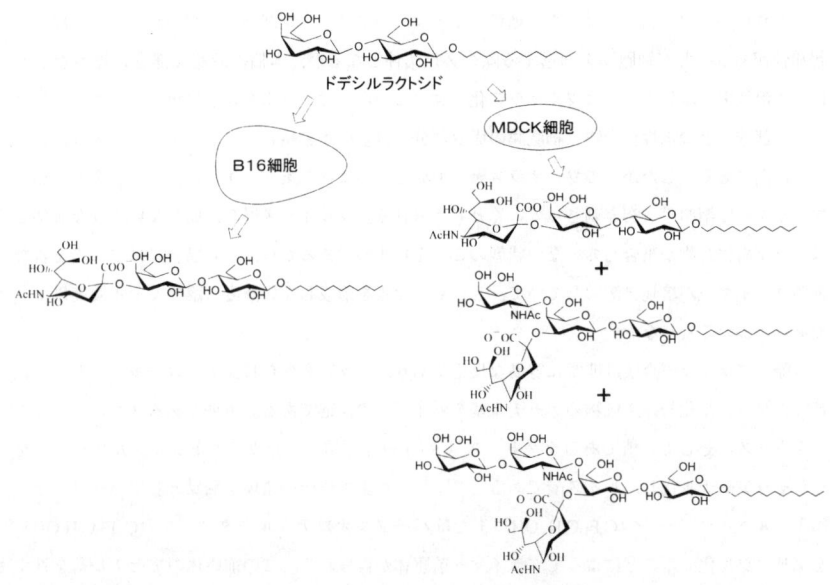

図3 ドデシルラクトシドを用いたオリゴ糖合成（細胞による違い）

3)。

さらに，この方法の特徴は（糖転移酵素の基質特異性がおよびにくい）アグリコン部分（糖鎖以外の部分，この場合には長鎖アルキル部分）に生体不活性の官能基を導入できることである。例えば，アジド基を導入した糖鎖プライマーを細胞培養系の培地に加えると，糖鎖伸長後の生成物にもアジド基が存在し，化学的に還元することによってアミノ基に変換することが可能である。このアミノ基を使って糖鎖ポリマーを合成したり，二本足の糖脂質類似体に変換することができる[1, 2]。

4 フッ素原子を有する糖鎖プライマー（フルオラスプライマー）

フッ素原子もまた生体不活性である（細胞内で反応しない）ため，アグリコン中にフッ素原子を導入した糖鎖プライマーを合成し，細胞内糖鎖伸長反応に用いることができる。

フッ素を含む長鎖アルコールとしては，パーフルオロヘキシルヘキサノール（ドデカノールの外側半分の水素をフッ素で置換した化合物：$C_6F_{13}C_6H_{12}OH$）とパーフルオロデシルエタノール（ドデカノールの外側の炭素10個分の水素をフッ素で置換した化合物：$C_{10}F_{21}C_2H_4OH$）を用い

る。これらの含フッ素アルコール（糖鎖プライマーのアグリコン部分）に細胞膜の疎水性部分と親和性があることが細胞膜を通過する際の必須条件となるが，本稿の最初の部分に述べたように，水溶液中（培地中）ではフルオラス化合物（この場合はフッ素を含む糖鎖プライマーのアグリコン部分）と疎水性化合物（細胞膜の脂質部分）は水の水素結合ネットワークから逃れ，集合する傾向にある。したがってフルオラス層を形成しないような条件にすれば，フッ素を含む糖鎖プライマーは細胞膜に突き刺さっていくと考えられる。フルオラス層を形成しないような条件とは，フッ素化合物が集合していない状態のことを指すのであるから，この場合にはフッ素を含む糖鎖プライマーが培地に溶解していて，しかもミセルを形成しない濃度（臨界ミセル濃度以下）であればよいことになる。

　実際のプライマー合成は非常に容易な反応であり，フッ素を含む長鎖アルコールをアセチル化糖でグリコシル化し，生成物のアセチル基を外すだけの反応である。単糖であるグルコースとガラクトース，そして二糖であるラクトース（$\beta(1\rightarrow 4)$結合したガラクトシルグルコース）をそれぞれアセチル化し，ルイス酸である三フッ化ホウ素エーテル錯体を触媒としてパーフルオロヘキシルヘキサノール（$C_6F_{13}C_6H_{12}OH$）またはパーフルオロデシルエタノール（$C_{10}F_{21}C_2H_4OH$）をグリコシル化することによってプライマー前駆体が得られる。この前駆体のアセチル基を外すとフッ素を含むプライマーが得られる（図4）。ただし，α型のプライマーを合成する場合，あるいは，N-アセチル-D-グルコサミンなどのプライマーを合成する場合には，ルイス酸によるアセチル化糖の直接グリコシル化が困難であるため，アセチル化糖のアノマー位をトリクロロアセトイミデートなどで活性化する必要がある。

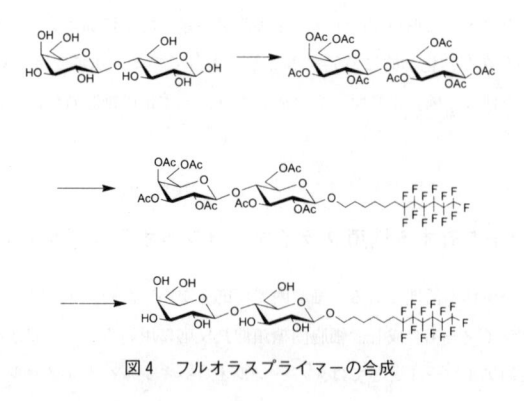

図4　フルオラスプライマーの合成

第2章　フルオラスタグを有するグリコシドを用いる細胞内糖鎖伸長反応

5　フルオラスプライマーへの糖鎖伸長反応

パーフルオロヘキシルヘキサノール（$C_6F_{13}C_6H_{12}OH$）およびパーフルオロデシルエタノール（$C_{10}F_{21}C_2H_4OH$）とグルコース，ガラクトース，ラクトースから合成される（βグリコシド結合した）6種類の糖鎖プライマー（図5）を用いて，B16メラノーマ細胞に対する細胞毒性，糖鎖プライマーの細胞内取り込み，糖鎖伸長反応などについて調べてみる。

培地中にフルオラスプライマーが存在するときのB16メラノーマ細胞の様子を図6に示す。パーフルオロヘキシルヘキシルグルコシド（GluF6）とパーフルオロヘキシルヘキシルガラクトシド（GalF6）は，強力な細胞毒性を示す。このことは，フッ素を含まないドデシルグルコシド（GluF0）は強い細胞毒性を示すが，フッ素を含まないドデシルガラクトシド（GalF0）は毒性を示さないことと比較してみると，ガラクトシドの場合にはフッ素の導入によって細胞毒性を増しているものと考えられる。さらに，パーフルオロデシルエチルグルコシド（GluF10）とパーフルオロデシルエチルガラクトシド（GalF10）を細胞培養系に添加した場合には，興味深いことが起こる。GalF10は培地にほとんど溶解しないにもかかわらず，細胞傷害性である。一方，GluF10は細胞毒性をほとんど示さない。すなわち，ガラクトシドプライマーの場合には，フッ素を含有することによって毒性が発現する傾向にあるが，グルコシドプライマーの場合には，フッ素含有量が増加すると細胞毒性が消えてしまうのである。このことは，糖鎖部分とアグリコン部分における親水疎水のバランスが細胞膜との相互作用に影響しているものと思われる。これに対して，二糖であるラクトシドプライマーはフッ素原子の有無にかかわらず，B16に対して毒性を示さない[3]。

GluF6とGalF6は強力な細胞毒性を示すが，細胞内にはかなりの量が取り込まれることが分かっている。これに対して，GalF10は培地に対する低溶解性のためなのか細胞内にはほとんど存在しない。それゆえ，GalF10に対して糖鎖伸長した化合物は確認されていない。このことは，GalF6やフッ素を含まないドデシルガラクトシド（GalF0）にシアル酸の転移（糖鎖伸長反応）

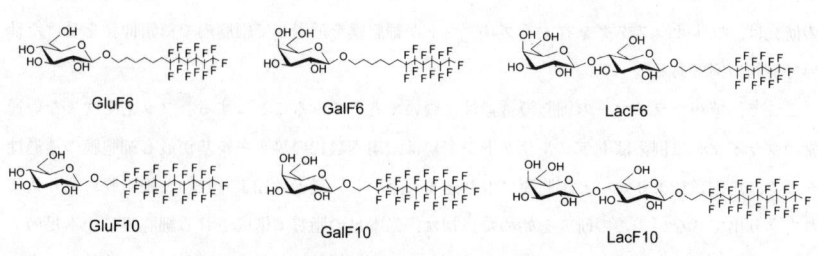

図5　オリゴ糖合成に用いたフルオラスプライマー

フルオラスケミストリー

	LacF6 primer	LacF10 primer
Control (primerなし)	GalF6 primer	GalF10 primer
	GlcF6 primer	GlcF10 primer

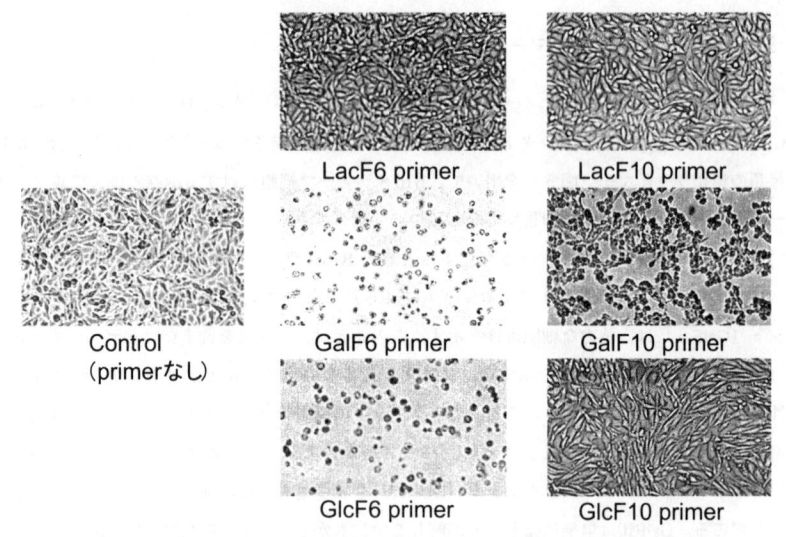

図6　フルオラスプライマー投与時（50μM，37℃，48時間培養）のB16細胞の様子

が起こっているのと対照的である。特に，毒性の強いGalF6に糖鎖伸長反応が起こっていることは，細胞内酵素（シアル酸転移酵素）による糖鎖の認識と細胞毒性とは別の過程で起こっていることを示していると考えられる。グルコシドプライマーに関しては，GluF10，GluF6，フッ素を含まないドデシルグルコシド（GluF0）の全てに対して糖鎖伸長反応は起こらない。つまり，一本鎖のアグリコンを有するグルコシドは，ガラクトース転移酵素（天然のグルコシルセラミドにガラクトースを転移させてラクトシルセラミドを合成する酵素）に受容体基質として認識されていない可能性が高い。ラクトシドプライマーの場合には，フッ素原子の有無にかかわらずシアル酸の転移反応が確認される。以上のような結果より，毒性を示さず，糖鎖伸長反応の起こるフルオラス基を有するラクトシドプライマーがオリゴ糖の生産に適していると考えられる。この研究は，フルオラスタグを有するグリコシドが細胞膜を通過して細胞内で糖鎖伸長を受けた世界で最初の例である[4]。

　ここで，糖鎖プライマーの細胞膜透過性について考えてみることにする。フッ素を含まない通常のプライマー（例えばドデシルラクトシド）は，炭素数12のアルキル基が最も細胞膜の透過性がよく，炭素数12より短いと細胞膜に取り込まれないし，炭素数12より長いと細胞膜に取り込まれたきり出てこない。この研究を始めた当初は，二本足の脂質で構成される細胞膜に一本足のアルキル基を有する糖鎖プライマーがとまれないのは主に分子の形（一本足か二本足かというこ

と）が影響していると考えられた。ところが，炭化水素鎖よりも立体的に大きいと考えられるフルオロカーボン鎖が容易に細胞膜を通過できる（培地中に糖鎖伸長生成物が得られる）ことを考えると，両親媒性の分子が細胞膜を通過できるかどうかは，その分子の疎水性部分の大きさ（太さ）や分子の形よりも疎水性部分の長さが影響すると考えるのが妥当であろう。

次に，細胞内で糖鎖伸長を受ける LacF 6 に関して，細胞のどんな酵素が働いているのかを検証する。LacF 6 は B16細胞に取り込まれた後，細胞内にてシアル酸の転移を受け，細胞外（培地中）へ放出される。得られた生成物はシアリルラクトースである（MALDI–TOFMS で確認）。この糖鎖は，B16細胞で高発現している GM 3 という糖脂質の糖鎖部分と構造が同じである。そこで，糖鎖プライマー投与時における B16細胞の内在性 GM 3 の量を調べてみると，プライマーを投与しない場合と比べて明確な減少が確認できる。このことは，細胞内のゴルジ体に存在するGM 3 合成酵素（シアル酸転移酵素）がプライマーに働いて糖鎖伸張していることを示唆している。したがって，細胞は GM 3 を合成するのと同様に糖鎖プライマーにシアル酸を転移するが，（糖鎖伸張したプライマーは細胞外に出て行くために）細胞内の GM 3 濃度が上昇せず，糖転移（シアル酸転移）を限りなく続けている状況にあると考えられる。また，得られた糖鎖構造を再確認するため，糖鎖伸長を受けたプライマー（LacF 6）を $\alpha 2,3$ シアリダーゼで処理すると，シアリル化前の糖鎖プライマーに戻ることからも，シアル酸の結合は $\alpha 2\rightarrow 3$ であることがわかる（図 7）。

6　フルオラスタグを有するグリコシドの溶解性

フルオラスタグを有するグリコシド（フルオラスプライマーおよびその糖鎖伸長化合物）は糖鎖部分に複数のヒドロキシ基を有するため，パーフルオロヘキサン，パーフルオロトルエン，FC–

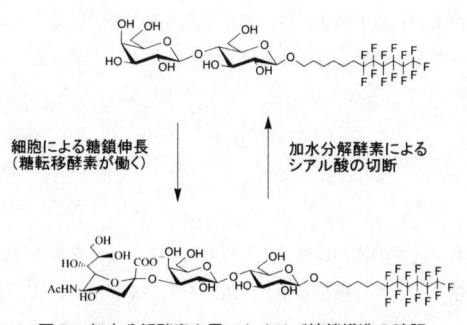

図7　加水分解酵素を用いたオリゴ糖鎖構造の確認

表1 アルキルグリコシドのフルオラス溶媒（アルコール）への溶解性

化合物	$CF_3CHOH\ CF_3$ (F68%,OH10%)	$C_2F_5C_3H_6OH$ (F53%,OH9%)	$C_4F_9C_2H_4OH$ (F65%,OH6%)	$C_6F_{13}C_6H_{12}OH$ (F59%,OH4%)
シアリル化 LacF6(F24%,OH16%)	soluble	soluble	soluble	insoluble
LacF6(F33%,OH16%)	soluble	soluble	soluble	insoluble
LacF10(F45%,OH13%)	soluble	soluble	soluble	insoluble
LacF0(F0%,OH23%)	soluble	insoluble	insoluble	insoluble

72などの通常のフルオラス溶媒には溶解せず，懸濁するだけである．一方，メタノールやエタノールなど低分子量のアルコールはフルオラスタグを有するグリコシドを溶解するが，フッ素を含まないドデシルグリコシド（フッ素を含まない糖鎖プライマー）やその糖鎖伸長化合物も溶解する．さらに，メタノールやエタノールは水と混合するので，培地中（水溶液）から糖鎖伸長生成物を抽出するのに用いることができない．

そこで，フルオラスな部分とヒドロキシ基の両方を有するフルオラスアルコールについてフルオラスプライマーおよびその糖鎖伸長化合物の溶解性を調べてみると（表1），ヒドロキシ基の含量（重量%）が4％のパーフルオロヘキシルヘキサノール（$C_6F_{13}C_6H_{12}OH$）にはどの化合物も溶解せず，ヒドロキシ基の含量が6％のパーフルオロブチルエタノール（$C_4F_9C_2H_4OH$）と9％のパーフルオロエチルプロパノール（$C_2F_5C_3H_6OH$）に溶解した．ヒドロキシ基の含量が10％の1,1,1,3,3,3-ヘキサフルオロイソプロパノール（$CF_3CHOH\ CF_3$）にも溶解するが，この溶媒はフッ素を含まないプライマー（ドデシルラクトシド）も溶解するうえ，水と混合する．したがって，フルオラスプライマーおよびその糖鎖伸長化合物を培地から抽出するのに適している溶媒は，パーフルオロブチルエタノールとパーフルオロエチルプロパノールである．実際の抽出では，極性の低い有機溶媒を用いてフルオラスプライマーを除いた後，パーフルオロブチルエタノールにより糖鎖伸長したフルオラスプライマー（生成物）を抽出する．その際，内在性 GM 3 や培地成分は水層に留まる．以上のように，フルオラスタグを付けてオリゴ糖合成を行うと，逆相クロマトグラフィーなどの煩雑な操作を避けることができ，大量合成などの後処理を簡便にすることができる．

7 おわりに

フッ素原子が「共有結合性の高い極性基」と言われるように，フルオラス化合物は親水性と疎水性の中間の性質を示す．この「繊細な相互作用」を上手く利用すれば，本稿で述べたような効率的な抽出や超強力なルイス酸触媒としての利用のほかに，「繊細な認識素子」としての役割も

第 2 章　フルオラスタグを有するグリコシドを用いる細胞内糖鎖伸長反応

見えてくる。生体内ではタンパク質が水溶液中に疎水場を構築し，その三次元的な形（立体構造）を駆使して繊細な生体制御を行っている。一方，（水から逃れた）疎水性化合物の集まりにおいて，フルオラス化合物の相互作用は均一な溶液中でも特異的に働けるはずである。今後，フルオラス相互作用が単なる親和力の域を超えて，形や方向性を加味した「繊細で且つ特異的な」相互作用へと発展していくことを願う。

文　　献

1）　M. C. Z. Kasuya *et al., Carbohydr. Res*., **329**, 755（2000）
2）　Y. Murozuka *et al., Chem. Biodiversity*, **2**, 1063（2005）
3）　M. C. Z. Kasuya *et al., Chem. Lett*., **34**, 856（2005）
4）　M. C. Z. Kasuya *et al., Biochem. Biophys. Res. Commun*., **316**, 599（2004）

第3章 フルオラスデンドロンを担体として用いる DNA の化学合成

和田　猛*

1　はじめに

　化学合成された核酸は，今や分子生物学や医学の研究に欠かすことのできない重要な物質である。例えば，塩基配列の決定や遺伝子診断，核酸医薬といった最先端の研究分野でも合成 DNA が日常的に使われている。これまで，個々の研究で必要とされた合成 DNA の量はごく微量であり，現在確立している DNA の化学合成法は，これらの少量かつ多様な需要に迅速に対応するため，自動化された固相合成に最適化されている。一方，核酸やその類縁体がアンチセンス核酸，リボザイム，siRNA などの医薬として実用化されつつあり，また核酸を新しい機能性材料として活用しようとする新しい試みが盛んに行われている現状を鑑みると，今後，合成核酸の需要が飛躍的に増加することは確実である。しかし，迅速な少量合成に最適化された既存の核酸固相合成法は大過剰の試薬を用いる非効率的な反応を採用しており，大量合成のためにこれを単純にスケールアップしただけでは化学的にも経済的にも全く有効ではない。そこで，化学量論的な反応により大量合成が可能な液相合成の利点を生かしつつ，抽出操作のみで多段階反応を行うことのできるフルオラス合成の手法を核酸合成に応用することを計画した。我々は，高いフッ素含有率を有する新しい担体としてフルオラスデンドロンを用い，カラムクロマトグラフィーによる精製を行うことなく，フルオラス溶媒を用いた抽出操作のみでオリゴヌクレオチド鎖を延長することのできる全く新しい核酸のフルオラス合成法の開発を目指している。本稿では，著者らが開発したフルオラス DNA 合成法のコンセプトを中心に概説する。

2　核酸の化学合成とフルオラスケミストリー

　フルオラスケミストリーを核酸の化学合成に適用するためのストラテジーを立てるには，核酸合成手法に関する知識が必要である。現在，DNA の化学合成法で最も汎用されているのはホスホロアミダイト法[1]である（図1）。この方法では，モノマーとして核酸塩基のアミノ基が保護さ

---

*　Takeshi Wada　東京大学大学院　新領域創成科学研究科　助教授

第3章 フルオラスデンドロンを担体として用いる DNA の化学合成

れたヌクレオシド 3′-ホスホロアミダイトを用いる。まず，これをテトラゾールなどの酸性化合物と反応させて活性化し，固相担体に結合したオリゴマー末端の 5′-水酸基と縮合する。未反応の 5′-水酸基は無水酢酸などでキャップ化することにより，以降の合成サイクルで短鎖のオリゴマーが生成するのを防ぐ。次に，得られたホスファイト中間体をヨウ素と水を用いて酸化し，リン酸トリエステルを得る。そして，5′-末端の保護基を除去し，縮合，キャップ化，酸化，脱保護を繰り返してオリゴヌクレオチド鎖を延長する。目的とする鎖長が得られたら，最後に濃アンモニア水で処理して塩基部，リン酸部の保護基を除去し，同時に固相担体から目的物を切り出す。このホスホロアミダイト法をフルオラス液相合成法に適用する場合の問題点について考察する。

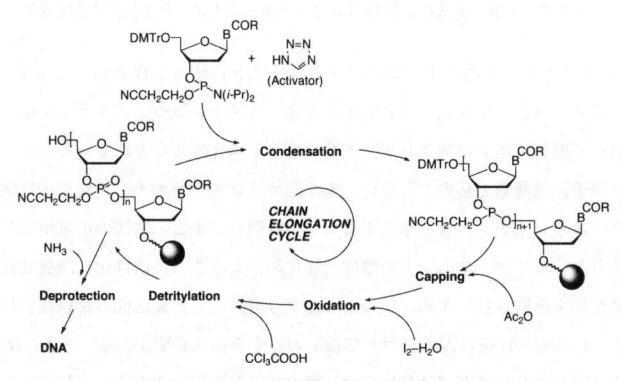

図1 ホスホロアミダイト法による DNA 合成

　一般に，オリゴ糖やオリゴペプチドのフルオラス合成では，反応後の目的物をフルオラス溶媒によって効率的に抽出するために，高度にフッ素で置換されたフルオラス担体が用いられる。一方，モノマーとしては通常の合成に用いられる化合物がそのまま用いられる場合が多い[2,3]。そのため，オリゴマーの鎖長が延長され，分子量が増加するのにともなって目的物のフッ素含有率が低下し，フルオラス抽出の効率も低下する。そこで核酸のフルオラス合成では，この点を改善するために，核酸塩基部にフルオラス保護基を導入することを考えた。しかし，上述したホスホロアミダイト法のモノマーの核酸塩基にフルオラス保護基を導入し，適当なフルオラス担体上でオリゴマーの合成をする場合，オリゴマーのフルオラス抽出効率の低下を抑制することはできるが，逆に塩基部に導入したフルオラス保護基の影響でモノマーのフルオラス性が向上するため，目的物と過剰に用いたモノマーの分離が困難となる。そこで，解離を有するヌクレオシド 3′-ホスホン酸モノエステル誘導体をモノマーとする H–ホスホネート法に着目した。H–ホスホネート

法のモノマーは，5′-位の保護基を除去すると水溶性となり，塩基性水溶液，有機溶媒，フルオラス溶媒を用いる三相系の分配抽出で容易に水相へ除去することが可能である（図2）。

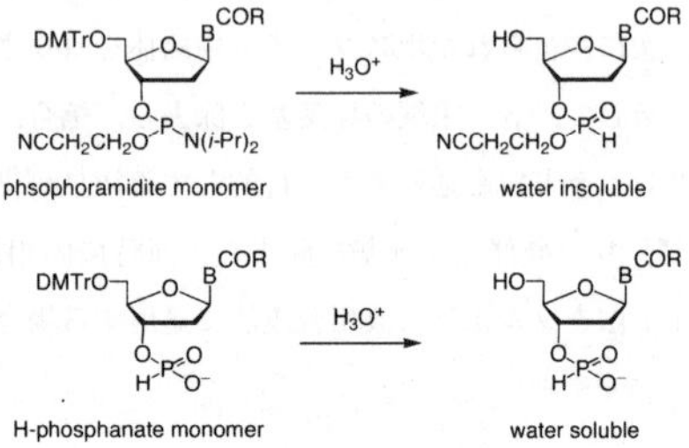

図2 ホスホロアミダイト法およびH-ホスホネート法のモノマーと加水分解生成物の性質

一般的なH-ホスホネート法によるオリゴヌクレオチド鎖延長工程を図3に示す[4]。H-ホスホネート法は，モノマーとして安定なヌクレオシド3′-ホスホン酸モノエステルを用い，これを脱水縮合剤を用いて固相担体上のヌクレオシド糖水酸基と縮合させる方法である。インターヌクレオチドのリン原子に保護基を必要としない，また，オリゴヌクレオチド鎖延長後に固相担体上で全てのインターヌクレオチド結合を酸化するなどの特徴を有する。常法のホスホロアミダイト法では，反応性の高いモノマーユニットを酸性活性化剤によりさらに活性化し鎖長延長反応を行うため，活性種が加水分解されやすく，いったん加水分解されると反応性のない化合物に変換されてしまう。そのため縮合反応は湿気に対して細心の注意を払う必要がある。一方，H-ホスホネート法によるオリゴヌクレオチド鎖延長反応は，脱水縮合剤を用いるために湿気に対してそれほど敏感ではなく，液相法による化学量論的な反応を用いる大量合成に適していると言える。従来H-ホスホネート法は固相合成のみに適用されており，2量体以上のオリゴヌクレオチドの液相合成はこれまでに報告例がない。これは，合成中間体であるインターヌクレオチドにH-ホスホネートジエステル結合を有する化合物が，シリカゲルカラムクロマトグラフィーの精製操作中に分解してしまうためであるが，本研究のように，シリカゲルカラムクロマトグラフィーによる中間体の精製を必要としないフルオラス合成には十分適用可能である。以下に，実際にフルオラス保護基を導入したモノマーの合成，フルオラス担体の合成，オリゴマーのフルオラス合成法について，最近の実験結果も含めて紹介する[5]。

3　H-ホスホネートモノマーの合成

DNAの化学合成では，アデニン，シトシン，グアニン塩基のアミノ基は，ベンゾイル基，イ

第3章　フルオラスデンドロンを担体として用いるDNAの化学合成

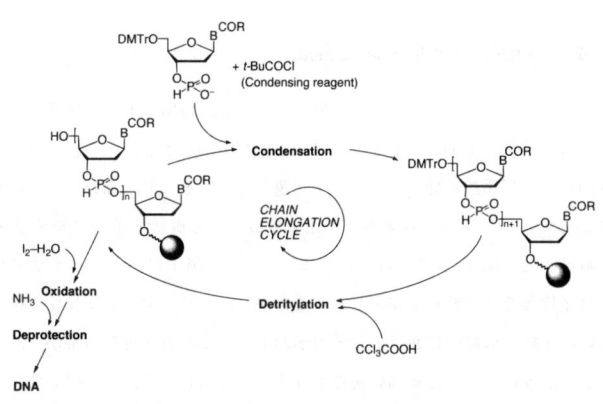

図3　H-ホスホネート法によるDNA合成

ソブチリル基，アセチル基などのアシル型の保護基が導入される。本研究では，パーフルオロアルキル鎖を有するフルオラスアシル基を核酸塩基のアミノ基に導入することを試みた。デオキシアデノシン誘導体に関しては，オリゴヌクレオチド鎖延長時に，5′-水酸基の保護基であるジメトキシトリチル（DMTr）基を除去する際の酸性条件下で起きる脱プリン反応を抑制するため，アミノ基に対して2つのアシル基を導入した。フルオラスアシル基は，一般的なアシル基と同様に，ヌクレオシドの水酸基をトリメチルシリル（TMS）基で一次的に保護した後，酸塩化物を用いてアミノ基に導入することが可能である[6]。水酸基のTMS基を加水分解した後，5′-水酸基をDMTr基で保護し，最後に3′-水酸基をホスホニル化[7]することによりH-ホスホネートモノマーを得た（図4）。

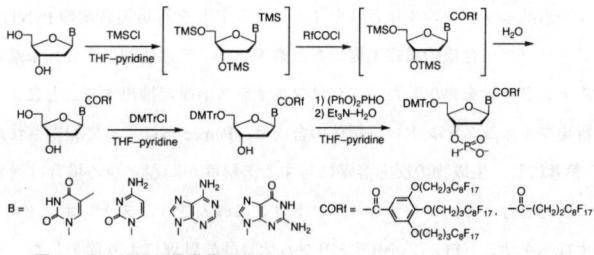

図4　フルオラス保護基が導入されたH-ホスホネートモノマーの合成

4　フルオラス担体のデザインと合成

先にも述べたように，フルオラス担体上で糖，ペプチド，核酸などの生体高分子を逐次的に鎖長延長する場合，分子量の増加にともなってフッ素含有率が低下し，その結果フルオラス抽出溶媒に対する目的物の分配係数が低下することが問題となる。そこで，高いフッ素含有率を確保するための担体として，パーフルオロアルキル鎖を多数有する樹状分子のフルオラスデンドロン（1，2）に着目した（図5）。これらの分子は，ベンゼン環上にパーフルオロアルコキシ基を有し，酸性や塩基性条件下で極めて安定であることから，オリゴマー鎖延長反応後の脱保護反応でも分解しない。非極性溶媒中における分子力学および分子動力学計算結果から，フルオラスデンドロン分子2は高度に分岐した嵩高い構造を有するにも関わらず，ベンゼン環同士のスタッキングとパーフルオロアルキル鎖同士の会合により，反応点近傍の立体障害が軽減されることが示唆されている。

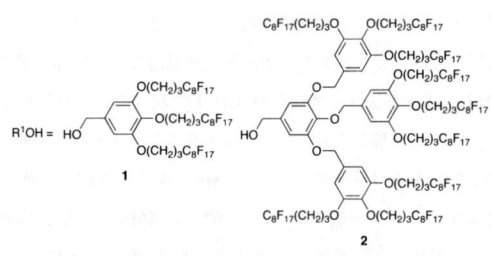

図5　フルオラスデンドロンの構造

フルオラス担体の回収再利用を可能とするため，フルオラスデンドロンの末端官能基は水酸基とし，これと3′-水酸基サクシニル化されたヌクレオシドとを新規縮合剤のPyNTP[8]を用いて縮合した。そしてオリゴマー合成の最終工程である濃アンモニア水処理により，末端水酸基が遊離したフルオラスデンドロンを再生した。これはフルオラス溶媒で抽出することにより回収することができる。新規フルオラスデンドロン担体の合成は，Percecらによって報告された類似化合物の合成反応[9]を参考にし，生成物の反応溶媒に対する溶解度が問題となる場合は適宜フルオラス溶媒を添加して反応を行った。フルオラスデンドロンに導入されたヌクレオシドの5′-DMTr基は，パーフルオロヘキサン（FC-72）中でトリフルオロ酢酸処理により除去した。反応混合物をFC-72／トルエン／NaHCO$_3$aqの三相系で抽出すると，フルオラスデンドロン2に5′-位に遊離の水酸基を有するヌクレオシドが結合した分子はFC-72相へ，DMTr基の残渣はトルエン相へ，トリフルオロ酢酸は水相へ分配され，目的物をほぼ定量的に得ることができた（図6）。

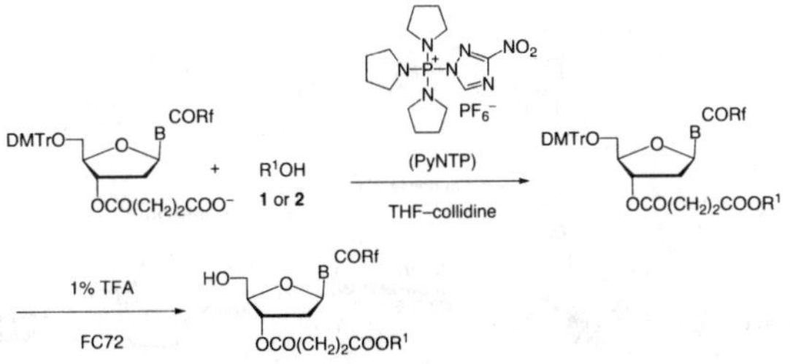

第3章 フルオラスデンドロンを担体として用いる DNA の化学合成

図6 フルオラスデンドロンへのヌクレオシドの導入

5　H-ホスホネート法による DNA のフルオラス合成

　H-ホスホネート法による DNA のフルオラス合成サイクルを図7に示す。H-ホスホネートモノマーとフルオラスデンドロンに結合したオリゴマーの 5′-水酸基は，新規縮合剤の PyNTP を用いて縮合し，その後，反応混合物を FC-72／トルエン／$NaHCO_3$aq の三相系で抽出し，目的の鎖長が延長されたオリゴマーを FC-72 相に回収する。得られたオリゴマーの 5′-DMTr 基は，パーフルオロヘキサン（FC-72）とトリフルオロメチルベンゼン混合溶媒中でトリフルオロ酢酸処理により除去し，再び反応混合物を FC-72／トルエン／$NaHCO_3$aq の三相系で抽出し，5′-位に遊離の水酸基を有するオリゴマーを FC-72 相に回収する。この段階で過剰に用いたモノマーは完全に水相に移動するため目的物を純粋に得ることができる。そしてこの反応工程を繰り返すことでオリゴヌクレオチド鎖を延長し，引き続き 5′-位に遊離の水酸基を有するオリゴマーをトリフルオロメチルベンゼン―ピリジン―水の混合溶媒中でヨウ素酸化することによって，インターヌクレオチドをリン酸ジエステルに変換する。その後，反応混合物を FC-72／1 M TEAB-MeOH で抽出し，目的のオリゴマーを FC-72 相に回収する。さらに，得られたオリゴマーを水―THF 混合溶媒中でアンモニア処理により脱保護を行い，FC-72／$CHCl_3$／H_2O の三相系で抽出すると，遊離のオリゴマーが水相に回収される。また，フルオラス担体は FC-72 相に回収され，精製後再利用が可能である。

　実際に，パーフルオロアルキル鎖3本が結合したフルオラスデンドロン1を担体として用いて，上記の合成サイクルにしたがいチミジル酸 2～4 量体の合成を試みたところ，意外にも目的物のフルオラス溶媒による抽出効率は低く，その収率は満足できるものではなかった。そこで，パーフルオロアルキル鎖9本が結合したフルオラスデンドロン2を用いて同様の合成を試みたところ，高収率で目的物を得ることができた。また，フルオラスデンドロンも高収率で回収された。現在，この方法によりさまざまな塩基配列を有する 2～10 量体の合成を検討している。

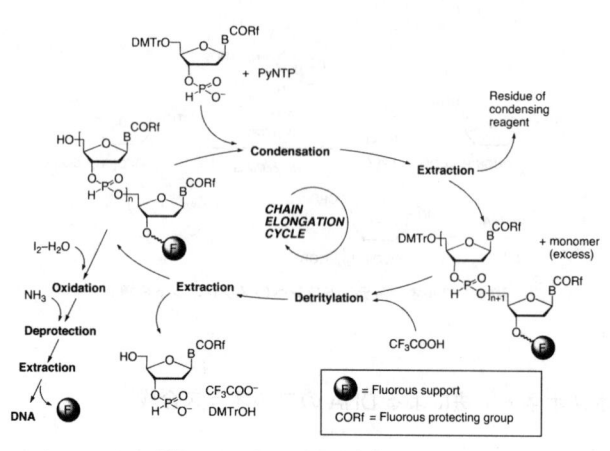

図7　DNA のフルオラス合成サイクル

6　おわりに

以上，述べてきたように，従来，固相法によってのみ可能であった H-ホスホネート法によるDNA オリゴマーの合成が，フルオラスケミストリーを用いて液相法で実現可能となった。今後はさまざまな DNA 類縁体や RNA 誘導体のフルオラス合成を検討する予定である。本法がさらに改良され，より長鎖のリゴマーが高収率で合成可能となれば，核酸の実用的な大量液相合成法となり得るものと期待される。

文　　　献

1）S. L. Beaucage et al., Tetrahedron, **48**, 2223 (1992)
2）M. Mizuno et al., Chem. Commun., 972 (2003)
3）K. Goto et al., Tetrahedron, **60**, 8845 (2004)
4）B. C. Froehler, Methods in Moleculer Biology, Humana Press, Totowa, New Jersey Vol.20, 63 (1993)
5）和田猛ほか，特願2004-018746
6）G. S. Ti et al., J. Am. Chem. Soc., **104**, 1316 (1982)
7）J. Jankowska et al., Tetrahedron Lett., **35**, 3355 (1994)

8) T. Wada *et al.*, *Nucleic Acids Res. Suppl*., **1**, 187 (2001)
9) V. Percec *et al.*, *J. Am. Chem. Soc*., **118**, 9855 (1996)

第4章　新規フルオラス試薬類の開発

稲津敏行*

1　はじめに

　1997年，Curran らによりフルオラス合成法（フルオラス・タグ法）が報告された際[1]，この方法論が固相合成法の代替法になるとの考えに至った。実際，糖鎖やペプチドのフルオラス合成は，Bfp 基，Hfb 基という2つの新規なフルオラス・タグ（図1）の開発とともに成功し[2]，今後のさらなる発展に期待が寄せられている。これらの詳細については第2編第1章で述べられている。

　ところで，固相合成はペプチド合成などに限る方法論ではない。広く使用されているイオン交換樹脂も固相を利用したものであり，不溶性高分子担持試薬を用いた数多くの固相合成反応が報告されている[3]。こうした展開は，ほとんどすべてがフルオラス合成に応用できうることが予測される。第4編第1章で触れられるように米国の Fluorous Technologies, Inc から多くのフルオラス試薬類が発売されている。しかし，それらはフルオラスシリカゲルカラムを利用することを前提に設計された，いわゆるライト・フルオラスの立場をとっている。

　一方，フルオラス合成は目的物を液─液分配抽出だけで精製できることにその魅力があると言っても過言ではない。特に，工業的なプロセスの改善を指向すると，カラム法ではなく，分配抽出だけで製造工程や精製工程を置き換えられるフルオラス合成型の手法に期待が寄せられる。

　そこで，従来固相法で用いられてきた不溶性高分子担体を，ヘビー・フルオラスの立場をとるフルオラス・タグに置き換える考え方で，新規なフルオラス試薬類の分子設計と合成を行った。すなわち，骨格となる分子構造を大きく変更せずに，オリゴ糖やペプチドのフルオラス合成に有効であった Bfp 基，Hfb 基を導入する戦略で，新たなフルオラス試薬の創製を試みた。本稿ではこれらの取り組みの一端を紹介する。

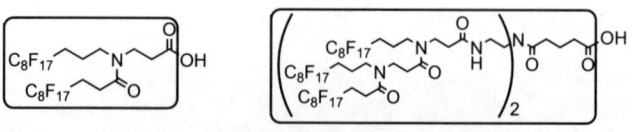

図1　Bfp-OH（左）と Hfb-OH（右）の構造

＊　Toshiyuki Inazu　東海大学　工学部　応用化学科　教授；　東海大学　糖鎖工学研究施設

2　金属イオンスカベンジャー

　有機反応を進めるときに，収率の向上は工業的にも実験室的にも最も気になるところである。2つの試薬を反応させる際に，一方の試薬やあるいは第3の反応促進剤を過剰に用いることが広く常法として採用されている。したがって，副生物とともに過剰に用いた試薬類をいかに取り除くかが重要な課題である。

　反応中に過剰に使用した試薬や副生物と反応しこれらを取り除ける機能を有した固相担持試薬類が，スカベンジャーとして上市され利用できるようになっている。固相担体としては不溶性高分子のみならずシリカゲルなどが利用され，さまざまな官能基を有する誘導体が提供されている。例えば，金属スカベンジャー，求核剤スカベンジャー，あるいは求電子剤スカベンジャーなどである。これらのスカベンジャーは，固相に担持されており，ただ単にろ過するだけで目的を達することができる点が最大の利点である。

　もし，フルオラススカベンジャーが創出できれば，液—液抽出するだけで対象となる試薬を反応系内から取り除くことができるようになり，スケールアップは容易で今までにない応用もできるだろう。すでにこうしたアプローチは進められているが[4]，ここではBfp基の応用という観点から金属スカベンジャーに焦点を当て設計と合成を行った。

　ジエチレントリアミン構造が種々の金属イオンを配位結合で捕捉することが知られている。金属イオンスカベンジャーとしても，このジエチレントリアミン骨格を有する誘導体が多い。フルオラス化のために第2編第1章で述べられているBfp基やHfb基を導入するため，イオン捕捉に関わらないアミノ基を有する化合物としてトリエチレンテトラミンを出発物質に選び，検討を開始した（図2）。

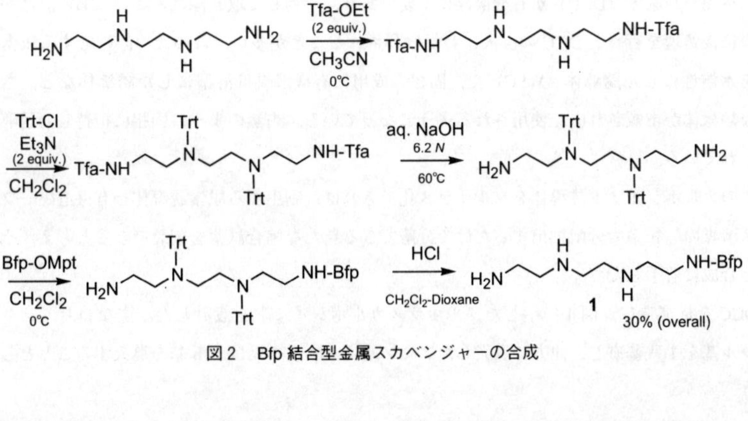

図2　Bfp結合型金属スカベンジャーの合成

4つのアミノ基の選択的な保護は想像以上に難しく，文献記載の方法にならって[5]1級のアミノ基をトリフルオロアセチル（Tfa）基で保護し，2級のアミノ基をトリチル（Trt）基で保護する方法で行った。この Tfa 基を水酸化ナトリウム水溶液で脱保護した後，Bfp–OH（図1）とジメチルチオホスフィン酸の混合酸無水物（Bfp–OMpt）を反応させ[6]モノ Bfp 体を調製した。最後に，塩化水素により Trt 基を脱保護し，目的とするモノ Bfp-トリエチレンテトラミン1を合成した。

この合成ルートは充分な最適化はできていないが，次に1が実際にイオンを捕捉できるかについて検討した。

試料として1200ppm 酢酸パラジウム THF 溶液を用い，4当量の1を含む Fluorinert® FC-72溶液との二層系で Pd カチオンの色の消失を肉眼で観察した。1を含まない THF 溶液をコントロールとして用いた場合と比較した結果を図3に示す。THF および FC-72の両層における Pd カチオンの定量など未検討課題は多いが，実際に液—液分配という二層系でイオンの捕捉が可能であることを確認できた。

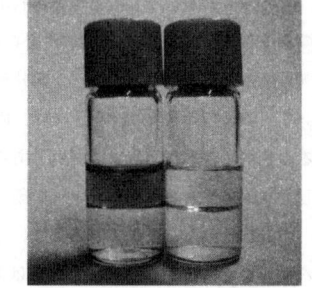

図3　Pd カチオン捕捉の様子
条件：上層1200pm Pd（OAc）$_2$ THF 溶液，
下層右 化合物1（4当量）の FC-72溶液，
下層左 FC-72のみ

3　カルボジイミド型縮合試薬

ペプチド合成や核酸合成の分野では古くから縮合試薬として N,N-ジシクロヘキシルカルボジイミド（DCC）が用いられてきた。この試薬の最大の特徴は，反応した後に副生する N,N-ジシクロヘキシル尿素（DCU）が有機溶媒に不要であり，ろ過して取り除けることにある。しかし，実際に後処理を行うと DCU の混入にわずらわされることが多い。このため，対応する尿素誘導体を水溶性にした誘導体（WSC）や，固相合成用に有機溶媒可溶型にした誘導体など，さまざまな類縁体が市販され広く使用されるようになっている。当然のように固相に担持した誘導体も知られている。

このカルボジイミド誘導体をフルオラス化できれば，副生する尿素誘導体を有機溶媒—フルオラス溶媒の二相系で分配抽出するだけで分離できる新たな縮合試薬を創製できると考え，その設計と合成に着手した。

DCC を母構造に，図4に示したフルオラスカルボジイミドを設計した。すなわち，シクロヘキシル基を1残基有し，他方に導入したアミノ基に Bfp 基または Hfb 基を導入することとした。

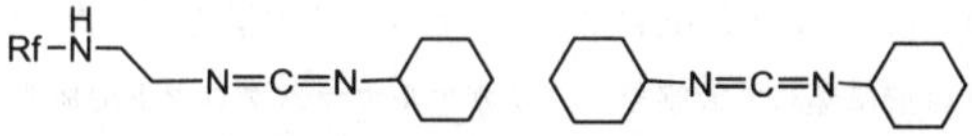

第4章　新規フルオラス試薬類の開発

図4　設計したフルオラスカルボジイミド（左）とDCC（右）の構造（Rf＝Bfp，Hfb）

　カルボジイミドを合成する方法は，すでに多くの方法が知られている。まず，チオ尿素誘導体を脱硫する方法について検討したが，満足できるものではなかった。次に，対応する尿素誘導体の脱水反応による方法を検討した。

　シクロヘキシルイソシアネートとエチレンジアミンを反応させ，N-アミノエチル尿素誘導体を50％の収率で得た。次いでアミノ基にPyBOP試薬を用い，Bfp基やHfb基を導入し，それぞれ85％，88％で目的とするフルオラス尿素誘導体を合成することができた。また，これらの反応段階でもフルオラス溶媒による抽出で容易に精製できた（図5）。

　次に，トリフェニルジブロモホスホランを用いる脱水反応を行った[7]。フルオラス尿素誘導体の溶解性を考慮し，有機溶媒—フルオラス溶媒に両新媒性の溶媒Novec®HFE-7200を加えて行った。その結果，フルオラス溶媒で抽出するだけでほぼ純粋なカルボジイミド誘導体を得ることが

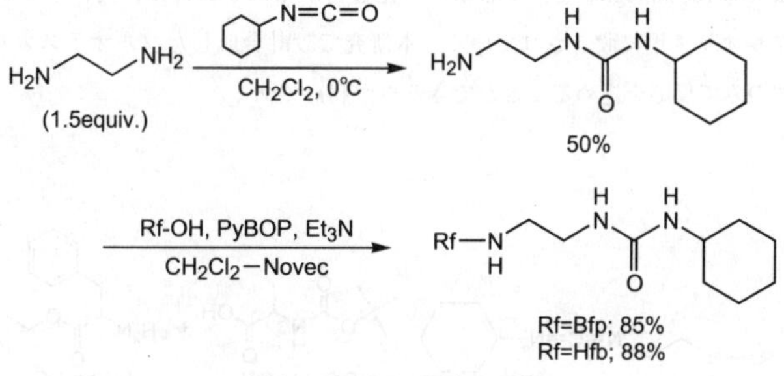

図5　フルオラス尿素の合成

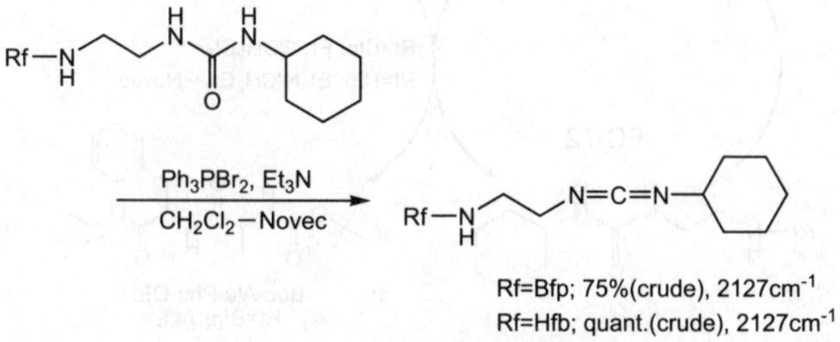

図6　フルオラスカルボジイミドの合成

できた．Bfp 体，Hfb 体，いずれも IR によりカルボジイミド構造を確認した（図6）．また，このカルボジイミド体は酸に極めて敏感で，シリカゲルカラムクロマトで尿素誘導体へ変換されることも確認できた．したがって，フルオラス精製が極めて有効な単離手段となった．精製法については今なお検討を続けている．

続けて得られたカルボジイミド体が縮合能力を有しているかどうかを検証した．反応は Boc-Ala-OH（第三ブチルオキシカルボニルアラニン）と H-Phe-OEt（フェニルアラニンエチルエステル）とを反応させ，ジペプチド誘導体（Boc-Ala-Phe-OEt）の生成を検討した．その結果，Bfp 体，Hfb 体のいずれの場合も対応するジペプチドを与えることを確認した．Bfp 体の場合には，収率74％で対応するジペプチドが得られた（図7）．また，予期したように副生するフルオラス尿素誘導体はフルオラス溶媒（Fluorinert® FC-72）で抽出・回収できることが分かった．しかし，過剰のカルボン酸が有機溶媒に存在するとフルオラス尿素が錯体を形成し，有機溶媒に抽出・捕捉されることも確認できた．しかしながら，回収されたフルオラス尿素誘導体がカルボジイミドに再生できるため，系全体としてはリサイクル可能な環境にやさしい試薬（反応）となりうることが確認できた．今後さらなる最適化を進めていく予定である．

以上のように，新規なフルオラスカルボジイミド誘導体を創製することができた．なお，2004年秋米国 Fluorous Technologies 社より酷似した化合物が市販されたが，同社のフルオラス DCC はライト・フルオラス用に設計されている．本研究で設計合成したフルオラスカルボジイミドは，抽出操作のみで反応を進めることができる点が利点である．

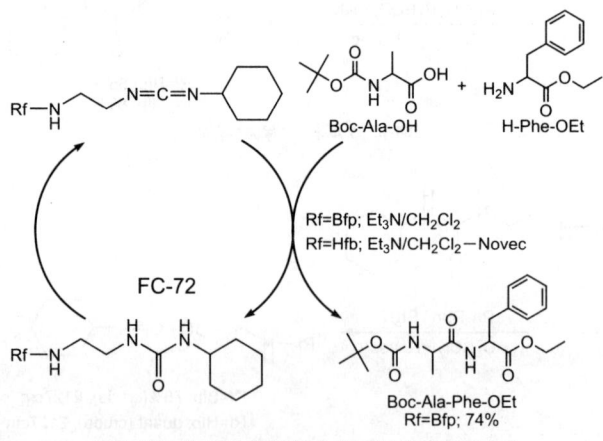

図7　フルオラスカルボジイミドを用いるペプチド合成

第4章 新規フルオラス試薬類の開発

4 包接化合物

　クラウンエーテルは分子内エーテル結合を有する環状構造で，無機塩のカチオンを配位できるホスト化合物としてよく知られている。例えば，18-クラウン-6は，カリウムイオンを選択的に包接できるため，18-クラウン-6が溶解している有機溶媒中にカリウム塩を溶解できる。ベンゼンに過マンガン酸カリウムを溶解させたパープルベンゼンはよく知られている。

　このクラウンエーテルをフルオラス化できれば，フルオラス溶媒中に無機塩類を溶解できる可能性がある。すでにクラウンエーテルをフッ素化する方法で調製したフルオラスクラウンの報告もあるが[8]，包接能などホスト分子としての性質は明らかになっていない。そこで，包接部分をフッ素化するのではなく，側鎖にフルオラスタグを結合させる方向で分子設計を行った。こうすることにより，包接能へのフッ素原子の影響を最小限に抑えることができると考えた。幸いアミノメチル-18-クラウン-6の合成が報告されており[9]すでに市販もされていたので，このアミノ基にフルオラス・タグを導入することにした（図8）。

　アミノメチル-18-クラウン-6（**2**）をジクロロメタン—Novec混合溶媒中，PyBOP試薬存在下，Hfb–OHと反応させた。常法により単離しシリカゲルカラムクロマトで精製したところ，目的とするフルオラスクラウン**3**が98％の収率で得られた。

　得られたフルオラスクラウン**3**について，フルオラス溶媒としてFC-72を用い，メタノールとトルエンに対する分配率を求めたところ表1のようになった。フルオラス溶媒への高い分配率を示したので，実際にピクリン酸カリウムをゲスト分子に用いて，ホスト化合物としての性質を保持しているか，またフルオラス溶媒で回収できるか，定性的に確認した。

　まず，ジクロロメタンにHfb-クラウンを溶解させ，これにピクリン酸カリウム塩を加えた。

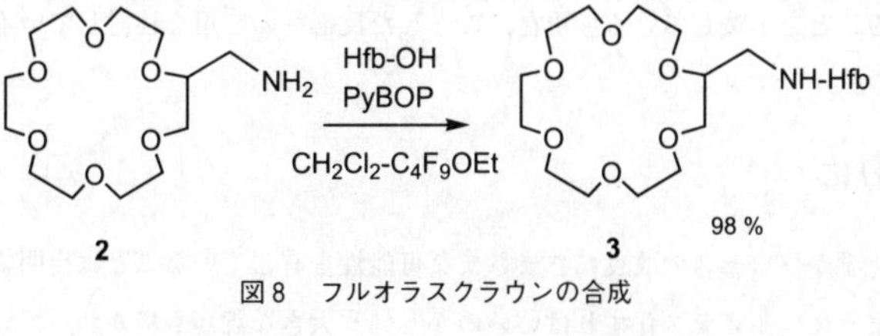

図8　フルオラスクラウンの合成

表1　フルオラスクラウン**3**の分配率

溶媒の組み合わせ	分配率
FC-72/MeOH	92/8
FC-72/Toluene	99/1

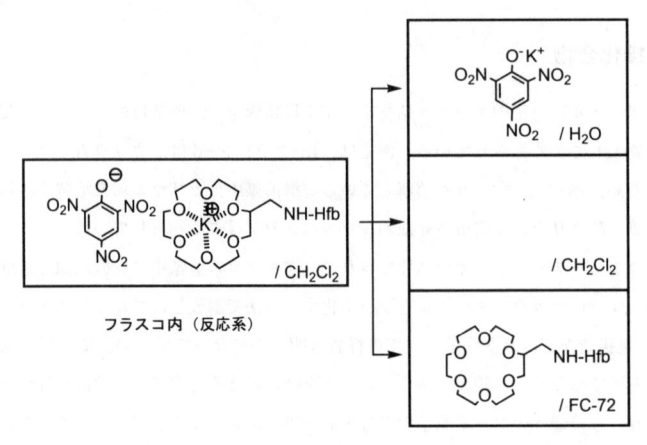

図9 フルオラスクラウンの回収操作の概念図

ピクリン酸カリウムはよく溶解し,溶液は黄色を呈した。

次に,その溶液を分液ロートに移し水とFC-72を加えた。上から,水層,ジクロロメタン層,FC-72層となった。この段階ではジクロロメタン層が黄色を呈している。これを振り混ぜると水層が黄色に変化した。TLCで確認すると,水層にピクリン酸カリウムが,FC-72層にHfb-クラウンが分配されており,いずれも回収できた。

以上のようにフルオラスクラウンが包接能を有し,さらに単に抽出するだけでホスト分子,ゲスト分子をそれぞれ回収できることが分かる。これらの様子を模式的に図9に示した。

この事実は,Hfb-クラウン存在下,何らかのカリウム塩を利用し有機合成反応を行った後,有機溶媒,フルオラス溶媒,水で分液するだけで,生成物,無機塩,Hfb-クラウンをそれぞれ別に回収できることを示唆している。現在,こうした反応への応用を検討している。

5 おわりに

フルオラス化学がプロセスの改良にさまざまな可能性を有していることは自明であるが,対象化合物をどのようにフルオラス化すればいいのかという大きな課題も横たわっている。ほとんどの水素をフッ素化する手法も一つの選択肢であるが,フッ素の影響を考慮すると自由に設計できる訳でもない。本稿で述べたように,フルオラス・タグを導入する方法は極めて簡単な分子設計で目的の化合物群をフルオラス化することができる。

一方で,フルオラススカベンジャーやフルオラス包接化合物などは,非フルオラス製の化合物

第4章 新規フルオラス試薬類の開発

にフルオラス性を与えられる性質を有していると見ることもできる。このような方法論によれば，通常の化合物をフルオラス溶媒へ溶解，あるいは液—液分配により容易にフルオラス層へ抽出できるようになる可能性すらあるように思われる。

フルオラス化学は，まだスタートしたばかりの化学であり，さまざまな可能性を秘めている。より実用的な有機合成用フルオラス試薬のみならず，近い将来フルオラス型自動合成装置の登場も夢ではないように思われる。本稿で紹介したフルオラス試薬の創製の試みは，まだ緒についたばかりの研究である。つたない結果を紹介することにためらいもあるが，本分野の発展の一助になれば幸いであり，また，多方面からご意見をいただけるのを楽しみにしている。今後，多くの学術研究者や産業界の技術者がフルオラス化学に参入され，現状では想像もつかないプロセスの創出やその改善などの成果が数多く生まれることを期待している。

文　献

1) A. Studer *et al*, *Science*, **275**, 823 (1997)
2) T. Miura *et al*, *Tetrahedron Lett*., **44**, 1819 (2003) ; T. Miura *et al*, *Angew. Chem. Int. Ed*., **42**, 2047 (203)
3) J. S. Früchtel *et al*, *Angew. Chem. Int. Ed*., **35**, 17 (1996)
4) D. P. Curran *et al*, *J. Org. Chem*., **61**, 6480 (1996) ; W. Zhang *et al*, *Tetrahedron Lett*., **44**, 2065 (2003)
5) K. E. Krakowiak *et al*, *Synth. Commun*., **28**, 3451 (1998)
6) T. Inazu *et al*, *Bull. Chem. Soc. Jpn*., **61**, 4467 (1988)
7) C. Palomo *et al*, *Synthesis*, 373 (1981)
8) T. -Y. Lin *et al*, *J. Am. Chem. Soc*., **116**, 5172 (1994) ; J. Chen *et al*, *Inorg. Chem*., **35**, 1590 (1996)
9) H. Maeda *et al*, *J. Org. Chem*., **47**, 5167 (1982)

第5章 フルオラス・タグ法による抗シアリダーゼ活性を持つシアル酸誘導体の効率的合成研究

池田　潔[*1]，佐藤雅之[*2]

1　はじめに

シアル酸は生体内のレセプターの必須構成成分として多くの生命現象に深く関与している[1]。最近，シアル酸の代謝を調節するシアリダーゼがインフルエンザウイルスの感染のみならず，腫瘍細胞の転移やインシュリン刺激による糖の取り込みに関わっていることが明らかとなり，シアル酸誘導体をリード化合物とする抗シアリダーゼ剤の開発は，創薬研究の観点から大変興味が持たれている[2]。シアル酸は天然からは卵白，ムチン，コロミン酸から得られるが高価であり，合成原料としては適さない。これまでシアル酸の調製はD-マンノサミンとピルビン酸からアルドラーゼ酵素を用いる酵素法[3]と，D-マンノサミンとオキザル酢酸からアルドール縮合による化学法[4]が知られている。酵素反応は緩和な条件で立体選択的に進行し，保護基の使用が少ないため短工程でシアル酸誘導体へと導くことができる。我々はこれまで化学法と酵素法を組み合わせたハイブリッド合成法によりさまざまなシアル酸誘導体を合成し，インフルエンザシアリダーゼ阻害剤合成への応用を報告してきた[5]。さらに創薬研究の一環として抗HIV活性を持つCMP-シアル酸アナログの合成，癌の免疫療法剤としてのシアリルTn抗原-リピドAコンジュゲートの合成研究，シアル酸のアフィニティークロマトグラフィーへの応用，シアル酸の定量のための臨床測定試薬への応用研究を展開してきた（図1）。

最近，環境に優しいグリーンケミストリーとしてフルオラス・タグ法は有機合成の分離操作の過程を大きく改善する方法として注目されている[13]。すなわち高度にフッ素化されたフルオラス保護基が導入された化合物はフルオラス鎖をつけたシリカゲル（フルオラス逆相シリカゲル；fluorous reverse phase silica gel; FRPS）[14]に対し高親和性のため，通常の有機化合物との分離が容易になる（図2）。

本稿では(1)新規フルオラス保護剤の合成と応用，(2)新規フルオラス保護基を用いたシアル酸誘導体の酵素合成とシアリダーゼ阻害剤合成への応用について紹介する。

[*1]　Kiyoshi Ikeda　静岡県立大学　薬学部　助教授
[*2]　Masayuki Sato　静岡県立大学　薬学部　教授

第5章　フルオラス・タグ法による抗シアリダーゼ活性を持つシアル酸誘導体の効率的合成研究

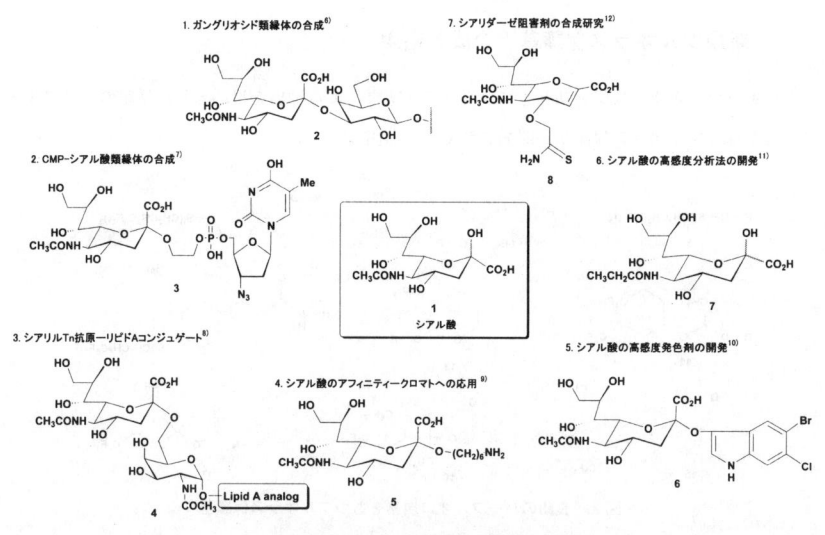

図1　生物活性シアル酸誘導体の創薬への応用

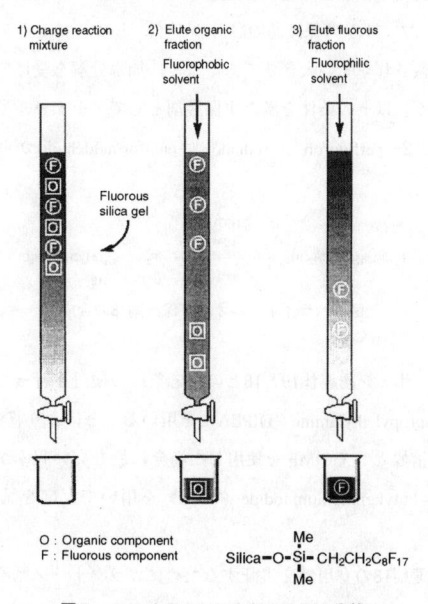

図2　フルオラスシリカゲルによる分離

2 新規フルオラス保護基の合成と応用

これまでにフルオラス保護基としてフルオラス溶媒による抽出を目的とした長鎖のパーフルオロ炭素を持つフルオラス保護基が開発されてきた（図3）。

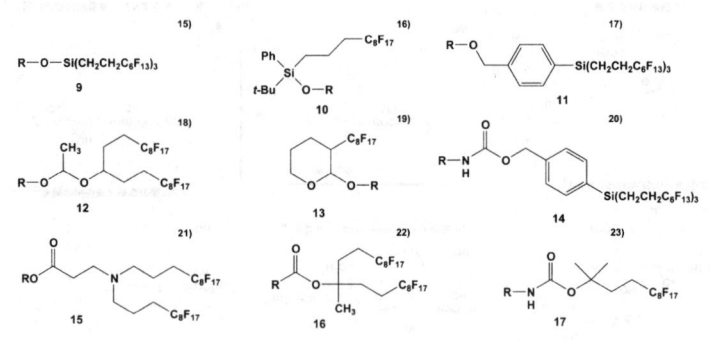

図3 長鎖のパーフルオロ炭素をもつフルオラス保護基

我々は酵素反応への展開を考慮して比較的短鎖のパーフルオロ炭化水素基を用いたライトフルオラス法[14]を採用した。フルオラス保護基の設計のポイントは，フルオラス保護基を持つ基質がアルドラーゼにより認識されやすい大きさであること，加水分解を受けにくいこと，選択的に除去可能であることである。以上の条件を満たす保護剤としてアセタール型の新規フルオラス保護剤18を塩化水素存在下，2-(perfluorohexyl)ethanol と paraformaldehyde から高収率（93％）で合成した（図4）。

$$F_3C(CH_2)_5CH_2CH_2OH \xrightarrow[93\%]{\substack{(CH_2O)_n \\ HCl\ gas}} F_3C(CH_2)_5CH_2CH_2OCH_2Cl$$
18

図4 ライトフルオラス保護剤18の合成

N-アセチル-D-マンノサミン誘導体19と18との反応条件の検討を行った。Entry 1, 3に示すように，塩基に N, N-di-isopropylethylamine（DIPEA）を用いることにより収率が向上した。また Entry 2～4に示すように，溶媒として DMF を使用した場合に最も高い収率が得られた。Entry 5で相間移動触媒として tetra-butylammonium iodide（TBAI）を用いて反応を試みたが収率の向上は見られなかった（表1）。

次に，フルオラス保護剤18の有用性を実証するためにガラクトース誘導体21へのフルオラス保護基の導入を検討した。その結果，18と21をDIPEA 存在下反応させた後，フルオラスシリカゲル（FRPS）法により水―メタノール系を用いて高収率（95％）で22を得ることに成功した。

第5章 フルオラス・タグ法による抗シアリダーゼ活性を持つシアル酸誘導体の効率的合成研究

表1 フルオラス保護剤18とマンノサミン誘導体19の反応

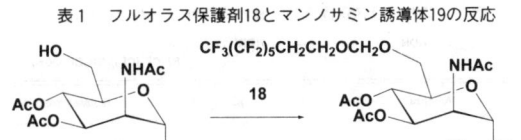

Entry	Condition		Yield (%)
1	pyridine	CH_2Cl_2, 35°C	trace
2	i-Pr_2NEt	CH_3NO_2, 45°C	9
3	i-Pr_2NEt	CH_2Cl_2, 35°C	40
4	i-Pr_2NEt	DMF, 45°C	62
5	i-Pr_2NEt	n-Bu_4NI, DMF, 45°C	47

さらに22のフルオラス保護基の除去のための反応条件を検討した。まずBF_3・OEt_2を用いた場合には，フルオラス保護基とともに isopropylidene 基の脱離が起こった。BCl_3のジクロロメタン溶液を加えた時には反応は進行しなかった。種々検討した結果，trimethylsilyl bromide（TMSBr）をジクロロメタン溶液中0℃で，5当量加えることにより isopropylidene 基の存在下フルオラス保護基を選択的に脱保護できることを見出した。また，得られた化合物22はFRPS法で水—メタノール系を用いて簡便に精製することができた。一般的にフルオラス化合物をフルオラス溶媒で抽出するには60wt%以上のフッ素含量が必要とされている。今回，興味深いことに化合物22はフッ素含量が39%であるにもかかわらず，ほぼ完全にパーフルオロ溶媒であるFC-72［CF_3(CF_2)$_4CF_3$］で抽出できることがわかった（図5）。

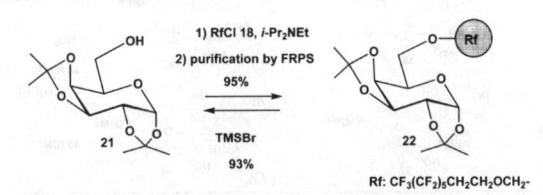

図5 フルオラス保護基の導入および脱保護

その他の糖類，N-アセチル-D-マンノサミン，N-アセチル-D-グルコサミン，シアル酸誘導体についてもフルオラス保護基を導入することができた（表2）。Entry 1 では benzyl alcohol に対

表2 フルオラス保護剤18と種々のアルコールとの反応

ROH ⟶ RORf

Rf: CF$_3$(CF$_2$)$_5$CH$_2$CH$_2$OCH$_2$-

Entry	Alcohol	Product[1]	Isolated Yield (%)
1	HOCH$_2$Ph **23**	RfOCH$_2$Ph **24**	81 (CH$_2$Cl$_2$)
2	HOCH$_2$CH$_2$NHZ **25**	RfOCH$_2$CH$_2$NHZ **26**	45 (CH$_2$Cl$_2$)
3	**27**	**28**	64 (DMF)
4	**29**	**30**	81 + 8[2] (DMF)
5	**19**	**20**	62 (DMF)
6	**21**	**22**	95 (CH$_2$Cl$_2$)
7	**31**	**32**	54 (DMF)
8	**33**	**34**	43 + 15[3] (DMF) 48 + 11[4] (CH$_2$Cl$_2$)
9	**35**	**36**	46 (DMF) 86 (CH$_2$Cl$_2$)
10	**37**	**38**	40 (DMF)

1) Molar ratio; ROH : RfOCH$_2$Cl 18 : i-Pr$_2$NEt = 1.0 : 1.5 : 2.0.
2) A 8% of 4,6-O-disubstituted product was also obtained.
3) A 15% of 8,9-O-disubstituted product was also obtained.
4) A 11% of 8,9-O-disubstituted product was also obtained.

第5章　フルオラス・タグ法による抗シアリダーゼ活性を持つシアル酸誘導体の効率的合成研究

してジクロロメタン溶液中，2当量のDIPEA存在下，1.5当量の18を反応させることにより，高収率でフルオラス保護基を持つ化合物24を得ることができた。Entry 3では*N*-アセチル-D-グルコサミンについてもDMF溶媒中で同様に化合物28が得られた。Entry 4では*N*-アセチル-D-マンノサミンの4,6-ジオール体29との反応により高収率（91％）で化合物30を得た。さらにEntry 6のガラクトースのジアセトナイド体21で最も高収率（95％）で化合物22が得られた。Entry 7～10のシアル酸誘導体についても選択的にフルオラス保護基をシアル酸の9位に導入することができた。Entry 4,8では4,6-および8,9-ジフルオロ置換体が少量得られた。Entry 9では反応溶媒により化合物36の収率が大きく異なることがわかった。得られたフルオラス保護基を持つ誘導体はいずれもFRPS法により精製することができた。

3　新規フルオラス保護基を用いたシアル酸誘導体の酵素合成とシアリダーゼ阻害剤合成への応用

3.1　*N*-アセチル-D-マンノサミン誘導体39の合成

シアル酸誘導体の酵素合成は化学的手法であるCornforth法に比べ立体選択性に優れているため，副生成物が少なく効率的なシアル酸誘導体の合成が可能である。従来の酵素反応では，*N*-アセチル-D-マンノサミン誘導体とピルビン酸ナトリウムをNeu 5 Acアルドラーゼ存在下アルドール縮合した後，反応粗生成物をCG-400強塩基性陰イオン交換樹脂およびSephadex G-10によるゲルろ過操作により分離する必要があった（図6）。

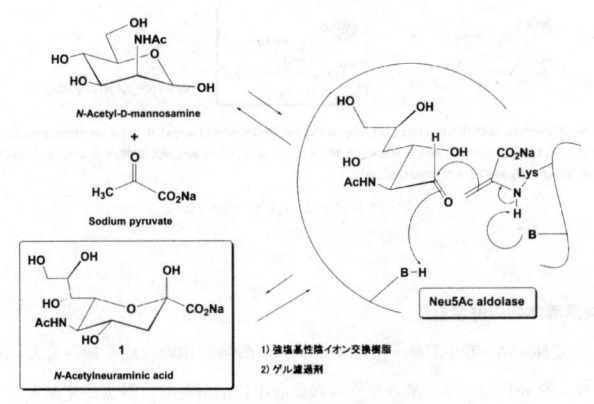

図6　シアル酸の酵素合成

この分離操作を簡便化するために，酵素による基質認識が比較的ゆるい N-アセチル-D-マンノサミン誘導体の6位水酸基にフルオラス保護基を導入し，酵素反応後，フルオラス溶媒による抽出操作のみの簡便なシアル酸誘導体の合成を計画した（図7）。

図7　フルオラス・タグ法のシアリダーゼ阻害剤 DANA(41) 合成への応用

　まず N-アセチル-D-マンノサミンの6位の水酸基にフルオラス保護基を導入した化合物39の合成を行った。化合物42の4,6位の水酸基を isopropylidene 基で保護した後，3位の水酸基をアセチル化し，さらに酸処理することにより4,6位水酸基が遊離のジオール体29を得た。次に18と29との反応を検討した結果，表2に示すように DMF 中塩基として DIPEA を用いることにより目的とする化合物30を81％の高収率で得ることができた。一部4,6位にタグが導入されたジフルオロ置換体が6％得られた。最後に2工程でアルドラーゼの基質である39へと導くことができた（図8）。

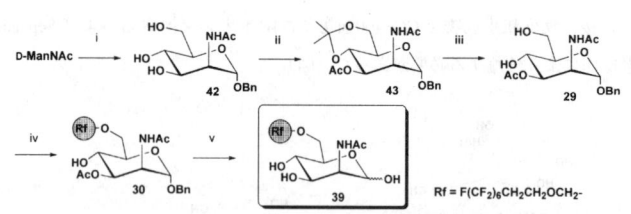

図8　マンノサミン誘導体39の合成

i) 1) Ac_2O, pyridine, 2) BnOH, $BF_3 \cdot OEt_2$, CH_3NO_2, 3) NaOMe, MeOH, 68% (3 steps), ii) 1) 2,2-dimethoxypropane, PTSA, DMF, 2) Ac_2O, pyridine, 84% (2 steps), iii) 80% AcOH, quant., iv) 18, i-Pr_2NEt, DMF, 81% yield, v) 1) NaOMe, MeOH, 2) Pd/C, H_2, MeOH, 94% yield (2 steps).

3.2　シアル酸誘導体40の酵素合成

　基質39を用いて Neu5Ac アルドラーゼによるシアル酸誘導体の合成を検討した。基質39とピルビン酸ナトリウムを pH7.2のリン酸カリウム緩衝液中に溶解させ，酵素安定剤として塩化マグネシウム，酸化防止剤として dithiothreitol (DTT)，防腐剤としてアジ化ナトリウムを添加し，Neu5Ac アルドラーゼを用いて37℃で酵素反応を行った。反応後，直接ゲル濾過剤である Bio-Gel

第5章　フルオラス・タグ法による抗シアリダーゼ活性を持つシアル酸誘導体の効率的合成研究

P-2に附した。さらに溶出液としてメタノール―水（4：1）によりFRPS法を用いて精製し，9位にフルオラス保護基を導入したシアル酸誘導体40を収率62％で得ることができた（図9）。酵素反応においてリン酸カリウム緩衝液に対して基質39の溶解性が低いので，溶解性を上げることにより収率の向上を期待してフルオラス溶媒を添加し酵素反応を行った。反応溶媒としてハイドロフルオロエーテル（HFE-7200）―水（1：4）系を用いたところ，基質39が溶媒に溶けて酵素反応が進行した。反応後，Bio-Gel P-2によるゲルろ過およびフルオラスシリカゲルによる精製で，シアル酸誘導体40を71％の好収率で得ることに成功した（図9）。

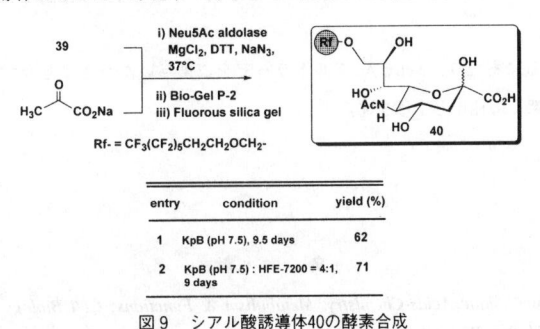

entry	condition	yield (%)
1	KpB (pH 7.5), 9.5 days	62
2	KpB (pH 7.5) : HFE-7200 = 4:1, 9 days	71

図9　シアル酸誘導体40の酵素合成

3.3　シアル酸誘導体のシアリダーゼ阻害剤合成 DANA[24] (41)への応用

　得られたシアル酸誘導体40をメチルエステル化した後，塩化アセチルを用いてアセチル化およびクロロ化をone-potで行った。得られたクロロ体をピリジンによるHClのE2脱離反応によって2,3-デヒドロ体45へと誘導した。最後に45をNaOMeで脱アセチル化した後，TMSBrによるフルオラス保護基の除去によってDANA41を得ることができた（図10）。各行程の精製はフルオラスシリカゲルにより行った。

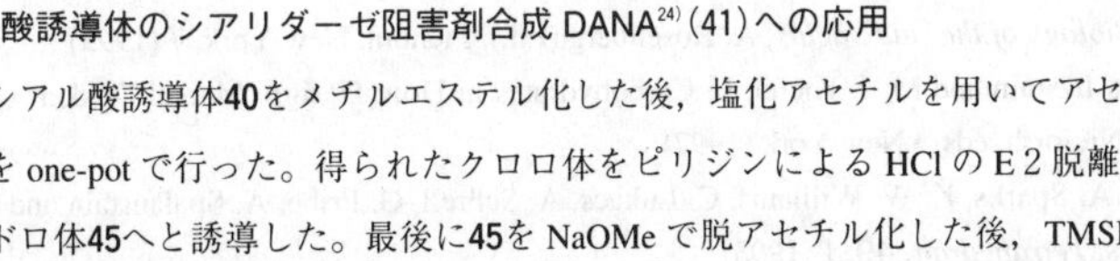

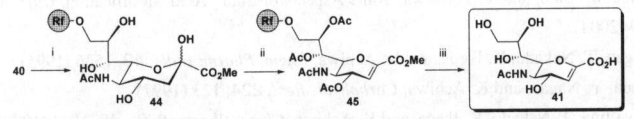

図10　シアリダーゼ阻害剤 DANA(41)の合成

4 おわりに

今回はじめて Neu5Ac アルドラーゼによってフルオラス保護基を持つ N-アセチル-D-マンノサミン誘導体をシアル酸誘導体に変換することに成功した。さらにフルオラス・タグ法を利用することによりシアル酸誘導体を効率よく分離精製できることを明らかにした。今後，シアル酸誘導体と同様に 2-ケト-3-デオキシ酸である 3-deoxy-D-glycero-D-galacto-2-nonulopyranosonic acd（KDN）や 3-deoxy-D-manno-2-octulosonic acid（KDO）などの希少な生物活性糖類合成への展開が期待できる。

研究を遂行するにあたり，Neu5Ac アルドラーゼをご供与いただきましたマルキンバイオの太田康弘博士に深く御礼申し上げます。

文　献

1) (a) R. Schauer, *Sialic Acids-Chemistry, Metabolism & Functions*, *Cell Biology Monographs* **10**, Springer-Verlag, Wien, Austria (1992)
   (b) A. Rosenberg, *Biology of Sialic Acids*, Plenum Press, New York, London (1995)
   (c) R. Schauer, S. Kelm, G. Reuter, P. Roggentin and L. Shaw, Biochemistry and role of sialic acids., In *Biology of the sialic acids*, A. Rosenberg (Ed.), Plenum, New York, 7 (1995)
2) M. von Itzstain and M. J. Kiefel, In Carbohydrates in Drug Design, Marcel Dekker, (Z. J. Witczak, K. A. Nieforth, eds.) New York (1997)
3) (a) M. A. Sparks, K. W. Williams, C. Lukacs, A. Schrell, G. Pribe, A. Spalanstain and G. W. Whitesides, *Tetrahedron*, **49**, 1 (1993)
   (b) Y. Ohta and Y. Tsukada, *Biosci. Ind*., **51**, 35 (1993)
4) B. G. Michael, M. Campbell, L. B. Mackey, and M. von Itzstein, *Carbohydr. Res*., **332**, 133 (2001)
5) K. Ikeda, M. Sato, and Y. Torisawa, Some Aspects of Sialic Acid Modification, *Curr. Med. Chem*., **3**, 339 (2004)
6) Y. Nagao, T. Nekado, K. Ikeda, and K. Achiwa, *Chem. Pharm. Bull*., **43**, 1536 (1995)
7) K. Ikeda, Y. Nagao, and K. Achiwa, *Carbohydr. Res*., **224**, 123 (1992)
8) K. Miyajima, T. Nekado, K. Ikeda, and K. Achiwa, *Chem. Pharm. Bull*., **45**, 1544 (1997)
9) T. Kobayashi, M. Ito, K. Ikeda, K. Tanaka, and M. Saito., *J. Biochem*, **127**, 569 (2000)
10) M. Saito, H. Hagita, Y. Iwabuchi, I. Fujii, K. Ikeda, and M. Ito, *Histochem. Cell Biol*., **117**, 453 (2002)
11) M. Ito, K. Ikeda, Y. Suzuki, K. Tanaka, and M. Saito, *Anal. Biochem*., **300**, 260 (2002)
12) (a) K. Ikeda, K. Sano, M. Ito, K. Hidari, T. Suzuki, Y. Suzuki, and K. Tanaka, *Carbohydr. Res*., **330**, 31 (2001)
    (b) K. Ikeda, K. Kimura, K. Sano, Y. Suzuki, and K. Achiwa, *ibid*., **312**, 183 (1998)

第5章 フルオラス・タグ法による抗シアリダーゼ活性を持つシアル酸誘導体の効率的合成研究

(c) T. Suzuki, K. Ikeda, N. Koyama, C. Hosokawa, T.Takahashi, Jwa, K. I.-P., Hidari, D. Miyamato, C-T. Guo, K. Tanaka, and Y. Suzuki, *Glycoconjugate J.*, **18**, 331 (2001)
13) D. P. Curran and Z. Luo, *J. Am. Chem. Soc.*, **121**, 9069 (1999)
14) D. P. Curran, *Synlett*, 1488 (2001)
15) A. Studer and D. P. Curran, *Tetrahedron*, **53**, 6681 (1997)
16) S. Rover and P. Wipf, *Tetrahedron Lett.*, **40**, 5667 (1999)
17) D. P. Curran, R. Ferritto, and Y. Hua, *Tetrahedron Lett.*, **39**, 4937 (1998)
18) P. Wipf and J. T. Reeves, *Tetrahedron Lett.*, **40**, 5139 (1999)
19) P. Wipf and J. T. Reeves, *Tetrahedron Lett.*, **40**, 4649 (1999)
20) T. Miura, Y. Hirose, M. Ohmae, and T. Inazu, *Org. Lett.*, **3**, 3947 (2001)
21) Z. Luo, J. Williams, R. W. Read, and D. P. Curran, *J. Org. Chem.*, **66**, 4261 (2001)
22) D. Schwinn and W. Bannwarth, *Hel. Chim. Acta*, **85**, 255 (2002)
23) J. Pardo, A. Cobas, E. Guitian, and L. Castedo, *Org. Lett.*, **3**, 3711 (2001)
24) J. C. Wilson, R. J. Thomson, J. C. Dyason, P. Florio, K. J. Quelch, S. Abo, and M. von Itzstein, *Tetrahedron: Asymmetry*, **11**, 53 (2000) and references cited therein.

第6章　フルオラス保護基を用いた海洋天然物の合成

中村　豊[*1]，武内征司[*2]

1　はじめに

　ホヤ，海綿などの海洋生物からオキサゾール，オキサゾリン，チアゾールおよびチアゾリン環を有するペプチド性の天然物が数多く見出されている[1]。これらはその新規な構造と細胞毒性，抗腫瘍能，多薬剤耐性菌に対する抗菌性などの創薬のリード化合物となりうる生物活性を持つことから，天然物合成化学者の格好の標的化合物となっている[2]。これらの中でも，ビストラタミド類は南フィリピン産のホヤ *Lissoclinum bistratum* から単離構造決定された，複数の複素環を有する環状ペプチドの化合物群であり（図1），ヒト結腸ガン細胞 HCT-116株に対して細胞毒性を

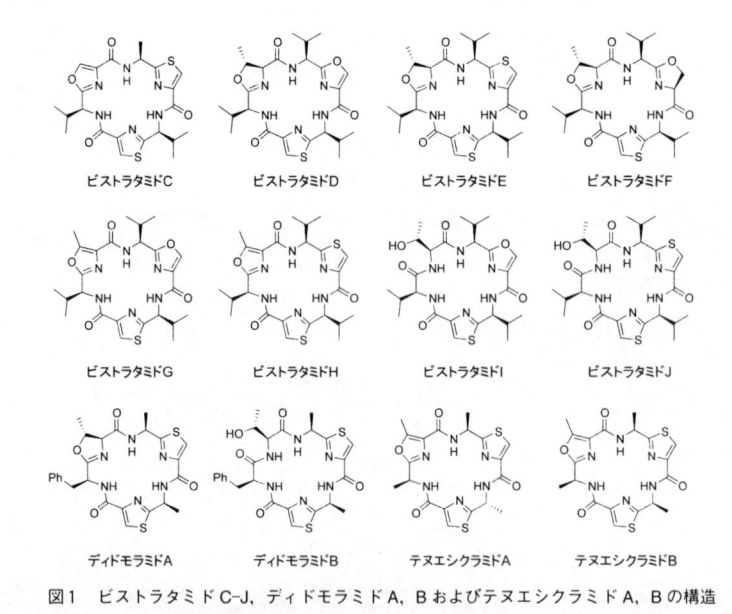

図1　ビストラタミドC-J，ディドモラミドA，BおよびテヌエシクラミドA，Bの構造

---

*1　Yutaka Nakamura　新潟薬科大学　応用生命科学部　助教授
*2　Seiji Takeuchi　新潟薬科大学　応用生命科学部　教授

第6章　フルオラス保護基を用いた海洋天然物の合成

有する[3]。ビストラタミド類の大部分はいくつかのグループによって全合成が行われている[4]。それらの合成は一般的な複素環構築法と液相のペプチド合成法を利用しており，中間生成物の単離精製にはシリカゲルカラムクロマトグラフィーを多用することになり，精製段階に多くの時間を費やしていることになる。最近，ビストラタミド類と同様の骨格を有する，ディドモラミド類およびテヌエシクラミド類の固相合成法を用いた合成がKellyらによって報告された[5]。しかしながら，液相法で合成した複素環含有アミノ酸ユニットを固相合成で連結していくという方法論であり，完全な固相合成法とは言いがたい。

一方，最近，パーフルオロアルキル鎖を有する保護基をフルオラスフェイズタグとするフルオラス合成法が盛んに検討され，比較的単純な糖鎖やオリゴペプチド，さらには核酸の合成が迅速に行えることが示された[6]。ここで用いるフルオラス保護基が，多数のパーフルオロアルキル鎖で修飾され非常にフッ素含量が高ければ，中間生成物をパーフルオロヘキサン（FC-72）のようなフルオラス溶媒による液-液抽出で単離することができる。また，パーフルオロアルキル鎖が1本しかないようなフルオラス保護基の場合では，フルオラス逆相系シリカゲルを用いた固相抽出によって，フルオラス化合物と非フルオラス化合物を簡単に分離することができる。我々はビストラタミド類の合成にフッ素含量が高いフルオラス保護基を用いれば，合成中間体の単離をフルオラス溶媒による抽出で行うことができ，迅速かつ効率よく全合成が達成できるものと考えた。また，同族体が多数存在するビストラタミド類の非天然品を含めた液相のコンビナトリアル合成への応用も期待できる。このような考えのもとに，新しいアミノ基のフルオラス保護基を開発し，これを用いてビストラタミド類に含まれるチアゾールおよびオキサゾールアミノ酸誘導体の合成，さらにはこれらを順次連結して，ビストラタミドHの迅速な全合成を達成することができた。以下にその結果を紹介する。

2　海洋天然物ビストラタミド類の全合成研究

2.1　新しいアミノ基の保護基の開発

先に述べたように，糖鎖やオリゴペプチドの合成のみならず，多成分縮合反応による複素環化合物の合成にフルオラス合成法を利用しようとする研究が盛んに行われ，さまざまなフルオラス保護基が開発され，一部は市販されるようになった。これら保護基は二つに大別することができる。一方はフルオラス溶媒での抽出分離を実施できるように，できるだけフッ素含量を高めるために多数のパーフルオロアルキル鎖を導入した保護基であり，他方はフルオラス固相抽出での分離に特化して，1本だけパーフルオロアルキルを有する保護基である。天然物の多段階合成では，合成の初期段階では量的に多く扱える液-液抽出での分離が有利であると考え，今回の検討

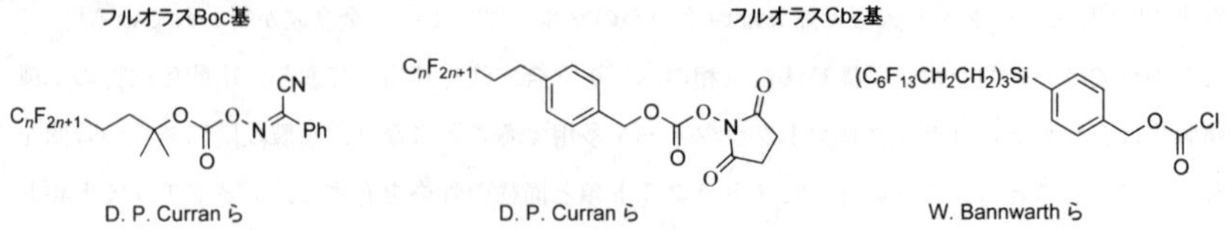

図2　アミノ基のフルオラス保護基

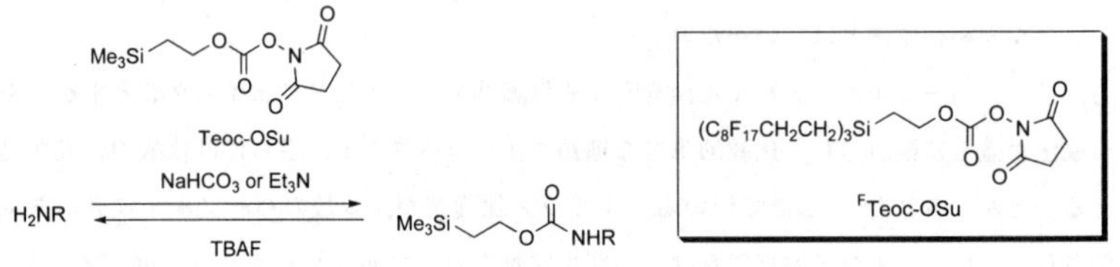

図3　Teoc 基とフルオラス Teoc 基

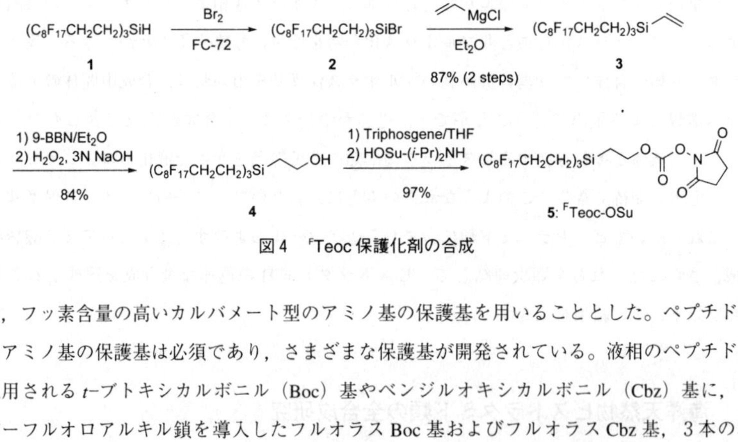

図4　^{F}Teoc 保護化剤の合成

では，フッ素含量の高いカルバメート型のアミノ基の保護基を用いることとした。ペプチド合成ではアミノ基の保護基は必須であり，さまざまな保護基が開発されている。液相のペプチド合成で汎用される t-ブトキシカルボニル（Boc）基やベンジルオキシカルボニル（Cbz）基に，1本のパーフルオロアルキル鎖を導入したフルオラス Boc 基およびフルオラス Cbz 基，3本のパーフルオロアルキル鎖が導入された比較的フッ素含量の高いフルオラス Cbz 基についてはすでに報告例がある（図2）[7]。しかしながら，今回の検討においては，これら保護基ではフッ素含量が不足していること（Boc），脱保護条件に問題がある（Cbz）と考えられた。そこで，トリメチルシリルエトキシカルボニル（Teoc）基[8]のフルオラス版であり，フッ素含量を非常に高めることができるトリス（パーフルオロデシル）シリルエトキシカルボニル（^{F}Teoc）基を考え（図3），この新しいアミノ基のフルオラス保護化剤の合成に着手した。この保護基は3級アミンの存在下で容易に導入でき，フッ化テトラブチルアンモニウム（TBAF）で容易に除去できる。その合成法を図4に示す。ヒドロシラン1を臭素と反応させることで得られるブロモシラン2を塩化ビニ

ルマグネシウムで処理し，ビニルシラン 3 を得た。ついで，Soderquist らの報告[9]を参考にして，ビニルシラン 3 を 9-ボラビシクロ[3.3.1]ノナン（9-BBN）を用いたヒドロホウ素化，それに続く過酸化水素による酸化反応によって 1 級アルコール 4 へ変換した。最後にアルコール 4 をトリホスゲンと反応させた後，N-ヒドロキシコハク酸イミド（HOSu）で処理することで^{F}Teoc 保護化剤（^{F}Teoc-OSu）5 を結晶性の化合物として得ることができた（ヒドロシラン 1 からの総収率 70％）。

2.2 チアゾールアミノ酸ユニットの合成

ビストラタミド類に含まれるチアゾールアミノ酸類は，チオペプチド抗生物質として分類されるチオストレプトンなどさまざまな天然物中に見出されていることから，その合成法はすでに確立されていると言ってよい。その方法はいくつかあるが，チオカルボキサミド誘導体とブロモピルビン酸エステルとの縮合による改良 Hantzsch 法[10]や，α-アミノアルデヒド誘導体とシステインエステルとの縮合で得られるチアゾリジン誘導体を，活性二酸化マンガンで酸化する塩入法[11]がよく用いられる。ここでは，一般的に収率がよいと思われる改良 Hantzsch 法を採用することにした（図 5，表 1）。そこで，L-バリン 6a を先に合成した^{F}Teoc-OSu 5 と含水 THF 中，トリ

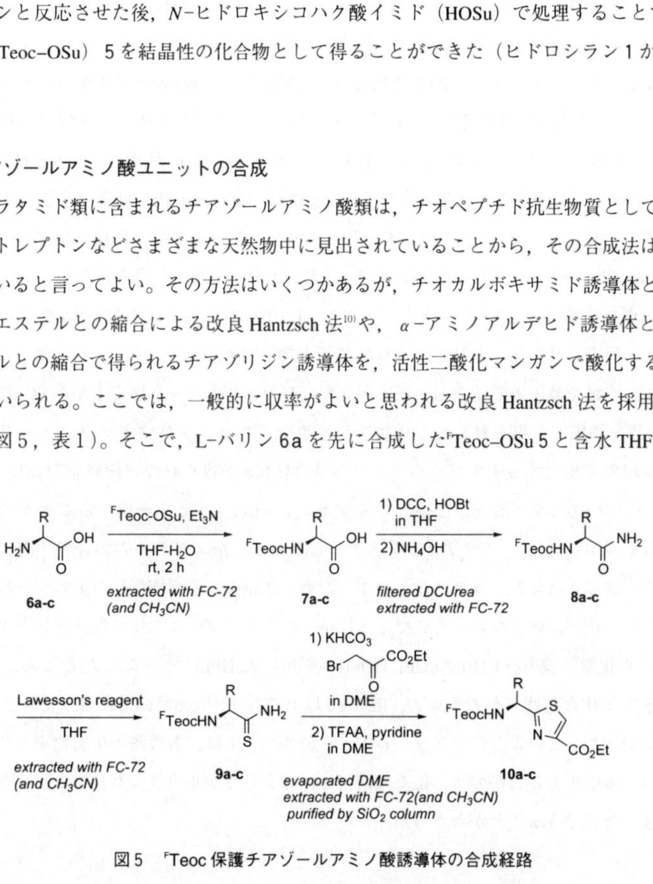

図 5　^{F}Teoc 保護チアゾールアミノ酸誘導体の合成経路

表 1　^{F}Teoc 保護チアゾールアミノ酸誘導体の収率と光学純度

Entry	Amino acid	R		Yield (%)				Total yield (%)	% ee of 10[a]
				7	8	9	10		
1	Val	6a	i-Pr	quant	98	95	80	74	99
2	Ala	6b	Me	quant	quant	93	69	64	92
3	Phe	6c	Bn	quant	98	87	84	72	95

[a] Determined by HPLC analysis using DAICEL CHIRALCEL OD-H.

エチルアミン存在下で反応させた。2時間後，クエン酸にて液性を酸性にしてFC-72で抽出すると N-^{F}Teoc-Val 7aが定量的に得られた。ついで，7aを1-ヒドロキシベンゾトリアゾール（HOBt）存在下に N,N'-ジシクロヘキシルカルボジイミド（DCC）と反応させ，活性エステルとした後，アンモニア水で処理した。副生したジシクロヘキシル尿素（DCUrea）を濾去後，濾液をFC-72で抽出することによってアミド体8aを98%の収率で得た。続いて，アミド体から重要な中間体となるチオアミド体への変換反応は，一般的にはLawesson試薬が用いられ，反応終了後にLawesson試薬由来の悪臭物質を除去するために，シリカゲルカラムクロマト精製は必須であるばかりでなく，その分離は必ずしも容易ではない。N-^{F}Teoc保護アミド体8aではLawesson試薬で処理して対応するチオアミド体9aへ変換反応を行った後，反応混合物をアセトニトリルで希釈してからFC-72により抽出，FC-72抽出液をベンゼンで洗浄後に濃縮すると，Lawesson試薬由来の臭いのほとんどしないチオアミド体9aを収率95%で得ることができた。最後にチアゾール環の構築は，1,2-ジメトキシエタン（DME）中，チオアミド体9aをブロモピルビン酸エチルと反応させた後，トリフルオロ酢酸無水物（TFAA）とピリジンで処理して行った。反応終了後，溶媒を減圧下で留去し，反応混合物にアセトニトリルを加えてからFC-72で抽出，FC-72抽出液を濃縮して得られた粗生成物をシリカゲルカラムクロマトグラフィーで精製すると，80%の収率で相当するチアゾールアミノ酸誘導体10aが得られた（総収率74%）。同様の方法で L-アラニン 6b から10bを，L-フェニルアラニン 6c から10cを合成することができた（それぞれ総収率64%と72%）。チオアミド体とブロモピルビン酸エステルの縮合で中間に形成されるチアゾリン誘導体は非常にラセミ化しやすいため，Hantzsch法で構築したチアゾールアミノ酸では部分ラセミ化が問題となる。そこで，先に得られたチアゾールアミノ酸誘導体10をキラルカラム（ダイセル化学工業㈱，CHIRALCEL OD-H）を用いたHPLCで分析したところ，10bと10cで若干のラセミ化が確認されたものの，92% ee 以上であり，10aはほとんどラセミ化していないことがわかった。このようにチアゾールアミノ酸ユニットは，各段階の生成物をフルオラス溶媒での抽出で単離することができ，最終段階に1回のシリカゲルカラムクロマトグラフィー精製だけで迅速に合成できることがわかった。

2.3 オキサゾールアミノ酸ユニットの合成

もう一つの構成成分であるオキサゾールアミノ酸誘導体の合成については，C端がセリンもしくはスレオニンである β-ヒドロキシペプチドの脱水環化反応によりオキサゾリン誘導体とし，これを酸化（脱水素化）することによって行うことができる[12]。そこで，N-^{F}Teoc-Val 7a とスレオニンメチルエステルを THF 中，N,N-ジイソプロピルエチルアミン（i-Pr$_2$NEt）存在下，ベンゾトリアゾール-1-イル-オキシ-トリス（ジメチルアミノ）ホスホニウム ヘキサフルオロホ

第6章　フルオラス保護基を用いた海洋天然物の合成

スフェート（BOP）を縮合剤としてカップリング反応を行った。溶媒を減圧下で除去後，残渣にアセトニトリルを加え，FC-72で抽出すると，定量的にジペプチド11aが得られた。ついで脱水環化反応によるオキサゾリン誘導体への変換について検討を行った。この目的のためにはジエチルアミノサルファートリフルオリド（DAST）やビス（ジメトキシエチル）アミノサルファートリフルオリド（Deoxo–Fluor）がよく用いられるが[12]，これらは低温下で反応させる必要があり，溶解度の温度依存性の大きいフルオラス化合物では低温下で相分離し反応が行えないことが予想された。そこで，Burgess 試薬による脱水環化反応でオキサゾリン誘導体へ変換することにした[13]。ジペプチド11aに1,4-ジオキサン−THF（1:1 v/v）中で，ポリエチレングリコール担持型のBurgess 試薬（PEG–Burgess 試薬）[13c]を85℃で反応させた。4時間後，THFを減圧下で除去後，残渣にアセトニトリルを加え，FC-72で抽出すると，目的とするオキサゾリン誘導体12aが収率70％で得られた。さらにオキサゾリン誘導体12aのジクロロメタン溶液に$BrCCl_3$と1,8-ジアザビシクロ[5.4.0]ウンデカ-7-エン（DBU）を0℃で加え，ついで室温で12時間反応させ，オキサゾール環への変換反応を行った[14]。これまでと同様に溶媒の留去後，アセトニトリルとFC-72に分配させ，FC-72相から得られた粗生成物をシリカゲルカラムクロマトグラフィー精製したところ，目的とするメチルオキサゾールアミノ酸誘導体13aが79％で得られた（7aからの総収率55％）。ここで得られたオキサゾールアミノ酸誘導体13aの光学純度については，先のチアゾールアミノ酸誘導体10と同様に，ダイセル化学工業㈱のキラルカラム CHIRALCEL OD-H を用いた HPLC 分析で95％ ee であり，ほとんどラセミ化が起こっていないことを確認した。また同様の手法で，N–^{F}Teoc-Val 7aとセリンメチルエステルを縮合して得られた^{F}Teoc-Val-Ser-OMe 11bとPEG–Burgess 試薬を反応させた後，$BrCCl_3$-DBUでの処理を行って，オキサゾールアミノ酸誘導体13bを7aからの総収率66％で得ることができた（図6，表2）。

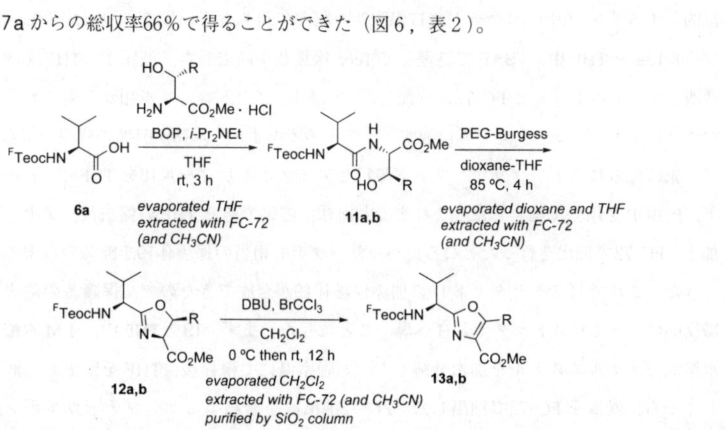

図6　^{F}Teoc 保護オキサゾールアミノ酸誘導体の合成経路

表2 『Teoc 保護オキサゾールアミノ酸の収率と光学純度

Entry	Amino acid		R	Yield (%)			Total yield (%)	% ee of 13[a]
				11	12	13		
1	Thr	a	Me	quant	70	79	55	95
2	Ser	b	H	96	83	83	66	N. D.[b]

[a] Determined by HPLC analysis using DAICEL CHIRALCEL OD–H. [b] N.D. = not determined

2.4 ビストラタミド H の全合成

　ビストラタミド類の構成成分となるチアゾールおよびオキサゾールアミノ酸誘導体が，迅速に合成できることを明らかにすることができたので，ビストラタミド H の全合成を達成すべく，各ユニットを順次縮合していくことにした。まず，チアゾールアミノ酸誘導体10a を THF 中，TBAF で処理し，『Teoc 基を除去した。THF を留去後，残渣を水－クロロホルム－FC-72の3相に分配し，クロロホルム相からアミノチアゾール誘導体14を収率82%で得ることができた。また，チアゾールアミノ酸誘導体10a のエチルエステルを THF 中，1 M 水酸化リチウム水溶液で加水分解した。液性を酸性にした後，FC-72で抽出し，チアゾールカルボン酸15を98%の収率で得た。このようにして得られた14と15を THF 中，i-Pr$_2$NEt の存在下，ベンゾトリアゾール－1－イル－オキシ－トリスピロリジノホスホニウム ヘキサフルオロホスフェート（PyBOP）を縮合剤としてカップリング反応を行った。2時間後，溶媒を減圧下で除去し，残渣にアセトニトリルを加え，FC-72で抽出したところ，チアゾリルペプチド16が収率96%で得られた。さらに，チアゾリルペプチド16を THF 中，1 M 水酸化リチウム水溶液で処理してエステルの加水分解を行った。TLC にて反応終了確認後，THF を留去し，液性を酸性にして FC-72で生成物を抽出したところ，目的とするチアゾリルペプチド酸17が92%の収率で得られた（図7）。次に，『Teoc 保護オキサゾール13a を THF 中，TBAF で処理して『Teoc 保護基を除去した。減圧下，THF を除去した後，残渣をアセトニトリルと FC-72に分配した（図8）。アセトニトリル相から得られた粗生成物を中性アルミナのショートカラムに通すと，アミノオキサゾール18が61%の収率で得られた。ついで，先に得られたチアゾリルペプチド酸17とアミノオキサゾール18を THF 中，i-Pr$_2$NEt の存在下，PyBOP を用いて縮合した。これまでと同様，溶媒である THF の除去後，アセトニトリルを加え，FC-72で抽出を行ったところ，ヘキサペプチド相当の保護体19を88%の収率で得ることができた。これでビストラタミド H の開環保護体19が合成できたので，保護基の除去，マクロ閉環反応によってビストラタミド H へ導くことにした。まず，19を THF 中，1 M 水酸化リチウム水溶液でメチルエステルを加水分解した。一晩室温にて撹拌後，THF を留去し，液性を酸性にしてから，残渣を FC-72で抽出した。FC-72抽出液を濃縮するとペプチドカルボン酸20が収率90%で得られた。さらに，カルボン酸20を THF 中，TBAF で処理し『Teoc 基を除去した。反応混

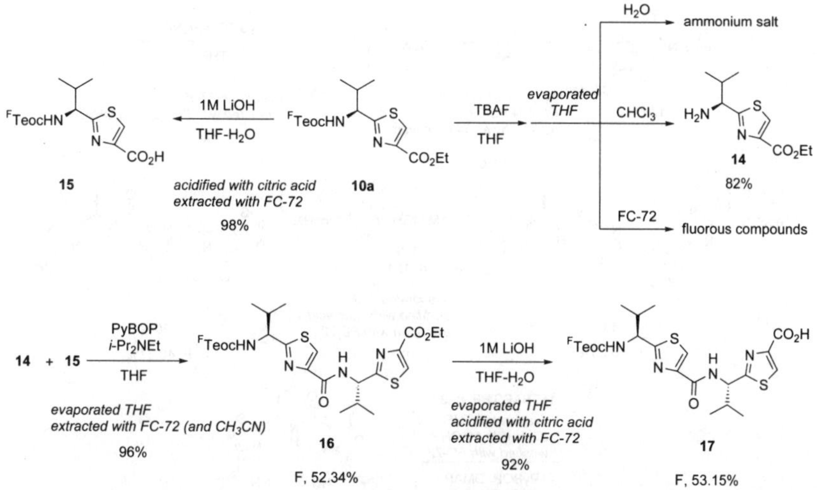

第6章　フルオラス保護基を用いた海洋天然物の合成

図7　チアゾリルペプチドの合成

合物のTHFを減圧下で除去後，メタノールを加え，FC-72で洗浄した．メタノール相を濃縮して得られた粗生成物をCH_2Cl_2–DMF（2：1 v/v）の溶媒に溶かして，マイクロフィーダーでゆっくりと（8時間程度）PyBOPと4-ジメチルアミノピリジン（DMAP）のCH_2Cl_2–DMF（2：1 v/v, 10mmol・dm^3）溶液へ加えた．通常の処理を行った後，シリカゲル薄層クロマトグラフィーで精製したところ，35％の収率でアモルファス状のビストラタミドHを得ることができた．合成したビストラタミドは比旋光度，^{1}Hおよび^{13}C NMRが文献値[3]とよく一致するとともに，MALDI-TOFMSの結果もその構造を支持する結果となり，ビストラタミドHの全合成を達成することができた．

ところで，^{F}Teoc基をTBAFで除去する際，FC-72から回収されるフルオラス化合物を，FC-72溶媒中で^{1}H NMRスペクトル測定したところ，ほぼ単一化合物であり，脱保護の反応機構[14]からトリス（パーフルオロデシル）シリルフルオリド21であると考えられた．そこで，エーテル中，過剰量の塩化ビニルマグネシウムと24時間加熱還流したところ，驚くべきことにビニルシラン3が62％と中程度の収率ではあるが得られてきた（図9）[15]．このことは，回収されるフルオラス化合物はトリス（パーフルオロデシル）シリルフルオリド21であり，変換に数工程必要ではあるが，^{F}Teoc基がリサイクルできることを意味する．現在，回収されるフルオラス化合物の完全な同定を含めて詳細に検討を行っている．

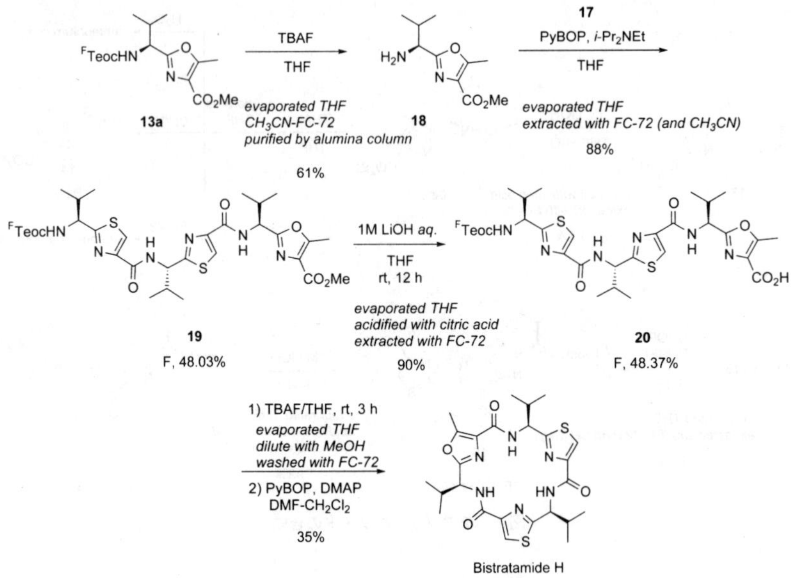

図8 ビストラタミド H の全合成

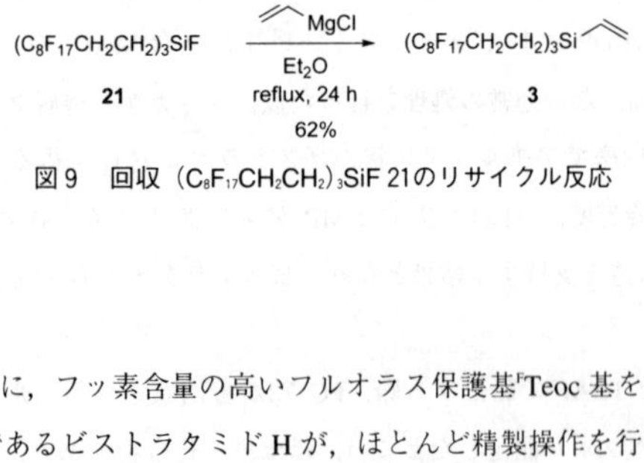

図9 回収（$C_8F_{17}CH_2CH_2$）$_3$SiF 21 のリサイクル反応

3 おわりに

以上述べてきたように，フッ素含量の高いフルオラス保護基^{F}Teoc 基を用いることによって，ペプチド性の天然物であるビストラタミド H が，ほとんど精製操作を行うことなく迅速に合成できることを明らかにできた。^{F}Teoc 保護された生成物はフルオラス溶媒での抽出で簡単に単離でき，その純度は TLC，あるいは ^{1}H NMR などの分光学的機器分析で確認できる。さらには，キラルカラムを連結した HPLC で光学純度を確かめることも可能である。しかも，場合によってはシリカゲルカラムクロマトグラフィーなどで精製することもできる。今回の検討では，最終段階付近の48%程度のフッ素含量の生成物でもフルオラス溶媒での抽出操作で単離できたが，次第に分液操作でエマルションになる傾向が高まってくるため，フルオラス溶媒で抽出できる限界はこの辺りであろうという印象である。しかし，有機化合物部分が大きくなりフルオラス溶媒で

第 6 章 フルオラス保護基を用いた海洋天然物の合成

の抽出が困難になった場合には,フルオラス固相抽出に切り替えて単離すればよいと考えている。今後,^{F}Teoc 基を用いたビストラタミド類および類縁体の液相のコンビナトリアル合成の検討,さらに分子量が大きい天然物を標的分子とした全合成への応用が期待される。

文　　献

1) 最近の総説として,Z. Jin, *Nat. Prod. Rep.*, **22**, 196 (2005)
2) (a) G. Pattenden *et al., Tetrahedron*, **59**, 6979 (2003)
   (b) F. Nan *et al., J. Org. Chem.*, **68**, 1636 (2003)
   (c) J. Moody *et al., J. Chem. Soc., Perkin Trans. 1*, 601 (1998) など
3) L. J. Perez *et al., J. Nat. Prod.*, **66**, 247 (2003)
4) (a) J. W. Kelly *et al., Tetrahedron*, **61**, 241 (2005)
   (b) J. W. Kelly *et al., Chem. Eur. J.*, **10**, 71 (2004)
   (c) C. Shin *et al., Chem. Lett.*, **33**, 664 (2004); A. I. Meyers *et al., J. Org. Chem.*, **64**, 826 (1999)
5) J. W. Kelly *et al., Org. Lett.*, **6**, 2627 (2004); J. W. Kelly *et al., Tetrahedron Lett.*, **46**, 2567 (2005)
6) (a) T. Miura *et al., Tetrahedron,* **61**, 6518 (2005)
   (b) M. Mizuno *et al., Chem. Lett.*, **34**, 426 (2005)
   (c) W. Bannwarth *et al., Helv. Chim. Acta*, **88**, 171 (2005)
   (d) H. S. Overkleeft *et al., Tetrahedron Lett.*, **44**, 9013 (2003)
7) (a) D. P. Curran *et al., J. Org. Chem.*, **66**, 4261 (2001)
   (b) D. P. Curran *et al., J. Org. Chem.*, **68**, 4543 (2003)
   (c) W. Bannwarth *et al., Helv. Chim. Acta*, **85**, 255 (2002)
8) T. W. Greene *et al.,* Protective Groups in Organic Synthesis, 3rd ed., Wiley Interscience, New York, 512 (1999)
9) J. A. Soderquist *et al., J. Organomet. Chem*., **156**, C12 (1978)
10) C. W. Holzapfel *et al., Synth. Commun.*, **20**, 2235 (1990)
11) T. Shiori *et al., J. Org. Chem.*, **52**, 1252 (1987)
12) 例えば, P. Wipf *et al., Org. Lett.*, **2**, 1165 (2000)
13) (a) P. Wipf *et al., Tetrahedron Lett.*, **33**, 907 (1992)
    (b) P. Wipf *et al., Tetrahedron Lett.*, **37**, 4659 (1996)
    (c) P. Wipf *et al., Tetrahedron,* **54**, 6987 (1998)
14) D. R. Williams *et al., Tetrahedron Lett.*, **38**, 331 (1997)
15) P. J. Kocienski, Protecting Groups, Georg Thieme Verlag, Stuttgart, 7 (2005)
16) (a) 小木勝実,東北大学修士論文 (1973)
    (b) Guida-Pietrasanta *et al., J. Fluorine. Chem.*, **70**, 53 (1995)

第7章 フルオラス脱水縮合剤を用いた液―液二相系での基質選択的アミド化反応

国嶋崇隆*

1 はじめに

フルオラス化学をエステルやアミド合成へと展開した優れた研究は，すでにいくつも報告されている[1~3]。また，フルオラス担体を用いたペプチドのフルオラス合成は[2]，固相合成と液相合成双方の利点をうまく取り入れた方法として今後の展開に興味が持たれる。我々は，トリアジンを基本骨格に有する脱水縮合剤の開発と用途展開を研究テーマにしており，この試薬開発の視点からフルオラス化学への展開を行った。本稿では，試薬の簡便なフルオラス化とフルオラス相を反応場に用いたカルボン酸の基質選択的なアミド化反応について述べる。

2 研究背景

我々はすでに脱水縮合剤 4-(4,6-dimethoxy-1,3,5-triazin-2-yl)-4-methylmorpholinium chloride（DMT-MM）を開発するとともに[4]，その用途展開として，この試薬が水やアルコール溶媒中でもカルボン酸とアミンとの脱水縮合を起こすことを見出している[5]。反応機構は式(1)に示す通りであり，試薬と反応物（カルボン酸とアミン）以外に添加剤を一切必要とせず，これらを同時に混ぜるだけで室温，30分ほどで高収率に酸アミドが得られる。副生するヒドロキシトリア

$$R^1COOH \xrightarrow{\text{(DMT-MM)}} R^1CO\text{-O-triazine(OMe)}_2 \xrightarrow{R^2R^3NH} R^1CONR^2R^3 \quad (1)$$

* Munetaka Kunishima　神戸学院大学　薬学部　助教授

第7章 フルオラス脱水縮合剤を用いた液—液二相系での基質選択的アミド化反応

ジン (HO–DMT) とメチルモルホリン塩酸塩 (NMM HCl) は，いずれも水溶性なので水洗で容易に除去できる。

DMT–MM は4級アンモニウム塩構造であるため高い水溶性を有している。この特徴を利用して我々は，水—有機溶媒の二相系でシクロデキストリン (CD) を逆相間移動触媒として用いた基質選択的なカルボン酸のアミド化反応へと展開している[6]。図1のように，この反応系では，脂溶性のカルボン酸の存在する場（有機相）と反応場（水相）とを二相分離することにより基質選択性が発現される。つまり，CD と特異的な親和性（包接体の形成）を有するカルボン酸だけが水相に移行し，同一相に存在する DMT–MM と優先的に反応を起こすことによってアミドへと変換される。DMT–MM を用いた脱水縮合反応はさまざまな中性有機溶媒中で行うことが可能であること，また DMT–MM の分子構造は改良しやすく簡単にフルオラス化できることに着目し，この概念をフルオラス二相系反応へと展開した。

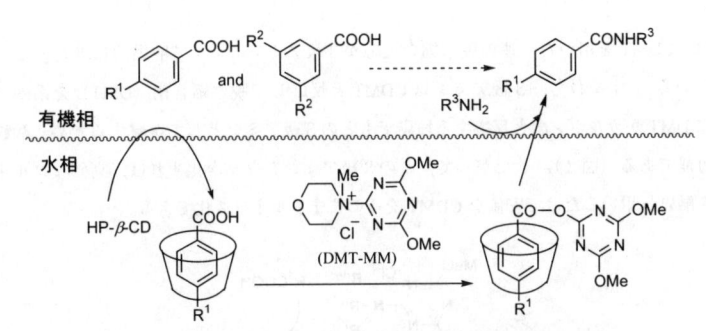

図1 CD を用いた水—エーテル二相系での基質選択的脱水縮合反応

3 フルオラス脱水縮合反応系の設計

DMT–MM は安価な塩化シアヌルから 2-chloro-4,6-dimethoxy-1,3,5-triazine (CDMT) を経て2工程で合成できる（式(2)）[7]。すべての反応工程は塩化シアヌルの3つの塩素に対する求核置換反応であるため，ここにフッ素化したアルコールや3級アミンを導入すれば容易にフルオラス化が可能である。我々がこの研究を開始して以後，実際に CDMT の2つのメトキシ基の代わりにヘプタデカフルオロノニルオキシ基を導入した誘導体（^{F}CDMT）の調製とペプチド合成への利用が，Dembinski らによって報告された[3]。彼らは，反応で副生するヒドロキシトリアジン誘導体（HO–^{F}DMT）が有機溶媒に難溶なので，フルオラス溶媒を使用しなくても簡単に分離できることを示している。しかし，フルオラス化していない従来の HO–DMT は，上述の通りもと

と有機溶媒に難溶で分離が容易なため[4,8]、単離生成の目的だけにあえて高価なフルオラス誘導体を用いる合成上の利点は小さいと考えられる。

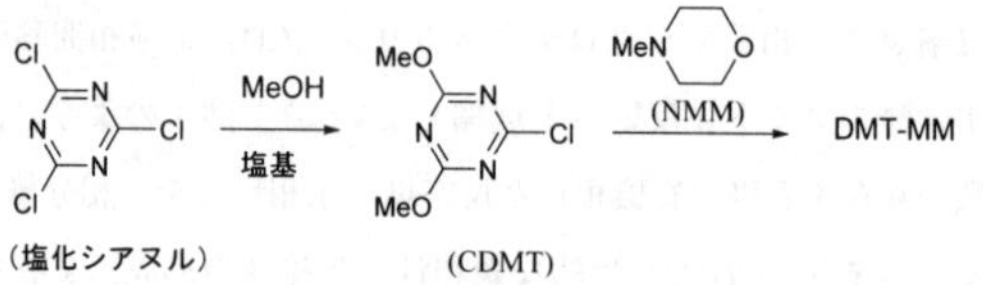

$$
\text{(塩化シアヌル)} \xrightarrow[\text{塩基}]{\text{MeOH}} \text{(CDMT)} \xrightarrow{\text{(NMM)}} \text{DMT-MM} \quad (2)
$$

(^{F}CDMT) (HO-^{F}DMT)

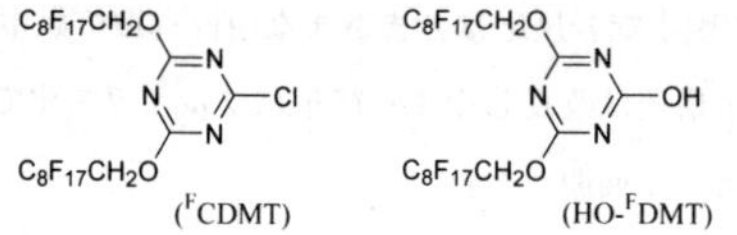

我々は、CDMT を用いた一連の脱水縮合反応が3級アミンによって触媒的に進行することを見出している[9]。すなわち、3級アミンは CDMT と反応して脱水縮合剤（DMT）を系内で発生し、次に DMT がカルボン酸と反応する段階でもとの3級アミンとして遊離するため、触媒として利用可能である（図2）。したがって、この3級アミンをフッ素化すれば、高価なフルオラス化合物を触媒量用いるだけで安価な CDMT をそのままフルオラス化できる。

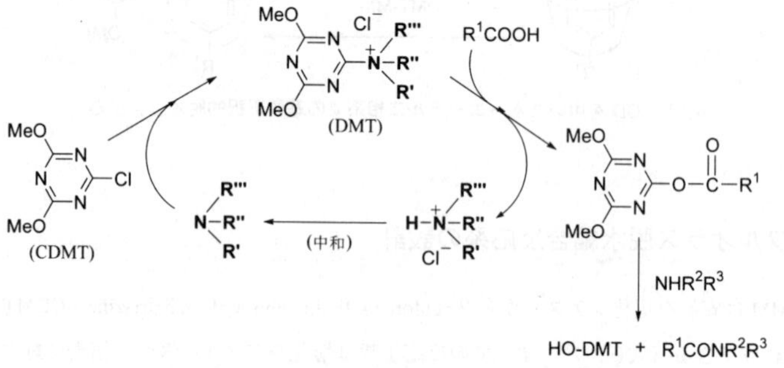

図2　CDMT-3級アミンを用いた触媒的脱水縮合反応

以上のような考察にもとづいて、図3のようなフルオラス二相系での反応をデザインした。すなわち、フルオラス担体に結合したカルボン酸（フルオラスカルボン酸）とフッ素化していないカルボン酸（非フルオラスカルボン酸）、およびこれらと縮合する1級または2級アミン、さらにフルオラス化した3級アミン触媒（フルオラスアミン触媒）のすべてを、フルオラス溶媒およびこれと混ざらない非フルオラス溶媒（水、または有機溶媒）からなる液—液二相系に溶解させ

ると，フルオラス相に対する親和性の違いによって図のように分配する。ここにCDMTを加えると，フルオラス相で発生する脱水縮合剤は，均一な同一相に存在するフルオラスカルボン酸と選択的に反応し，最終的にアミドを与える。つまり，フルオラス相を反応場にすることによって共存する二種のカルボン酸のうち，親フルオラス性を有するカルボン酸に対する選択性が発現される。もし，非フルオラスカルボン酸とアミンの代わりにアミノ酸を用いれば，この方法によってアミノ酸を無保護のまま用いた選択的なペプチド合成が可能になる。

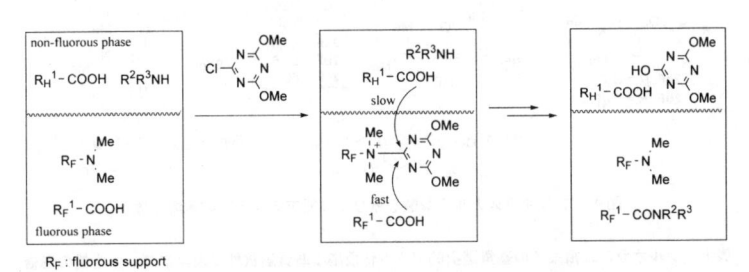

図3 フルオラス二相系での基質選択的脱水縮合反応

4 カルボン酸ならびに触媒の合成

実験に用いたカルボン酸と触媒を図4に示す。対照として同じ炭素数を有する水素化体を用いた。フッ素含量の異なる3種のフルオラスカルボン酸1aF～1cFと，それらの水素化体1aH～1cHのうち一本鎖の1aおよび1bは，コハク酸無水物に適当なアルコールを反応させて合成した。1cFは稲津らの開発した二本鎖のBfp–OHをそのまま用い[10]，水素化誘導体1cH（Bhp–OH）はBfpの合成法にしたがって調製した。3級アミン触媒には，一本鎖のフルオラス3級アミン2aF，2bFと，Bfpを2つ導入した2cFおよびその水素化誘導体2cHを用いた。1aF～1cFおよび2aF～2cFのフッ素含量は図4に示す通りであり，1aFと2aFだけがフッ素含量60%以下の比較的「軽い」フルオラス化合物で，それ以外は「重い」化合物である。

5 フルオラス二相系における基質選択的アミド化反応

基質選択性は，フルオラスカルボン酸1Fとその水素化誘導体1Hの等モル混合物を用いて，1-フェネチルアミン3との競合的な脱水縮合反応により評価した。すなわち，1F，1H，3，および3級アミン触媒2をフルオラス—非フルオラスからなる液—液二相系に溶解し，1当量のCDMTを添加後，室温で24時間反応させ，生成した酸アミド4Fと4Hの比率を求めた。表1に

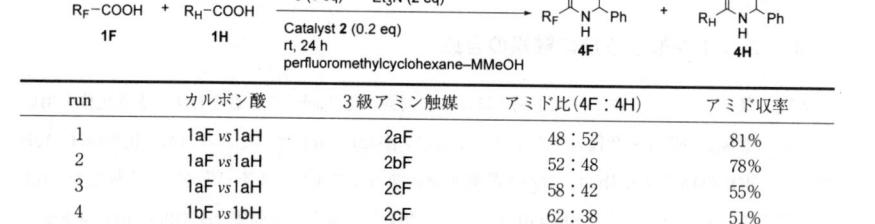

図4 フルオラスカルボン酸ならびに3級アミンとその水素化体

表1 フルオラス二相系での基質選択的アミド化反応：基質選択性に及ぼすフッ素含量の影響

run	カルボン酸	3級アミン触媒	アミド比(4F:4H)	アミド収率
1	1aF vs 1aH	2aF	48：52	81%
2	1aF vs 1aH	2bF	52：48	78%
3	1aF vs 1aH	2cF	58：42	55%
4	1bF vs 1bH	2cF	62：38	51%
5	1cF vs 1cH	2cF	84：16	40%
6	1cF vs 1cH	2cH	47：53	88%

は，基質と触媒の組合せを変えたときのフッ素含量と選択性の関係をまとめた。溶媒には，perfluoromethylcyclohexane—メタノールの二相系を用いた。フッ素含量の低い1aFとその水素化体1aHの競合では，いずれのフルオラスアミン触媒を用いても選択性はほとんど見られなかった（runs 1～3）。これは1aFのペルフルオロアルキル基の親フルオラス性よりも極性の高いカルボキシル基の親メタノール性が強く働き，両方のカルボン酸が主にメタノール相に存在したためと考えられる。次に，若干の選択性がみられた2cFを用いてカルボン酸の影響を見たところ，フッ素含量の増加にともなって選択性が向上し，1cFのときに最大の84：16の比が得られた（runs 3～5）。対照実験として，run 5の条件で触媒を水素化体2cHにすれば，生成比が逆転して水素化体が過剰に得られると期待されたが，実際には47：53と，選択性は完全に失われた（run

第7章 フルオラス脱水縮合剤を用いた液—液二相系での基質選択的アミド化反応

表2 フルオラス二相系での基質選択的アミド化反応：溶媒効果

Run	非フルオラス相	フルオラス相	カルボン酸	アミド比 (4F：4H)	アミド収率
1	MeOH	perfluoromethylcyclohexane	1cF vs 1cH	84：16	40%
2	CH_2Cl_2	perfluoromethylcyclohexane	1cF vs 1cH	61：39	54%
3	50%MeOH	perfluoromethylcyclohexane	1cF vs 1cH	93：7	54%
4	50%THF	perfluoromethylcyclohexane	1cF vs 1cH	86：14	47%
5	90%CH_3CN	perfluoromethylcyclohexane	1cF vs 1cH	89：11	44%
6	50%EtOH	perfluoromethylcyclohexane	1cF vs 1cH	86：14	54%
7	50%MeOH	FC-40[a]	1cF vs 1cH	91：9	55%
8	50%MeOH	T5216[b]	1cF vs 1cH	56：44	77%
9	50%MeOH	perfluoromethylcyclohexane	1aF vs 1aH	91：9	42%
10	50%MeOH	perfluoromethylcyclohexane	1bF vs 1bH	86：14	40%

a) $(C_4F_9)_3N$.　b) $HCF_2CF_2CH_2OCF_2CF_2H$.

6）。この結果は，いずれの基質においても両カルボン酸は主にメタノール相に存在していることを示しており，フルオラス3級アミン触媒あるいはこれにCDMTが結合した活性な脱水縮合剤が，どの程度フルオラス相に分配しているかが選択性発現の鍵であることを示唆している。選択性と収率が反比例していることもこの仮定を支持している。結論としては，当然ながらカルボン酸と3級アミン触媒のいずれもが高いフルオラス性を有することが必要であり，特にアミン触媒のフルオラス性の影響が大きいと言える。また，2bFと2cFの比較から，必ずしもフッ素の割合だけでなく，絶対的なフッ素重量が分配に大きく影響していると思われる。

上記の結果を受け，最も選択性の高かった2cFをフルオラス3級アミン触媒に用いて，1cF vs 1cHの競合反応について溶媒の検討を行った（表2）。まず，非フルオラス相に極性の低いジクロロメタンを用いたところ，選択性は61：39と，メタノールのときより低下した（runs 1, 2）。次に，極性を上げるために50%メタノール水溶液にしたところ，93：7と高い選択性でフルオラスカルボン酸のアミド化反応が優位に進行した（run 3）。そこで，水と混和するその他の有機溶媒についても基質が溶解する範囲で水を添加し用いたところ，いずれも良好な選択性が得られたが，50%メタノールには及ばなかった（runs 4 ～ 6）。水系溶媒中では，カルボン酸とアミンが中和した電離状態で存在しているため，水素化体1cHのフルオラス相への移行が妨げられて選択性が上がり，逆に塩化メチレン中では，非電離状態となるためフルオラス相への移行が促進され

表3 フルオラス二相系での基質選択的アミド化反応：フルオラス CDMT（5）の利用

Run	非フルオラス相	フルオラス相	カルボン酸	アミド比 (4F：4H)	アミド収率
1	50%MeOH	perfluoromethylcyclohexane	1aF vs 1aH	92：8	76%
2	50%MeOH	perfluoromethylcyclohexane	1bF vs 1bH	95：5	82%
3	50%MeOH	perfluoromethylcyclohexane	1cF vs 1cH	93：7	78%
4	MeOH	perfluoromethylcyclohexane	1cF vs 1cH	100：0	62%

たと考えられる。

次に，フルオラス相について perfluoromethylcyclohexane 以外の溶媒を検討したところ，FC-40 を用いた場合は同程度の高い選択性が得られたが，T5216を用いた場合には選択性の低下が見られた（runs 7, 8）。T5216は通常のカルボン酸をも溶解することができるため，都合よくカルボン酸の分配が起こらなかったと考えられる。

以上のように見出した perfluoromethylcyclohexane—50%メタノールの系を用いれば，表1では選択性のよくなかった一本鎖のカルボン酸1a, 1bの競合系においても，それぞれ91：9および86：14まで選択性が改善された（runs 9, 10）。

最後にフルオラス CDMT の効果について検討した。CDMT の1つのメトキシ基をヘプタデカフルオロデシルオキシ基で置換した5を合成し，表2で見出した至適条件下で用いたところ，1a〜1cいずれの競合系においても選択性がさらに向上した。興味深いことに，このとき収率にも改善が見られた。また，この条件において1cFvs1cHの反応は系が白濁しエマルションになったことから，これが1bFvs1bH系より選択性が低い原因であるとの可能性が示唆された。そこで，非フルオラス相をメタノールにしたところ，白濁は見られず100％の選択性でフルオラスカルボン酸1cF のアミド化が進行した。

6　無保護アミノ酸を用いたペプチド合成モデル

はじめに述べたように，非フルオラス相のカルボン酸とアミンの代わりに，これらの官能基を同一分子内に有するアミノ酸を用いれば，フルオラス相で選択的に活性化されたカルボン酸がそ

第7章 フルオラス脱水縮合剤を用いた液―液二相系での基質選択的アミド化反応

のアミノ基と反応しペプチドを形成する。つまり，アミノ酸を無保護のまま用いてもそのカルボキシル基は全く反応せず，アミノ基のみをフルオラス相のカルボン酸と反応させてペプチド結合を形成させることができると期待される。そこで前節で見出した至適条件を用いて，モデル実験としてBfp–OH（1cF）へのフェニルアラニンの導入を検討した（図5）。その結果，目的のペプチド6が室温，3時間で64％の収率で得られた。1cFの代わりにその水素化体である1cHを用いたところ，複雑な混合物を与えたのみで目的物は全く観察されなかった。フルオラス合成の概念にしたがって[11]反応後の非フルオラス相を分離すれば，3級アミン触媒とフルオラス担体に結合したペプチドのみがフルオラス相に残るので，別のアミノ酸を溶解した50％メタノール溶液を加えてこの反応を繰り返せば，原理的にはペプチド鎖を伸長させることが可能である。

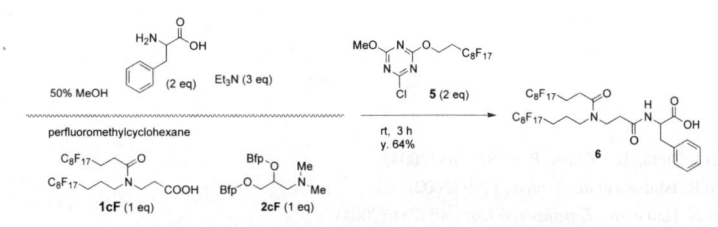

図5　無保護アミノ酸を用いた基質選択的ペプチド合成

7　おわりに

以上のように我々は，クロロトリアジンを用いた触媒的脱水縮合反応のフルオラス化学への展開において，フルオラス相を分離場と同時に反応場として利用することにより，脱水縮合反応を基質選択的に行うことに成功した。本法の特徴はフルオラス3級アミン触媒を用いるだけで，安価に合成できるCDMTを系内で簡単にフルオラス化できる点であるが，より高い選択性を得るためにはCDMTのアルコキシ基のフルオラス化が効果的である。高価なフルオラスCDMTを化学量論用いる場合のコストの問題は，我々がすでに開発しているHO–DMTのCDMTへの再生法[12]を利用すれば解決可能である。

一方，この概念の応用として，無保護アミノ酸を用いた脱保護段階を必要としない簡便なペプチド合成法への可能性が示された。一般にN端からC端への合成ではラセミ化が進行しやすいことが知られているが，DMT–MMを用いたトリペプチド合成のモデル実験では，低極性溶媒中でのラセミ化はほとんど起きないことが分かっている[13]。したがって，炭化フッ素系の溶媒を反応場とする我々の系なら，この問題をうまく回避できると期待できる。

発現される基質選択性は，カルボン酸とフルオラスアミン触媒のフルオラス―非フルオラス二

相溶媒への分配に起因するため，これらの化合物の親および疎フルオラス性に加え，従来型の極性や脂溶性などの微妙なバランスの変化で，選択性が大きく変わりうることが問題である。この相関性を明らかにするためには，これらの物性に関する幅広いデータの蓄積を待たねばならない。

謝辞

本研究を行うにあたり，助成をいただいた野口フルオラスプロジェクトならびに Bfp–OH をご供与いただいた東海大学の稲津敏行教授に感謝申し上げます。

文　　献

1) (a) J. Otera, *Acc. Chem. Res*., **37**, 288 (2004)
   (b) K. Ishihara *et al., Synlett*, 1299 (2002)
   (c) X. Hao *et al., Tetrahedron Lett*., **45**, 781 (2004)
   (d) Z. Peng *et al., Tetrahedron Lett*., **46**, 3187 (2005)
2) (a) M. Mizuno *et al., Chem. Commun*., 972 (2003)
   (b) M. Mizuno *et al., Tetrahedron Lett*., **45**, 3425 (2004)
3) M. Markowicz and R. Dembinski, *Synthesis*, 80 (2004)
4) M. Kunishima *et al., Tetrahedron*, **55**, 13159 (1999)
5) M. Kunishima *et al., Tetrahedron*, **57**, 1551 (2001)
6) M. Kunishima *et al., Eur. J. Org. Chem*., 4535 (2004)
7) J. S. Cronin *et al., Synth. Commun*., **26**, 3491 (1996)
8) Z. J. Kaminski, *Tetrahedron Lett*., **26**, 2901 (1985)
9) M. Kunishima *et al., J. Am. Chem. Soc*., **123**, 10760 (2001)
10) T. Miura *et al., Org. Lett*., **3**, 3947 (2001)
11) (a) I. T. Horvath and J. Rabai, *Sience*, **266**, 72 (1994)
    (b) D. P. Curran, *Angew. Chem. Int. Ed*., **37**, 1174 (1998)
12) M. Kunishima *et al., Tetrahedron Lett*., **43**, 3323 (2002)
13) M. Kunishima *et al., Chem. Pharm. Bull*., **50**, 549 (2002)

第8章 フルオラス化した光学活性プロリノール誘導体の合成と触媒的不斉還元反応への利用

船曳一正*

1 はじめに

不斉触媒を用いる機能性有用化合物の不斉合成は，有機合成化学の中でも最も重要な研究分野の一つである。また，将来の環境問題が示唆される中，グリーンケミストリー指向型の不斉触媒反応の重要度が高まっている。

これらの観点から，理想的な不斉合成反応は極少量の不斉触媒を用い，短時間に化学収率100％，光学純度100％で目的化合物を合成し，廃棄物が全くない手法である。さらに，生成物はもとより，不斉触媒や不斉配位子の回収も，ろ過などをはじめとする簡便な分離操作がより理想的である。

この状況下，新しい合成および分離手法の一つとして，高フッ素化（フルオラス化）された試薬，溶媒，カラムクロマトグラフィーを有機合成反応に応用したフルオラス化学が，ここ最近著しく発展してきた[1]。著者は，これまで約10年間，有機フッ素化合物の（不斉）合成反応に従事してきた過程[2]で，このフッ素化合物の特性に着目したフルオラスケミストリーにおいて何か貢献できないものか，特にフルオラスケミストリーと触媒的不斉合成反応との境界で何か貢献できないものかと考え，遅ればせながら研究に取り組んだ。その結果，(1)これまで合成例のないキラルフルオラスプロリノールがケトンの触媒的不斉還元反応に有効であること，(2)キラルフルオラスプロリノールの回収が［液体／液体］二層系ならびに［液体／固体］二層系で容易であること，を明らかにした。本稿では，(1)キラルフルオラスプロリノールの合成法，(2)キラルフルオラスプロリノールを用いた有機相／フルオラス相の［液体／液体］二層系および有機相／フルオラス相の［液体／固体］二層系での触媒的不斉還元反応の2点について紹介する。特に，最後に述べる有機相／フルオラス相の［液体／固体］二層系での触媒的不斉還元反応については，これまでに報告例のない興味深い結果であり，これらは今後のフルオラスケミストリーを駆使した触媒的不斉合成反応において，先駆的な役割を果たすのではないかと期待している。

---

* Kazumasa Funabiki　岐阜大学　工学部　機能材料工学科　助教授

2　キラルフルオラスプロリノールの合成

2種類のキラルフルオラスプロリノールの合成は以下のように行った。

安価で入手容易な市販の L-プロリンを用い，カルボキシル基のエステル化ならびにアミノ基を t-ブトキシカルボニル（Boc）基で保護した（図1）。

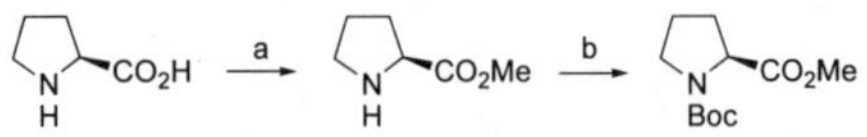

[a] Reagents and conditions: (a) $SOCl_2$, MeOH, 0 °C to rt; (b) (t-BuOCO)$_2$O, Et$_3$N, CH$_2$Cl$_2$, rt, 85% from L-Proline

図1　N-プロリンメチルエステルの合成[a]

図1に示すように，エステル化は，プロリンのメタノール溶液に1.1当量の塩化チオニルを0℃で加え，1.5時間還流させることにより，定量的にプロリンメチルエステルを与えた。このプロリンメチルエステルを精製することなくジクロロメタン中で2.5当量のトリメチルアミン存在下，等量の二炭酸-ジ-$tert$-ブチルエステルと室温にて一昼夜反応させ，N-Bocプロリンメチルエステルをプロリンからの通算収率85%で得た。

次に，フェニル基を介してペルフルオロブチル基を有するキラルフルオラスプロリノール1aを合成した（図2）。

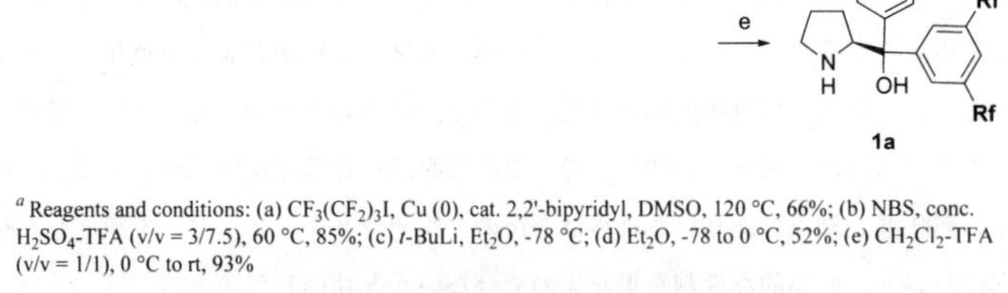

[a] Reagents and conditions: (a) CF$_3$(CF$_2$)$_3$I, Cu (0), cat. 2,2'-bipyridyl, DMSO, 120 °C, 66%; (b) NBS, conc. H$_2$SO$_4$-TFA (v/v = 3/7.5), 60 °C, 85%; (c) t-BuLi, Et$_2$O, -78 °C; (d) Et$_2$O, -78 to 0 °C, 52%; (e) CH$_2$Cl$_2$-TFA (v/v = 1/1), 0 °C to rt, 93%

図2　キラルフルオラスプロリノール1aの合成[a]

まず，1,3-ジヨードベンゼンに5当量のペルフルオロブチルヨージド，7当量の銅（0），40

第8章　フルオラス化した光学活性プロリノール誘導体の合成と触媒的不斉還元反応への利用

mol％の2,2′-ビピリジルを加え，DMSO中120℃で63時間反応させ，ビス（ペルフルオロブチル）ベンゼンを収率66％で得た。次に，ビス（ペルフルオロブチル）ベンゼンに1.5当量のN-ブロモスクシンイミドを加え，濃硫酸―トリフルオロ酢酸（v/v＝1／1）混合溶媒中60℃にて一昼夜反応させ，ブロモビス（ペルフルオロブチル）ベンゼンを収率85％で得ることができた。ビス（ペルフルオロブチル）フェニル基の導入は，合成したN-Bocプロリンメチルエステルに対して6当量のブロモビス（ペルフルオロブチル）ベンゼンをエーテル中，6.6当量のtert-ブチルリチウムと−78℃にて20分間反応させ，系内でビス（ペルフルオロブチルフェニル）リチウムを発生させ，続けてN-Bocプロリンメチルエステルと−78℃から0℃で2時間反応させ，N-Bocフルオラスプロリノールを収率50％で合成した。窒素原子上のBoc基は，ジクロロメタン―トリフルオロ酢酸（v/v＝1／1）混合溶媒中0℃から室温で1.5時間処理すると，効率よく脱保護が進行し，キラルフルオラスプロリノール1aを収率93％で与えた。

2005年になって我々とは異なる二つのグループから同様にフェニル基のパラ位にペルフルオロオクチル基を有するキラルフルオラスプロリノールの合成と，それらを用いたケトン類の触媒的不斉還元反応[3]とアルデヒドのアルキル化反応[4]が報告されている。

一方，メチレン鎖を2つ介してペルフルオロヘキシル基を有するキラルフルオラスプロリノール1bの合成は，図3に示すように，N-Bocプロリンメチルエステルに対して2.2当量のペルフルオロヘキシルエチルヨージドをエーテル中，2.2当量のtert-ブチルリチウムと−78℃にて20分間反応させ，ペルフルオロヘキシルエチルリチウムを系内で発生させ，続けてN-Bocプロリンメチルエステルと−78℃から0℃で2時間反応させたところ，N-Bocフルオラスプロリノールを収率57％で得ることができた。

窒素原子上のBoc基の除去は，同様にジクロロメタン―トリフルオロ酢酸（v/v＝1／1）混合溶媒中，0℃から室温で1.5時間反応させると効率よく進行し，キラルフルオラスプロリノール1bをほぼ定量的に得ることができた。

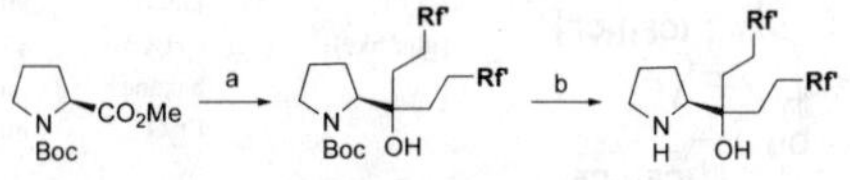

[a] Reagents and conditions: (a) (1) $CF_3(CF_2)_5CH_2CH_2I$, t-BuLi, Et_2O, -78 °C then -78 °C to rt, 57%; (b) CH_2Cl_2-TFA (v/v = 1/1), 0 °C to rt. quant.

図3　キラルフルオラスプロリノール1bの合成[a]

合成した各種キラルフルオラスプロリノールの光学純度は，モッシャー酸クロリドと反応させジアステレオマーに変換し，その^1H, ^{19}F NMRを測定することにより＞99％eeと確認した（図4）。

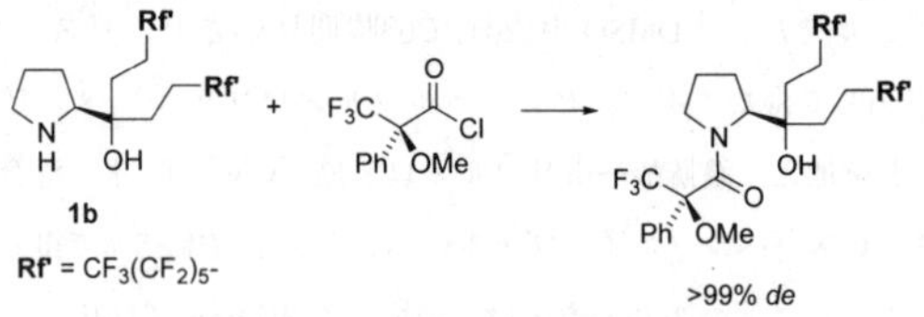

図4 キラルフルオラスプロリノールの光学純度の決定

3 キラルフルオラスプロリノールの性質

　合成したキラルフルオラスプロリノール1は，表1に示すように，フッ素含有量はすべて60%以上であり，これらの化合物はヘビーフルオラス化合物に分類できる。

　フェニル基を介してパーフルオロアルキル基を4つ有するプロリノール1aはGumlikeな化合物であった。有機相／フルオラス相の［液体／液体］二層系での触媒的不斉合成反応を志向して，このフルオラスプロリノール1aの有機溶媒およびフルオラス溶媒への溶解性を検討した。表1にそれぞれの溶媒への近似分配係数を示す。近似分配係数の算出方法は武内らの方法[5]を適用した。すなわち，30 mgのフルオラスプロリノール1aをFC-72（2 ml）と各種有機溶媒（2 ml）の混合溶媒に溶かして10分間室温で攪拌した後，二層形成した両層を分離し，それぞれの層を濃縮して残渣の重量を測定した。その結果，トルエンやジクロロメタンはFC-72と二層分離し，近似分配係数の値を測定することが可能であった。しかしながら，ヘキサンやエーテルを用

表1 キラルフルオラスプロリノール1の近似分配係数

entry	fluorous prolinol 1	F content (wt%)	org. sol.	FC72/org. sol.[a]
1	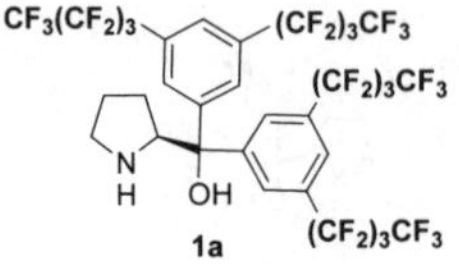 1a	60.77 (gumlike)	$PhCH_3$	90/10
2			CH_2Cl_2	87/13
3			hexane	mixture
4			Et_2O	mixture
5	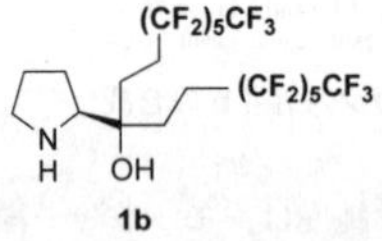 1b	62.26 (solid)	$PhCH_3$	almost insoluble
6			CH_2Cl_2	almost insoluble

[a] A mixture of 30 mg of fluorous prolinol **1a** and organic solvent (2 ml) was stirred at room temperature for 10 min. Then, the two pheses were separated and the solvent were removed in vacuo. The contents of **1a** in each phase were determined by weighing the residue.

第8章 フルオラス化した光学活性プロリノール誘導体の合成と触媒的不斉還元反応への利用

いた場合は，これらの溶媒がFC-72と混和してしまったため分配係数を算出できなかった。表1に示したように，合成したフルオラスプロリノール1aは通常の有機溶媒よりフルオラス溶媒に優先的に溶解することがわかった。

一方，2つのメチレン鎖を介してペルフルオロヘキシル基を有するフルオラスプロリノール1bは，各種有機溶媒に常温で不溶な固体であった。

4 キラルフルオラスプロリノールを用いたケトン類の触媒的不斉還元反応

4.1 ［液体／液体］二層系での触媒的不斉還元反応[6]

キラルフルオラスプロリノール1aをキラルリガンドとして用いたアセトフェノン誘導体の［液体／液体］二層系での触媒的不斉還元反応を検討した。その概念図を図5に示す。

アセトフェノンに対して10 mol%のプロリノール1aを溶解させたトルエン溶液に10 mol%のBH_3・THF錯体を加え10分間室温で攪拌した後，1時間還流させ，その後室温まで冷却した。続けて等量のBH_3・THF錯体を加えた後，アセトフェノンのトルエン溶液を2時間かけて加え，さらに1時間反応させた。反応終了後，各種水溶液での後処理を行なった後，水槽を分離し，そ

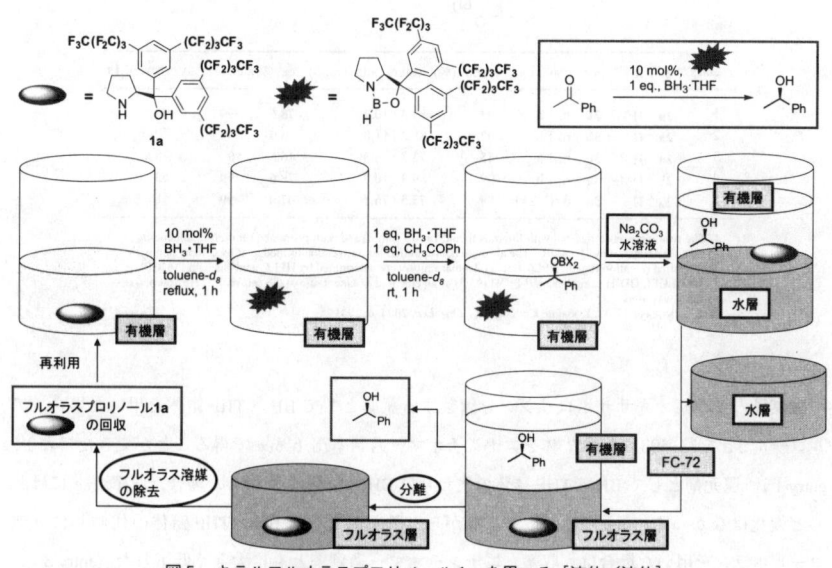

図5 キラルフルオラスプロリノール1aを用いる［液体／液体］二層系での触媒的不斉還元反応の概念図

の後フルオラス溶媒（FC-72）を用いて有機相／フルオラス相の［液／液］二相分離によりキラルフルオラスプロリノール1aを有機層から抽出し，回収した。

有機相／フルオラス相の［液体／液体］二層系でのケトン類の触媒的不斉還元反応に関して，各種条件を詳細に検討した。まず，ボラン試薬および反応温度の検討について，その結果を表2にまとめた。

表2　キラルフルオラスプロリノール1aを用いる［液体／液体］二層系でのアセトフェノンの触媒的不斉還元反応に関する条件検討[a]

1a (Rf = CF$_3$(CF$_2$)$_3$-)

10 mol% reagent **2**
toluene-d_8, reflux, 1 h

1) 1 equiv., reagent **3**
2) 1 equiv., acetophenone **4a**
toluene-d_8, conditions

→ **5a** (OH, Ph)

2a: BH$_3$·THF
2b: B(OMe)$_3$
3a: BH$_3$·THF
3b: BH$_3$·SMe$_2$
3c: catecholborane

entry	2	R	3	conditions	yield[b] (%)	isomer ratio[c] (R : S)	ee[c] (%)	conv[b] (%)	recv. of 1a
1	2a	H	3a	rt, 1 h	93	89.3 : 10.7	78.6	>99	90
2	2a	H	3b	rt, 1 h	92	88.2 : 11.8	76.4	>99	70
3	2a	H	3c	rt, 1 h	55	73.3 : 26.8	46.6	56	78
4	2b	OMe	3a	rt, 1 h	99	89.3 : 10.7	78.6	>99	63
5	2a	H	3a	0 °C, 24 h	89	73.5 : 26.5	47.0	>99	58

[a] The reaction was carried out with fluorous ligand **1a** (0.1 mmol) and acetophenone (1 mmol) in toluene-d_8 (5 ml). [b] Determined by ^{1}H NMR. [c] The absolute configuration for **5a** was determined as R by comparison with the reported retention time in HPLC (ref. 1). Isomer ratios were determined by HPLC analysis with DAICEL CHIRALCEL OD-H using hexane/i-PrOH (95/5) as an eluent at an eluent rate of 0.8 mL/min. [d] THF solution (1.0 M) was used.
Ref. 1 ; Kobayashi, Y.; Kodama, K.; Saigo, K. *Org. Lett.* **2004**, *6*, 2941.

触媒量のキラルオキサザボロリジンを調製する試薬としてBH$_3$・THF錯体を用いた場合，アルコール5aを収率93％かつR体をエナンチオマー過剰率78.6％eeで得ることができた（表1，entry 1）。還元剤としてBH$_3$・THF錯体の代わりにBH$_3$・SMe$_2$を使用した場合，収率，eeにほとんど変化はなかった（entry 2）。しかしながら，還元剤としてBH$_3$・THF錯体の代わりにカテコールボランを用いた場合は，収率，エナンチオマー過剰率ともに大きく低下した（entry 3）。キラルオキサザボロリジンを調製するホウ素試薬として，BH$_3$・THF錯体の代わりにトリメトキ

第8章　フルオラス化した光学活性プロリノール誘導体の合成と触媒的不斉還元反応への利用

シボランを用いたところ，収率，*ee* にほとんど変化は見られなかった（entry 4）。

次に，反応温度を検討した。0℃で24時間反応させたが，エナンチオマー過剰率は逆に低下した（entry 5）。通常の不斉合成反応は，低温下で行うと生成物のエナンチオマー過剰率を向上させることが多い。しかしながら，キラルオキサザボロリジンを用いたケトン類の触媒的不斉還元反応は，室温付近で反応を行う方が高いエナンチオマー過剰率を与える稀な例である[7]。

FC-72を用いたフルオラスプロリノールの回収は，いずれの条件においてもおおむね効率よく行うことができ，最高90%の回収率であった。回収後はショートカラムクロマトグラフィーによりさらに精製し，次の反応に用いた。

次に，フェニル基上のパラ位に各種置換基を有するアセトフェノン誘導体の触媒的不斉還元反応を検討した。その結果を表3に示す。パラ位に電子供与性置換基を有するケトン類よりも，電子求引性置換基を有するケトン類のほうがわずかに *ee* が向上することがわかった。

前述したが，Soósらは我々と非常に類似した構造，すなわちα,α-ジ(*p*-ペルフルオロオクチルフェニル)プロリノールを合成し，全く同様の手法でケトン類の触媒的不斉還元反応を検討している[3]。その結果，我々の実験結果よりも高いエナンチオマー過剰率（71～97%*ee*）で相当する2級アルコールを得ている。プロリノール誘導体に関して，ペルフルオロアルキル基の導入位

表3　キラルフルオラスプロリノール1aを用いる［液体／液体］
二層系でのアセトフェノン類の触媒的不斉還元反応[a]

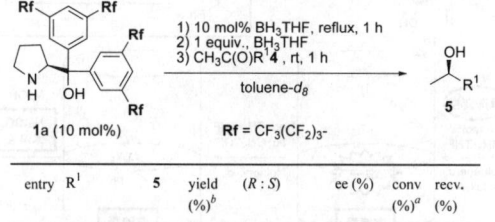

entry	R[1]	5	yield (%)[b]	(R : S)	ee (%)	conv (%)[a]	recv. (%)
1	Ph	5a	93	89.3 : 10.7[c,d]	78.6[c,d]	>99	90
2	4-ClC$_6$H$_4$	5b	quant.	90.4 : 9.6[e,f]	80.8[e,f]	>99	77
3	4-MeC$_6$H$_4$	5c	quant.	85.5 : 14.5[c,e]	71.0[c,e]	>99	74
4	4-MeSC$_6$H$_4$	5d	quant.	85.9 : 14.1[c,d]	71.8[c,g]	>99	56

[a] The reaction was carried out with fluorous ligand **1a** (0.1 mmol) and acetophenone (1 mmol) in toluene-d_8 (5 ml). [b] Determined by ^{1}H NMR. [c] The absolute configurations for **5a**, **5b**, and **5d** were determined as *R* by comparison with the reported retention times in HPLC (ref. 1). [d] Determined by HPLC analysis with DAICEL CHIRALCEL OD-H using hexane/*i*-PrOH (95/5) as an eluent at an eluent rate of 0.8 mL/min. [e] Determined by HPLC analysis with DAICEL CHIRALPAK AS using hexane/*i*-PrOH (95/5) as an eluent at an eluent rate of 0.8 mL/min. [f] Configuration was tentatively assumed according to the mechanism. [g] Determined by HPLC analysis with DAICEL CHIRALCEL OD using hexane/*i*-PrOH (95/5) as an eluent at an eluent rate of 0.4 mL/min.

Ref. 1 ; Kobayashi, Y.; Kodama, K.; Saigo, K. *Org. Lett.* **2004**, *6*, 2941.

置および導入数とエナンチオマー過剰率との関係を明らかにすることは，今後の検討課題であろう。

4.2 ［液体／固体］二層系での触媒的不斉還元反応[8)]

最近，Gladysz[9)]，石原[10)]，三上[11)]は，ヘビーフルオラス触媒の有機溶媒への溶解性が温度に依存することを発見し，フルオラス溶媒を必要としない新しい［液体／固体］回収システムを考案した。すなわち，このシステムでは高価なフルオラス溶媒を全く必要とせずに不均一触媒を濾過のみにより回収できるという優れた利点を有している。しかしながら，この概念を触媒的不斉合成反応に応用した例は，我々の知る限りこれまでに報告されていない。

我々は，2つのメチレン鎖を介してペルフルオロヘキシル基を有するキラルフルオラスプロリノール1bが各種有機溶媒に不溶である性質に注目し，このキラルリガンドを反応時には溶解させ，反応終了後に固体として回収，再利用する，［液体／固体］二層系での初めての触媒的不斉合成反応の設計を試みた。

我々の設計した［液体／固体］二層系での初めての触媒的不斉還元反応の概念図を図6に示す。

トルエン-d_8中，アセトフェノンに対して10 mol％のキラルフルオラスプロリノール1b，続け

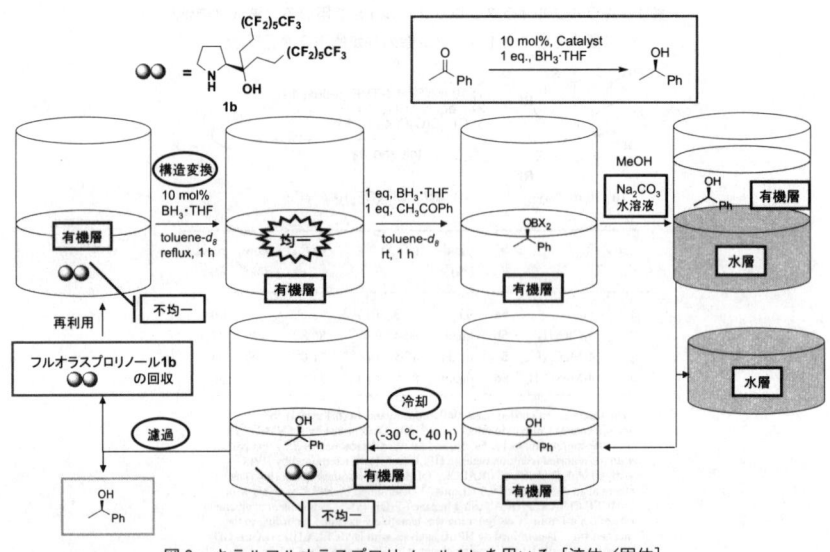

図6　キラルフルオラスプロリノール1bを用いる［液体／固体］二層系での触媒的不斉還元反応の概念図

第8章 フルオラス化した光学活性プロリノール誘導体の合成と触媒的不斉還元反応への利用

て10 mol％のBH$_3$・THF錯体を加え、1時間還流させた後、室温まで冷却し、均一溶液を調製した。これは有機溶媒に通常不溶なキラルフルオラスプロリノール1bがBH$_3$・THF錯体と反応することにより、分子骨格の構造変換が起こり、有機溶媒への溶解性を向上させたものと思われる。これは、これまでの反応温度のみに依存するアプローチとはまったく異なる新しい手法である。その後、等量のBH$_3$・THF錯体を加え、続けてアセトフェノンのトルエン-d_8溶液を3時間かけて加え、さらに室温で1時間反応させた。反応終了後、メタノール、炭酸水素ナトリウム水溶液で後処理を行い、水層を分離した後、有機層を－30℃で40時間冷却し、キラルフルオラスプロリノール1bを固体として析出させ、ろ過のみで回収した。

［液体／固体］二層系での触媒的不斉還元反応に関して、各種条件を詳細に検討した。まず、ボラン試薬について、その結果を表4にまとめた。

表4 キラルフルオラスプロリノール1bを用いる［液体／固体］二層系でのアセトフェノンの触媒的不斉還元反応に関する条件検討[a]

Rf' = CF$_3$(CF$_2$)$_5$-

2a: BH$_3$ THF
2b: B(OMe)$_3$
2c: (MeBO)$_3$
3a: BH$_3$ THF
3b: BH$_3$ SMe$_2$
3c: catecholborane

entry	2	R	3	yield[b] (%)	isomer ratio[c] ($R:S$)	ee[b] (%)	conv[b] (%)	recv. of 1b
1	2a[d]	H	3a[d]	>99	87.2 : 12.8	74.4	>99	>99
2	2b	OMe	3a[d]	>99	92.1 : 7.9	84.2	>99	73
3	2c[d]	Me	3b[d]	83	81.6 : 18.4	63.2	>99	63
4	2a[d]	H	3a[d]	83	81.9 : 18.1	63.8	95	86
5	2a[d]	H	3c[d]	51	69.3 : 30.7	38.6	66	40
6[e]	2a[d]	H	3a[d]	86	73.0 : 27.0	46.0	>99	-

[a] The reaction was carried out with fluorous ligand 1b (0.1 mmol) and acetophenone (1 mmol) in toluene-d_8 (5 ml). [b] Determined by ^{1}H NMR. [c] The absolute configuration for 5a was determined as R by comparison with the reported retention time in HPLC (ref. 1). Isomer ratios were determined by HPLC analysis with DAICEL CHIRALCEL OD-H using hexane/i-PrOH (95/5) as an eluent at an eluent rate of 0.8 mL/min. [d] THF solution (1.0 M) was used. [e] Recovered 1b was used.

Ref. 1 ; Kobayashi, Y.; Kodama, K.; Saigo, K. *Org. Lett.* **2004**, *6*, 2941.

キラルオキサザボロリジンを調製する試薬としてBH$_3$・THF錯体を用いた場合，アルコール5aを収率99％以上かつ R 体をエナンチオマー過剰率74.4％ee で得ることができた（表4，entry 1）。それに比べて，オキサザボロリジンを調製する試薬としてBH$_3$・THF錯体の代わりにトリメトキシボランを用いた場合，エナンチオマー過剰率は84.2％ee と向上することがわかった（entry 2）。

しかしながら，オキサザボロリジンを調製する試薬として，BH$_3$・THF錯体の代わりにトリメチルボロキシンを用いた場合，エナンチオマー過剰率は63.2％ee と低下した（entry 3）。また，還元剤としてBH$_3$・THF錯体の代わりにBH$_3$・SMe$_2$やカテコールボランを使用した場合，いずれの場合も収率，ee ともに低下することが分かった（entries 4 and 5）。

フルオラス溶媒を用いないキラルフルオラスプロリノール1bの回収は，いずれの条件においてもおおむね効率よく行うことができ，最高で＞99％であった。しかしながら，回収したキラルフルオラスプロリノール1bを真空乾燥のみで次の反応に用いた場合，収率およびエナンチオマー過剰率が低下した（entry 6）。この結果は，回収後，キラルフルオラスプロリノール1bをさらに精製する必要性を示唆しており，現在，その問題を克服すべく検討中である。

5　おわりに

本稿では，有機合成化学において非常に汎用性の高いプロリノールのフルオラス化の手法，フルオラスキラルプロリノールの性質およびそれらを用いた［液体／液体］二層系もしくは［液体／固体］二層系でのアセトフェノン類の触媒的不斉還元反応について述べた。特に最後に記した［液体／固体］二層系でのアセトフェノン類の触媒的不斉還元反応は，これまでに報告例がなく，触媒的不斉合成反応を志向したフルオラスキラルテクノロジーの新しい一端として先駆的な結果であると思われる。

ペルフルオロアルキル基の導入位置が，(1)キラルリガンドの性質，(2)生成物の収率および選択性，へどのように影響するかを明らかにするためには，今後，さらに詳細な検討が必要になってくるだろう。そして，その結果を踏まえた上で，単に回収を目的にするのではなく，反応の効率，立体選択性をコントロールするために適切な位置にペルフルオロアルキル基を導入することが次の課題であろう。

第8章 フルオラス化した光学活性プロリノール誘導体の合成と触媒的不斉還元反応への利用

文　　献

1) Handbook of Fluorous Chemistry, Wiley-VCH, Weinheim（2004）
2) 船曳一正，有機合成化学協会誌，62, 607(2004)；K. Funabiki, *Fluorine-Containing Synthons, American Chemical Society Symposium Series* 911: Soloshonok, V. A. Ed., Oxford University Press/American Chemical Society, Washington, D. C., Chapter 19, 342（2005）など
3) Z. Dalicsek, F. Pollreisz, Á. Gömöry, T. Soós, *Org. Lett*., 7, 3243（2005）
4) J. K. Park, H. G. Lee, C. Bolm, B. M. Kim, *Chem. Eur. J*., 11, 945（2005）
5) Y. Nakamura, S. Takeuchi, K. Okumura, Y. Ohgo, D. P. Curran, *Tetrahedron*, 56, 3963（2002）
6) 船曳一正，郷司咲子，羽田野恵介，松居正樹，第28回フッ素化学討論会, 108-109, 1P-25（2004）
7) S. Itsuno, *Org. React*., 52, 395, John Wiley, New York（1998）；M. Srebnik, L. Deloux, *Chem.Rev*., 93, 763（1993）
8) 船曳一正，郷司咲子，松居正樹，日本化学会第85回春季年会，講演予稿集Ⅱ, 1092, 3C2-12（2005）
9) M. Wende, R. Meier, J. A. Gladysz, *J. Am. Chem. Soc*., 123, 1149(2001); M. Wende, J. A. Gladysz, *J. Am. Chem. Soc*., 125, 5861（2001）
10) K. Ishihara, S. Kondo, H. Yamamoto, *Synlett*, 1371（2001）
11) K. Mikami, Y. Mikami, H. Matsuzawa, Y. Matsumoto, J. Nishikido, F. Yamamoto, H. Nakajima, *Tetrahedron*, 58, 4015（2002）

第Ⅲ編　触媒・その他への応用

名著論 俳諧・その他の巻

第1章 フッ素系界面活性剤を利用するメソポーラスシリカの環境負荷低減型合成法の開発研究

伊藤彰近[*1], 正木幸雄[*2]

1 はじめに

1.1 メソポーラスシリカとは

有機合成反応においては，反応促進，選択性および実用性の観点から反応場に関してさまざまな工夫がなされている。その中で，再利用を目的とした分離のしやすさ，高分子特有の構造に起因する形状選択性の点から固体高分子が注目を集めている。メソポーラスシリカはそのような固体高分子の中の多孔質結晶と呼ばれる一群の物質の一つであるが，どちらかと言えばその類縁体であるゼオライトの方がよく知られているであろう。ゼオライトは(1)式で示されるアルミノケイ酸塩[1]で，その組成に応じて化学的にはシラノールおよびルイス酸金属を含み，また構造的には規則性を持った細孔を有している。一般に汎用されているシリカゲルやアルミナとは異なり，細孔の構造，化学組成，化学的性質が均一であることが特徴である。

$$[(M^1 M^{II}_{1/2})_m (Al_m Si_n O_{2(m+n)}) \cdot x H_2O (n \geq m)] \tag{1}$$

ゼオライトに関する研究は古くから行われており，実際に石油化学工業における炭化水素のクラッキングなどの触媒として広く利用されてきた。特に1990年頃までは，その細孔径が 2 nm 以下の細孔（ミクロ孔）にルイス酸金属を導入することにより細孔の化学的性質，特に固体酸性質を改善する研究が主であった[2]。ところが，1992年に Kresge らが MCM-41[3]を1993年に稲垣らがFSM-16[4]を，さらに1994年には Pinnavaia らが HMS，Ti-HMS[5]というメソポーラスシリカを相次いで開発してからは，細孔径の拡大に焦点が合わせられメソポーラス物質の開発が爆発的に行われるようになった。メソポーラスシリカとは構成元素としてアルミニウムを含有せず，その細孔の大きさがゼオライトなどのミクロ多孔体や，多孔質結晶ガラスなどのマクロ多孔体との中間に位置する，2～50 nm の細孔径を有するシリカの総称である[6]。シリカゲルのようにメソ孔を有する無定型物質はこれまでも存在したが，メソポーラスシリカはそれらとは異なり均一な大き

[*1] Akichika Itoh 岐阜薬科大学 薬学部 製造薬学科 講師
[*2] Yukio Masaki 岐阜薬科大学 薬学部 製造薬学科 教授

さのメソ細孔を持ち，細孔径の分布が非常に狭いのが特徴である。このようなメソ孔は，主として数 nm の大きさの分子を取り扱う有機反応において，ミクロ孔では対応できなかった大半の有機分子を細孔内に取り込み，反応に付することを可能にした。

このような背景において，我々はメソポーラスシリカの有機合成反応への応用について検討を行っている。そして，種々のメソポーラスシリカが固体酸や光触媒として興味ある挙動を示すことを見出してきた[7]。メソポーラス物質が発見されてから10年余りしか経っていないが，その間，細孔径や形態の制御，構造・組成の多様化に関する研究が急速になされてきた。その応用についても盛んに研究が行われており，ミクロ孔では対応できないような大きな分子に対する吸着や触媒作用など，おもしろくかつ重要な応用に対する新規材料として期待されている。

1.2 メソポーラスシリカ合成法の問題点

メソポーラスシリカは比較的合成が容易であることからメソポーラス物質の中でも特に精力的に研究が行われている。図1に示すように，これらは界面活性剤のミセルを細孔のテンプレートとし，これとケイ酸塩とからナノコンポジットが形成され[8]，規則正しく配列することによって独特の構造（ハニカム構造など）が構築されると考えられている[9]。

一般にこのミセル形成のために長鎖アミンあるいは4級アンモニウム塩（界面活性剤）が用いられているが，特に4級アンモニウム塩を用いる方法は，合成されたメソポーラスシリカの細孔が長周期において規則性を有していることから，アミンを用いる方法（長周期における細孔の規則性が欠如）に比較してより優れていると言うことができる。ところが，この4級アンモニウム塩は高価であり，また実際の合成ではミセル形成のために大量を必要とする。さらに，シリカ合成後の洗浄で大量の4級アンモニウム塩を含む廃水が排出されるが，一般に界面活性剤は水溶性

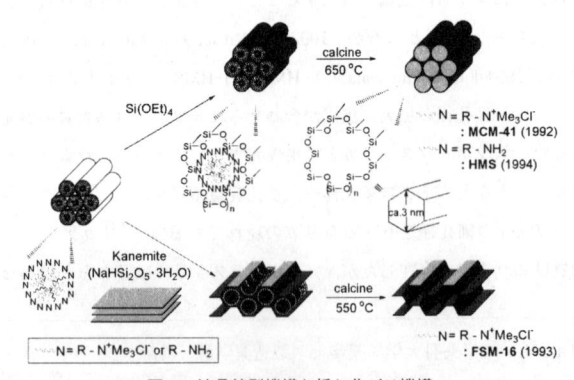

図1　液晶鋳型機構と折れ曲がり機構

第1章 フッ素系界面活性剤を利用するメソポーラスシリカの環境負荷低減型合成法の開発研究

であり，選択的な回収・再利用は困難である。その結果，界面活性剤が水質汚染の原因物質であるのは周知であるにもかかわらず，実際のメソ多孔体合成に用いた界面活性剤のうち，かなりの量がそのまま廃棄されてしまっている。これらのことより，コスト・環境負荷低減の両面からテンプレートである4級アンモニウム塩の回収・再利用が必要と考えられる。そこで我々は，長鎖アルキル4級アンモニウム塩の上記のような問題点を克服できる界面活性剤，ならびにそれを利用した環境負荷低減型メソポーラスシリカ合成法の開発について検討を行った。

2　フッ素系界面活性剤による FSM の合成

著者は長鎖アルキル4級アンモニウム塩の欠点を克服した新しいテンプレートの原料として，アルキル鎖を含フッ素アルキル鎖に置換したフッ素系4級アンモニウム塩の利用を考えた。一般に全体の分子量のうち，約60％以上のフッ素含有率の化合物はパーフルオロ物質との親和性が非常に高いと考えられていることから[10]，通常水溶性のアンモニウム塩でもパーフルオロ溶媒によって選択的に抽出することが可能ではないかと考えた（図2）。以下にその検討結果を示す。

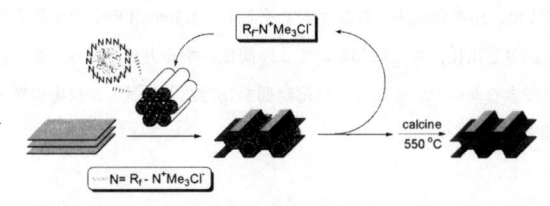

図2　本研究の目的

2.1　フッ素系4級アンモニウム塩の合成

これまでの合成例より考慮すると，一般にメソポーラスシリカの2nm以上の細孔を形成するためには，炭素鎖長が12程度以上の4級アンモニウム塩が必要と考えられる。そこで，短工程で目的のフッ素系4級アンモニウム塩を得るために，市販の含フッ素アルコールからの合成を試みた。すなわち，炭素鎖長が11である3-(perfluorooctyl) propanol(**1**)を原料とし，常法にしたがってまずクロル化を行い3-(perfluorooctyl)propyl chloride(**2**)を93％の収率で得た。さらに封管中でtrimethylamineを作用させることにより，収率良く3-(perfluorooctyl) propyl trimethylammonium chloride(**3**)を合成することができた（図3）。

図3

2.2 フッ素系 4 級アンモニウム塩 3 によるメソポーラスシリカ（FSM–R$_f$11）の合成

前述のように，これまでに数多くのメソポーラスシリカの合成法が報告されているが，ここでは最も合成が容易と考えられるFSM-16の方法にしたがって検討した。ケイ素源としてtetraethyl-orthosilicate（TEOS）を用いる他のメソポーラスシリカとは異なり，FSM-16は層状シリカのカネマイトを用いる点が特徴である。その具体的な合成法を図4に示したが，蒸留水中で3時間撹拌した後，濾取したペースト状のカネマイトを3の水溶液中に加え，種々の温度，反応時間で撹拌を行った。その後，縮合反応を促進させる目的で，希塩酸でpH 8.5に調整して70℃にて3時間撹拌し，生成した白色固形物を濾取した。得られた生成物はビーカーに移し，蒸留水ならびにエタノールを加えて撹拌，濾取するという操作を3回繰り返すことにより洗浄した。その後60℃にて一晩乾燥，さらに電気炉を用いて550℃で6時間焼成を行って残余テンプレートの除去を行った。

まず，典型的なFSM-16の合成法であるカネマイトを，0.1mol/lの3の水溶液中70℃で3時間撹拌し，pH 8.5に調整した後，さらに70℃にて3時間撹拌する方法を試みたが，目的のメソ細孔を形成することはできなかった。そこで，反応時間を18時間と延長し，反応温度も60℃から90℃まで10℃間隔で調査を行った。

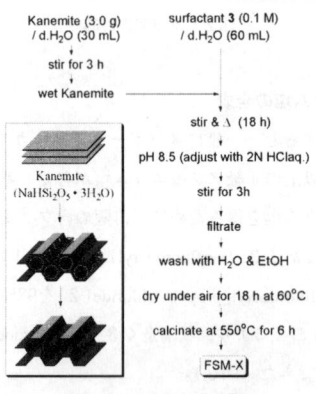

図4 FSMの合成手順

第1章 フッ素系界面活性剤を利用するメソポーラスシリカの環境負荷低減型合成法の開発研究

2.3 合成メソポーラスシリカ（FSM-R$_f$11）の評価

合成したメソポーラスシリカについては，窒素吸着法によるBET比表面積，細孔径の測定を行い，通常のアルキル4級アンモニウム塩（dodecyltrimethyl ammonium chloride（**4**）およびhexadecyltrimethyl ammonium chloride（**5**））を用いて合成したシリカ（FSM-12およびFSM-16）[11]との比較を行った（図5）。

$$\underset{\mathbf{4}}{\diagup\diagup\diagup\diagup\diagup\diagup\diagup\diagup\text{N}^+\text{Me}_3\text{Cl}^-} \quad \underset{\mathbf{5}}{\diagup\diagup\diagup\diagup\diagup\diagup\diagup\diagup\diagup\diagup\diagup\diagup\text{N}^+\text{Me}_3\text{Cl}^-}$$

図5

合成されたシリカのそれぞれの細孔分布測定の結果を図6に示す。60℃から90℃までいずれの反応温度でも，平均細孔径ならびに細孔容積に大きな差異は観察されず，同等のメソポーラスシリカを与えることが分かった。

さらに，通常の界面活性剤**4**ならびに**5**を用いて合成したFSM-12，FSM-16と比較すると，**3**は炭素鎖長11にもかかわらず，炭素鎖長12の**4**を用いて合成したFSM-12よりも平均細孔径が大きくなることが分かった。また，BET比表面積に関してはFSM-12より小さいものの，メソポーラスシリカに特徴的な800m²/g以上の非常に大きな値を示すこと，さらに全細孔容積に関してはFSM-12を凌駕する値を示すことから，今回合成したフッ素系界面活性剤**3**を用いても，メソポーラスシリカを再現性よく合成できることが分かった（図6，表1）。

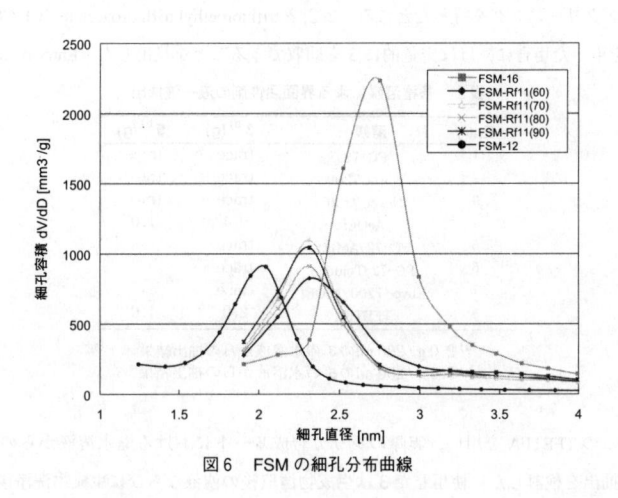

図6 FSMの細孔分布曲線

表1 各種 FSM の物性

試料	BET比表面積 (m^2/g)	全細孔容積 (cm^3/g)	メソポア 平均細孔直径 (nm)
FSM-R₁11	827	0.494	2.7
FSM-12	991	0.476	1.9
FSM-16	989	0.712	2.8

3 フッ素系4級アンモニウム塩3の回収

3.1　2,2,2-trifluoroethyl trifluoroacetate（TFETFA）を利用する回収法

使用した3の廃水溶液からの回収を検討する前に，その予試験として一定濃度の4級アンモニウム塩水溶液からの各種有機溶媒による液—液抽出を試みた。その結果を表2に示す。

通常のアルキル4級アンモニウム塩の場合，例えば5に関しては5g/200mlの水溶液から酢酸エチルによる液—液連続抽出を行っても，1g抽出されるにとどまった（Entry 4）。今回メソポーラスシリカ合成に用いた3に関しても，酢酸エチルでは同等の結果を得るにとどまった（Entry 4）。一方，その大きな親和性による抽出効果を期待していたFC-72，Novec7200，Novec7100といった代表的なパーフルオロ溶媒，さらにはこれらと一般的な有機溶媒との混合溶媒（FC-72/AcOEt，FC-72/toluene，Novec7200/AcOEtなど）による抽出を試みたが，いずれも微量の3を回収するにとどまった（Entries 1〜3，5〜7）。そこで3を溶解し，かつ水と混合しないような抽出溶媒のスクリーニングを行ったところ，2,2,2-trifluoroethyl trifluoroacetate（$CF_3CO_2CH_2CF_3$，TFETFA）を用いた場合に，ほぼ定量的に3を回収できることを見出した（Entry 8）。

表2　各種溶媒による界面活性剤の液—液抽出

Entry	溶媒	3 [a] (g)	5 [b] (g)
1	FC-72	trace	trace
2	Novec 7200	trace	trace
3	Novec 7100	trace	trace
4	AcOEt	0.4	1.0
5	FC-72/AcOEt	trace	-
6	FC-72/Toluene	trace	-
7	Novec 7200/AcOEt	trace	-
8	TFETFA	2.0	1.0

[a] 2.0 g/200 mlの3の水溶液からの抽出結果
[b] 5.0 g/200 mlの5の水溶液からの抽出結果

そこで，このTFETFAを用い，実際のシリカ合成ルートにおける廃水溶液からの分液ロートによる3の抽出を検討した。使用した3は生成物濾取後の濾液ならびに生成物洗浄後の廃水溶液に大量に含まれていると考えられることから，これらからの回収を試みたところ，図7に示した

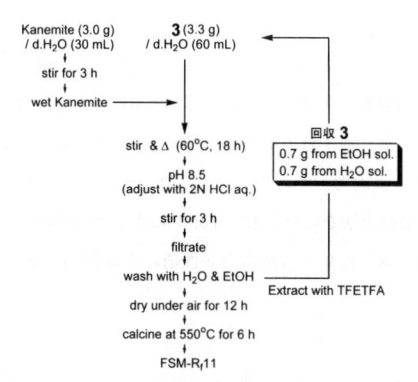

```
Kanemite (3.0 g)         3 (3.3 g)
/ d.H₂O (30 mL)         / d.H₂O (60 mL)
        ↓                    ↓
    stir for 3 h             
        ↓                    
   wet Kanemite  ─────→      
                             ↓
                    stir & Δ (60°C, 18 h)        回収 3
                             ↓              0.7 g from EtOH sol.
                         pH 8.5             0.7 g from H₂O sol.
                   (adjust with 2N HCl aq.)
                             ↓                      ↑
                         stir for 3 h               
                             ↓                      
                          filtrate                  
                             ↓                      
                     wash with H₂O & EtOH           
                             ↓           Extract with TFETFA
                    dry under air for 12 h
                             ↓
                   calcine at 550°C for 6 h
                             ↓
                         FSM-R_f11
```

図7 TFETFA による 3 の回収

ようにミセル形成に用いた3.3 g の 3 のうち，EtOH 洗浄分の0.7 g を加えて合計1.4 g を回収することに成功した。

3.2 BF_4^- イオンを利用する回収法

前項で TFETFA を用いた 3 の抽出回収法を述べた。このような液—液抽出法は操作が簡便であり，有機合成上有用である。しかしながら，TFETFA は高価であるうえに，塩基性の抽出条件下であまり安定ではなく，加水分解される傾向にある。実際，TFETFA の再利用を試みたが，回収率が非常に低く，大量スケールではその利用が困難であることが分かった。そこであらためて 3 の効率的な回収法を検討したところ，イオン性液体である 1-n-butyl-3-methylimidazolium tetrafluoroborate を 3 の水溶液に加えると，速やかに白色結晶を生じることが分かった。この結晶は 3 のアニオン成分である Cl^- が BF_4^- に置換されたものと考えられたことから，より安価で入手容易な $NaBF_4$ や $LiBF_4$ などの塩を用いて検討した。その結果，表3に示すように非常に効率よく 3 を白色結晶として水溶液から分離できることが分かった。

表3 BF_4^- イオンによる 3 の回収検討

$$3\ (0.5\ g\ /\ 100mL\ H_2O) \xrightarrow{BF_4^-\ (0.5\ g)} Precipitates\ (BF_4^-)$$

Entry	Tetrafluoroborates	Recovery (%)
1	Ionic Liquid [1]	97
2	$LiBF_4$	90
3	$NaBF_4$	91

[1] 1-n-Butyl-3-methylimidazolium tetrafluoroborate

4 おわりに

 以上のように，フッ素系界面活性剤のミセルをテンプレートとするメソポーラスシリカの合成法について検討を行った結果，通常のアルキル鎖界面活性剤を用いた場合と同様のメソ細孔を有するシリカを合成することに成功した。さらに，このフッ素系界面活性剤の回収を試みたところ，TFETFAによる液—液抽出法ならびにBF_4^-イオンによる水溶液からの析出分離を行うことに成功した。現在，我々は回収したフッ素系界面活性剤によるFSMの再合成について検討中である。

文　献

1） 近年，ゼオライト（アルミノケイ酸塩）特有の構造と考えられていたものが他の多くの酸化物にも存在することから，ゼオライトの定義が曖昧となってきた。国際ゼオライト学会では，ゼオライトおよびゼオライト類似物質の必要条件を「開かれた3次元ネットワークを形成する組成AB_n（$n≒2$）の化合物で，Aが4本，Bが2本の結合をもち，骨格密度が20.5以下の物質」と定義している。
Atlas of Zeolite Structure Types 4th Edn., W. M. Meier, D. H. Olson, Ch. Baerlocher, Elsevier (1996)
2） 例えば代表的なゼオライトであるZSM-5について詳しく研究されている。
(a) S. A. Tabak, F. J. Krambeck, *Hydrocarbon Process. Int. Ed*., **64**, 72 (1985)
(b) K. W. Smith *et al., Oil Gas J*., **78**, 75, 83 (1980)
(c) N. Y. Chen *et al., Oil Gas J*., **75**, 165 (1977)
3） (a) C. T. Kresge *et al., Nature*, **359**, 710 (1992)
(b) J. S. Beck *et al., J. Am. Chem. Soc*., **114**, 10834 (1992)
4） (a) S. Inagaki *et al., Bull. Chem. Soc. Jpn*., **69**, 1449 (1996)
(b) S. Inagaki *et al., J. Chem. Soc., Chem. Commun*., 680 (1993)
5） (a) T. J. Pinnavaia *et al., J. Am. Chem. Soc*., **118**, 9164 (1996)
(b) T. J. Pinnavaia *et al., Nature*, **368**, 321 (1994).
6） IUPACでは，細孔の大きさをミクロ孔（$D<2$ nm；D, pore diameter），メソ孔（2 nm$<D<50$ nm）ならびにマクロ孔（$D>50$ nm）というように分類している。
IUPAC Manual of Symbols and Terminology, Appendix 2, Part 1, Colloid and Surface Chemistry., D. H. Everett, *Pure Appl. Chem*., **31**, 578 (1972)
7） (a) A. Itoh *et al., Org. Lett*., **2**, 331 (2000)
(b) A. Itoh *et al., Chem. Lett*., 542 (2000)
(c) A. Itoh *et al., Org. Lett*., **2**, 2455 (2001)
(d) A. Itoh *et al., Org. Lett*., **3**, 2653 (2001)
(e) A. Itoh *et al., Synlett*, 522 (2002)
8） その他，低濃度の界面活性剤存在下でもメソポーラスシリカが得られることから，無機種

第 1 章　フッ素系界面活性剤を利用するメソポーラスシリカの環境負荷低減型合成法の開発研究

と有機基の界面における協奏的な相互作用により有機無機メソ構造体が生成する機構や，オリゴケイ酸アニオンが界面活性剤のハロゲンアニオンとイオン交換することにより"シリカトロピック液晶相"を形成しヘキサゴナル構造が形成されるというメカニズムも提唱されている。
(a) S. O' Brien *et al., Chem. Mater.*, **11**, 1822 (1999)
(b) A. Firouzi *et al., Science*, **267**, 1138 (1995)
(c) Q. Huo *et al., Chem. Mater.*, **6**, 1176 (1994)
9 ）カネマイトのケイ酸塩層は局所的には維持されるものの，フラグメント化し部分的に溶解したケイ酸種がテンプレートと六方構造を形成するという機構も提唱されている。
Y. Sakamoto *et al., Microporous Mesoporous Mater.*, **21**, 689 (1998)
10)　D. P. Curran *et al., Science*, **275**, 823 (1997)
11)　FSM の後ろの数字（12あるいは16）は，各々を合成するときに用いた界面活性剤の炭素鎖長を表している。

第2章 ケイ素化求核剤の触媒的活性化とフルオラス化学

根東義則[*1], 上野正弘[*2]

1 はじめに

フルオラス化学は,パーフルオロアルキル側鎖の特性を利用する新しい方法論として有機合成において新しい領域を形成しつつある[1]。フルオラスタグを付すことにより,抽出あるいはカラムクロマトグラフィーにより非タグ化合物との分離を容易に行うことができる。このことを利用して触媒にタグを付し回収再利用を図ることが可能である。すでに遷移金属触媒反応において配位子をフルオラスタグ化することで,効率的な再利用を行う例が種々報告されている。一方,最近遷移金属などの重金属類を使用せずに,有機触媒を用いる合成反応が環境調和型の反応として注目されており,精力的に研究されている。著者らはその中で,有機超強塩基触媒を用いる選択的な変換反応について検討を行っている[2]。有機超強塩基としては,Schwesinger 塩基として知られるフォスファゼン塩基と Verkade 塩基として知られるプロアザフォスファトラン塩基の2種類が有名であるが[3],我々は前者を用いる新しい変換反応の開発を行ってきた。このフォスファゼン塩基はさまざまな分子設計が可能であり,今後多様な機能を有する触媒の開発が期待される。このフォスファゼン塩基を容易に回収再利用するために,そのフルオラスタグの導入を検討するとともに,フルオラスタグ化された塩基の触媒活性について検討を行った。

最近我々は,フォスファゼン塩基を用いる有機ケイ素化合物の触媒的活性化および反応性の高いアニオンの発生に成功した[4]。まず,この反応の適用範囲を明らかにするとともに,フルオラスタグ化されたフォスファゼン塩基を用いて種々の触媒反応を検討した。有機ケイ素化合物は有機合成において幅広く用いられており,その新しい活性化法の開発は合成化学の自由度の拡大に大きく寄与するものと考えられる。従来,当量のフッ素アニオンにより有機ケイ素基を攻撃してアニオンを発生させる手法が幅広く用いられてきたが,触媒的に活性化させるためには新たな方法論の開発が必要であった。著者らは,有機超強塩基であるフォスファゼン塩基を用いる変換反応を検討する中で,フォスファゼン塩基が有機ケイ素基に対して高い親和性を示し,その結合活

[*1] Yoshinori Kondo 東北大学大学院 薬学研究科 教授
[*2] Masahiro Ueno 東北大学大学院 薬学研究科 博士課程後期

第2章 ケイ素化求核剤の触媒的活性化とフルオラス化学

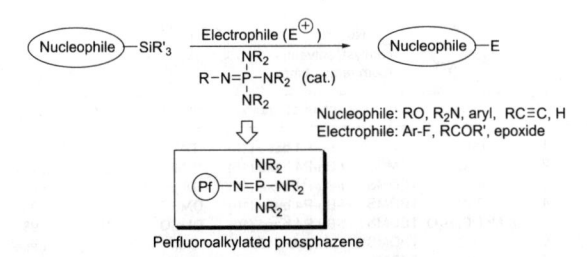

図1 ケイ素化求核剤のフォスファゼン塩基触媒による活性化

性化を起こすことを見出し，触媒反応への利用を図っている。この触媒により幅広い有機ケイ素化合物の活性化が可能であり，フルオラス化学への展開を図ることとした。

2 ヘテロ元素-ケイ素結合の活性化

シリルエーテルは従来アルコール類の保護基として用いられ，有機合成において汎用されている。その切断にはフッ素アニオンがよく用いられるが，脱保護の条件として利用されることが多く，生成するアニオンをさらに求核剤として用いる例は少なかった。フォスファゼン塩基はその高いプロトン親和性はよく知られていたが，有機ケイ素に対する親和性については全く知られていなかった。フェノール類のシリルエーテルをフォスファゼン塩基の中でも最も強い塩基性を示す t-Bu-P4 塩基触媒の存在下，電子吸引基を持つフルオロベンゼン誘導体と反応を行ったところ，円滑に置換反応が進行することが明らかとなった。シリル基としては TMS 基のみならず，より安定と考えられる TBDMS 基に対しても高い反応性を示した。ここで，シリル基で保護されていないフェノールはほとんど置換反応が進行しないことから，触媒サイクルにはシリル基が重要な役割を果たしていることがわかる。酸素-ケイ素結合の活性化以外にも，窒素-ケイ素結合の活性化も進行し，シリルアミド誘導体を用いることによりアミノ側鎖を導入することができる。また，アジド基もシリルアジドを用いて導入することができた。これらの反応はフッ素アニオンによる活性化では低収率にとどまっており，フォスファゼン塩基触媒の有効性が示されている。また炭素-ケイ素結合の活性化も可能であり，エチニル基もシリルアセチレン誘導体を用いることにより芳香環への導入が可能である。これらの反応の反応溶媒としては DMF や DMSO などの非プロトン性極性溶媒が優れていることが判明した。

この中で，ビアリールエーテル合成についてさらに詳細な検討を行った。ニトロ基以外にも弱い電子吸引基であるアルコキシカルボニル基，シアノ基でも円滑に反応が進行し，極めて求核性の高いアニオンが発生していることが示唆される。さらに興味深いことに，フッ素基の隣接位に

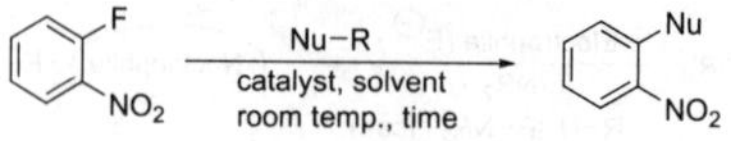

図2 フォスファゼン塩基触媒による芳香族求核置換反応(1)

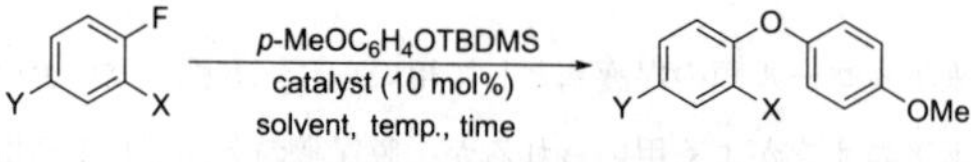

entry	Nu	R	catalyst (mol%)	solvent	time(h)	Yield (%)
1	PhO	H	t-Bu-P4 base (10)	DMF	1	1.6
2	PhO	TMS	t-Bu-P4 base (10)	DMF	6	quant
3	PhO	TBDMS	t-Bu-P4 base (10)	DMF	1	96
4	PhO	TBDMS	t-Bu-P4 base (10)	DMSO	1	96
5	p-MeOC$_6$H$_4$O	TBDMS	t-Bu-P4 base (10)	DMSO	1	98
6	PhO	TBDMS	TBAF (10)	DMF	1	trace
7	n-HexO	TBDMS	t-Bu-P4 base (10)	DMSO	24	72[a]
8	morpholino	TMS	t-Bu-P4 base (10)	DMSO	12	92
9	N$_3$	TMS	t-Bu-P4 base (10)	DMSO	29	95
10	PhCC	TMS	t-Bu-P4 base (20)	DMF	12	41[b]
11	PhCC	TMS	TBAF (20)	DMF	12	6[b]

a) Reaction was carried out at 100 ºC.
b) Reaction was carried out at -78 ºC followed by gradual warm-up to 10 ºC.

図3 フォスファゼン塩基触媒による芳香族求核置換反応(2)

entry	X	Y	catalyst	solvent	temp (ºC)	time (h)	Yield (%)
1	H	COOEt	t-Bu-P4 base	DMSO	80	2	95
2	H	COOEt	t-Bu-P2 base	DMSO	80	2	96
3	H	COOEt	BEMP	DMSO	80	2	1
4	H	COOEt	DBU	DMSO	80	2	0
5	H	CN	t-Bu-P4 base	DMSO	100	4	92
6	H	CF$_3$	t-Bu-P4 base	DMSO	100	10	93
7	H	Br	t-Bu-P4 base	DMF	100	24	56
8	I	H	t-Bu-P4 base	DMF	100	24	44

ブロモ基のようなハロゲン基がある場合にも置換反応が進行しうることが明らかになった。このビアリールエーテル合成は，さらにパラジウム触媒反応と組み合わせることによりジベンゾフラン誘導体の合成に用いることができ，この反応は医薬品化学において有用と考えられる。

また，芳香族置換反応だけではなくエポキシドの開環反応にも有効であり，t-Bu-P4塩基触媒存在下，フェノールのシリルエーテルを用いてスチレンオキシドへの開環付加反応が進行した。高い位置選択性を示し，生成物はそのシリルエーテル体として得られた。

この反応を分子内にシリルエーテルとエポキシドを持つ基質を用いて行うことにより，ヘテロ環化合物の合成に応用することができる。生成する化合物もシリルエーテル体であり，さらに次の置換反応を行うことも可能である。この連続する反応は中間体を取り出すことなく次の親電子

第2章 ケイ素化求核剤の触媒的活性化とフルオラス化学

図4 フォスファゼン塩基触媒によるエポキシド開環反応

剤を加えることにより，多段階の反応を一つの反応容器の中で行うことができる。

3 炭素－ケイ素結合の活性化

炭素－ケイ素結合の活性化も従来フッ素アニオンにより行われていたが，t-Bu-P4塩基によりさらに強く活性化しうることが明らかとなった。例えば，アリルケイ素化合物を t-Bu-P4塩基触媒存在下ケトンと反応させると1,2付加反応が円滑に進行した。フッ素アニオンを用いる活性化よりも穏やかな反応条件下にて進行した。また，芳香族ヘテロ環ケイ素化合物の炭素－ケイ素結合の活性化も可能であり，ケトンとの1,2付加反応が触媒的に進行した。さらにアルキニルケイ素化合物の活性化も速やかに進行することが判明した。

芳香族ケイ素化合物の活性化については，従来フッ素アニオンではアニオンを発生させること

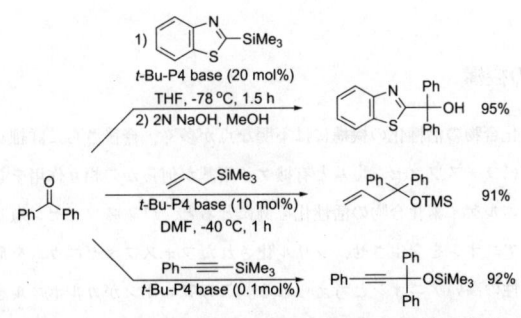

図5 フォスファゼン塩基触媒による炭素—ケイ素結合活性化

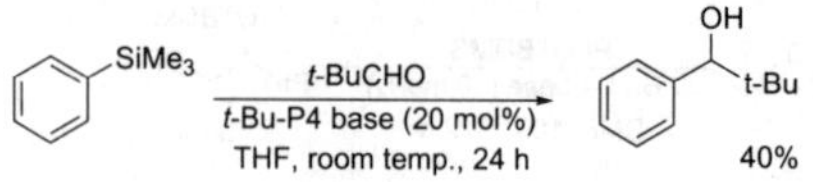

図6 フォスファゼン塩基触媒によるフェニルケイ素活性化

が困難とされていたフェニルトリメチルシランにおいても反応が進行し、その高い反応性が示されている。

4　水素―ケイ素結合の活性化

水素―ケイ素結合もフォスファゼン塩基により活性化することができ、還元反応として利用できる。例えば、アルデヒドやケトンとシラン類を t-Bu-P4 塩基触媒存在下反応させることにより還元反応が進行し、アルコールのシリルエーテル体が良好な収率で得られる。この反応はアセトフェノンのようにエノール化しうるケトンでも円滑に進行する。フォスファゼン塩基はこの場合、プロトンよりもケイ素基に対して親和性を示し、ヒドリドを発生させているものと考えられる。反応は室温にて進行しており、合成化学的にも利用価値の高い手法になりうるものと考えられる。

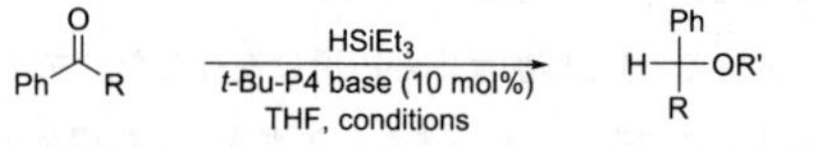

R	conditions	desilylation	R'	Yield (%)
H	0 °C, 0.5 h	aq. AcOH	H	89
Me	room temp., 23 h	-	SiEt$_3$	62
Ph	room temp., 23 h	-	SiEt$_3$	72

図7 フォスファゼン塩基触媒による水素―ケイ素結合活性化

5　活性化の機構

この有機ケイ素化合物の活性化の機構には不明な点が多く、今後さらに詳細な検討が必要であるが、図8のようにフォスファゼン塩基と有機ケイ素基が何らかの相互作用をしていることが示唆される。アルキニルケイ素化合物の活性化を例にとると、フォスファゼン塩基がケイ素基に作用してアルキニルアニオンを発生させ、シリル化されたフォスファゼニウムを形成し、このアニオンは極めて反応性の高いアニオンと考えられる。このアニオンがカルボニルを攻撃し、生成したアルコキシドアニオンがシリル化フォスファゼニウムによりシリル化され、フォスファゼン塩

第 2 章 ケイ素化求核剤の触媒的活性化とフルオラス化学

図 8 触媒的活性化の機構

基が再生し，この触媒サイクルが繰り返されるものと考えられる。しかし，フォスファゼン塩基と有機ケイ素基の相互作用に関しては，さらに検討し明らかにする必要がある。現在，この相互作用については各種スペクトルを用い解析を行っている。

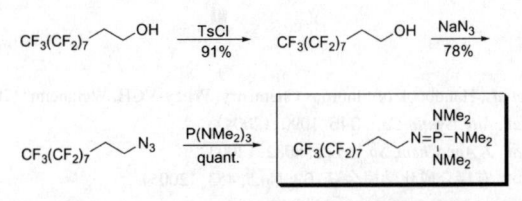

6 フルオラスタグ化フォスファゼン塩基

以上のように，フォスファゼン塩基触媒を用いることにより種々の有機ケイ素化求核剤を活性化し，選択的な変換反応を達成することができたので，このフォスファゼン塩基にフルオラスタグを導入することにした。まず，最も入手容易と考えられるフォスファゼンユニットが一つのものについて，フルオラスタグ化フォスファゼン塩基（Pf–P1 塩基）の合成を試みた。パーフルオロアルキルエタノールをトシル化した後，ナトリウムアジドでアジド誘導体へと変換する。このアジド体をホスホン酸トリアミドと処理することにより，容易にフルオラスタグ化フォスファゼン塩基を調製することができた。

このようにして合成した Pf–P1 塩基を用いる有機ケイ素化合物の変換反応を検討した。まずフェノールのシリルエーテルとフルオロニトロベンゼンの反応を行ったところ，t-Bu-P4 塩基を触媒として用いた場合よりも高い反応温度を必要としたが，目的とする反応が進行しビアリール

図 9 フルオラスタグ化フォスファゼン塩基の合成

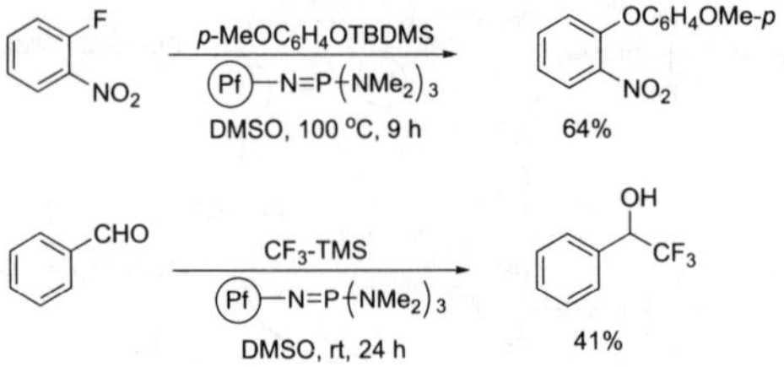

図10 フルオラスタグ化フォスファゼン塩基を用いる反応

エーテルが得られることが明らかになった。この反応はマイクロ波を照射することにより収率の向上が見られた。Pf–P1塩基はt-Bu–P4塩基に比べると触媒としての反応性はかなり低いことが予想されたが，酸素－ケイ素結合の活性化においては予想以上の反応性を示した。

また，ケイ素化トリフルオロメチル化合物とアルデヒドとの反応においても，Pf–P1塩基は触媒として機能することが明らかとなっている。この反応はフルオラスタグの研究に重要と考えられるパーフルオロアルキルアニオンを触媒的に発生させる方法を提供するものであり，さまざまな分子のパーフルオロアルキル化反応に活用しうると考えられる。このフルオラスタグ化フォスファゼン塩基は，フォスファゼンユニットを増やすことによりさらに触媒活性を増強することができると考えられ，今後さらに新しいフルオラスタグ化フォスファゼン塩基のデザインと合成を行うことが可能である。有機触媒の一つとして今回フォスファゼン塩基に着目し，そのフルオラス化学への展開を検討した。フォスファゼン塩基は有機ケイ素化合物以外にもさまざまな有機金属化合物の活性化に利用しうることが明らかになりつつあり，今後さらにフルオラス化学の利点を生かした利用価値の高い効率的な触媒反応の開発を行うことができるものと考えられる。現在，有機合成においてさまざまな反応について有機触媒の開発研究がなされており，フルオラスタグ化された有機触媒は今後ますますその適用範囲を拡大し，実用的な触媒として活用されていくものと考えられる。

文　献

1） D. P. Curran *et al*., Handbook of Fluorous Chemistry, Wiley-VCH, Weinheim (2004)
2） T. Imahori *et al*., *Adv. Synth. Cat*., **346**, 1090 (2004)
　　T. Imahori *et al*., *J. Am. Chem. Soc*., **125**, 8082 (2003)
3） 根東義則ほか，有機合成化学協会誌, **63**, No.5, 453 (2005)
4） M. Ueno *et al*., *Eur. J. Org. Chem*., 1965 (2005)

第3章　再利用可能な酸触媒の設計

石原一彰*

1　はじめに

　低環境負荷型触媒的有機反応プロセスの開発は，有機合成化学が目指すべき21世紀の最重要課題である．特に，触媒回転効率の向上，触媒の回収・再利用，原子効率［目的生成物量／反応に必要な原材料量］の向上とE-ファクター［反応廃棄物量／目的生成物量］の低減に向けた開発研究が重要である．一般に固体触媒は回収・再利用が容易ではあるものの，不均一系となるため基質と触媒間の接触面積が狭い．また，固体担持触媒の場合，触媒重量（分子量）が嵩むため，モル%計算では小さな数値でも，重量%にすると結構大きな値となる．このことは大量スケールでの実用化の際に大きな問題となる．このような観点から本稿では，均一系酸触媒にペルフルオロアルキル鎖を導入することにより，比較的小さな触媒重量での回収・再利用に成功した我々の開発例を紹介する．

　均一系酸触媒へのペルフルオロアルキル鎖の導入はフルオラス溶媒への親和性を高めるだけでなく，その求電子力によって触媒活性中心の酸性度を向上させることができる．フルオラス性化合物の特徴は，フルオラス溶媒への親和性だけでなく，疎水性が高く，熱溶解性に優れていることが挙げられる．これらの特徴を最大限に活用すべく，我々は独自に開発した脱水縮合反応に対し高活性を示す均一系酸触媒の回収・再利用を目的に，触媒へのペルフルオロアルキル基の導入を試みた．その結果，高価なフルオラス溶媒による抽出操作を行わなくても，反応溶液をそのまま冷やすことによって触媒を再沈させ，濾過分離することができることを明らかにした．

2　回収・再利用可能なアミド脱水縮合触媒の開発

　すでに我々は，酸，塩基，水，熱に比較的安定な3,4,5-トリフルオロフェニルボロン酸や3,5-ビス（トリフルオロメチル）フェニルボロン酸を触媒に用いて，カルボン酸とアミンの1：1モル混合物からの世界初の触媒的脱水縮合反応およびアラミド重縮合反応に成功している（図1）[1]．本反応はトルエンやキシレンなどの低極性溶媒中，加熱還流により共沸脱水させることに

---

*　Kazuaki Ishihara　名古屋大学大学院　工学研究科　教授

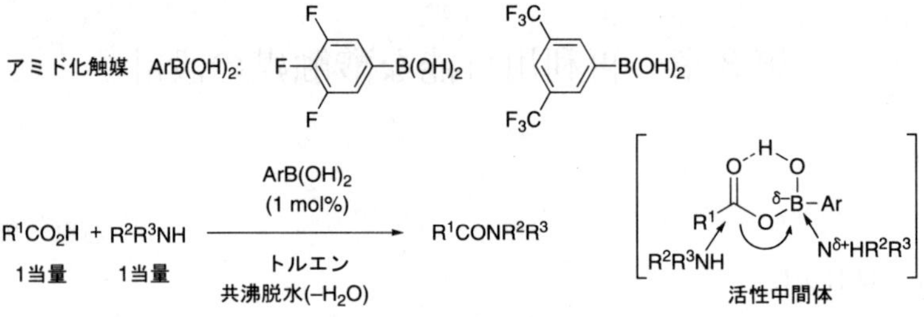
アミド化触媒 ArB(OH)2:
F
F
F
B(OH)2
F3C
F3C
B(OH)2
ArB(OH)2
(1 mol%)
R1CO2H + R2R3NH
1当量 1当量
トルエン
共沸脱水(–H2O)
R1CONR2R3
O
H
O
R1
O
δ-
B
Ar
R2R3NH
Nδ+HR2R3
活性中間体

図1　アミド脱水縮合触媒反応

よって進行する。カルボン酸とボロン酸触媒との混合酸無水物が活性中間体であることが明らかになっている。その際，１分子の混合酸無水物に対し２分子のアミンが関与する。フェニルボロン酸のメタまたはパラ位に置換されているフルオロ基やトリフルオロメチル基などの電子求引性置換基は，カルボン酸の水酸基脱離を効果的に活性化する。原子効率およびE–ファクターともに理想的な反応であるが，これらのボロン酸触媒は均一触媒であるため，反応後の触媒の回収・再利用が困難である。これらの触媒を回収・再利用するためには，アミド縮合反応後，反応溶液から低沸点溶媒を減圧除去し，さらに生成したアミドを減圧蒸留あるいは再結晶操作により単離し，その残査から触媒を回収・精製するか，あるいはカラムクロマトグラフィーにより分離・精製しなければならない。実際にカラムクロマトグラフィーを用いて触媒の回収を試みたところ，約70％しか回収できなかった。

そこで，フルオラスケミストリーの観点から触媒のフルオラス化を検討したところ，3, 5–ビス（ペルフルオロデシル）フェニルボロン酸(**1**)が特に有効であることがわかった[2]。**1**（図２参照）はアミド縮合に対し高い触媒活性を示しただけでなく，フッ素溶媒に対する親和性に優れ，反応後，フッ素溶媒で抽出するだけでほぼ100％回収でき，再利用も可能になった。また，アミド縮合反応をフルオラス二相系（FBS）（有機層／フッ素溶媒層）で行ったところ，生成するアミドと**1**は各々有機層，フッ素溶媒層にほぼ完全に分離されたため，触媒の含まれるフッ素溶媒層は再利用できた（図２の１）。さらに，**1**は室温でトルエンやキシレンには溶けなかったが，加熱環流すると溶けた。この溶解特性を利用して，フッ素溶媒を使用することなくキシレン中でアミド縮合反応を行ったところ，期待通り**1**は均一触媒として働き，溶液を室温まで冷やすと**1**だけが析出してきた。反応後，**1**は濾過してトルエンで洗うことによりほぼ100％回収することができた（図２の２）。

触媒**1**の合成については図３に示すような方法で行った。まず，銅を用いる1, 3–ジヨードベンゼンと1–ヨードペルフルオロドデシルのクロスカップリングにより，1, 3–ビス（ペルフルオロドデシル）ベンゼンを合成し，続いて*N*–ブロモコハク酸イミド（NBS）で位置選択的にブ

第3章　再利用可能な酸触媒の設計

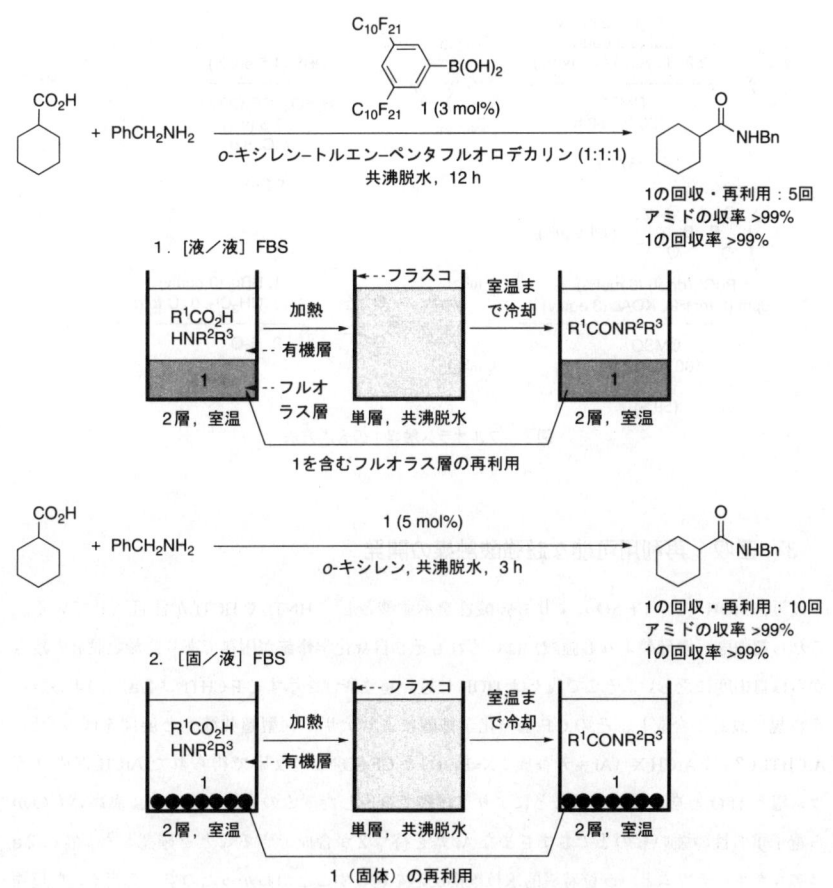

1.［液／液］FBS

図中反応式：シクロヘキサンカルボン酸 + PhCH$_2$NH$_2$ → シクロヘキサンカルボン酸ベンジルアミド

試薬1：3,5-ビス(C$_{10}$F$_{21}$)フェニルボロン酸 B(OH)$_2$　1 (3 mol%)
o-キシレン–トルエン–ペンタフルオロデカリン (1:1:1)
共沸脱水，12 h

1の回収・再利用：5回
アミドの収率 >99%
1の回収率 >99%

工程図：R^{1}CO$_2$H + HNR^{2}R^3（2層，室温，有機層／フルオラス層，1を含む）→ 加熱 → フラスコ（単層，共沸脱水）→ 室温まで冷却 → R^{1}CONR^{2}R^3（2層，室温）
1を含むフルオラス層の再利用

2.［固／液］FBS

図中反応式：シクロヘキサンカルボン酸 + PhCH$_2$NH$_2$ → シクロヘキサンカルボン酸ベンジルアミド
1 (5 mol%)
o-キシレン，共沸脱水，3 h

1の回収・再利用：10回
アミドの収率 >99%
1の回収率 >99%

工程図：R^{1}CO$_2$H + HNR^{2}R^3（2層，室温，有機層／固体1）→ 加熱 → フラスコ（単層，共沸脱水）→ 室温まで冷却 → R^{1}CONR^{2}R^3（2層，室温）
1（固体）の再利用

図2　フルオラスケミストリーを応用した触媒の回収・再利用

ロモ化した。こうして得られた1-ブロモ-3,5-ビス（ペルフルオロドデシル）ベンゼンとビス（ピナコラート）ジボロンとのパラジウム（II）を触媒に用いたクロスカップリングにより，3,5-ビス（ペルフルオロドデシル）フェニルボロン酸ピナコールエステルに変換した。最後に，臭化ボランで処理することにより目的とする1を合成し，クロロホルムから再結晶により精製した。

163

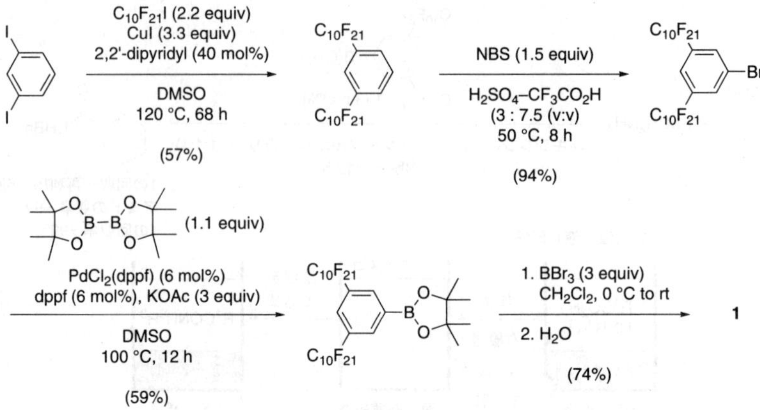

図3　フルオラス触媒1の合成方法

3 回収・再利用可能な超強酸触媒の開発

最近，TfOH（Tf=CF_3SO_2）よりも強酸性を示す酸としてHNTf$_2$やHCTf$_3$が注目されている。これら超強酸（濃硫酸よりも強酸）はいずれもそれ自身化学修飾が困難であり，触媒設計の観点からは自由度に乏しい。そこで我々はTfOHに近い超強酸性を示すC_6F_5CHTf$_2$（2a）（図4参照）を新規に設計・合成し，そのC_6F_5基の化学修飾によりデザイン型超強酸へと展開を図った[3]。ArCHTf$_2$（2）はArCH$_2$X（Ar＝芳香族；X=Br, I）とCF$_3$SO$_2$Naの反応で得られたArCH$_2$Tfのリチウム塩とTf$_2$Oとを反応させることにより二段階で合成した。この方法を用いて，嵩高いものから電子求引性の強いものまでさまざまなAr基を持つ2が合成できることを確認した。特に2aはアルキルリチウムとパラ位特異的求核置換反応を起こすことがわかったので，デザイン型超強酸として注目に値する（図4）[3]。例えば，ポリスチレン樹脂担持型超強酸3は有機溶媒に膨潤する超強酸触媒として極めて活性が高く，Nafion®よりも優れた触媒能を示した。

2aは超強酸性のため，分子全体がフルオロ基で覆われているにも関わらず水溶性を示した。したがって，それ自身FBSに用いるにはフッ素含有量が不十分であった。そこで，CF$_3$(CF$_2$)$_{12}$CH$_2$O基を2aのパラ位特異的求核置換反応によって導入したところFBS対応の高フッ素含有超強酸4に変換することができた（図5）[4]。その際，CF$_3$(CF$_2$)$_{12}$CH$_2$OHの溶解性を上げるためにピリジンとトリス（ペルフルオロブチル）アミンの混合溶媒を用いた。

例えば，4は［固／液］FBSでのアセタール化反応に使用でき，均一反応でありながら触媒は室温で濾過により回収できた（図6）。また，3は向山アルドール反応や櫻井・細見アリル化

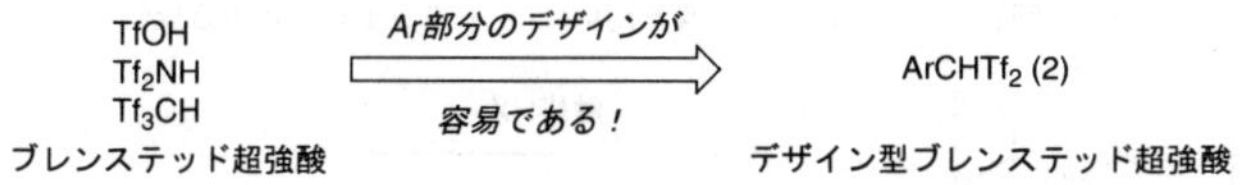

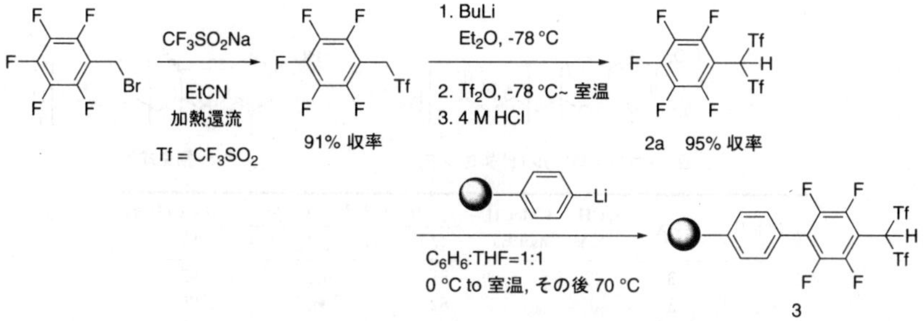

第 3 章　再利用可能な酸触媒の設計

図 4　超強酸 2a およびそのパラ置換体 3 の合成

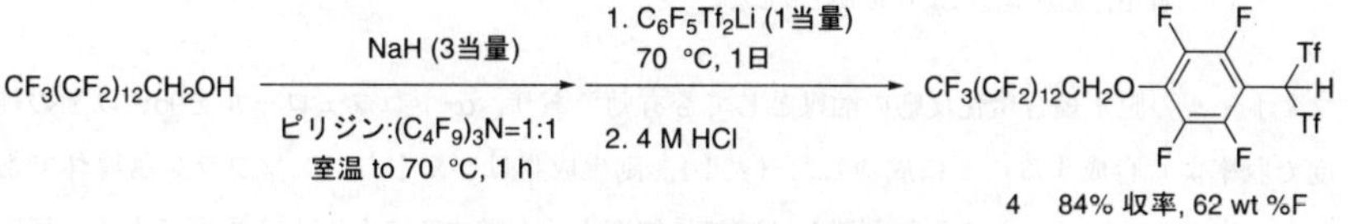

図 5　フルオラス超強酸触媒の合成

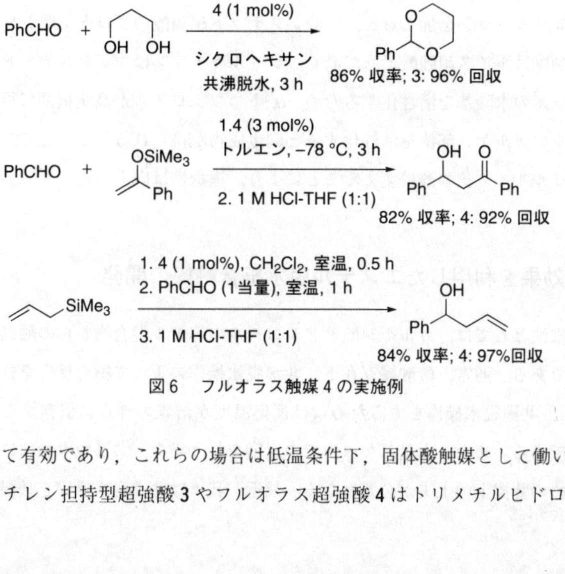

図 6　フルオラス触媒 4 の実施例

反応の触媒として有効であり，これらの場合は低温条件下，固体酸触媒として働いた（図6）[4]。
また，ポリスチレン担持型超強酸 3 やフルオラス超強酸 4 はトリメチルヒドロキノンとイソ

表1 回収・再利用可能な触媒を用いた α-トコフェロールの合成[a]

エントリー	HX	CH$_2$=CMeCH$_2$-SiMe$_3$(mol%)	α-トコフェロール 収率 (%)	α-トコフェロール 純度 (%)	HX の回収 (%)
1	3	25	81	97.6	>95
2 (1回目)	3	0	82	96.5	>95
3 (2回目)	3	0	83	96.0	>95
4	4	25	86	98.2	77

[a] 式7の反応を HX (5 mol%) とメタリルトリメチルシラン存在下,ヘプタン溶媒中,加熱環流により共沸脱水した。

フィトールの脱水縮合環化反応の触媒としても有効であり,α-トコフェロールを96%以上の純度で収率よく合成することに成功した(表1)。副生成物はジヒドロベンゾフラン誘導体であり,α-トコフェロールとの分離が難しいので,純度よく合成することが大変重要である。反応後の3や4の回収も容易であり,繰り返し反応に利用することも可能であった。添加剤としてメタリルトリメチルシランを反応系に加えると,α-トコフェロールの純度が98%まで向上した[5]。添加剤としてアリルシランを加えると,ブレンステッド超強酸のプロトンがシリルカチオンと交換するため,触媒はルイス超強酸として働く。シリルカチオンはブレンステッド酸よりも選択的にイソフィトールの水酸基を活性化するため,α-トコフェロールが高選択的に得られる。一方,イソフィトールのアルケン部位を活性化すると副生成物が得られる。こうして,ブレンステッド超強酸からシリルルイス超強酸に変えることにより,選択性は向上した。

4 疎水効果を利用したエステル脱水縮合触媒の開発

エステル合成法としては,カルボン酸とアルコールの等モル混合物からの触媒的脱水縮合反応が最も理想的である。通常,酸触媒存在下,共沸脱水操作によって縮合反応を行うのが一般的である[6]。しかし,共沸脱水操作をするためには反応温度が溶媒の沸点に依存するため,反応温度の制御が困難である。また,大量スケールでの反応を行う場合,共沸脱水操作に必要な熱効率を十分に保つための装置上の工夫が必要となる。最近,我々は共沸脱水操作を必要としない,すな

第3章 再利用可能な酸触媒の設計

わち反応系に生じる水による逆反応（加水分解）を促進しない酸触媒の開発に成功した[7]。用いた酸触媒は嵩高いジメシチルアミンとペンタフルオロベンゼンスルホン酸のアンモニウム塩であり，生成水の影響を受けずに脱水縮合反応が進行した（図7）。このアンモニウム塩は弱酸であるため，酸に弱い基質に対しても適応可能である。例えば，酸触媒による2級アルコールのエステル縮合反応では，副生成物として2級アルコールの脱水体であるアルケンが副生成物として生じるケースが多く見受けられるが，本触媒ではほとんどアルケンの生成は確認されなかった。本触媒の活性プロトン近傍の嵩高さが2級アルコールの水酸基を活性化するのに立体障害となり，選択的にカルボン酸の水酸基を活性化し，エステル縮合反応を促進したものと考えられる。

ペンタフルオロベンゼンスルホン酸は p-トルエンスルホン酸よりも弱い酸である（表2）。一方，トリフルオロメタンスルホン酸は濃硫酸よりも強い超強酸である（表2）。どちらの酸も水溶性であるが，嵩高いジアリールアミンとの塩にすると，前者は疎水性の塩になる。他方，後者は依然親水性の塩である。この違いはスルホン酸の強度とフルオラス性の大きさに基づくものと

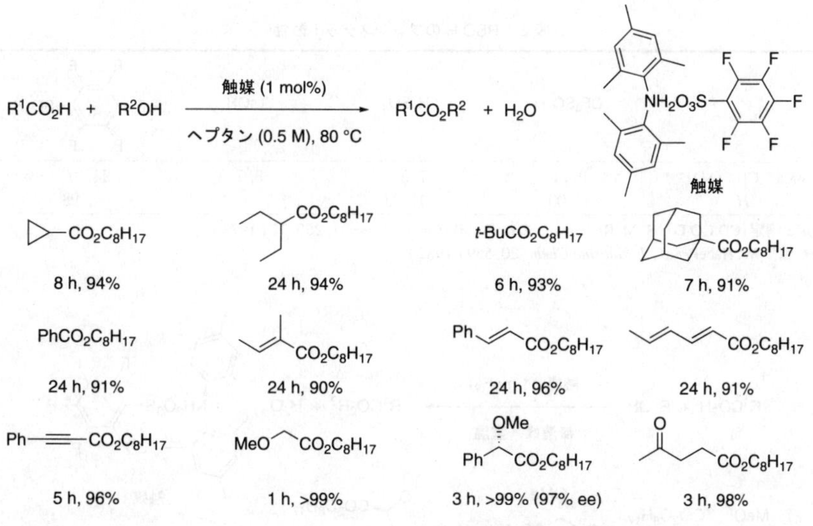

図7 ジメチルアンモニウムペンタフルオロベンゼンスルホン酸塩を触媒に用いるエステル脱水縮合反応の実施例
※括弧内は副生成物5-ウンデセンの収率

考えることができる。すなわち，弱酸性かつ疎水性置換基を有するペンタフルオロベンゼンスルホン酸を選ぶことにより，アンモニウムカチオン近傍を効果的に疎水性置換基で覆うことが可能である。その結果，生成水の影響を受けることなくエステル縮合反応が進行したものと考えることができる。実際，ジメチルアンモニウムトリフルオロメタンスルホン酸塩では，高い酸性度は得られてもエステル縮合反応の触媒効率は十分ではなかった。アンモニウムカチオン近傍を効果的に疎水性置換基で覆うことで，エステル縮合反応の遷移状態を安定化し，その後の脱水を円滑に進行させることができるのではないかと考えられる。また，エステルの加水分解を抑える役目もあると考えられる。

比較的反応性の高い1級アルコールとカルボン酸との等モル混合物に対し，無溶媒条件下，1 mol％のジメチルアンモニウムトリフルオロメタンスルホン酸塩を加えて室温で1日から2日間撹拌すると，90％を超える収率でエステルと水に変換することができた（図8）。本反応はエステル縮合反応の究極の形であると言える。今後はさらに触媒設計を進め，基質一般性と触媒活性の向上を目指したい。

表2 RSO_3H のブレンステッド酸性

	CF_3SO_3H	H_2SO_4	TsOH	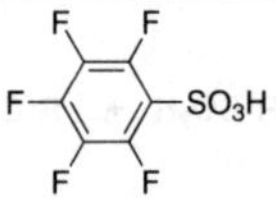 $C_6F_5SO_3H$
pKa（CD_3CO_2D）	−0.74	7.5	8.5	11.07
H_o	−14.00	−11.93		−3.98

pKa 測定（CD_3CO_2D）: B. M. Rode et al., Zeit. Physik. Chem. (Leipzig), 253, 17 (1973)
H_o 値: W. Habel et al., J. Fluorine Chem. 20, 559 (1982)

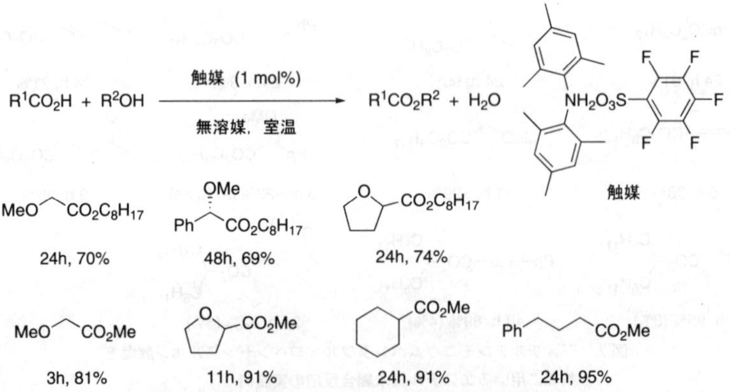

$R^1CO_2H + R^2OH \xrightarrow[\text{無溶媒，室温}]{\text{触媒 (1 mol\%)}} R^1CO_2R^2 + H_2O$

MeO〜$CO_2C_8H_{17}$ 24h, 70%
Ph〜(OMe)$CO_2C_8H_{17}$ 48h, 69%
テトラヒドロフリル-$CO_2C_8H_{17}$ 24h, 74%

MeO〜CO_2Me 3h, 81%
テトラヒドロフリル-CO_2Me 11h, 91%
シクロヘキシル-CO_2Me 24h, 91%
Ph〜〜〜CO_2Me 24h, 95%

触媒: メシチル-NH-O_3S-C_6F_5(メシチル)

図8 常温，無溶媒での触媒的エステル縮合反応の実施例

第3章 再利用可能な酸触媒の設計

謝辞

この研究成果は，科研費「基盤研究 A（15205021）」，財団法人野口研究所の野口フルオラスプロジェクト，および科学技術振興機構の基礎的研究発展推進事業の一貫として行ったものである。ここに謝意を表する。

文　　献

1） (a) K. Ishihara *et al., J. Org. Chem*., **61**, 4196（1996）
    (b) K. Ishihara *et al., Macromolecules*, **33**, 3511（2000）
    (c) K. Ishihara *et al. Org. Synth*., **79**, 176（2002）
    (d) T. Maki *et al., Synlett*, 1355（2004）
    (e) K. Ishihara, Boronic Acids, D. G. Hall, Ed., Wiley-VCH, Weinheim, Germany, 377（2005）
2） K. Ishihara *et al., Synlett*, 1371（2001）
3） (a) K. Ishihara *et al., J. Fluorine Chem*., **106**, 139（2000）
    (b) K. Ishihara *et al., Angew. Chem. Int. Ed*., **40**, 4077（2001）
    (c) K. Ishihara *et al., Synlett*, 1296（2002）
    (d) A. Hasegawa *et al., Bull. Chem. Soc. Jpn*., **78**, 1401（2005）
4） K. Ishihara *et al., Synlett*, 1299（2002）
5） A. Hasegawa *et al., Angew. Chem. Int. Ed.*, **42**, 5731（2003）
6） (a) K. Ishihara *et al., Science*, **290**, 1140（2000）
    (b) K. Ishihara *et al., Synlett*, 1117（2001）
    (c) K. Ishihara *et al., Tetrahedron*, **58**, 8179（2002）
    (d) M. Nakayama *et al., Adv. Synth. & Catal.*, **346**, 1275（2004）
    (e) A. Sato *et al., Adv. Synth. & Catal.*, **346**,（2005）
7） (a) K. Ishihara *et al., J. Am. Chem. Soc*., **127**, 4168（2005）
    (b) A. Sakakura *et al., Tetrahedron*, **61**（2005）

第4章　フルオラスメディアに依拠した新反応プロセス

松原　浩*

1　はじめに

　フルオラスメディア，すなわち，ペルフルオロヘキサン（FC-72）など高度にフッ素で置換された溶媒は，フッ素を多く含む有機物を溶解するが，通常の有機溶媒や水にほとんど混和せず，新たな相（フルオラス相）を形成する。この性質（フルオラス性）を利用して種々の新しい反応が開発[1]されている。一般的にはフルオラス性を付与した触媒や反応剤を合成し，反応終了後ペルフルオロヘキサンなどのフルオラス溶媒を用いて抽出したり，フルオラスシリカゲルを用いて溶出することによって目的物と容易に分離し，回収・再利用を行うというものである。また，反応基質にフルオラス置換基を導入し，そのフルオラス性を利用して目的物の単離を容易にするといった試みもなされている。本稿では，これらの研究以外の「フルオラス溶媒のメディアとしての特質に注目した」研究例を紹介する。なお，トリフルオロ酢酸やヘキサフルオロイソプロパノール，ペンタフルオロエタノールなどのフッ素系溶媒は，フッ素置換基の強い電子吸引性により強酸性であり，その酸性を利用した反応が有機合成やペプチド合成など広範な研究分野において多数知られているが，これらの反応については本稿では触れない。

2　フルオラスメディア中での臭素化

　通常の有機物はフルオラスメディアに溶解性が低く，相分離を起こし反応には不利であると考えられる。しかしながら，通常の反応を行っている例がいくつか報告されている。例えば，Savageらはペルフルオロヘキサン（FC-72）中でのオレフィンの臭素化を報告[2]している。すなわち，フルオラスメディアが臭素との反応性に乏しく安定な溶媒であることを利用し，通常用いられている四塩化炭素のような有害な塩素系溶媒の代替品となることを示した（図1）。FC-72はオレフィンと混和しないので，反応は臭素をゆっくりと滴下しながら激しく撹拌して行う。臭素化はほぼ定量的に進行し，生成物もFC-72と混和しないため簡単に分離できる。ここでは特に冷却操作を行っていないことから，フルオラスメディアは発熱反応のヒートシンクとして機能して

---

*　Hiroshi Matsubara　大阪府立大学大学院　理学系研究科　助教授

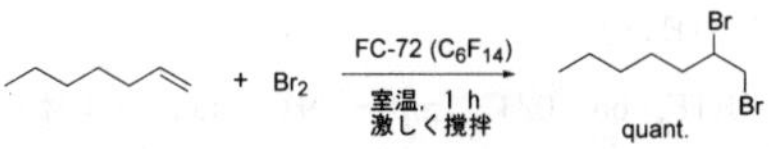

第4章　フルオラスメディアに依拠した新反応プロセス

図1　フルオラスメディア中での臭素化

いると考えられるが，フルオラス溶媒の特性（フルオラス性）を積極的に活用している例とは言えない．

3　フルオラス／有機両親媒性溶媒中での反応

揮発性有機溶媒による環境汚染は健康リスクの面からも深刻であり，安全で容易に回収・再利用できる代替メディアの開発が急がれる．フルオラスメディアは毒性がほとんどなく，代替品として有力な候補である．分子中にペルフルオロアルキル基と通常の有機部位を持つ溶媒は，フルオラス性を示すとともに通常の有機物とも混和する．さらに，反応終了後，フルオラス／有機二相系処理によって容易に分離，回収・再利用できる．このようなフルオラス／有機両親媒性溶媒が数例開発され，通常使用されている有機溶媒の代替品として検討されている．両親媒性溶媒の開発にあたっては，フルオラス溶媒による回収率を常に考慮しておく必要がある．回収率の指標として有機溶媒とパーフルオロアルカンとの間の分配係数[3]がよく用いられる．表1に代表的なフルオラス／有機両親媒性溶媒の分配係数を示した．分配係数が大きいものほどフルオラス／有機二相系分液処理を行った場合，フルオラス溶媒で効率よく抽出できる．実際には，分配係数が2を越えていれば数回の分液操作でほぼ完全に分離できる．ここでは代表的な両親媒性溶媒としてベンゾトリフルオリド（BTF）とフルオラスエーテル F-626 を紹介する．

表1　フルオラス／有機両親媒性溶媒の分配係数

	有機溶媒／FC-72		
	BTF[a]	F-626[a]	フルオラス-DMF[a]
CH_3CN	1/0.13	1/7.3	1/0.08
MeOH	1/0.21	1.3.8	1/0.05
C_6H_6	1/0.18	1/1.6	1/1.13
cyclohexane	—#	1/1.89	1/8.30
acetone	1/0.08	1/1.1	1/0.10
AcOEt	1/0.13	1/0.85	1/0.20
$CHCl_3$	1/0.16	1/0.85	1/0.13

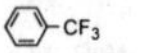

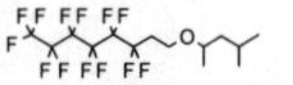

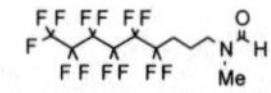

未測定

[a] I. Ryu et al., Tetrahedron, **58**, 4071(2002).　[b] I. Ryu et al., Chem. Lett., in press.

3.1 ベンゾトリフルオリド (BTF)

ベンゾトリフルオリド (BTF, bp 102℃, mp −29℃) は，フルオラス化合物および有機化合物の両者を溶解する両親媒性溶媒として最もよく知られており，酸化，還元反応やラジカル反応，遷移金属やルイス酸を触媒とする反応など多くのフルオラス反応に使われている。しかしながら，フルオラス性が低いため（表1参照）フルオラス／有機二相系分液処理による回収は期待できず，もっぱら通常の有機溶媒と同様に蒸留によって分離・回収される。BTFは塩素系溶媒のジクロロメタンやクロロホルムとよく似た極性であるが，毒性はそれらと比べて非常に小さい。Curranと小川はBTFがジクロロメタンの代替品となることを明らかにした[4]。すなわち，アシル化やトシル化，シリル化はもちろん，Swern酸化，Dess-Martin酸化などがBTF中スムーズに進行した。また，過酸化酸素を用いる酸化反応もBTF中で行うことができる。四塩化チタンや塩化亜鉛などのルイス酸も用いることができ，細見―桜井アリル化，向山アルドール反応，Diels-Alder反応などが，BTF中，ジクロロメタンと遜色ない収率で生成物を与えることが分かった（図2）。この応用としてCzifrákとSomsákは糖類の臭素化をBTF中で行っている（図3）[5]。

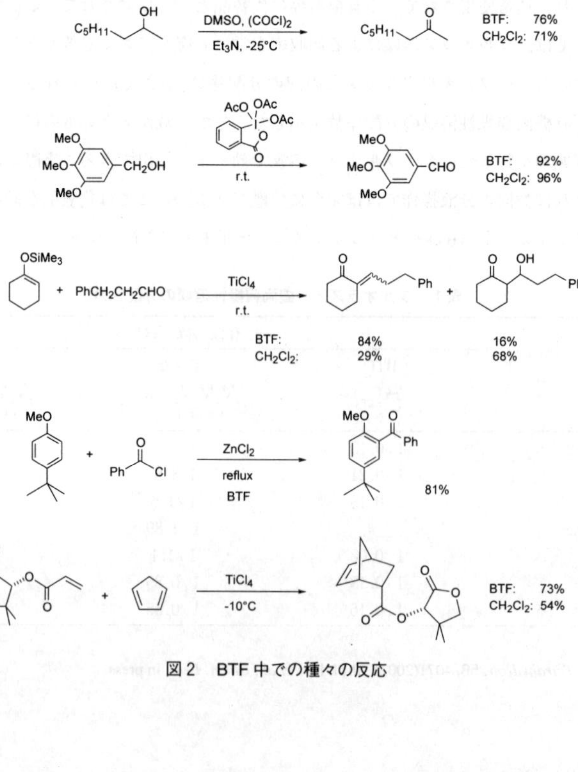

図2 BTF中での種々の反応

第4章 フルオラスメディアに依拠した新反応プロセス

Condition	Reaction time (h)	Yield (%)
Br_2, CCl_4, hv, reflux	0.5	88
Br_2, K_2CO_3, BTF, hv, reflux	1.0	69
$KBrO_3$-$Na_2S_2O_3$, BTF-H_2O, r.t.	27.0	88

図3　BTF中での臭素化

一方，BéguéらはBTFの還元体に相当するトリフルオロメチルシクロヘキサン（TFMC）中での反応を検討し，TFMCが塩素系溶媒の代替品となりうることを報告[6]している。

3.2　フルオラスエーテル F-626

高沸点溶媒は反応終了後，減圧蒸留によって系から留去するか，DMFなど水溶性の場合には水処理によって系から除くのが普通であるが，溶媒の回収・再利用を考えた場合にどちらの方法も操作が煩雑であり，特別な装置を必要とする。そこで，不揮発性である高沸点のフルオラス溶媒を反応メディアとして有機反応に用いれば，反応終了後はフルオラス／有機二相系処理によって容易に回収でき，リサイクルして再利用が可能となる（図4）。

花王の藤井，喜多らが開発したフルオラスエーテル類[7]を有機／フルオラス両親媒性の反応溶媒として用いた研究が柳らによって行われている。F-626は沸点214℃の無色の液体であり，水には不溶だが有機溶媒とは自由に混和する。また，分配係数もアルコールなどでは3を越えており（表1），二相系処理によって容易に回収できる。$LiAlH_4$を用いる還元反応や接触水素化，還元的ラジカル反応などがF-626中でスムーズに進行した。さらにF-626を用いて古典的な高温反

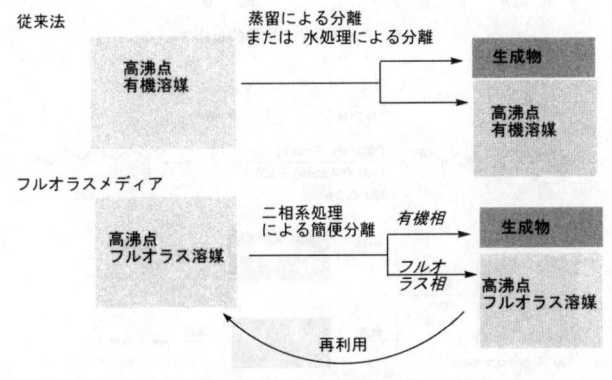

図4　フルオラスメディア利用のコンセプト

応である Vilsmeier 反応や Wolff–Kishner 還元，Diels–Alder 反応を試したところ，良好な収率で生成物が得られ，通常用いられるオルトジクロロベンゼンやジエチレングリコール，DMF などの高沸点溶媒の代替品となりうることが分かった（図5）[8]。また，F-626は分液操作だけで簡単に回収でき，再利用も可能である。

さらに彼らは，F-626中での触媒反応を報告[9]している。この際，金属触媒にフルオラス性を付与し，反応終了後フルオラス／有機二相系処理によって溶媒（F-626）と触媒をともに回収し，再利用している。すなわち，塩化パラジウムとペルフルオロアルキル基を導入したイミダゾリウム塩から系中生成するフルオラスカルベン触媒を用い，F-626中でアクリル酸の Mizoroki–Heck アリール化を行った（図6）。反応はスムーズに進行し，生成するアクリル酸誘導体が F-626に溶解しないため，濾過後少量の FC-72で洗浄するだけで目的物が純度よく得られた。母液には触媒と F-626が含まれており，濃縮後，直ちに次の反応に用いることができる。彼らは，回収・再利用を5回繰り返しても触媒活性の低下はほとんどないと報告している。F-626を用いることにより，触媒システムの包括的リサイクルが達成されたことになる。

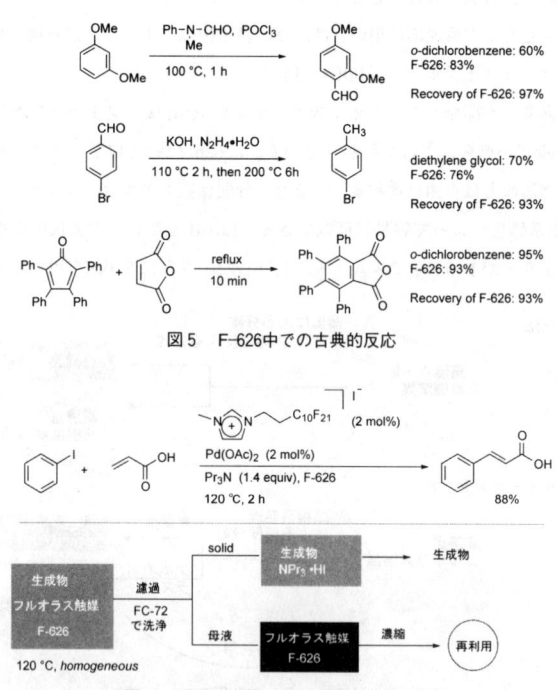

図5　F-626中での古典的反応

図6　F-626を用いる Mizoroki–Heck 反応

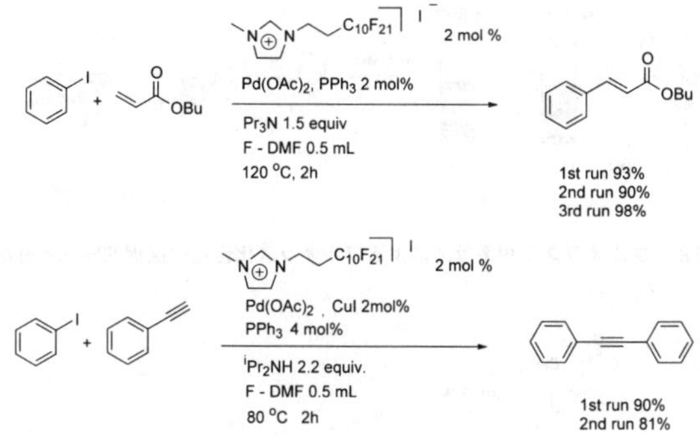

第4章　フルオラスメディアに依拠した新反応プロセス

図7　フルオラス DMF 中での金属触媒反応

　また，DMF にフルオラス性を付与したフルオラス DMF も同グループによって合成された。フルオラス DMF は，ほとんどの有機溶媒と自由に混和するが，水には溶けない高沸点（110℃/0.75mmHg）の無色の液体である。表1より分かるように，フルオラス性は F-626 よりは弱いものの，有機相にシクロヘキサンやベンゼンを用いれば二相系処理によって回収・再利用できる。このフルオラス DMF を用いて Mizoroki-Heck 反応や Sonogashira カップリングを繰り返し行うことに成功している（図7）[10]。

4　フルオラス三相系反応

　有機―フルオラス―有機三相系反応が Curran らにより開発された。この反応系では，フルオラスメディアによるフルオラス化合物の選択的抽出とその輸送による分離・反応を放置するだけで実施できる。以下にモデル実験例を示す（図8）[11]。2つのメタノール相を FC-72 相で隔離し，一方のメタノール相（供給相）にアルコール（I）とフルオラス・タグの付いたアルコールのシリルエーテル（S-F）を入れ，他方のメタノール相（収受相）にフッ化物イオンを添加しておく。時間経過とともにフルオラスな置換基を有するシリルエーテルのみが FC-72（パーフルオロヘキサン）相に拡散し，やがて収受相まで輸送される。収受相に達したシリルエーテルはフッ化物イオンと反応し，フルオラス・タグが外れる。生成したアルコール（S）はもはやフルオラス性を示さないので FC-72 相に逆戻りすることはない。1～3日後，分離は完了し，供給相からは混入させたアルコール（I）が，収受相からはアルコール（S）がそれぞれ高い純度で収率よく得られる。フルオラス・タグ F は FC-72 相から回収できる。Curran らは，この手法をリパーゼによる速度論的フルオラスエステルの加水分解に基づく 1-(2-naphthyl)ethanol の光学分割に応用し，

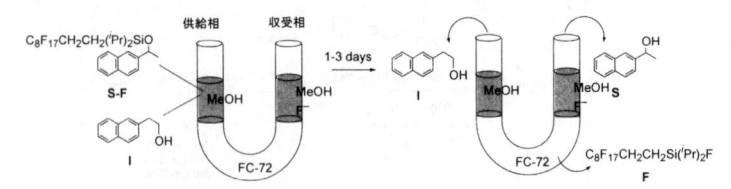

図8 フルオラス三相系反応によるフルオラス化合物の選択的輸送と分離

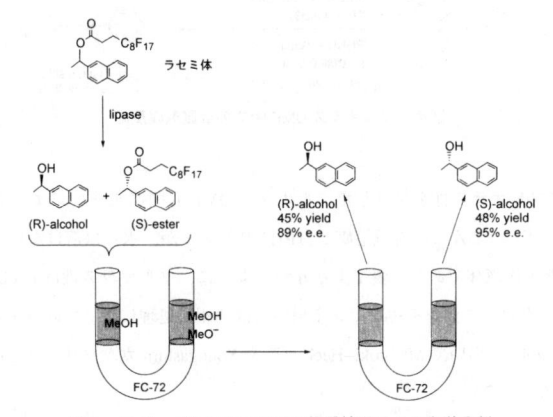

図9 リパーゼとフルオラス三相系輸送による光学分割

その有用性を示している（図9）[12]。

5 フェイズ・バニシング法

フルオラスメディアが持つフルオラス性以外の物理的な特性を利用した新たな三相系反応システムが柳らによって開発[13]された。その特性とは通常の有機溶媒より重い（密度が大きい）ことである。フルオラスメディアと一般の有機溶媒を混合すると両者は混和しないため，下層にフルオラスメディア，上層に有機溶媒が位置する。この系にフルオラスメディアよりさらに重い試薬（例えば，臭素，四塩化スズ，三臭化ホウ素など）を最下層になるようにゆっくりと加えてやると，うまくフルオラス相がフェイズスクリーンとなって最下層の試薬相と上層の有機相を隔てることができる（図10）。この系を放置すると，最下層の試薬はフルオラス相内を徐々に拡散し，やがて最上層の有機相に達する。有機相に基質を入れておけば，界面付近で拡散してきた試薬と反応し生成物を与えることになる。すべての試薬が反応すれば最下層の試薬相は消失するため，反応終了のタイミングを簡単に視認することができる。この反応系は相の消失をともなうことか

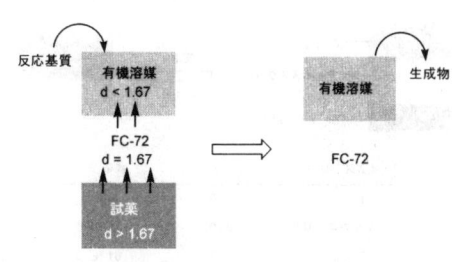

第4章 フルオラスメディアに依拠した新反応プロセス

図10 フェイズバニシング法のコンセプト

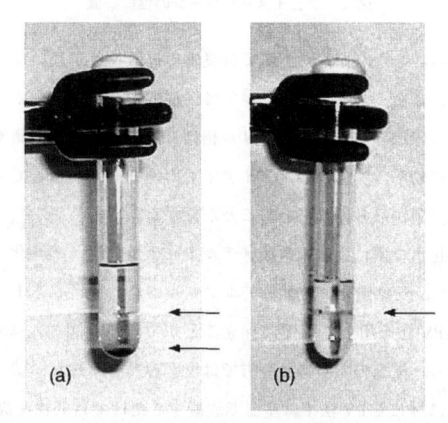

図11 フェイズ・バニシング法によるシクロヘキサンの臭素化
矢印は層の境界を示す。(a) 反応開始時（下から臭素、FC-72, シクロヘキサンのヘキサン溶液）、(b) 2日後、臭素の層が消失している。（アメリカ化学会より許可を得て掲載）

らフェイズ・バニシング法（phase-vanishing 法：PV 法）と命名された。図11に PV 法を用いて臭素化を行った様子を示す。開始時に存在していた臭素の最下層が2日後には消失しているのが分かる。

PV 法においてはフェイズスクリーンとして用いるフルオラスメディアより比重が大きな試薬であれば基本的に利用できる。反応容器は試験管でよい。例えば，臭素によるオレフィンの臭素化は1～2日間放置するだけで反応が進行する。反応の進行に試薬のフルオラス相への拡散が不可欠であるため反応完結には比較的長時間を要するが，三相系を崩さない程度にゆっくりと反応系を撹拌すると拡散が効率化し，4時間程度で反応は完結する。

フルオラスメディアのフェイズスクリーンとしての性能評価を臭素化を例として図12に示す。有機相としてヘキサンを用いた場合，FC-72の代わりに水やアセトニトリルを用いても三相系を

177

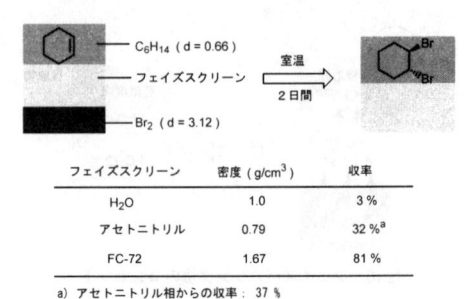

フェイズスクリーン	密度 (g/cm^3)	収率
H$_2$O	1.0	3 %
アセトニトリル	0.79	32 %[a]
FC-72	1.67	81 %

a) アセトニトリル相からの収率: 37 %

図12　フェイズスクリーンの性能評価

形成させることができる。しかしながら，水では臭素の拡散速度が遅いうえに，副生成物のブロモヒドリンが混入した。また，アセトニトリルでは，反応の進行はフルオラスメディアと大差ないものの生成物のかなりの部分はアセトニトリル相にも溶解しており，簡便に分離できない。臭素のメディア中での拡散効率，生成物のメディア中での疎有機性からしてフェイズスクリーンとしてはフルオラスメディアが最も優れていることが分かる。

臭素化以外にも三臭化ホウ素による芳香族メチルエーテルの脱メチル化[13]，四塩化スズによるFriedel–Crafts アシル化[14]，三臭化リンによるアルコールの臭素化[15]，ジヨードメタンによるシクロプロパン化などを，PV 法を用いて簡便に行うことができる（図13）。いずれの反応も大きな発熱反応であることから，従来の実験のやり方では反応容器を冷却し，試薬をゆっくりと滴下する必要があった。それに対して PV 法では室温で放置するだけで目的物を高収率で得ることができる。

上記の PV 法ではフルオラスメディアより比重が大きな試薬しか利用できないという弱点があ

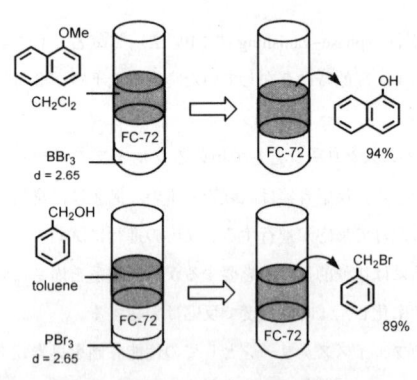

図13　フェイズ・バニシング法による反応例

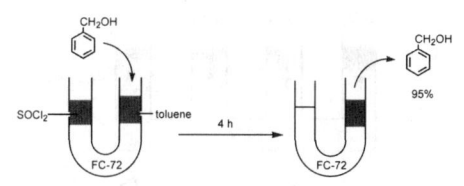

第 4 章　フルオラスメディアに依拠した新反応プロセス

図14　U 字管を用いた PV 法による塩素化

る。しかし，U 字管を用いることによってフルオラスメディアより軽い反応剤も使えることが中村らによって示された。塩化チオニルや三塩化リンなどの「軽い」試薬を用いるアルコールの塩素化反応が，U 字管を用いた PV 法で達成[15]されている。すなわち，フルオラスメディアによって隔離された U 字管の枝管の一方に塩素化剤（$SOCl_2$，PCl_3）を入れ，他方にアルコールのトルエン溶液を入れ放置すると，これら塩素化剤はフルオラスメディア中に拡散し，有機相に達して基質と反応する。やがて塩素化剤の相は消失し，有機相からは塩素化生成物が得られた（図14）。

　PV 法を用いると，簡単な手指型ガラス反応器などで容易にパラレル合成を行うことができる。反応剤の比重がフルオラスメディアより大きい場合は底に試薬を沈め（図15），小さい場合は枝管（セル）の一つに入れる（図16）。他のセルにそれぞれ異なる基質を入れて放置すれば，一度に多くの基質について反応を進行させることができ，それぞれのセルより目的の生成物が得られる。四塩化スズを用いるチオフェンの Friedel–Crafts アシル化反応にこのコンセプトを適応したところ，異なる 4 種類のチオフェン誘導体を一度に得る[14]ことができた。また，塩化チオニルの反応では 3 種類のアルコールの塩素化が進行[15]した。ただし，生成物がフルオラス相に拡散し，数パーセント程度の混入を起こす場合も見られる。この場合，フルオラス相を FC-72 よりさらにフルオラス性の大きなペルフルオロデカリンなどに変更すると，反応速度は遅くなるが，混入を抑えることができる（図17）。つまり，状況に応じてフルオラス相を使い分ける必要がある。

　Iskra らによって PV 法は液相系から気相系に展開[16]された。彼らは，一方に気相（塩素ガス）を置いた U 字管を用いてオレフィンの塩素化を行った（図18）。この場合，塩素ガスを過剰に用

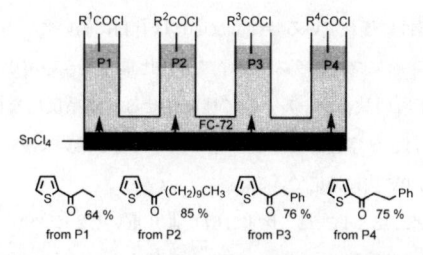

図15　PV 法を用いたパラレル合成（TypeA）によるチオフェン類のアシル化

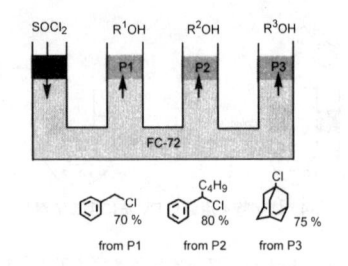

図16 PV法を用いたパラレル合成（TypeB）によるアルコール類の塩素化

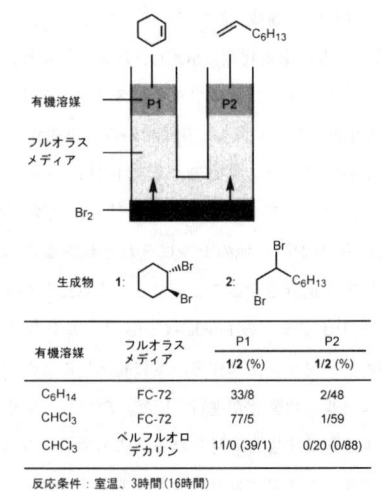

図17 PV法を用いたパラレル臭素化

有機溶媒	フルオラスメディア	P1 1/2 (%)	P2 1/2 (%)
C_6H_{14}	FC-72	33/8	2/48
$CHCl_3$	FC-72	77/5	1/59
$CHCl_3$	ペルフルオロデカリン	11/0 (39/1)	0/20 (0/88)

反応条件：室温、3時間(16時間)

いるため厳密には相の消失とはならないが、激しい発熱反応である塩素化をフルオラススクリーンを用いることで制御しており、PV法のコンセプトを踏襲した研究と言える。また、フルオラスメディアが気体の溶解性に優れている特性も反応には有利に働いていると考えられる。

一方、Verkadeらは最下層にフルオラスメディアより比重の大きい溶媒を置き、試薬や固体試薬をこれに溶かし、最下層の試薬プールとして機能させる三相系反応を開発[17]した（図19）。この拡張型PV法を用いれば、U字管を使わなくても軽い試薬を用いてPV法を行うことができ、さらに固体の反応剤でもPV法に適応できる。

例えば、彼らは比重が2.18とFC-72（比重1.67）より重い1,2-ジブロモエタンを最下層に置き、固体のm-クロロ過安息香酸（MCPBA）をこれに溶かし、オレフィンのエポキシ化やスル

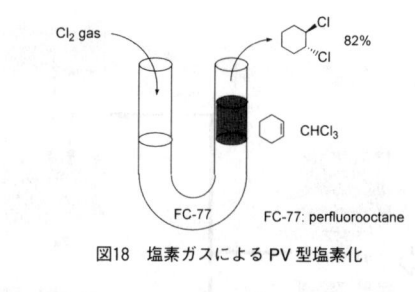

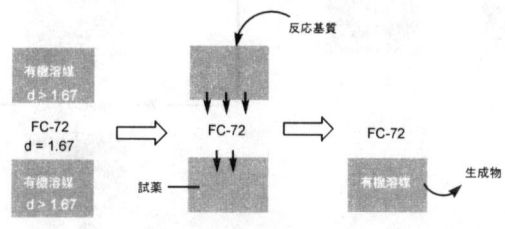

第 4 章　フルオラスメディアに依拠した新反応プロセス

図18　塩素ガスによる PV 型塩素化

図19　逆 PV 法のコンセプト

フィドの酸化反応などを行っている。これらの実験例では反応終了後、最上層の有機相が消失し、生成物は下層に有機溶媒とともに存在することから、一見すると最上層から下層への拡散に基づく「逆」PV 法と見なすことができる。しかしながら、Curran らはこの反応を詳しく追試し、Verkade らの反応系における実際の機構はそのようには単純化されないことを明らかにした（図20)[18]。すなわち、オリジナルな PV 法では試薬はフルオラス相内を「拡散」して基質相に達するのに対し、Verkade らの系ではまず試薬相に用いた最下層の溶媒（ジブロモエタン）と基質相に用いた最上層の溶媒（ジクロロメタン）がどちらもフルオラス相に拡散し、フルオラス相を挟んだ上下の二つの有機相で溶媒どうしの混合が生じる。そして生成した混合溶媒の比重（$d_{solv.}$）がフルオラス相より小さければ上昇し（**3a**)、逆に大きければ沈降し（**3b**)、最終的に有機相は一つになる（**4a** または **4b**)。フルオラスメディアに溶解しない基質あるいは反応剤であっても混合溶媒との溶液が生成し、その比重の変化とともに液滴として引きずられて行き、他方にある反応剤あるいは基質と反応していくことになる。最下層に MCPBA を溶かし、最上層にフェニルアルキルスルフィドを溶かして行った反応では、スルフィドが溶液の比重の上昇とともに液滴として下層に移行し、酸化が起こる。Curran らはこのような PV 法を抽出型（extractive）PV 法と呼び、オリジナルな PV 法を拡散型（diffusive）PV 法と名付けて区別した。

オリジナルな拡散型 PV 法では、反応剤がフルオラスメディアにごくわずかでも溶解し拡散することが必須であるが、抽出型 PV 法では重力に基づく液滴の移動によって進行するため、フル

181

フルオラスケミストリー

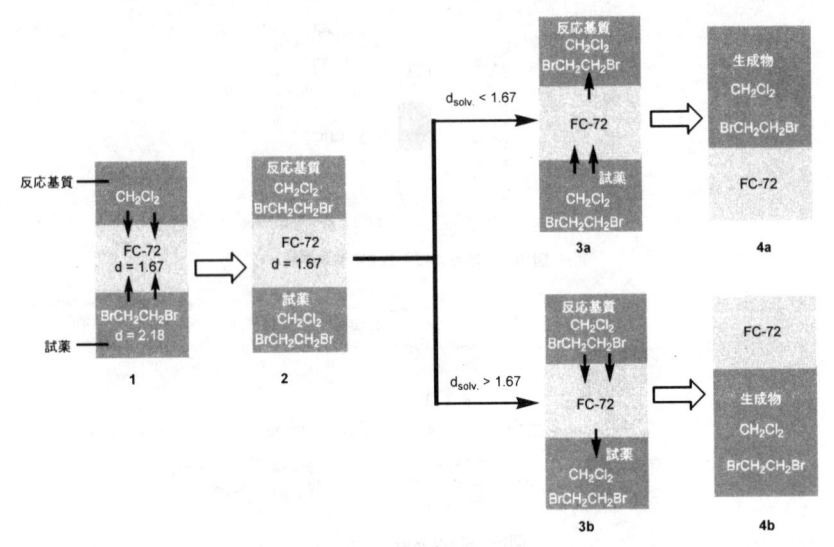

図20 抽出型 PV 法

オラス相に溶けない基質や反応剤に適応できるという特徴がある。さらに，滴下ロートによる操作をスキップできるのでヒートシンクとしてのメリットは享受できる。しかしながら，反応終了時には単一となった有機相にジブロモエタンと有機溶媒，生成物や未反応原料，副生成物などがすべて混在しており，通常の分離精製操作を必要とすることも事実である。オリジナルな拡散型 PV 法では反応の幅はやや狭まるものの，基質や反応剤に不純物を含んでいる場合，それらのフルオラス相への溶解性の差によって「反応させながら精製」することも可能となり，より柔軟性のある反応システムが展開できる。

　PV 法は，従来の発熱反応において必須の実験操作であるフラスコを冷却しながら注意深く滴下する手順を必要としない，手軽で応用の利く手法である。高機能フルオラスメディアの開発により基質の認識や選択的反応を進行させることも可能となろう。ごく最近，従来の PV 法に水相を追加した四相系 PV 法が柳らによって開発[19]され，臭素によるアセトフェノン類の臭素化が行われた。この反応では，気体の HBr が副生するが，これを炭酸カリウムを溶解させた水相で捕捉する意図である。反応は円滑に進行し，良好な収率で目的物が得られた（図21）。彼らはこの実験において，ペルフルオロポリエーテル Galden HT-135 を FC-72 の代わりに用いている。図22に Galden の性質をまとめた。Galden は FC-72 より揮発性が低く，安全性も高い。また，臭素の拡散にも優れている。Galden は FC-72 より安価であり，錦戸らによるフルオラスルイス酸を用いたフリーデルクラフツアシル化[20]など，他の研究グループにおいても使われている。Galden の

182

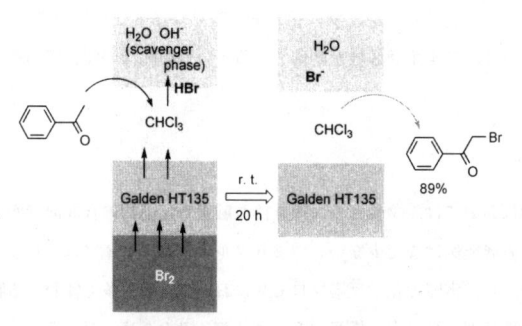

第4章 フルオラスメディアに依拠した新反応プロセス

図21 四相系 PV 法による臭素化

図22 Galden HT-135の物性

使用と水相の追加による HBr の捕捉によって，PV 法がより環境に配慮した反応系へと進化したと言えよう。

6 メディアチューニング

メディアのチューニングにより大幅に分配係数を変化させることができるとの報告[21]が，ごく最近 Curran らによってなされた（図23）。フルオラストリフェニルホスフィン 1 は，THF/FC-72 系では99.8％以上が有機相に分配されるが，驚くべきことに 5 ％含水 DMF/ペルフルオロブチルメチルエーテル（HFE-7100）系にすると完全にフルオラス相に分配される。ところが，有機相

有機溶媒 (Org)	フルオラスメディア (F)	化合物1の分配係数 (F/Org)
THF	FC-72	< 0.02
DMF	FC-72	0.12
DMF + 5% H_2O	FC-72	15.11
DMF + 5% H_2O	HFE-7100	> 100

図23 フルオラスメディアのチューニングによる分配係数の変化

を同じ5％含水DMFとしてもフルオラス相がFC-72では15％しか分配されない。メディアのチューニングによって，フルオラス性が制御できるという興味深い報告である。

7 おわりに

フルオラス化学においては，フルオラス性を持つ触媒や反応剤の合成研究が大部分であり，フルオラスメディアの研究例はまだ少ない。つまりフルオラスメディアはまだまだ未開拓な領域と言える。しかしながら，実際の化学反応プロセスにおいて，最も多く使われる物質はいうまでもなく溶媒であり，環境調和型反応を構築するにはメディアのグリーン化を避けては通れない。フルオラス性を巧みに制御し，種々の機能を有するフルオラスメディアの開発や，斬新なメディア利用のコンセプト創造が待ち望まれる。

文　　献

1) A. Gladysz *et al*., Handbook of Fluorous Chemistry, Wiley-VCH, Weinheim, Germany (2004)
2) G. P. Savage *et al., Synth. Commun*., **25**, 1023 (1995)
3) D. P. Curran *et al., J. Am. Chem. Soc*., **121**, 6607 (1999)
4) A. Ogawa and D. P.Curran, *J. Org. Chem*., **62**, 450 (1997)
5) K. Czifrák, L. Somsák, *Tetrahedron Lett*., **43**, 8849 (2002)
6) J. P. Bégué *et al., Tetrahedron*, **58**, 4067 (2002)
7) K. Kita *et al., Chem. Lett*., 926 (2000)
   Y. Fujii *et al., Bull. Chem. Soc. Jpn*., **78**, 456 (2005)
8) I. Ryu *et al., Tetrahedron*, **58**, 4071 (2002)
9) I. Ryu *et al., J. Org. Chem*., **69**, 8105 (2004)
10) I. Ryu *et al., Chem. Lett*., in press.
11) D. P. Curran *et al., J. Am. Chem. Soc*., **123**, 10119 (2001)
12) D. P. Curran *et al., Org. Lett*., **4**, 2585 (2002)
13) I. Ryu *et al., J. Am. Chem. Soc*., **124**, 12946 (2002)
14) I. Ryu *et al., Synlett*, 247 (2003)
15) H. Nakamura *et al., Org. Lett*., **5**, 1167 (2003)
16) J. Iskra *et al., Chem. Commun*., 2496 (2003)
17) J. G. Verkade *et al., Org. Lett*., **5**, 3787 (2003)
18) D. P. Curran *et al., Org. Lett*., **6**, 1021 (2004)
19) I. Ryu *et al., Synlett*, in press.
20) J. Nishikido *et al., Tetrahedron Lett*., **46**, 2697 (2005)
21) D. P. Curran *et al., Org. Lett*., **7**, 3677 (2005)

第5章　フルオラスルイス酸触媒反応の開発と応用

吉田彰宏[*1]，郝　秀花[*2]，山崎長武[*3]，山田一作[*4]，錦戸條二[*5]

1　はじめに

フルオラス二相系触媒反応は，1994年 Horváth と Rábai によって報告されたヒドロホルミル化反応が大きなブレークスルーとなった[1]。触媒にペルフルオロヘキシル基を含むホスフィン配位子を有するロジウム(I)錯体，$RhH(CO)[P(CH_2CH_2-n-C_6F_{13})_3]_3$ を用いていることが最大の特徴である。多フッ素化された，いわゆるフルオラス化合物がフルオラス溶媒（ペルフルオロアルカンなど）に易溶で有機溶媒に難溶であることを利用し，有機／フルオラス二相系反応においてフルオラスな触媒をフルオラス相に"固定"するという発想が，固体に触媒を担持固定する手法に比べて画期的であった[2]。液相反応であるから，固体触媒反応より高い触媒活性も期待できる。また反応後，冷却・相分離によって生成物と触媒を容易に分離でき，触媒は回収・再使用が可能である（図1）。

その後，数多くの"フルオラス化された"触媒が合成されたが，そのほとんどがエチレン基やフェニレン基などの炭化水素スペーサーを介してペルフルオロアルキル基を有する配位子で修飾

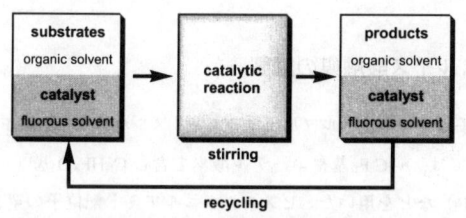

図1　フルオラス二相系触媒反応法

---

*1　Akihiro Yoshida　㈶野口研究所　錯体触媒研究室　研究員

*2　Xiuhua Hao　㈶野口研究所　錯体触媒研究室　研究員

*3　Osamu Yamazaki　㈶野口研究所　錯体触媒研究室　研究員（現：旭化成㈱　新事業本部）

*4　Issaku Yamada　㈶野口研究所　錯体触媒研究室　研究員（現：同研究所　糖鎖有機化学研究室）

*5　Joji Nishikido　㈶野口研究所　錯体触媒研究室　室長（現：旭化成㈱　新事業本部）

された遷移金属錯体であった[3]。これはフッ素原子が全原子中最も高い電気陰性度を有し，ペルフルオロアルキル基が高い電子求引性を示すことによるところが大きい。スペーサーを介することにより，電子的な影響が小さくなるわけである。我々は逆に，この電子求引性を最大限に利用することを考えた。すなわち，ルイス酸触媒配位子への利用である。例えば，カルボニル基の活性化のために用いられるルイス酸には，カルボニル炭素が求核攻撃を受けやすくするため，高い電子求引性を有する配位子が求められる。

一方，含フッ素ルイス酸触媒として，希土類金属トリフラート（$RE(OSO_2CF_3)_3 = RE(OTf)_3$）が注目されている[4]。しかしながらトリフラート触媒は，水に溶解するなどの特異な性質を有しているものの，肝心のフルオラス性を示さない。フルオラス性を示すためにはフッ素の数が少なすぎる。そこで我々は，トリフルオロメチル基を長鎖ペルフルオロアルキル基に置き換えたスペーサーのない配位子（$(R_fSO_2)_nX^-$, $X=C, N, O$; $n=3, 2, 1$）を考えた。中でも，よりフルオラス溶媒との親和性を高めるために，フルオラス基が三次元的に広がるビススルホニルアミド（$X=N$; $n=2$）やトリススルホニルメチド（$X=C$, $n=3$）が高いフルオラス性を有すると考えられた。また，それぞれの共役酸であるスルホンイミドやトリススルホニルメタンの酸性度は，トリフルオロメタンスルホン酸（TfOH）より高いことが知られており[5]，金属トリフラート触媒よりも高い触媒活性が期待される（図2）。

そこで，これらの配位子を合成し，種々の金属との錯体（$M[N(SO_2R_f)_2]_n$，$M[C(SO_2R_f)_3]_n$）を調製し，フルオラス二相系における触媒活性を調べることにした。

2　フルオラスルイス酸触媒の調製

フルオラスな配位子は，フッ化ペルフルオロアルキルスルホニル（R_fSO_2F）から調製することができる。R_f 基としては，$n\text{-}C_8F_{17}$ 基やエーテル酸素を含む $C_{10}HF_{20}O_3$ 基（$=CF_2CF_2OCF(CF_3)CF_2OCF(CF_3)CF_2OCHFCF_3$）[6]などを用いた。ビススルホニルアミド配位子の窒素源としてアンモニアを，トリススルホニルメチド配位子の炭素源としてメチル Grignard 試薬を用いればよい[7]。以下に一例として $Yb[N(SO_2\text{-}n\text{-}C_8F_{17})_2]_3$ の調製法を紹介する（図3）。

Gas Phase Acidity: ΔG_{acid} (kcal/mol)

$$AH \xrightleftharpoons{K_a} A^- + H^+ \qquad \Delta G_{acid} = -RT \ln K_a$$

CF_3SO_3H < $(CF_3SO_2)_2NH$ < $(CF_3SO_2)_3CH$ < $(n\text{-}C_4F_9SO_2)_2NH$
　299.5　　　　291.8　　　　289.0　　　　284.1

図2　気相中における含フッ素スルホニル化合物の酸性度[5]

第 5 章　フルオラスルイス酸触媒反応の開発と応用

$$n\text{-}C_8F_{17}SO_2F \xrightarrow[\text{liq. NH}_3]{} n\text{-}C_8F_{17}SO_2NH_2 \xrightarrow[\substack{Et_3N \\ \Delta}]{\mathbf{1}} (n\text{-}C_8F_{17}SO_2)_2N^{\ominus} \; HNEt_3^{\oplus}$$

$$\mathbf{1} \qquad\qquad\qquad\qquad \mathbf{2} \qquad\qquad\qquad\qquad \mathbf{3}$$

$$\xrightarrow[\text{EtOH - H}_2O]{\text{Amberlite IR-120B column}} (n\text{-}C_8F_{17}SO_2)_2NH \xrightarrow[\text{CH}_3\text{CN - H}_2O]{Yb_2(CO_3)_3} Yb[N(SO_2\text{-}n\text{-}C_8F_{17})_2]_3$$

$$\mathbf{4} \qquad\qquad\qquad\qquad \mathbf{5}$$

図 3　$Yb[N(SO_2-n-C_8F_{17})_2]_3$ の合成

　窒素もしくは炭素を逐次スルホニル化してスルホンイミドやトリススルホニルメタンを合成した後, 目的の金属炭酸塩や酢酸塩, 塩化物[8]と反応させ, 種々の錯体が調製できる。
　こうして得られたフルオラスルイス酸は, トルエンやジクロロメタンなどの極性の低い有機溶媒には溶解しない。メタノールやアセトニトリルには可溶だが, これらはルイス酸の中心金属に容易に配位してしまうため, ルイス酸触媒反応の溶媒としてはあまり用いられない。もちろんフルオラス溶媒には溶解する。またトリフラート触媒と対照的に, 撥水性が高く水にはほとんど溶解しないものの, 水に対して安定というトリフラート触媒に類似した性質も示すことがわかった。
　したがってこれらのフルオラス触媒は, 有機／フルオラス両親媒性溶媒[9]を用いて反応を行うか, もしくは有機／フルオラス二相系において反応を行うことができると考えられる。我々は, これらのフルオラス触媒が, ベンゾトリフルオリド中という前者の条件で高活性触媒として機能することを見出した[7a,b]。しかしながら, このような均一系反応条件では触媒の回収に煩雑な操作を必要とする。一方, 後者の条件では, 相分離により触媒が容易にリサイクルされると期待できる。そこで有機／フルオラス二相系にて反応を行い, その触媒活性を調べることにした。
　なおここで, 計算化学により作成した $Sc[C(SO_2-n-C_8F_{17})_3]_3$ の立体構造を示す（図 4）。触媒

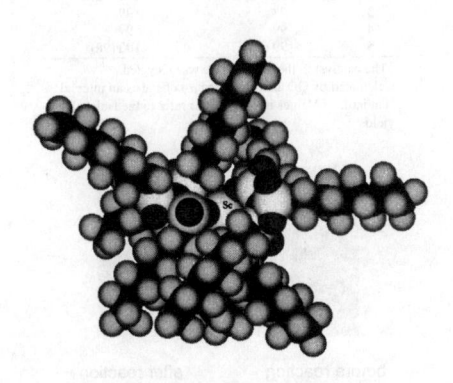

図 4　$Sc[C(SO_2-n-C_8F_{17})_3]_3$ の立体構造
（旭化成㈱　知的財産・研究基盤部　山崎輝昌氏　作成）

の周囲が多数のフッ素原子で覆われており，高いフルオラス性を示すことが予想される。

3 フルオラス二相系ルイス酸触媒反応

調製したフルオラスルイス酸触媒を用いて，フルオラス二相系における種々のルイス酸触媒反応を行い，その触媒活性を調べてみた[10]。

まず，シクロヘキサノールのアセチル化によるエステル合成反応をプローブ反応として，フルオラスルイス酸触媒の触媒活性を検討した[11]。触媒に $Yb[C(SO_2\text{-}n\text{-}C_8F_{17})_3]_3$ および $Sc[C(SO_2\text{-}n\text{-}C_8F_{17})_3]_3$ を用い，トルエン／ペルフルオロ（メチルシクロヘキサン）の二相系で反応を行った（表1）。

その結果，いずれの触媒を用いたときでも反応は定量的に進行し，さらにいずれのフルオラス相を5回リサイクル使用しても触媒活性の低下は観測されなかった。反応終了後の有機相に，触媒は〜2 ppm（金属基準）含まれているに過ぎず，フルオラス相にほぼ固定されていたと言える。なお，反応液は攪拌中も均一相とはならず，懸濁液のままアセチル化反応が進行し，反応終

表1 フルオラス二相系シクロヘキサノールのアセチル化反応

シクロヘキサノール-OH + Ac_2O → シクロヘキシル-OAc
2 mmol   2 mmol
Cat. (1 mol%)
toluene 5 mL
$CF_3\text{-}c\text{-}C_6F_{11}$ 5 mL
30 °C, 20 min

cycle[a]	% yield[b,c]	
	$Yb[C(SO_2\text{-}n\text{-}C_8F_{17})_3]_3$	$Sc[C(SO_2\text{-}n\text{-}C_8F_{17})_3]_3$
1	99	99 (98)
2	99 (96)	100 (98)
3	98	99
4	99	99
5	99 (96)	100 (98)

[a] The catalyst in the lower phase was recycled. [b] Calculated by GC analysis using n-nonane as an internal standard. [c] Values in parentheses refer to the isolated yields.

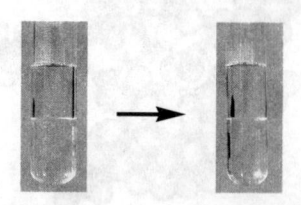

before reaction (25 °C) → after reaction (25 °C)

写真1 アセチル化反応の前後の様子

第5章　フルオラスルイス酸触媒反応の開発と応用

了（攪拌停止）後，速やかに二相に分離した（写真1）。

これらのフルオラスルイス酸触媒は，炭素－炭素結合生成反応として重要なアルドール型反応（表2）やDiels–Alder反応（表3）にも有効であり，リサイクル使用も可能であった[11]。

Friedel–Craftsアシル化反応にも本触媒は有効である[12]（表4）。通常Friedel–Craftsアシル化反応は，塩化アルミニウムなどがルイス酸として用いられ，当量（以上）必要とする。これは生成物の芳香族ケトンにアルミニウムが強く配位するためと言われている。ところが，トリフラート触媒を用いると触媒量で反応が進行することが知られている[4]。したがって我々のフルオラスルイス酸触媒が，トリフラート触媒と同様に触媒量で反応が進行するかどうかが大きな関心事であった。

実際に反応を行ってみると，わずか1 mol%の$Hf[N(SO_2\text{-}n\text{-}C_8F_{17})_2]_4$触媒で反応はスムーズに進行し，対応する金属トリフラート触媒より高活性であることを見出した。本触媒は，やはりリ

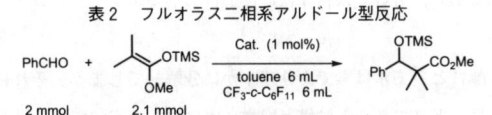

表2　フルオラス二相系アルドール型反応

PhCHO + (OTMS/OMe化合物) → Ph-CH(OH)-C(Me)_2-CO_2Me
Cat. (1 mol%)
toluene 6 mL
$CF_3\text{-}c\text{-}C_6F_{11}$ 6 mL
40 °C, 15 min
2 mmol　　2.1 mmol

cycle[a]	% yield[b,c]	
	$Yb[C(SO_2\text{-}n\text{-}C_8F_{17})_3]_3$	$Sc[C(SO_2\text{-}n\text{-}C_8F_{17})_3]_3$
1	84	88 (84)
2	85	88
3	83	86

[a] The catalyst in the lower phase was recycled.　[b] Calculated by GC analysis using *n*-nonane as an internal standard.　[c] Values in parentheses refer to the isolated yield.

表3　フルオラス二相系Diels–Alder反応

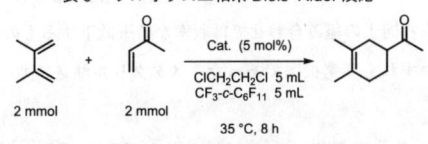

Cat. (5 mol%)
$ClCH_2CH_2Cl$ 5 mL
$CF_3\text{-}c\text{-}C_6F_{11}$ 5 mL
35 °C, 8 h
2 mmol　　2 mmol

cycle[a]	% yield[b,c]	
	$Sc[C(SO_2\text{-}n\text{-}C_8F_{17})_3]_3$	$Sc[N(SO_2\text{-}n\text{-}C_8F_{17})_2]_3$
1	95 (92)	91 (89)
2	94 (91)	92
3	95	91
4	95 (92)	91 (88)

[a] The catalyst in the lower phase was recycled.　[b] Calculated by GC analysis using *n*-nonane as an internal standard.　[c] Values in parentheses refer to the isolated yields.

表4 フルオラス二相系 Friedel–Crafts アシル化反応

MeO–C$_6$H$_5$ (1 mmol) + Ac$_2$O (2 mmol) → Cat. (1 mol%), chlorobenzene 1.5 mL, GALDEN® SV135^a 1.5 mL, 100 °C, 1 h → MeO–C$_6$H$_4$–C(O)CH$_3$ + MeO–C$_6$H$_4$–C(O)CH$_3$ (ortho)

catalyst	% yield^b	ratio (p/o)^b
Hf[N(SO$_2$-n-C$_8$F$_{17}$)$_2$]$_4$	80	100 : 0
Hf[N(SO$_2$-n-C$_8$F$_{17}$)$_2$]$_4$^{c}	92	>99 : <1
Hf(OTf)$_4$	49	97 : 3
Sc(OTf)$_3$	45	98 : 2
Yb(OTf)$_3$	16	97 : 3
AlCl$_3$^{d}	2	100 : 0

^{a} See ref. 17. ^{b} Calculated by GC analysis using n-nonane as an internal standard. ^{c} 3 mol% of fluorous Hf(IV) catalyst was used. ^{d} 10 mol% of AlCl$_3$ was used.

サイクル使用が可能であり，芳香族求核体に低反応性のトルエンやクロロベンゼンでさえも用いることができる[12]。

たいていのルイス酸にとって水は毒であり速やかに分解してしまう。それに対して我々のフルオラスルイス酸触媒は，トリフラート触媒と同様，水に対して安定である。したがって，水が副生する反応にも用いることができる。カルボン酸とアルコールからエステルを合成する，いわゆる直接エステル化反応は，エステル合成における最も基本的な反応である。カルボン酸，アルコールの両者とも貴重な原料のとき，一般的に 1,3-ジシクロヘキシルカルボジイミド（DCC）のような脱水縮合剤を用いて 1：1 で反応させることが多いが，縮合剤が当量必要なことや尿素誘導体などの副生物が問題となる。一方，触媒量のフルオラスルイス酸で縮合させることができれば，副生物は水だけとなり，環境にやさしい atom economical な反応と言えよう[13]。

そこで，Hf[N(SO$_2$-n-C$_8$F$_{17}$)$_2$]$_4$ 触媒を用いて，直接エステル化反応を行ってみた[8]（表5）。

その結果，かさ高い基質同士の組み合わせでは収率が若干低下するものの，全般的に高収率で生成物が得られ，またいずれも高選択率であった。メタクリル酸メチル（MMA）の合成などに応用も可能である[14]。

過酸化水素水を用いる Baeyer–Villiger 反応には，Sn[N(SO$_2$-n-C$_8$F$_{17}$)$_2$]$_4$ 触媒が有効である[15]。通常 Baeyer–Villiger 反応は，過酢酸や過安息香酸，実験室的には m-クロロ過安息香酸（mCPBA）を用いて反応させるが，当量の対応するカルボン酸が副生する問題がある。酸化剤に過酸化水素を用いることができれば，副生物は水のみというグリーンな反応になる。そこでまず，2-アダマンタノンの Baeyer–Villiger 反応を行ってみた（表6）。

その結果，中心金属にスズ（IV），続いてハフニウム（IV）を用いたフルオラスルイス酸触媒が高

第5章 フルオラスルイス酸触媒反応の開発と応用

表5 フルオラス二相系直接エステル化反応

$$R^1CO_2H + R^2OH \xrightarrow[\substack{ClCH_2CH_2Cl\ 3\ mL \\ CF_3\text{-}c\text{-}C_6F_{11}\ 3\ mL}]{\substack{Hf[N(SO_2\text{-}n\text{-}C_8F_{17})_2]_4 \\ (5\ mol\%)}} R^1CO_2R^2$$

1 mmol 1 mmol

R^1CO_2H	R^2OH	conditions	% yield[a]	% selectivity[b]
AcOH	⌬-OH (cyclohexanol)	50 °C, 8 h	82	98
decalin-CO₂H	n-BuOH	70 °C, 15 h	92	97
decalin-CO₂H	PhCH₂OH	50 °C, 24 h	89	98
decalin-CO₂H	⌬-OH	50 °C, 24 h	55	98
PhCO₂H	n-BuOH	90 °C, 15 h[c]	85	96
CH₂=C(CH₃)CO₂H	MeOH[d]	60 °C, 8 h	86	98

[a] Calculated by GC analysis using n-nonane as an internal standard. [b] Molar ratio of formed ester / converted acid. [c] In ClCH₂CH₂Cl (3 mL) / perfluorodecalin (3 mL). [d] 5 mmol of methanol was used.

表6 フルオラス二相系 Baeyer–Villiger 反応

$$\text{2-adamantanone} + H_2O_2\ aq.\ (35\%) \xrightarrow[\substack{CF_3\text{-}c\text{-}C_6F_{11}\ 3\ mL \\ ClCH_2CH_2Cl\ 3\ mL \\ 25\ °C,\ 2\ h}]{Cat.\ (1\ mol\%)} \text{lactone}$$

2 mmol 2 mmol

entry	catalyst	cycle[a]	% yield[b]	% selectivity[c]
1	Sn[N(SO₂-n-C₈F₁₇)₂]₄	1	93 (91)[d]	99
		2	92	99
		3	90 (89)[d]	98
		4	93	99
2	Sn[N(SO₂-n-C₈F₁₇)₂]₂	1	48	83
3	Sn(OTf)₂	1	37	87
4	SnCl₄	1	41	79
5	Hf[N(SO₂-n-C₈F₁₇)₂]₄	1	82	92
6	Hf(OTf)₄	1	41	91
7	Sc[N(SO₂-n-C₈F₁₇)₂]₄	1	53	69
8	Sc(OTf)₃	1	31	66
9	Yb[N(SO₂-n-C₈F₁₇)₂]₄	1	31	73
10	Yb(OTf)₃	1	19	83
11	none	1	2	26

[a] The catalyst in the lower phase was recycled. [b] Calculated by GC analysis using n-nonane as an internal standard. [c] Molar ratio of formed lactone/converted ketone. [d] Isolated yield.

収率でラクトンを与えた。またすべての金属で，フルオラスアミド触媒が対応するトリフラート触媒より高活性であった。Sn[N(SO₂-n-C₈F₁₇)₂]₄触媒を用いたときは，4回リサイクル使用して

も触媒活性の低下は観測されなかった。本反応はこれまで紹介してきた反応とは異なり，基質特異性が高く，かさ高いケトンやシクロブタノンのような反応性の高いケトンに有効である。

4 フルオラス二相系ベンチスケール流通式連続反応

前節までは，バッチ式フルオラス二相系ルイス酸触媒反応を紹介した。次に，フルオラス二相系で流通式反応を行うことを考えた[16]。流通式反応は生産性が高く，工業プロセスへの展開を図るためにぜひともクリアしたい課題である。

今回のような液—液二相系のシステムで，フルオラス相を固定相，有機相を移動相とした流通式反応を行うために，我々はリアクターとデカンターが2本の管で直結されたシステムを考案した（図5）。

反応開始前にフルオラス触媒溶液をリアクターへ注ぐ。続いてリアクター内を激しく撹拌しながら，基質・反応剤を含んだ有機相を一定速度で送液する。その結果，リアクター内は懸濁液状態となり，ルイス酸触媒反応が進行する。リアクターが液で満たされると懸濁液はデカンターへ流出する。デカンター内では撹拌していないので二相に相分離する。触媒を含んだフルオラス相は有機相よりも比重が大きいため下相となりリアクターへ還るが，生成物を含んだ有機相はオーバーフローする。したがって，基質・反応剤を含んだ有機溶液がこのシステムを通過すると，生成物溶液が取り出せるわけである。

実際に，容量60mLの実験室スケールの小さなリアクターを用いて$Yb[N(SO_2\text{-}n\text{-}C_8F_{17})_2]_3$触媒によるシクロヘキサノールのアセチル化反応を行ったところ，5735という高いTONを達成し

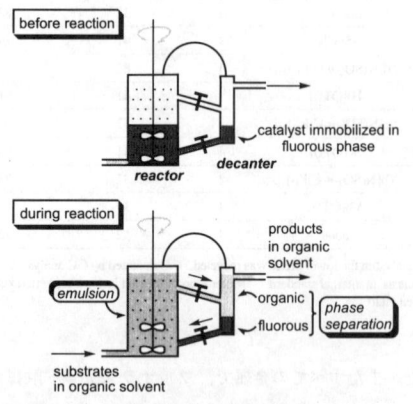

図5 フルオラス二相系流通式反応システム

第5章 フルオラスルイス酸触媒反応の開発と応用

た。そこで，この反応を図6，写真2に示すベンチスケール装置で行ってみることにした。
まずリアクターへ$Yb[N(SO_2-n-C_8F_{17})_2]_3$とほぼ同等の触媒活性を有する$Yb[N(SO_2C_{10}HF_{20}O_3)_2]_3$（3.23g）を溶解させたGALDEN®SV135[17]（250mL）を注ぐ。一方，混合槽へシクロヘキ

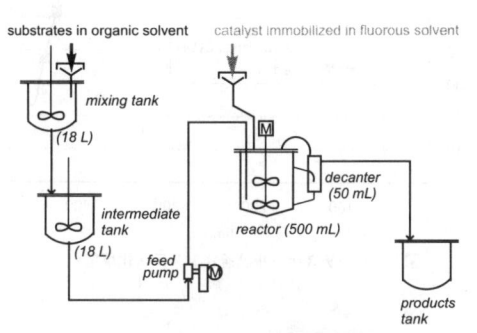

図6 ベンチスケール流通式反応装置

写真2 ベンチスケール反応装置
（1：リアクター，2：デカンター，3：混合槽，4：中間槽，5：製品槽，6：送液ポンプ）

193

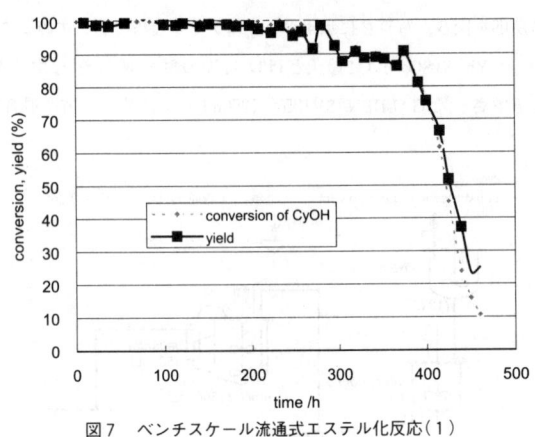

図7　ベンチスケール流通式エステル化反応（１）

サノール（200.3g），無水酢酸（245.0g），トルエン（6L）を加え，よく撹拌して中間槽へ移す。続いてリアクター内をよく撹拌しながら，送液ポンプでトルエン溶液を約1mL/minで連続的にリアクターへ供給していくと，デカンターからオーバーフローしたトルエン溶液が製品槽へ溜まっていく。この反応結果を図7に示す。

　反応は300時間付近まではほぼ定量的に，400時間付近まで90％以上という高い収率で進行した。その後，転化率が急激に低下したものの，この時点でTONは実験室スケールに比べて8780と向上した。400時間付近からの急激な転化率の低下は，イッテルビウム（Ⅲ）触媒が最大でも11ppm（イッテルビウム基準）と低濃度ではあるが，有機相へ移行してしまうことが原因と考えられた。

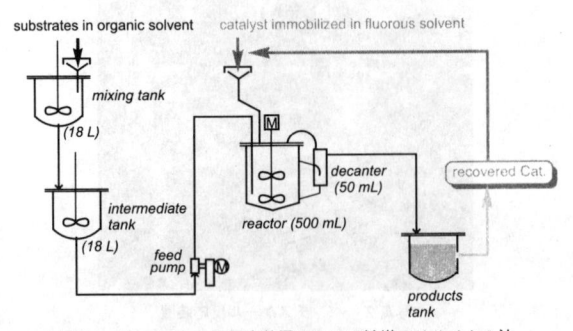

図8　ベンチスケール反応装置における触媒のリサイクル法

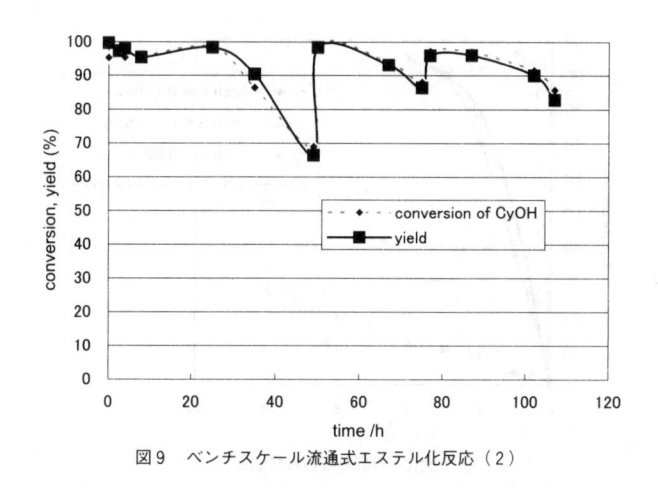

第5章 フルオラスルイス酸触媒反応の開発と応用

図9 ベンチスケール流通式エステル化反応（2）

そこで，製品槽から触媒を回収し，回収触媒をリアクターへ還すことによりTONを向上させようと考えた（図8）。実際に，触媒量を前回の1/10として流通式反応を開始し，反応途中に製品槽のトルエン溶液からGALDEN®溶媒で触媒を抽出し，回収触媒をリアクターへ還す操作を2回繰り返した（50, 77時間経過後）ところ，TONは21244と大幅に向上することを見出した（図9）。

回収触媒の触媒活性を確かめるため，新しい触媒と回収触媒の反応速度の比較をしてみた（図10）。その結果，回収触媒は新しい触媒とほぼ同等の触媒活性を維持していることを見出した。

本手法は，$Sn[N(SO_2-n-C_8F_{17})_2]_4$触媒，過酸化水素水による2-アダマンタノンのBaeyer–Villiger反応にも適用でき，TON2191を達成している。今後は，触媒の工業的回収法や種々のルイス酸触媒反応への適用などが課題である。

5 フルオラスシリカゲル担持ルイス酸触媒

最後に，フルオラス二相系から離れた研究を紹介したい[8]。前節までは，フルオラス溶媒にフルオラス触媒を"固定"して反応させるフルオラス二相系触媒反応であったが，液体のフルオラス溶媒の代わりに固体のフルオラスシリカゲルを用いれば，簡単な濾過操作で回収できる固体触媒になるのではないかと考えた（図11）。

我々はすでに，シクロデキストリンとペルフルオロブチル基との親和性に着目して，シクロデキストリン-エピクロロヒドリン共重合体にトリス（ペルフルオロブタンスルホニル）メチドを

図10　回収触媒の触媒活性

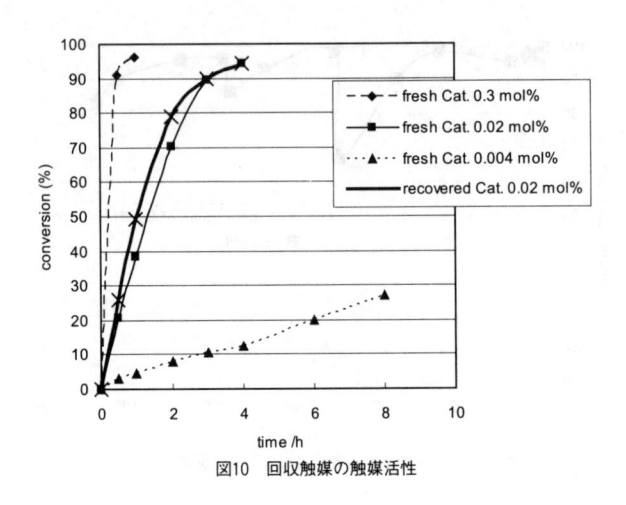

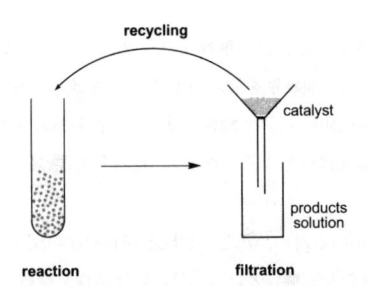

図11　フルオラスシリカゲル担持触媒反応法

配位子とするイッテルビウム(Ⅲ)もしくはスカンジウム(Ⅲ)錯体を担持固定した触媒反応を報告している[19]。一方，フルオラスシリカゲルとは，シリカゲル表面をペルフルオロオクチル基で修飾した一種の逆相シリカゲルである[20]。当然のことながら，フルオラスな化合物との親和性が高い。したがって，フルオラスルイス酸はフルオラスシリカゲルに担持固定できると考えられ，有機溶媒中のみならず，水中での反応への応用も期待できる（図12）。

担持触媒の調製法は以下の通りである。フルオラスルイス酸触媒のエタノール溶液にFluoro Flash™（Fluorous Technologies社）を加え，1時間程度攪拌する。得られた混合物から溶媒を減圧下留去し，100℃で真空乾燥して，フルオラスシリカゲル担持ルイス酸触媒が得られる。フルオラスルイス酸とFluoro Flash™の比率は，重量比にしておよそ1：10である。

まず，フルオラスシリカゲルに担持固定された$Sn[N(SO_2-n-C_8F_{17})_2]_4$触媒を用いた2-アダマ

第 5 章　フルオラスルイス酸触媒反応の開発と応用

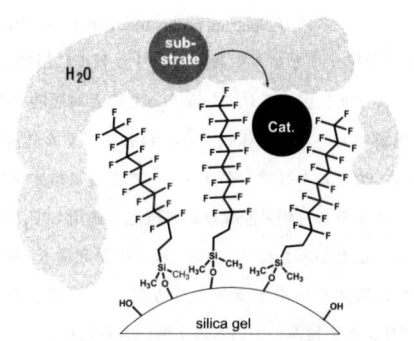

図12　フルオラスシリカゲル担持ルイス酸触媒反応モデル

ンタノンの0.44％過酸化水素水（1.1当量）中でのBaeyer–Villiger酸化反応を行った。また比較のため，上記の方法と同様にODS化逆相シリカゲルや通常のカラムクロマトグラフィー用のシリカゲルに担持した$Sn[N(SO_2\text{-}n\text{-}C_8F_{17})_2]_4$触媒も調製し，反応を行ってみた（表7）。その結果，ODS化シリカゲルや通常のカラムクロマトグラフ用のシリカゲルに$Sn[N(SO_2\text{-}n\text{-}C_8F_{17})_2]_4$を担持させた触媒は活性が低く，かつ触媒のリサイクル使用による活性低下が大きいのに対し，フルオラスシリカゲルに$Sn[N(SO_2\text{-}n\text{-}C_8F_{17})_2]_4$を担持させた触媒は高活性であり，触媒のリサイクルも可能であった。

フルオラスシリカゲルに担持させたフルオラスルイス酸は，反応後でさえフルオラスシリカゲ

表7　シリカゲル担持 $Sn[N(SO_2\text{-}n\text{-}C_8F_{17})_2]_4$ 触媒による Baeyer–Villiger 反応

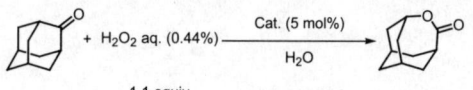

Catalyst	Cycle[a]	Yeld (%)[b,c]	Selectivity (%)[c,d]
fluorous SiO_2-$Sn[N(SO_2\text{-}n\text{-}C_8F_{17})_2]_4$	1	79 (87)	100 (89)
	2	75 (89)	97 (92)
	3	73 (86)	96 (90)
	4	71 (88)	91 (93)
ODS SiO_2-$Sn[N(SO_2\text{-}n\text{-}C_8F_{17})_2]_4$	1	60	88
	2	41	84
	3	28	82
SiO_2-$Sn[N(SO_2\text{-}n\text{-}C_8F_{17})_2]_4$	1	49	93
	2	34	100
	3	24	86

[a] The catalyst was recycled by simple filtration.　[b] Calculated by GC analysis using *n*-nonane as an internal standard.　[c] Values in parentheses were the results of the reactions at 25 °C using 10 equiv. of H_2O_2 (4 wt%).　[d] Molar ratio of formed lactone/converted ketone.

ルに強く固定されていることを，スズの electron probe microanalysis（EPMA）による分布解析により確認できた[10a]。ODS 化逆相シリカゲルや通常のシリカゲルに担持させたフルオラスルイス酸は，反応後ほとんどシリカゲルに固定されていなかったのと対照的である。

本触媒は，水中や有機溶媒中での Diels–Alder 反応，直接エステル化反応にも有効である[18]。

フルオラスシリカゲルは，カラムクロマトグラフィーによるフルオラス化合物の分離に威力を発揮するが，このようにフルオラス二相系触媒反応の概念を適用して，フルオラス触媒の担体として用いることも可能であることが示された。なお，我々の研究途上，同様の考え方で Bannwarth らはフルオラスパラジウム錯体をフルオラスシリカゲルに担持した遷移金属触媒を用いた Suzuki–Sonogashira カップリングを報告しているので参照されたい[21]。

6　おわりに

以上，フルオラスルイス酸触媒反応に関する我々の研究成果をフルオラス二相系反応を中心に紹介した。フルオラスルイス酸触媒は，超臨界二酸化炭素中での利用[22]など，他にもまだまだ大きな可能性を秘めた触媒と考えている。触媒を容易にリサイクルできるフルオラス技術は，FBC（＝Fluorous Biphasic Catalysis）と略されるほど注目されている環境にやさしい技術である。まだ課題は多いが，将来的に酸廃棄物を削減できる技術として実用化されることを期待している。

文　献

1） I. T. Horváth, J. Rábai, *Science*, **266**, 72 (1994)
2） B. Cornils, *Angew. Chem. Int. Ed*., **36**, 2057 (1997)
3） Handbook of Fluorous Chemistry (Ed.: J. A. Gladysz, D. P. Curran, I. T. Horváth), Wiley-VCH, Weinheim (2004)
4） (a) S. Kobayashi, M. Sugiura, H. Kitagawa, W. W. L. Lam, *Chem. Rev*., **102**, 2227 (2002)
　　(b) ランタノイドを利用する有機合成，日本化学会編，学会出版センター (1998) および引用文献
5） I. A. Koppel, R. W. Taft, *et al., J. Am. Chem. Soc*., **116**, 3047 (1994)
6） (a) 吉田彰宏，郝秀花，錦戸條二，日本化学会第85春季年会，講演予稿集II, 2 C-02
　　(b) 吉田彰宏，郝秀花，錦戸條二，日本化学会第84春季年会，講演予稿集II, 2 K 3-44
7） (a) J. Nishikido, F. Yamamoto, H. Nakajima, Y. Mikami, Y. Matsumoto, K. Mikami, *Synlett*, 1990 (1990)
　　(b) J. Nishikido, H. Nakajima, T. Saeki, A. Ishii, K. Mikami, *Synlett*, 1347 (1998)

第5章 フルオラスルイス酸触媒反応の開発と応用

(c) A. G. M. Barrett, D. Chadwick, *et al., Synlett*, 847 (2000)
8) X. Hao, A. Yoshida, J. Nishikido, *Tetrahedron Lett*., **45**, 781 (2004)
9) H. Matsubara, S. Yasuda, H. Sugiyama, I. Ryu, Y. Fujii, K. Kita, *Tetrahedron*, **58**, 4071 (2002)
10) (a) 錦戸條二，吉田彰宏，有機合成化学協会誌，**63**，144 (2005)
    (b) 錦戸條二，ファインケミカル，**33**(8)，5 (2004)
11) (a) K. Mikami, Y. Mikami, Y. Matsumoto, J. Nishikido, F. Yamamoto, H. Nakajima, *Tetrahedron Lett*., **42**, 289 (2001)
    (b) K. Mikami, Y. Mikami, H. Matsuzawa, Y. Matsumoto, J. Nishikido, F. Yamamoto, H. Nakajima, *Tetrahedron*, **58**, 4015 (2002)
12) X. Hao, A. Yoshida, J. Nishikido, *Tetrahedron Lett*., **46**, 2697 (2005)
13) (a) B. M. Trost, *Science*, **254**, 1471 (1991)
    (b) B. M. Trost, *Angew. Chem. Int. Ed. Engl.,* **34**, 259 (1995)
14) X. Hao, A. Yoshida, J. Nishikido, *Green Chem*., **6**, 566 (2004)
15) (a) X. Hao, O. Yamazaki, A. Yoshida, J. Nishikido, *Tetrahedron Lett*., **44**, 4977 (2003)
    (b) X. Hao, O. Yamazaki, A. Yoshida, J. Nishikido, *Green Chem*., **5**, 524 (2003)
16) A. Yoshida, X. Hao, J. Nishikido, *Green Chem*., **5**, 554 (2003)
17) 構造式 $CF_3-[OCF(CF_3)CF_2]_n-(CF_2)_m-CF_3$ で示される Solvay Solexis 社より購入した沸点135℃のフルオラス溶媒
18) O. Yamazaki, X. Hao, A. Yoshida, J. Nishikido, *Tetrahedron Lett*., **44**, 8791 (2003)
19) J. Nishikido, M. Nanbo, A. Yoshida, H. Nakajima, Y. Matsumoto, K. Mikami, *Synlett*, 1613 (2002)
20) D. P. Curran *et al*., Combinatorial Chemistry: A Practical Approach (Ed.: H. Fenniri), Vol. 2, 327, Oxford University Press, Oxford (2001)
21) C. H. Tzschucke, C. Markert, H. Glatz, W. Bannwarth, *Angew. Chem. Int. Ed*., **41**, 4500 (2002)
22) J. Nishikido, M. Kamishima, H. Matsuzawa, K. Mikami, *Tetrahedron*, **58**, 8345 (2002)

第6章　フルオラス有機スズ触媒

折田明浩[*1]，大寺純蔵[*2]

1　はじめに

フルオラス化合物はフルオラス溶媒に高い親和性を持ち，一般に有機溶媒よりもフルオラス溶媒によく溶ける。これまでにさまざまなフルオラス試薬やフルオラス触媒が合成されたが，これらはいずれもフルオラス溶媒／有機溶媒による分液操作で分離，回収が可能である[1]。

2　フルオラススズの合成

我々はこれまでに，さまざまなタイプの有機スズ化合物を合成し，有機合成に利用してきた[2]。一般に4配位の有機スズは安定で，空気中での取り扱いが可能である。また，ハロゲンなど電子吸引基がスズに直接結合した場合にはマイルドなルイス酸性を示し，アセチル化などの官能基変換を触媒する。とりわけ，一般式が [$R_2(Cl)SnOSn(Cl)R_2$] で表されるジスタノキサンはトランスエステル化に対して高い活性を持つ[3]。我々は，フルオロアルキル基で置換したフルオラスジスタノキサン1の合成を計画した。ジスタノキサン1は特異な二量体構造のために，極性部位であるジスタノキサン骨格がフルオラス表面で覆われ，1はフルオラス溶媒に容易に溶解することが期待される。その結果，1をフルオラス溶媒により回収可能な有機スズ触媒として利用できるものと想定した（図1）[4,5]。

ジスタノキサンの合成には2つのルートが考えられる。一つは，スズオキシド2にハロゲン化水素を加える方法（ルート1，図2）。もう一方は，あらかじめスズオキシド2とスズジハライド3を調製し，これらを1対1の比で反応させるやり方である（ルート2，図3）。いずれのルートも古典的な合成反応の組み合わせであり，簡単な実験操作で1を与えた。ただ，ルート1では必要な塩酸の量を正確に加えることが難しく，収率など実験の再現性に問題があった。この点を考慮すると，2と3を正確に量り取ってジスタノキサン1を合成できるルート2の方が1の精製も簡単である。さらに，市販品の Ph_2SnCl_2 を原料に利用できる点でもルート2の方が有利であ

[*1] Akihiro Orita　岡山理科大学　工学部　応用化学科　助教授
[*2] Junzo Otera　岡山理科大学　工学部　応用化学科　教授

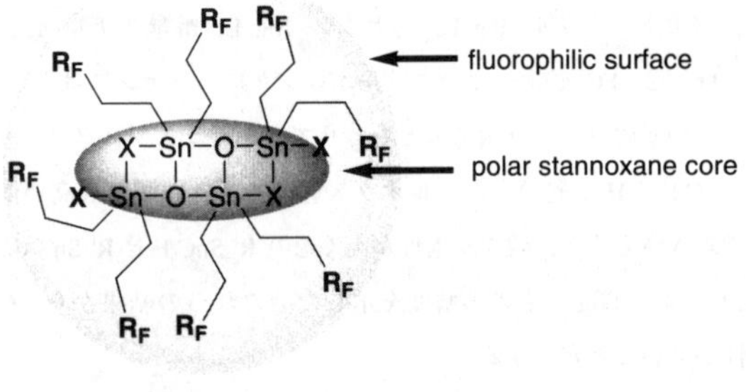
fluorophilic surface
polar stannoxane core

$[(C_6F_{13}C_2H_4)_2Sn(Cl)\text{-}O\text{-}Sn(Cl)(C_2H_4C_6F_{13})_2]_2$

1

図1　フルオラスジスタノキサン1

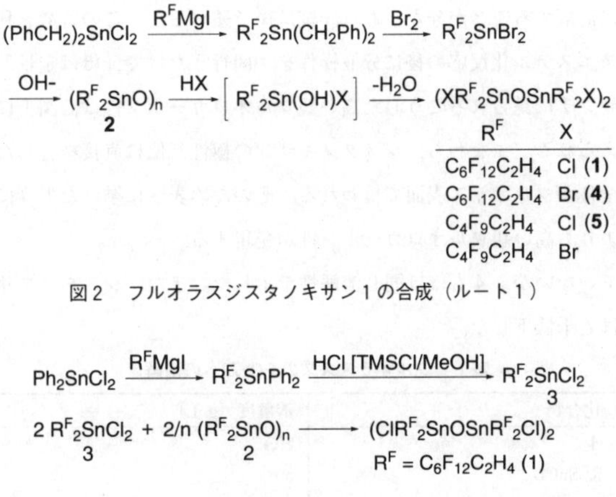
$(PhCH_2)_2SnCl_2$ $\xrightarrow{R^FMgI}$ $R^F{}_2Sn(CH_2Ph)_2$ $\xrightarrow{Br_2}$ $R^F{}_2SnBr_2$
$\xrightarrow{OH^-}$ $(R^F{}_2SnO)_n$ **2** $\xrightarrow{HX}$ $[R^F{}_2Sn(OH)X]$ $\xrightarrow{-H_2O}$ $(XR^F{}_2SnOSnR^F{}_2X)_2$
R^F X
$C_6F_{12}C_2H_4$ Cl (**1**)
$C_6F_{12}C_2H_4$ Br (**4**)
$C_4F_9C_2H_4$ Cl (**5**)
$C_4F_9C_2H_4$ Br

図2　フルオラスジスタノキサン1の合成（ルート1）

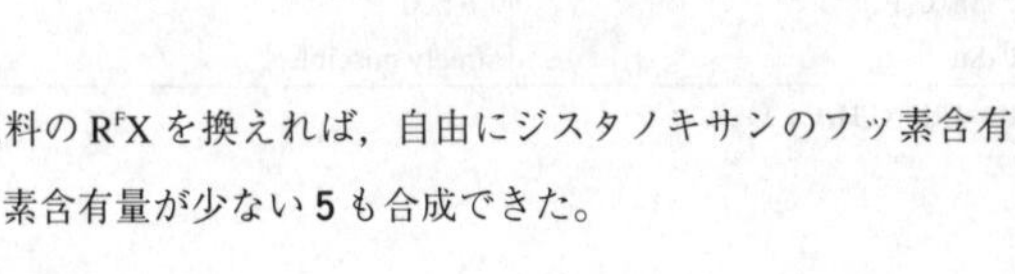
Ph_2SnCl_2 $\xrightarrow{R^FMgI}$ $R^F{}_2SnPh_2$ $\xrightarrow{HCl\ [TMSCl/MeOH]}$ $R^F{}_2SnCl_2$ 3
$2\,R^F{}_2SnCl_2$ 3 + $2/n\,(R^F{}_2SnO)_n$ 2 ⟶ $(ClR^F{}_2SnOSnR^F{}_2Cl)_2$
$R^F = C_6F_{12}C_2H_4$ (1)

図3　フルオラスジスタノキサン1の合成（ルート2）

る。また，出発原料のR^FXを換えれば，自由にジスタノキサンのフッ素含有量を変えることが可能で，よりフッ素含有量が少ない**5**も合成できた。

3　溶解度

フルオラススズ1はアセトンや酢酸エチルには溶解するが，その他の有機溶媒にはほとんど溶

解しない⁴(トルエン,ベンゼン≪1g/L,ヘキサン ＜1g/L,ジクロロメタン ca.1g/L,メタノール 2g/L,アセトニトリル 9g/L,アセトン 40g/L,酢酸エチル 48g/L)。一方,パーフルオロカーボン(FC-72, FC-40)やオクタフルオロシクロペンテンにはよく溶ける。

表1には,いくつかのフルオラススズとあわせてフルオラスジスタノキサン1のFC-72への溶解度を示した⁵。$C_6F_{13}C_2H_4$で置換したフルオラス有機スズはいずれも高い溶解性を示す。また,塩素をC_6F_5基で置き換えると,親フッ素性が高くなり$R^F{}_3SnC_6F_5$と$R^F{}_4Sn$は際限なくFC-72に溶解した。$R^F{}_2Sn(C_6F_5)_2$は〜500g/L もの溶解度を示した。これらの結果から,$C_6F_{13}C_2H_4$の方がC_6F_5よりも親フッ素性が高いことが分かる。

表2には,いくつかのフルオラススズをFC-72と有機溶媒の不均一な混合物へ溶解した際の分配比をまとめた。どのフルオラススズもFC-72に選択的に溶解した。また,FC-72への溶解度と同じく,C_6F_5誘導体の方が塩化物誘導体よりも高い分配係数を示した。一方,FC-72と炭化水素(トルエン,ベンゼン,ヘキサン)を用いてジスタノキサン1の分配係数を調べたところ,100：0の比でFC-72に溶解することが分かった。詳細は後で述べるが,この特徴を利用し,1を触媒に用いたトランスエステル化反応の後に分液操作を一回行うだけで,ほぼ定量的に1を回収できる。ジスタノキサン1に見られるこうした高い親フルオロカーボン性は,図1に示した二層構造に起因すると考えられる。すなわち,ジスタノキサンの極性部位に直接結合したフッ化アルキルによって,分子全体がフルオラス表面で覆われる。そのため表2に挙げたように,フッ素含有量から予想されるよりも高い親フルオロカーボン性が発現する。

表2には挙げていないが,4もほぼ同じ溶解性を示した。また,ジスタノキサン5では親フルオロカーボン性は若干低下した。

表1 フルオラススズのFC-72への溶解度

化合物	溶解度 (g/L)
1	153
$R^F{}_3SnCl$	59
$R^F{}_3SnCl_2$	32
$R^F{}_3SnC_6F_5$	freely miscible
$R^F{}_3Sn(C_6F_5)_2$	〜500
$R^F{}_4Sn$	freely miscible

$R^F = C_6F_{12}C_2H_4 (1)$

4 フルオラススズ化合物の酸性度

フルオラススズをルイス酸に用い,ベンゾトリフルオリド(BTF)中でアルコールのアセチル化を行った。フルオラススズ1を触媒に用いた場合には,反応は完結し高い収率でアセテートを

表2　フルオラススズのFC-72／有機溶媒への分配比

化合物	フッ素含有量（％）	有機溶媒	分配比 （FC-72／有機溶媒）
1	57.68	toluene	～100：0
		benzene	～100：0
		hexane	～100：0
		CH_2Cl_2	99：1
		MeOH	98：2
		acetone	97：3
		THF	96：4
R^F_3SnCl	61.98	toluene	92：8
		THF	73：27
$R^F_2SnCl_2$	55.89	toluene	82：18
		THF	68：32
$R^F_3SnC_6F_5$	62.99	toluene	99：1
		THF	97：3
$R^F_2Sn(C_6F_5)_2$	59.63	toluene	92：8
		THF	88：12
R^F_4Sn	65.55	toluene	99：1
		THF	97：3

$R^F = C_6F_{13}C_2H_4$

与えたが，単核のフルオラススズを用いた場合には低収率であった（表3）[5]。これらの結果から1が酸触媒として有効であることが分かった。

5　フルオラスカーボン溶媒を用いたトランスエステル化

フルオラスジスタノキサン1をFC-72に溶解し，ここにエステルとアルコールを1：1の比で

表3　フルオラススズを触媒に用いたアセチル化

$$Ph\diagdown OH \xrightarrow[BTH, rt, 22\,h]{\text{catalyst (1 mol\%)}\\ Ac_2O\,(1.0eq)} Ph\diagdown OAc$$

触媒	収率（％）
1	＞99
$R^F_3SnC_6F_5$	54
$R^F_2Sn(C_6F_5)_2$	60
R^F_4Sn	40
none	15

$R^F = C_6F_{13}C_2H_4$

加えた。この混合物を150℃で16時間加熱した後，トルエンで生成物を抽出してGLC分析したところ，極めて効果的にトランスエステル化が進行することが分かった[6]（図4）。種々のフルオラスジスタノキサンを用いたトランスエステル化の結果を表4にまとめた。

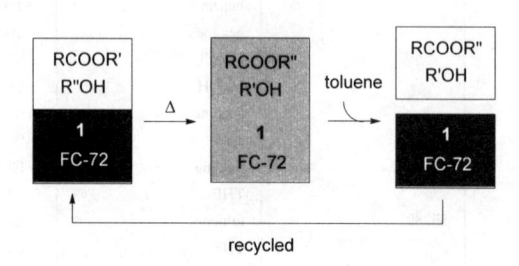

図4 フルオロカーボンを用いたトランスエステル化

表4 フルオラスカーボン溶媒を用いたトランスエステル化

entry	触媒（mol%）	GC収率（%）	触媒回収率（%）
1	1 (5.0)	>99	100
2	1 (2.0)	>99	100
3	1 (1.0)	96	100
4	4 (5.0)	>99	100
5	5 (5.0)	>99	98
6	none	65	

スズに置換したハロゲンの種類に関係なく効果的にトランスエステル化は進行した（entries 1 and 4）。また，スズ上のアルキル鎖は収率に影響しなかったが，反応後のジスタノキサン回収率には明らかな差が見られた（entries 1 and 5）。ジスタノキサン1，4は反応後，定量的にフルオラスカーボンから回収できたが，5の回収率は98％であった。2％という触媒の損失は一見無視できる値に見えるが，実際に工業的なレベルで触媒を回収再利用する場合には大きな損失となる。フルオラスジスタノキサン1の触媒活性は高く，わずか2モル％でも有効であった。しかし，1モル％にまで触媒量を減らすと反応は完結しなかった。同じ反応を触媒を加えないで行った場合には，エステル交換は65％しか進行しなかった。

次に触媒1，4を用いてさまざまなエステルとアルコールとの組み合わせでエステル交換反応を行った（表5）。エステルとアルコールを1：1の比で反応させたが，いずれの場合にも反応

はスムーズに進行し目的とするエステルを与えた。酸に不安定なゲラニオール，プロパギル基，THP 基，TBS エーテルといった官能基も損なわれることなく反応が進行した。これらの結果から，エステル交換反応が中性条件で進んでいることが分かる。

この反応では，反応後のフルオラス層をトルエンで2回洗浄すれば，生成物やアルコールなどの有機物を完全に抽出することができる。反応器にはフルオラスカーボンに溶解した1が残るが，ここに再びエステルとアルコールを加えれば，そのまま次の触媒反応に使うことができる。こうした簡便な操作で表5の反応を同じ触媒で行うことができた。一方，同一触媒で異なる反応を次々に行う場合には，フルオラスカーボン層をトルエンで洗浄する必要があるが，同一の反応を繰り返し行う場合には，デカンテーションで生成物を分離するだけで充分である。例えば，表5の entry 1 を繰り返し行った場合，はじめの反応は収率95%であるが，それ以降は>99%の収率で反応を10回繰り返し行うことができた。また，エステル交換を10回行った後にフルオラス層を濃縮すると，1が97%回収できた。

表5　フルオラスカーボン溶媒を用いたトランスエステル化

$$\text{RCOOR'} + \text{R"OH} \xrightarrow[\text{FC-72, 150 °C, 16 h}]{\text{catalyst}} \text{RCOOR"} + \text{R'OH}$$
(1.0 mmol)　(1.0 mmol)

entry	RCOOR′	R″OH	触媒	GC 収率 (%)	単離収率(%)
1	$Ph(CH_2)_2COOEt$	$C_8H_{17}OH$	1	>99	100
2	$Ph(CH_2)_2COOMe$	$PhCH=CHCH_2OH$	1	>99	100
3	$Ph(CH_2)_2COOEt$	$PhCH=CHCH_2OH$	4	>99	100
4		geraniol	1	>99	98
5		$PhC\equiv CCH_2OH$	1	>99	100
6		$THPO(CH_2)_8OH$	1	>99	99
7		$TBSO(CH_2)_8OH$	1	>99	100
8		2-octanol	1	>99	100
9		cyclohexanol	1	>99	99
10		menthol	1	>99[a]	
11		borneol	1	>99[a]	
12	$PhCH=CHCH_2OH$	$PhCH=CHCH_2OH$	1	>99	99
13	$RhCOOEt$	$PhCH=CHCH_2OH$	1	>99	100
14	$PhCOOMe$	$PhCH=CHCH_2OH$	1	>99	100

[a] at 160 °C

メチルエステルやエチルエステルなど低級アルコールのエステルを基質に用いたエステル交換反応では，エステルとアルコールを1：1の比で用いて平衡を完全に偏らせることに成功した。一方，ベンジルエステルやオクチルエステルなど高級アルコール由来のエステルを用いた場合に

は，図5に示したように，右からスタートしても左側からスタートしても同じ組成の混合物を与えた。これらの結果から，エステル交換によって低級アルコールが置換される場合にだけ，平衡が完全に偏るものと考えられる。

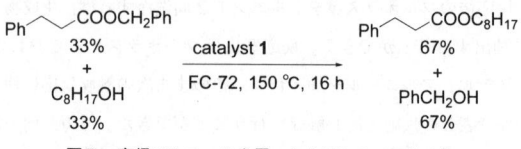

$$\text{Ph}\diagup\diagup\text{COOCH}_2\text{Ph} \quad \xrightarrow[\text{FC-72, 150 °C, 16 h}]{\text{catalyst 1}} \quad \text{Ph}\diagup\diagup\text{COOC}_8\text{H}_{17}$$

33%
+
$C_8H_{17}OH$
33%

67%
+
$PhCH_2OH$
67%

図5　高級アルコールを用いたトランスエステル化

6　フルオロカーボン／有機溶媒二層系でのトランスエステル化

　有機溶媒が必要な場合には，フルオロカーボン／有機溶媒二層系でトランスエステル化を行うことも可能である（図6）。FC-72／トルエンを溶媒に用い，エステルとアルコールを1：1の比で反応させた場合にはエステル交換は完結しないが，アルコールを1.2等量から1.3等量用いることで交換反応が完結した。一方，触媒を加えなかった場合には，わずか23%しかエステル交換は進行しなかった。

　アルコールを溶媒に用いた場合にも交換反応はスムーズに進行し，高級アルコールのエステルをメチルエステルやエチルエステルに変換できた。また，FC-72に溶解した1を繰り返し使って$Ph(CH_2)_2COOEt$とメタノールの交換反応を20回行ったが，収率の低下は見られずメチルエステルを定量的に与えた。また，20回反応に使用した後でもフルオラスジスタノキサンは91%回収された。

7　有機溶媒を用いたトランスエステル化

　エステル交換反応を有機溶媒中で行った後に，フルオラスカーボンで触媒を回収することもで

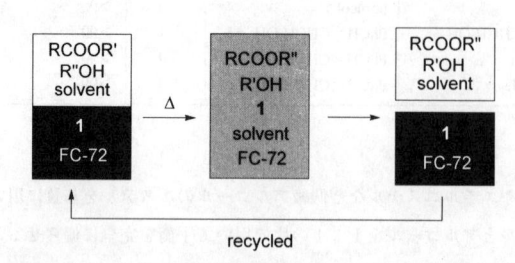

図6　フルオロカーボン／有機溶媒を用いたトランスエステル化

きる。5モル%のフルオラスジスタノキサンを用いて，トルエン中，環流下で速やかに交換反応が起こった（図7）。この場合にも小過剰のアルコールを用いる必要があるが，交換反応は完結した。フルオラスカーボン中でエステル交換を行った場合とほぼ同じ結果を与えることから，フルオラスジスタノキサンは室温ではトルエンに不溶だが，加熱中は溶解しているものと思われる。これは，粉末のフルオラスジスタノキサンが反応後に多結晶として回収される事実からも支持される。トルエン中，環流下でエステル交換を行った場合にも，高い官能基選択性が発現した。興味深いことに，フルオラスカーボン中でアセト酢酸エチルのエステル交換を行うと一部分解が見られるが，トルエン中，環流下で反応を行った場合には分解は全く見られなかった。これは，エステル交換反応を150℃より低温で行うことができる特徴の一つである。

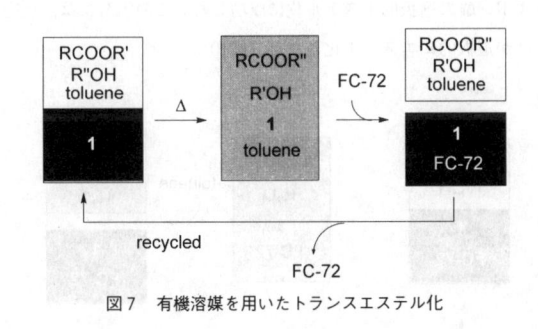

図7 有機溶媒を用いたトランスエステル化

8 エステル化反応

これまで述べてきたエステル交換反応では，より低級なアルコールが反応系から取り除かれることで平衡が生成物側へシフトし，交換反応が完結した。水はアルコールよりも親フッ素性が低いので，カルボン酸とアルコールとのエステル化反応はより速やかに進行すると予想できる。カルボン酸とアルコールを1：1の比で混合し，5 mol%の1存在下，FC-72中で加熱したところ，目的とするエステル化反応が速やかに進行した[7]（図8，表6）。立体障害が少ない組み合わせで反応を行った場合には，定量的にエステルを与えた（entries 1～14）。酸に不安定な官能基を持ったエステルも問題なく合成できた（entries 3～7）。一方，触媒を加えない場合には，44時間後でも反応は完結しなかった（entries 25 and 26）。

反応後，FC-72層を濃縮したところ，触媒をほぼ全量回収することができた。しかし，同定できない不純物が混入しており，これはおそらく有機スズカルボキシラートと思われる。不純物が混入した触媒も元のスズ触媒とほぼ同じ触媒活性を示すことから，1が溶解したフルオラス層を

繰り返し利用することができる。図8に示すように生成物はトルエンで抽出されるが，大きなスケールで反応を行った場合には，ピペットでエステルを取り出すなど目視による分離も可能である。この場合には1が溶解したFC-72にカルボン酸とアルコールを加えて加熱，その後，目視で生成物を分離することで定量的にエステルを得ることができた（図9）。当然，触媒の分解と抽出による損失は避けられないが，517mgの触媒を用いてエステル化を10回繰り返した後に，491mgの触媒が回収された。

また，表7に示すように，立体障害が大きい場合にはエステル化はあまり進行しなかった（entries 15〜21）。芳香族カルボン酸や不飽和カルボン酸を用いた場合も低収率であったが（entries 22〜24），電子吸引基を持った芳香族では定量的に進んだ（entries 10〜12）。この反応性の違いを利用して，ジカルボン酸の選択的エステル化に成功した。この場合には，反応性が高い脂肪族側のカルボン酸だけが選択的にエステル化された（図10）。

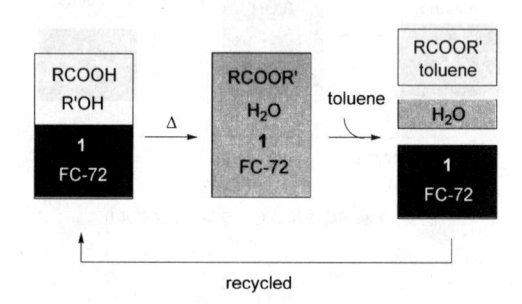

図8　フルオラスカーボンを用いたエステル化

run	単離収率（%）
1	99.8
2	99.6
3	99.6
4	100.0
5	99.6
6	99.8
7	99.8
8	99.7
9	99.5
10	99.6

図9　回収した触媒によるエステル化

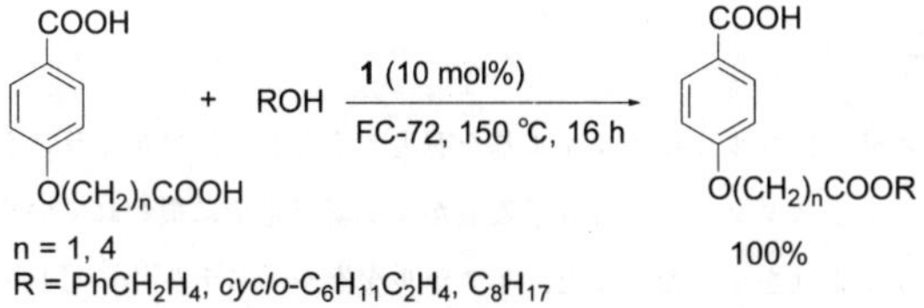

第 6 章　フルオラス有機スズ触媒

COOH + ROH $\xrightarrow[\text{FC-72, 150 °C, 16 h}]{\textbf{1} (10 \text{ mol\%})}$ COOR'

n = 1, 4
R = PhCH$_2$H$_4$, cyclo-C$_6$H$_{11}$C$_2$H$_4$, C$_8$H$_{17}$

100%

図10　選択的エステル化

表6　フルオラスカーボン溶媒を用いたエステル化

RCOOH + R'OH $\xrightarrow[\text{FC-72, 150 °C, 10 h}]{\text{catalyst (5 mol\%)}}$ RCOOR' + H$_2$O
(2.0 mmol)　(2.0 mmol)

entry	RCOOH	R'OH	GC 収率(%)	単離収率(%)
1	Ph(CH$_2$)$_2$COOH （**6**）	PhCH$_2$OH （**10**）	>99.9	100
2[a]	6	C$_8$H$_{17}$OH	>99	100
3[a]	6	TBSO(CH$_2$)$_8$OH	>99	98
4[a]	6	THPO(CH$_2$)$_8$OH	>99	98
5[a]	6	geraniol	>99	100
6[a]	6	PhCH=CHCH$_2$OH	>99	99
7[a]	6	PhC≡CCH$_2$OH	>99	99
8	6	10	>99.9	100
9	C$_8$H$_{15}$COOH	10	>99.9	99
10	p-NO$_2$C$_6$H$_4$COOH	10	>99.9	100
11	C$_6$F$_5$COOH	10	>99.9	99
12	p-CF$_3$C$_6$H$_4$COOH	10	>99.9	99
13[a]	CH$_2$=CH(CH$_2$)$_8$COOH	10	>99.9	98
14[a]	2-(4-ClC$_6$H$_4$O)OC(CH$_2$)$_2$COOH	10	>99.9	98
15[a]	6	menthol	45	44
16[a]	6	borneol	65	63
17[a]	Ph$_2$C(CH$_3$)COOH	10	3.5	
18[a]	1-adamantanecarboxylic acid	10	14	
19[a]	7	10	13	
20[a]	8	10	16	
21[a]	9	10	4	
22[a]	C$_6$H$_5$COOH	10	22	
23[a]	p-CH$_3$C$_6$H$_4$COOH	10	26	
24[a]	PhCH=CHCOOH	10	32	
25[a,b]	6	10	67	
26[b,c]	6	10	93	

[a] Reaction time=16 h.　[b] Without catalyst.　[c] Reaction time=44 h.

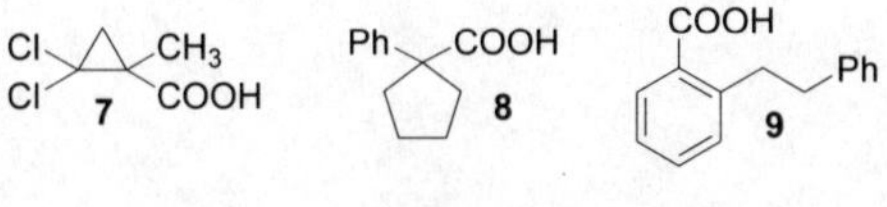

7: Cl$_2$C(CH$_3$)(COOH)cyclopropane
8: Ph-C(COOH)-cyclopentane
9: 2-(2-phenylethyl)benzoic acid

9 おわりに

我々はジスタノキサンにフルオロアルキル基を導入することで,フルオラスジスタノキサンを合成した。フルオラスジスタノキサンは分子表面がフッ素で完全に覆われているため,フッ素含有量の割に高い親フッ素性を示した。また,エステル交換やエステル化に対して高い触媒活性を示したが,パーフルオロカーボンを用いて回収,再利用することができた。トランスエステル化は平衡反応なので,通常,交換反応を完結させるには過剰の反応剤を用いたり,生じてくる副生物を系外に取り出す必要がある。一方,フルオラスジスタノキサンを触媒に用いたエステル交換では,1対1の比で基質と反応剤を反応させることで交換反応が完結した。「100%転化率,100%収率」究極の有機反応の一例と言えよう。

文 献

1) (a) Horvath, I. T., *Acc. Chem. Res*., 31, 641 (1998)
   (b) Gladysz, J. A., *Science*, 266, 55 (1994)
   (c) Hope, E. G., Stuart, A. M., *J. Fluorine Chem*., 100, 75 (1999)
   (d) Curran, D., Lee, Z., *Green Chem*., G3 (2003)
2) (a) Orita, A., Hamada, Y., Nakano, T., Toyoshima, S., Otera, J., *Chem. Eur. J*., 7, 3321 (2001)
   (b) Durand, S., Sakamoto, K., Fukuyama, T., Orita, A., Otera, J., Duthie, A., Dakternieks, D., Schulte, M., Jurkschat, K., *Organometallics*, 19, 3220 (2000)
   (c) Sakamoto K., Ikeda H., Akashi H., Fukuyama T., Orita, A., Otera, J., *Organometallics*, 19, 3242 (2000)
   (d) Orita, A., Sakamoto, K., Hamada, Y., Otera, J., *Synlett*, 140 (2000)
3) (a) Otera, J., *In Advances in Detailed Reaction Mechanisms*, Coxon, J. M., Ed., JAI Press Inc., Greenwich, CT, Vol. 3, 167-197(1994)
   (b) Otera, J., Dan-oh, N., Nozaki, H., *J. Org. Chem*., 56, 5307(1991)
   (c) Otera, J., Yano, T., Himeno, Y., Nozaki, H., *Tetrahedron Lett*., 27, 4501(1986)
4) Xiang, J., Orita, A., Otera, J., *J. Organomet. Chem*., 648, 246(2001)
5) Imakura, Y., Nishiguchi, S., Orita, A., Otera, J., *Appl. Organomet. Chem*., 17, 795 (2003)
6) (a) Xiang, J., Toyoshima, S., Orita, A., Otera, J., *Angew. Chem. Int. Ed*., 40, 3670 (2001)
   (b) Xiang, J., Orita, A., Otera, J., *Adv. Synth. Catal*., 344, 84 (2002)
7) Xiang, J., Orita, A., Otera, J., *Angew. Chem. Int. Ed*., 41, 4117 (2002)

第7章　Fluorous Chemistry を基礎とした高効率的フルオラス二相系触媒反応とキラル β-シクロデキストリンカラムによるフルオラス化合物の光学分離技術の開発

三上幸一[*1], 松澤啓史[*2]

1　はじめに

近年，グリーンケミストリーを指向した新しい反応プロセスの開発は，環境保護の観点からも極めて重要な課題となっている。特に，反応・分離精製プロセスにおいてよく用いられてきたハロゲン系溶媒は環境負荷が大きいため，これらに代わる新しい反応媒体としてフルオラス溶媒，イオン液体，超臨界流体などが注目されている。中でも我々はフルオラス溶媒の特異的性質に着目し，マイクロ化学システムへ応用することで，極めて高効率的な反応プロセスの開発に成功した。フルオラス溶媒は，アルカン，アルケンなどの炭化水素の水素原子が全てフッ素に置き換わったものであり，化学的，物理的性質が相当する炭化水素と大きく異なる。フルオラス溶媒の最大の特徴は，ほとんどの有機化合物と混合しないことである。この特徴を利用した有機溶媒／フルオラス溶媒による二相系反応（Fluorous Biphase System；FBS）は，フルオラス触媒反応（Fluorous Biphase Catalysis；FBC）に最もよく用いられる。この二相系反応は，①フルオラス溶媒と有機溶媒の組み合わせによっては加熱することで単一相となり，有機溶媒／水二相系より反応が迅速に進行する，②有機溶媒／水二相系ではできない水に敏感な反応系にも使用できる，③有機溶媒中の生成物とフルオラス溶媒中の触媒は室温で相分離することで簡単に回収でき，またその触媒相は次の反応に再利用することができる，という三つの大きな利点を持つ。それゆえ FBS，さらには水相を含めた FMS（Fluorous Multi-phase System）の開発は，環境にやさしい反応プロセスの構築につながると言える。

[*1] Koichi Mikami　東京工業大学大学院　理工学研究科　教授
[*2] Hiroshi Matsuzawa　東京工業大学大学院　理工学研究科

2 フルオラスナノフローリアクターによる高効率的フルオラス二相系触媒反応

マイクロ化学システムは，超微細加工技術によって作られた幅数μmから数百μmを中心とするマイクロ空間を利用し，化学反応などを行うプロセスである[1]。化学装置を小型化していくと，単に体積が小さくなるだけでなく，"微小空間効果"と呼ぶべき効果が顕在化し，従来スケールでは考えられなかったことが可能となる。微小なマイクロ空間を活用し，流体を高速，高精度に制御するマイクロ化学プロセス技術は，分析・計測の効率化・高速化のための革新的技術として活用されてきた。また最近では，特異的反応場，すなわちマイクロリアクターへの応用技術としても注目を集めている。

マイクロリアクターには，通常用いられるナスフラスコのような反応容器と比べて，大きく異なる特徴が二つある。

①比表面積と比界面積が大きいため，分子の拡散距離が短く，拡散律速の反応は劇的に高速化される。また固—液，あるいは液—液など，界面が関わる物質移動や反応が効率化される。
②熱容量の小さな反応場であるために，高速の温度制御や反応熱の除去などが可能となる。

我々は①の高速拡散に着目し，フルオラス二相系触媒反応においても拡散混合が効率的に行えると考えた。当研究室では，当初セントラル硝子と，次いで野口研究所と共同研究でフルオラス希土類ルイス酸触媒（RE(CPf$_3$)$_3$, RE(NPf$_2$)$_3$：RE=Sc, Yb；Pf=CF$_3$C$_8$F$_{17}$）を開発し，触媒の完全回収・再利用可能なフルオラス二相系触媒反応を研究してきた[2]。しかしながら，このようなフルオラス二相系触媒反応では，反応を促進するために昇温により反応系を均一系にする必要がある。一方，マイクロリアクターを用いるマイクロ化学プロセスは数十μmという微小空間で行われるため，効率的温度制御や異なる二液間の層流支配域での界面を通した高速拡散が可能となる。すなわち，通常のフラスコ反応における乱流支配域での機械的混合に比べて，著しく短い反応時間で高い反応収率が期待できる。

我々は反応系を加熱することなく，液—液の不均一反応系で拡散混合が効率的に行えると考え，極微量のフルオラスルイス酸触媒を用いて温和な条件下での高効率フルオラス二相系触媒反応の開発を検討した。また，同様の反応促進効果は水相—有機相二相系においても期待できる。そこで，フルオラスルイス酸触媒を用いて高効率的水相—有機フルオラスハイブリッド相二相系触媒反応の開発についても検討した。通常，マイクロリアクター中のフローはマイクロフィーダーと呼ばれるように10～500μL/min程度の流量制御しかできず，マイクロからナノへの3桁のリアクターのダウンサイジングが問題となっていた。分析に用いられる電気浸透流（Electro Osmotic Flow）は流体の極性に依存し，非極性のフルオラス媒体に用いることはできない。すな

わち nL/min オーダーに流速制御することが大問題であった。そこにフルオラスナノフローシステム開発の意義がある。

2.1 ナノフローマイクロリアクターを用いたフルオラス二相系向山アルドール反応[3]

向山アルドール反応は，有機合成反応において最も重要な炭素—炭素結合生成反応であり，これまでさまざまなルイス酸が触媒として用いられている[4]。その際，ルイス酸は1～10mol%必要であり，反応時間は数時間を要する。我々は以前に，フルオラス二相系で RE（CPf$_3$）$_3$をルイス酸触媒とした向山アルドール反応について検討し，15分という短い反応時間で反応が進行し，3回の触媒のリサイクルが可能であることを明らかにしている。そこで，この反応系をマイクロリアクターに応用することを試みた。

今回反応に用いたマイクロリアクターは，高圧ナノ送液ポンプ DiNaS（Direct Nanoflow System）とマイクロチップによって構成されている（図1）[5]。DiNaS は，ケーワイエーテクノロジーズ社製であり，試薬溶液を1nL/minから200,000nL/minの流速で送液することが可能である。二つのポンプを用いて，一つはフルオラス溶媒に溶かしたフルオラス触媒を，もう一つは有機溶媒に溶かした反応基質をマイクロチップに導入した。マイクロチップは，富士電機デバイステクノロジー社製であり，ナノフローシステムの開発により流路長は1～3cmでも十分となった。幅が30あるいは60μm，深さ30μmのものを使用した。マイクロチップの流路径は物質拡散に大きな影響を与え，拡散混合時間は流路径の2乗に比例する（Fickの第二法則）[6]。すなわち，流路径を1/10に短くすると，拡散混合時間は1/100に大幅に短縮することができる。

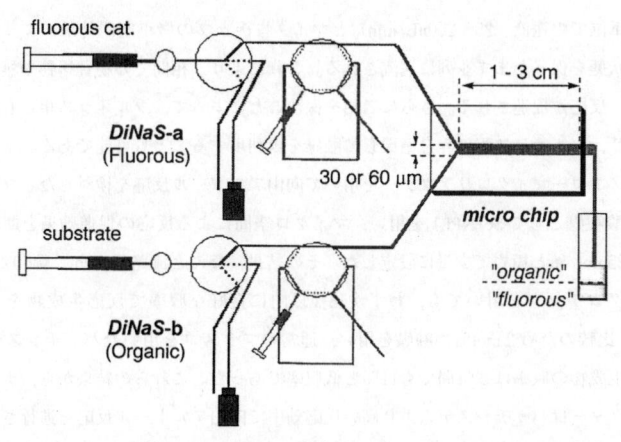

図1　フルオラス二相系ナノフローシステム

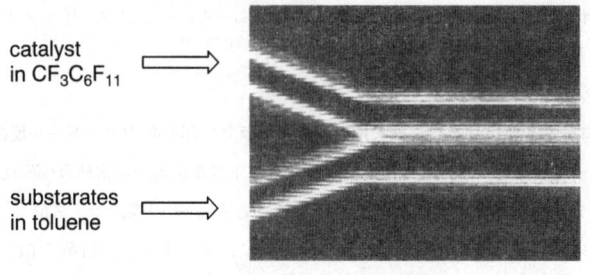

写真1　マイクロチップの様子

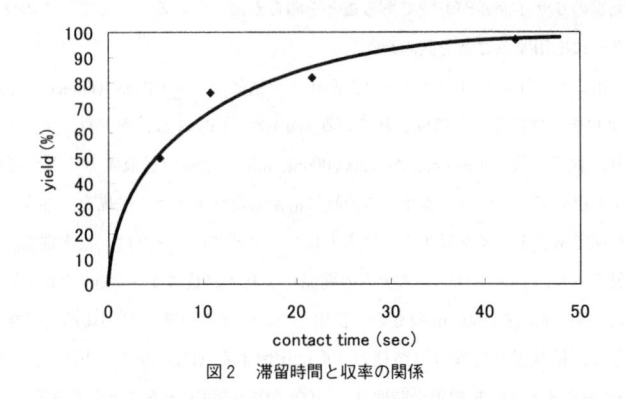

図2　滞留時間と収率の関係

　フルオラス溶媒および有機溶媒を導入した際のマイクロチップの様子を写真1に示す。DiNaSによるナノ単位での送液（25～200nL/min）とマイクロチップの微小空間効果によって，二つの溶媒は層流状態を保ったまま並列に送流される。これにより二相間での物質移動や熱移動が効率的に行われ，反応が促進される。さらに二相を保つことによって，フルオラス相と有機相の分離が容易になり，フルオラス相のみを循環して触媒を再利用することも可能である。

　まず，ナノフローマイクロリアクターを用いて向山アルドール反応を検討した。フルオラス希土類ルイス酸触媒として$Sc(NPf_2)_3$を用い，マイクロ空間による反応の促進効果を期待して，触媒量を0.0625mol/%と極めて少量に設定した。その結果，なんと流路長1cm，幅60μm，深さ30μmのマイクロチップを用いても，わずか48秒以内に良好な収率で反応生成物を与えた（図2）。一方，比較のため2mol%の触媒を用い，通常のフラスコを用いたバッチシステムで行ったところ，生成物の収率は2時間でも11%と低収率であった。これらの結果から，ナノフローマイクロリアクターはバッチシステムより高い反応効率で向山アルドール反応を進行させることが分かった。

第7章 Fluorous Chemistryを基礎とした高効率的フルオラス二相系触媒反応とキラルβ-シクロデキストリンカラムによるフルオラス化合物の光学分離技術の開発

表1 向山アルドール反応における流速の影響[a]

flow rate (nL / min)	yield (%)[b]	1 : 2
25	97	1 : 1.1
50	82	1 : 1.5
100	76	1 : 2.6
200	50	1 : 1.5

[a] Depth 30 μm, width 60 μm, length 1 cm microchip was used.
[b] Determined by GC using n-decane as an internal standard.

表2 向山アルドール反応における流路長の影響[a]

length (cm)	yield (%)[b]	1 : 2
1	50	1 : 1.5
2	67	1 : 1.1
3	88	1 : 1.9

[a] Depth 30 μm, width 60 μm micro chip was used and flow rate was 200 nL / min.
[b] Determined by GC using n-decane as an internal standard.

次に,ナノフローマイクロリアクターにおける反応条件の検討を行った。フルオラス溶媒—有機溶媒の接触時間が長くなれば,収率が向上することが考えられる。そこでまず,流速の検討を行った(表1)。予想した通り,流速を遅くして接触時間を長くすることによって収率が向上し,特に流速が25nL/minのとき97%と非常に高い収率で反応が進行することが分かった。同様の促進効果は,マイクロチップの流路長を長くすることによっても観測された(表2)。

流速の検討結果から,滞留時間と収率の関係をグラフ上にプロットした(図2)。時間が約5秒(流速200nL/min)であるとき収率は50%に過ぎないが,時間を約40秒(流速20nL/min)と長くすると,目的生成物がほぼ定量的に得られることが分かった。

先に述べたように,拡散混合時間はマイクロチップの流路径の2乗に比例する。そこで,マイクロチップの流路幅についても検討してみることにした(表3)。5.4秒の接触時間で流路幅が60 μmであるとき収率は50%であったが,30 μmに狭くすると収率が71%と大きく向上した。また

$$\text{PhCHO} + \underset{\text{OMe}}{\overset{\text{OSiMe}_3}{\diagdown}} \xrightarrow[\substack{\text{toluene/CF}_3\text{C}_6\text{F}_{11} \\ 55\ ^\circ\text{C}}]{\text{Sc(NPf}_2)_3} \underset{\mathbf{1}}{\text{Me}_3\text{SiO-Ph-C(Me)}_2\text{-CO}_2\text{Me}} + \underset{\mathbf{2}}{\text{HO-Ph-C(Me)}_2\text{-CO}_2\text{Me}}$$

表3　向山アルドール反応における流路幅の影響 [a]

contact time (sec)	width (μm)	yield (%) [b]	1 : 2
5.4	30	71	1 : 2.5
	60	50	1 : 1.5
10.8	30	92	1 : 2.2
	60	76	1 : 2.6

[a] Depth 30 μm, length 1cm microchip was used.
[b] Determined by GC using n-decane as an internal standard.

滞留時間を10.8秒に長くすると，収率92％とほぼ定量的に目的生成物が得られた。これらの結果から，マイクロチップの流路幅を狭くすることによって拡散効率が上がり，目的生成物が定量的に得られることが分かった。

2.2　ナノフローマイクロリアクターを用いた水—BTF 二相系 Baeyer–Villiger 反応[7]

　Baeyer–Villiger 反応は，酸化反応の一種であり，過酸化物によってケトンをエステルまたはラクトンに変換する反応である[8]。この反応の酸化剤として一般に過酸が用いられるが，過酸は爆発性に富むため大量スケールで用いることは困難である。また，過酸は反応後にカルボン酸へと還元され反応系に残るため，アトムエコノミーの観点から好ましくない[9]。一方，過酸化水素は反応後水が生成するだけであることから，環境にやさしい酸化剤として近年注目を集めている。しかし，Baeyer–Villiger 反応に有効な濃度40％以上の過酸化水素水は，過酸と同様に爆発性を有し，しかも一般に不均一な水—有機溶媒二相系となるために反応活性は低く，位置異性体の混合物や生成物の加水分解をともなうことが多い。これら二つの問題点を解決することが，工業化を指向したグリーンな Baeyer–Villiger 反応の開発の鍵になると考えられる。

　そこで我々は，過酸化水素水を用いた Baeyer–Villiger 反応の問題点を解決する手段としてナノフローマイクロリアクターを用いることを考えた。ナノフローマイクロリアクターを用いることによって，低濃度の過酸化水素水存在下，水—有機溶媒二相系で効率的にしかも位置選択的に反応が進行することが期待された。

　実際にナノフローマイクロリアクターを用いて，Sc(NPf$_2$)$_3$をルイス酸触媒とした Baeyer–Villiger 反応を検討した。その装置図を図3に示す。有機溶媒には，フルオラスルイス酸触媒，反応基質に対して溶解性の高いフルオラス—有機溶媒ハイブリッド溶媒であるベンゾトリフルオラ

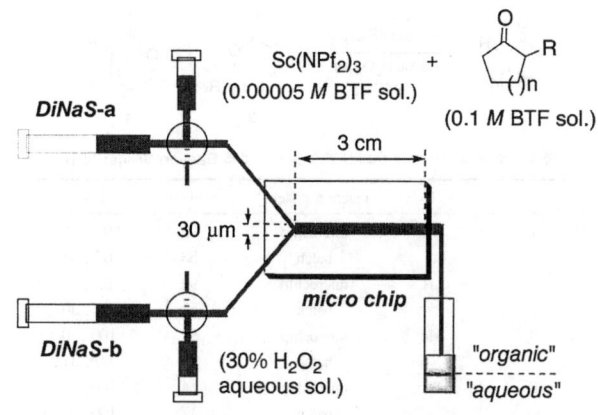

第7章 Fluorous Chemistryを基礎とした高効率的フルオラス二相系触媒反応とキラルβ-シクロデキストリンカラムによるフルオラス化合物の光学分離技術の開発

図3 ナノフローリアクターを用いたBaeyer–Villiger反応

イド（BTF）を用いた。高圧ナノ送液ポンプDiNaSによって，0.1Mのケトンおよび極低濃度（0.00005M）のSc(NPf$_2$)$_3$BTF溶液と30%過酸化水素水を，流速100nL/minでマイクロチップ（流路幅30μm，深さ30μm，長さ3cm）に導入し，水—BTF二相系Baeyer–Villiger反応を行った。

さまざまな環状ケトンを反応基質として用い，ナノフローマイクロリアクターでBaeyer–Villiger反応を検討した（表4）。通常のバッチ反応条件では，より高濃度の触媒でも5時間撹拌して中程度の収率であったが，それとは対照的にナノフローマイクロリアクターでは，8秒という極短時間であるのにも関わらず高収率で目的生成物が得られた。また，問題となる位置選択性は，反応基質としてα-置換シクロペンタノンあるいはシクロヘキサノンを用いたとき，ナノフローマイクロリアクターでは完全な位置選択性で目的生成物が得られた。低い位置選択性しか得られなかったバッチ反応システムとは際立った対比を示している。

ナノフローマイクロリアクターを用いた際，高い位置選択性で生成物が得られた理由として金属パーオキソ種[10]の生成があげられる。通常の反応条件では金属パーオキソ種の生成は困難であるが，ナノフローマイクロリアクターでは効率的な拡散のために金属パーオキソ種が効率的に生成していると考えられる。反応機構は，ルイス酸がカルボニル基の酸素に配位して過酸化水素が反応するルート（path a）と，ルイス酸と過酸化水素が反応して金属パーオキソ種が生成し，それが基質と反応するルート（path b）の二つが考えられる（図4）。path aの場合，過酸化水素は基質と分子間で反応するため，ルイス酸によってカルボニル炭素に対する求核攻撃の位置選択性は制御されない。一方path bの場合，金属パーオキソ種は基質と分子内で反応するため，ルイ

表4 ナノフローマイクロリアクターによる Baeyer–Villiger 反応

n	R	reaction system[a]	yield (%)[b]	3 : 4[c]
1	Me	microchip	99	97 : 3
		batch	53	67 : 33
1	C_5H_{11}	microchip	92	99 : 1
		batch	55	70 : 30
2	Me	microchip	91	100 : 0
		batch	28	69 : 31
2	Ph	microchip	74	100 : 0
		batch	17	100 : 0
2	H	microchip	63	—
		batch	22	—

[a] Microchip: catalyst, 0.05 mol%; contact time, 8.1 sec, batch: catalyst, 1 mol%; reaction time, 5h.
[b] Determined by GC using n-decane as an internal standard.
[c] Determined by GC.

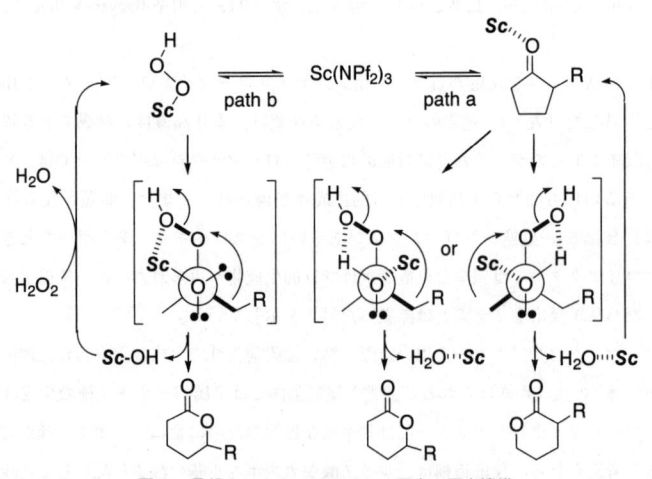

図4 予想される Baeyer–Villiger 反応の反応機構

ス酸によってカルボニル炭素に対する求核攻撃が位置選択的に制御される。その結果，path a が位置異性体の混合物を与えるのに対し，path b は置換基の結合した炭素が転位した位置異性体のみを与える。実際，バッチ反応でもルイス酸と過酸化水素を混合後，基質と反応させた場合で

は，高い位置選択性が発現することを確認している．

　以上，フルオラス希土類ルイス酸の新たな反応場としてナノフローマイクロリアクターを開発し，フルオラス相―有機相二相系向山アルドール反応，および水相―有機相二相系 Baeyer–Villiger 反応を行った．その結果，反応性を飛躍的に向上させることのみならず，選択性までも向上させることに成功した．いずれの場合も，向山アルドール反応において，通常のバッチ反応条件下，低濃度（0.00006 M）のフルオラス触媒を用いると生成物の収率が低いのに対し，ナノフローマイクロリアクター中での反応はわずか48秒以内に良好な収率で反応生成物を与えた．マイクロチップの長さと流速を変えることによって，チップ中でフルオラス―有機溶媒の接触時間が長くなり反応収率は増加する．また，流路幅を狭くするとマイクロチップ中での拡散がさらに促進され，収率が向上することを見出した．Baeyer–Villiger 反応においては，通常のバッチ反応条件下に比べて，マイクロリアクター反応では 8 秒という極短時間で生成物が高収率で得られた．さらに，バッチ反応条件下では低～中程度の位置選択性しか得られない α-置換シクロペンタノンあるいはシクロヘキサノンについても，マイクロチップ中では完全な位置選択性を発現することを見出した．したがって，フルオラスナノフローマイクロリアクターの開発によって反応の効率のみならず，選択性をも飛躍的に向上しうることを明らかにした．

3　キラル β-シクロデキストリン（β-CD）カラムによるフルオラス化合物の分離

　当研究室では，野口研究所との共同研究で，希土類パーフルオロアルキルスルホニルメチドおよびアミドと CD との複合体を合成した際，パーフルオロアルキル基の炭素数が 4 のとき β-あるいは γ-CD が 1 個包接し，炭素数が 8 のとき β-あるいは γ-CD が 2 個包接することを見出している（図 5）[11]．パーフルオロアルキル基が CD に包接されるのは，CD の空洞内およびパーフルオロアルキル基がともに強い疎水性であり，疎水性相互作用が働くためであると考えられている．これらの知見にもとづけば，β-あるいは γ-CD を充填したカラムが，異なるパーフルオロアルキル基を持つ混合物を識別し，単一生成物へ分離できると考えた．

　もし CD カラムが異なるパーフルオロアルキル基を持つ混合物から単一生成物へ分離することができれば，キラルな β-CD カラムはフルオラス混合合成後のエナンチオマーの分離に有用となる[12]．フルオラス混合合成は複数の誘導体を同時に得る方法であり，ライブラリー構築に非常に有効である．通常この方法に用いられるカラムは，日本のネオス社が開発した Fluofix[13]や，その後アメリカの Fluorous Technology 社が開発した FluoroFlash のようなフルオラス逆相シリカゲルカラムである．これらのカラムは，分枝型あるいは直鎖型のパーフルオロアルキル基が結合

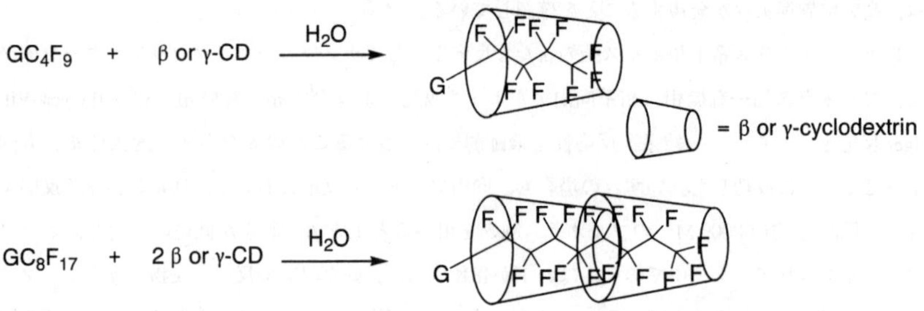

GC$_4$F$_9$ + β or γ-CD $\xrightarrow{H_2O}$ [図]   = β or γ-cyclodextrin

GC$_8$F$_{17}$ + 2 β or γ-CD $\xrightarrow{H_2O}$ [図]

図5　フルオラス希土類ルイス酸に対するシクロデキストリンの包接

したシリカゲルを充填したカラムで，化合物のフッ素原子の数を識別し，フッ素含有率の少ない順に化合物を溶出する。

　フッ素親和性による識別と包接による識別の違いから，CDカラムはフルオラスシリカゲルカラムと異なる分離能を示すことが予想される。そこでまず，β-CDカラムが異なるフルオラスタグを持つ混合物を分離できるかどうかを確認し，フルオラスシリカゲルカラムであるFluofixおよびFluoroFlashとの間に分離能の違いが見られるかどうかを検討した。さらに，β-CDがキラルであることを利用し，β-CDカラムを用いたフルオラスタグを持つラセミ体の効率的な光学分割を最終目的とした。

3.1　β-CDカラムのフルオラスタグ識別能[4]

　本研究で使用するβ-CDカラムとして，住化分析センターから販売されているSUMICHIRAL®OA-7000シリーズを用いることにした。SUMICHIRAL OA-7000シリーズには，OA-7000, 7100, 7500の3種類があり，固定相がそれぞれ異なる。SUMICHIRAL OA-7000シリーズの基本構造は，シリカゲル，β-CD，シリカゲルとβ-CDをつなぐスペーサーの3種類によって構成されている（図6）。SUMICHIRAL OA-7000は，非修飾のβ-CDを持ち，スペーサーとして高極性の糖鎖（グルクロニルグルクノイル基）を持つ固定相である。一方，SUMICHIRAL OA-7100および7500は，スペーサーとして低極性のアルキル基（炭素数5あるいは6）を持ち，OA-7100には非修飾のβ-CDが充填され，OA-7500には水酸基をメチル化したβ-CDが充填されている。

　最初に，逆相系の溶媒でエステル5を用いてβ-CDカラムのフルオラスタグ識別能を検討した（図7）。分析条件は，カラム=SUMICHIRAL OA-7500, 移動相=アセトニトリル／水とした。アセトニトリル／水=65／35のとき，5つのエステルはフルオラスタグの短いものから順に溶出された。このことは，β-CDに対するフルオラスタグの包接のしやすさと一致している。つまり，パーフルオロアルキル基の炭素数が7以上になるとβ-CDが2個包接されるため，長

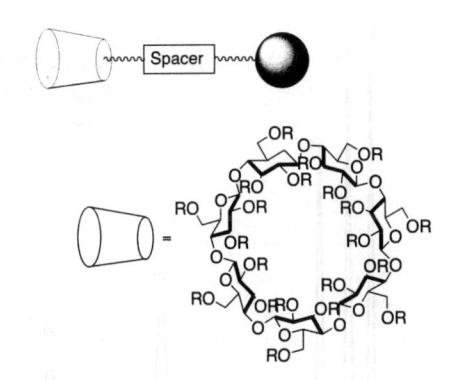

第7章 Fluorous Chemistryを基礎とした高効率的フルオラス二相系触媒反応とキラルβ-シクロデキストリンカラムによるフルオラス化合物の光学分離技術の開発

	R	Spacer
SUMICHIRAL OA-7000	H	sugar chain
SUMICHIRAL OA-7100	H	alkyl group
SUMICHIRAL OA-7500	Me	alkyl group

図6　SUMICHIRAL OA-7000シリーズの固定相

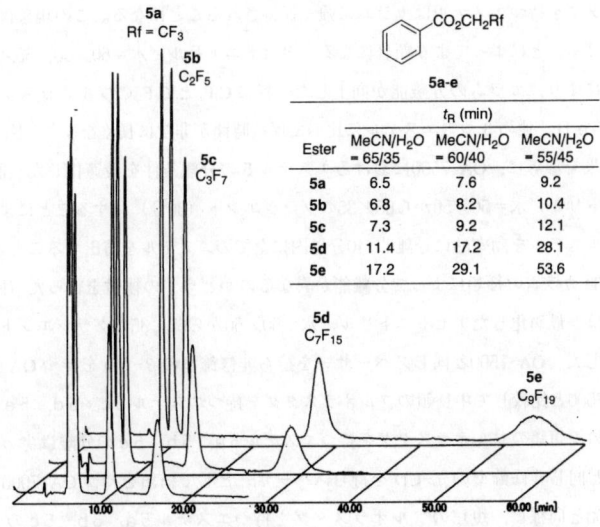

5a　Rf = CF_3
5b　C_2F_5
5c　C_3F_7
5d　C_7F_{15}
5e　C_9F_{19}

CO_2CH_2Rf

5a-e

Ester	t_R (min)		
	MeCN/H_2O = 65/35	MeCN/H_2O = 60/40	MeCN/H_2O = 55/45
5a	6.5	7.6	9.2
5b	6.8	8.2	10.4
5c	7.3	9.2	12.1
5d	11.4	17.2	28.1
5e	17.2	29.1	53.6

図7　SUMICHIRAL OA-7500を用いたフルオラスエステル5a〜eの分離
下からアセトニトリル／水＝65／35, 60／40, 55／45 (v/v), 流速：0.7mL/min

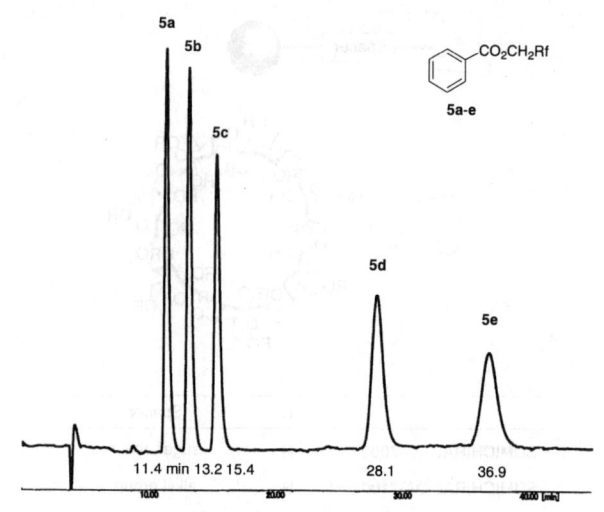

図8　SUMICHIRAL OA-7500を用いた最適条件下でのフルオラスエステル5a～eの分離
移動相：アセトニトリル／水（50／50から65／35のグラジエント（30min），その後65／35一定，v/v），流速：0.7mL/min

いフルオラスタグを持つエステルはカラムに強く保持されることになる。この現象は，移動相の水の比率を上げることによってより顕著になる。アセトニトリル／水＝60／40，55／45と水の比率上げることにより，カラムの分離能が向上した。特にC_7F_{15}とC_9F_{19}のフルオラスタグを持つエステル5dと5eは，他の3つのエステルに比べて保持時間が非常に長くなった（図7）。

これらの結果を参考に，OA-7500におけるエステル5の分離条件を最適化した（図8）。移動相をアセトニトリル／水＝50／50から65／35のグラジエント（30分）にすることによって，OA-7500は5つのエステルを効率的に分離し，40分以内に全てのエステルを溶出することができた。

次に，β-CDカラムの種類によって分離能が異なるのかどうかの検討を行った（図9）。移動相として，先ほど最適化したアセトニトリル／水＝50／50から65／35のグラジエント（30分）を用いることにした。OA-7500と同じスペーサーを持ち非修飾型のβ-CDを持つOA-7100を用いたとき，OA-7500と比較して中長鎖のフルオラスタグを持つエステル5c，5d，5eの分離は優れているものの，短鎖のフルオラスタグを持つエステル5a，5b，5cの分離は劣っていた。また，OA-7100と同じ非修飾型のβ-CDを持ちスペーサーとして糖鎖を持つOA-7000を用いたときは，OA-7100と同様に，短鎖のフルオラスタグを持つエステル5a，5b，5cの分離がOA-7500より劣っていた。そしておもしろいことに，C_9F_{19}のフルオラスタグを持つエステル5eのみ保持時間が長くなった。

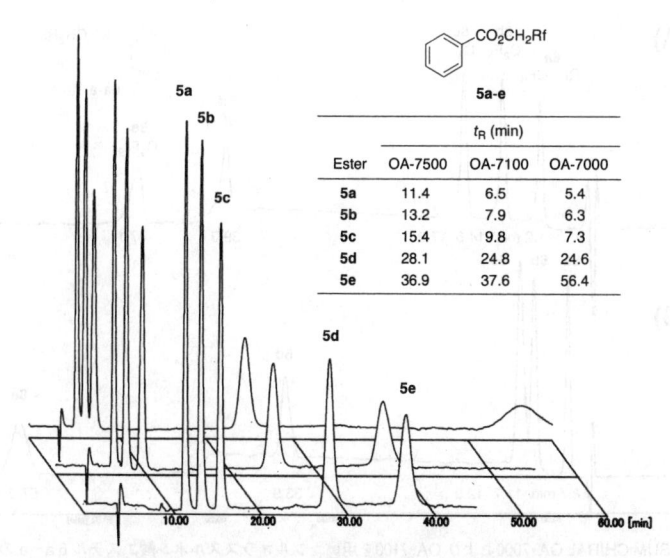

第7章 Fluorous Chemistry を基礎とした高効率的フルオラス二相系触媒反応とキラル β-シクロデキストリンカラムによるフルオラス化合物の光学分離技術の開発

Ester	t_R (min)		
	OA-7500	OA-7100	OA-7000
5a	11.4	6.5	5.4
5b	13.2	7.9	6.3
5c	15.4	9.8	7.3
5d	28.1	24.8	24.6
5e	36.9	37.6	56.4

図9 SUMICHIRAL OA-7000シリーズを用いたフルオラスエステル5a〜eの分離
下からOA-7500, OA-7100, OA-7000, 移動相:アセトニトリル/水（50/50から65/35のグラジエント（30min），その後65/35一定, v/v），流速:0.7mL/min

サンプルとしてスルホン酸エステル6を用い，β-CDカラムの識別能を検討した．3つのカラムを検討した結果，OA-7000およびOA-7100を用いたときに最もよい分離能を与えた（移動相:メタノール/水）（図10）．また，サンプルとしてスルホンアミドを用いたときも，OA-7000およびOA-7100で最もよい分離能を与えた．これらの結果と先ほどのエステルの結果を合わせて考えると，短いフルオラスタグを含む混合物を分離する際，最適なカラムは化合物の極性によって決まる．すなわち，極性の低いサンプルはOA-7500，極性の高いサンプルはOA-7000およびOA-7100ということになる．この違いは，カラム中の固定相の極性に由来している．OA-7000およびOA-7100は非修飾型のβ-CDを充填しているため，カラム自体の極性は高く，逆にOA-7500は水酸基をメチル基で保護したβ-CDを充填しているため，カラム自体の極性は低い．また，OA-7000を用いてスルホン酸エステル6を分離したときは，エステル5を分離したときと同様に，C_8F_{19}のフルオラスタグを持つスルホン酸エステル6eのみ保持時間が長くなった（図10(B)）．

SUMICHIRAL OA-7000シリーズは順相系の溶媒を移動相としてもカラムが劣化しないことから，次に順相系におけるβ-CDのフルオラスタグ識別能を検討した（図11）．移動相としてヘキサン，β-CDカラムとしてOA-7500,サンプルとしてエステル5を用いたとき，5つのエステル

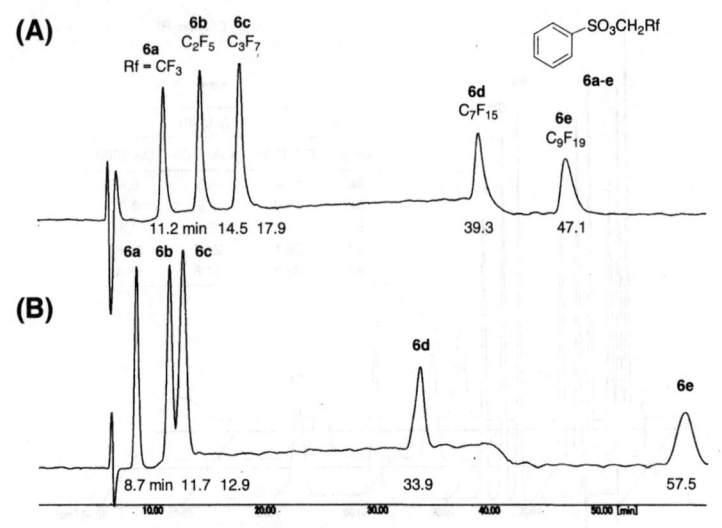

図10　SUMICHIRAL OA-7000およびOA-7100を用いたフルオラススルホン酸エステル6a〜eの分離
下からOA-7000，OA-7100，移動相：メタノール／水（70／30から85／15のグラジエント（30min），その後85／15一定，v/v），流速：0.5mL/min

はβ-シクロデキストリンに包接されずに，長いフルオラスタグを持つエステルから溶出された（図11(A)）。また，5つのエステルのうちCF_3，C_2F_5，C_3F_7のフルオラスタグを持つエステル5a，5b，5cを分離することができた。さらに，エステルより極性の高いスルホン酸エステル6をOA-7100で分離を行ったところ，CF_3，C_2F_5，C_3F_7のフルオラスタグを持つスルホン酸エステル6a，6b，6cを完全に分離することができた（図11(B)）。順相系の溶媒を用いた場合にも短いフルオラスタグを持つ化合物を分離できた理由として，カラム中の固定相の極性によって保持能力に差が生じたことが考えられる。エステルより極性の高いスルホン酸エステルの方が分離しやすいことや，ヘキサンより極性の高い溶媒（酢酸エチル，ジクロロエタン）では分離できないこともこれを支持している。

次に，順相系溶媒としてフルオラス溶媒を用いることにした（図12）。フルオラス溶媒は有機溶媒と性質が大きく異なるため，β-CDのフルオラスタグ識別能に影響を与えることが予想される。サンプルとしてエステル5を用いて，OA-7000，OA-7100，OA-7500の3つのカラムで検討を行った。なお，移動相は，フルオラス溶媒のみではエステルが溶けないため，有機・フルオラス両親媒性溶媒として日本ゼオンから販売されているゼオローラH（1,1,2,2,3,3,4-ヘプタフルオロシクロペンタン）をFC-72に対して10%混ぜることにした。3つのカラムの分離能を比較したところ，OA-7000およびOA-7100を用いたとき，5つのエステルを完全に分離すること

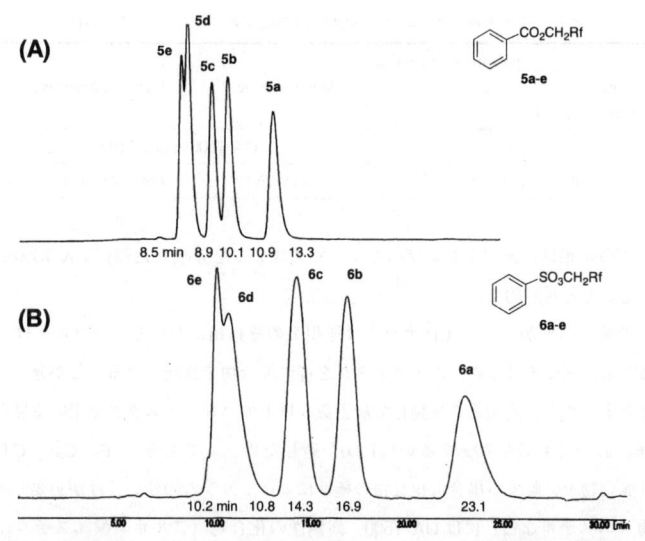

第7章　Fluorous Chemistry を基礎とした高効率的フルオラス二相系触媒反応とキラルβ-シクロデキストリンカラムによるフルオラス化合物の光学分離技術の開発

図11　ヘキサンを移動相としたときのフルオラスエステル5a〜e，スルホン酸エステル6a〜eの分離
上からOA-7500によるエステルの分離，OA-7100によるスルホン酸エステルの分離，流速：1.0mL/min

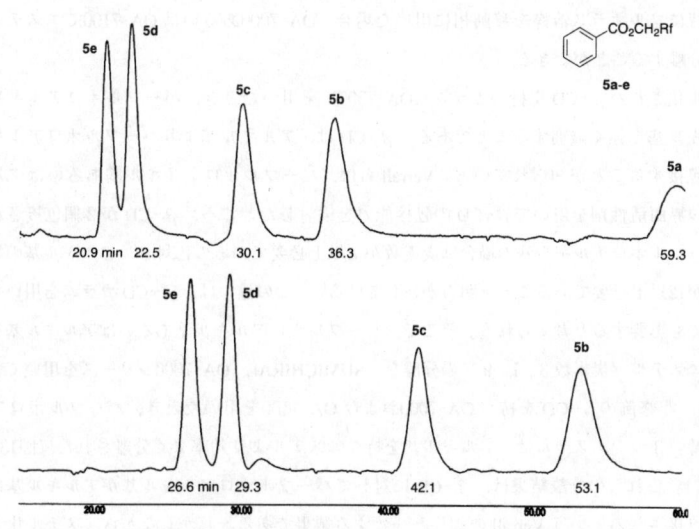

図12　フルオラス溶媒（FC-72/ZEOROLA H＝90/10, v/v）を移動相としたときの
　　　フルオラスエステル5a〜eの分離
上からOA-7000，OA-7100，流速：0.5mL/min

225

表5　逆相系移動相における SUMICHIRAL OA-7000シリーズの選択

using fluorous tag (C_nF_{2n+1}) \ polarity of compound	low（ester etc.）	high（sulfonate etc.）
$n > 2$		OA-7000 or OA-7100
all ($n = 1, 2, 3 \cdots$)	OA-7500	OA-7000 or OA-7100

ができた。この結果は，逆相系およびヘキサンでエステルを分離した際に OA-7500 が優れた分離能を示したことと対照的である。

　これまでの検討結果から，β-CD カラムは逆相系の移動相においてパーフルオロアルキル基の長さを識別し，異なる長さのフルオラスタグを持つ混合物を分離できることが分かった。表5にその結果をまとめた。逆相系の移動相で炭素数3以上のフルオラスタグを用いる場合，どの化合物の分離においても OA-7000 あるいは 7100 が適したカラムである。CF_3，C_2F_5，C_3F_7の3つのタグを含む混合物を分離する場合，化合物の極性によってカラムの使い分けが必要であり，低極性の化合物（エステルなど）には OA-7500，高極性の化合物（スルホン酸エステル，スルホンアミドなど）には OA-7000 および OA-7100 が適している。また，順相系溶媒であるヘキサンおよびフルオラス溶媒（FC-72/ゼオローラ H）を移動相としても混合物の分離はある程度可能であり，特にフルオラス溶媒を移動相に用いた場合，OA-7000 あるいは OA-7100 でエステル 5 を完全に分離することができる。

　メチル化された β-CD を持つカラム（OA-7500）を用いたとき，パーフルオロアルキル基よりアルキル基を強く識別することである。β-CD は，アルキル基よりパーフルオロアルキル基を強く包接することが知られている。Verrall らは，パーフルオロアルキル基あるいはアルキル基を持つ界面活性剤を用いて β-CD の包接能力を検討したところ，β-CD が2個包接されるには，パーフルオロアルキル基の場合は炭素数が7以上必要であるのに対し，アルキル基の場合は炭素数が12以上必要であることを明らかにしている[15]。この違いは，β-CD カラムを用いた分離においても影響すると考えられる。そこで，パーフルオロアルキル基あるいはアルキル基を持つ3つのエステル（炭素数3，7，9）の分離を，SUMICHIRAL OA-7000シリーズを用いて行った（図13）。非修飾の β-CD を持つ OA-7000 および OA-7100 を用いたとき，パーフルオロアルキル基を持つ3つのエステルは，アルキル基を持つエステルより効率よく分離された（図13(A)および(B)）。これらの分離結果は，β-CD に対してパーフルオロアルキル基がアルキル基に比べて強く包接されるという Verrall の知見と一致する結果である。しかしながら，メチル化された β-CD を持つ OA-7500 を用いたときは，OA-7000 および OA-7100 を用いたときと逆の結果が得られた。すなわち，アルキル基を持つ3つのエステルは，パーフルオロアルキル基を持つエステ

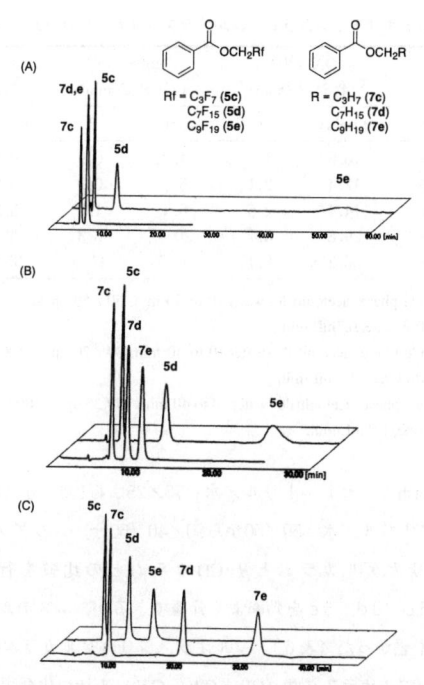

第7章　Fluorous Chemistryを基礎とした高効率的フルオラス二相系触媒反応とキラルβ-シクロデキストリンカラムによるフルオラス化合物の光学分離技術の開発

図13　SUMICHIRAL OA-7000シリーズにおけるパーフルオロアルキル基とアルキル基の識別能の違い
　　　(A) OA-7000, (B) OA-7100, (C) OA-7500, 分離条件；移動相：アセトニトリル／水=60／40 (v/v)，流速：0.7mL/min

ルより効率よく分離された（図13(C)）。この結果は，メチル化されたβ-CDがパーフルオロアルキル基よりアルキル基を強く包接することを意味する。この分離結果はエステルに起因するものではなく，サンプルをエステルからスルホン酸エステルに替えても，OA-7500はパーフルオロアルキル基よりアルキル基を強く識別した。OA-7500のこの性質によって，フルオラスタグとしての働きを損なう可能性がある[16]。フルオラス混合合成では，短いフルオラスタグを持つ化合物から順に溶出することによって，分析することなく化合物の同定が可能である。しかし，フルオラスタグよりアルキル基を強く識別すると，化合物の構造によっては溶出順序がフルオラスタグに依存しなくなり，分析による化合物の同定が必要となる。

　次に，β-CDカラムとフルオラスシリカゲルカラム（Fluofix 120E, FluoroFlash PF-C8）との分離能の比較を行った。サンプルとしてエステル5，比較するβ-CDカラムとしてOA-7500を用いた。移動相は，それぞれのカラムにおいて5つのエステルを分離し，40分以内に全てのエステルを溶出するものを検討した（Fluofix：アセトニトリル／水=80／20から100／0（40分）への

表6 β-シクロデキストリンカラムとフルオラスシリカゲルカラムとの分離能の比較

ester	Rf	OA-7500[a] (4.6×250mm)		Fluofix120E[b] (4.6×250mm)		FluoFlash PF–C8[c] (4.6×150mm)	
		t_R(min)	k	t_R(min)	k	t_R(min)	k
5 a	CF_3	10.8	1.7	4.2	0.5	2.9	0.9
5 b	C_2F_5	12.4	2.1	5.1	0.9	3.8	1.4
5 c	C_3F_7	14.4	2.6	6.4	1.3	5.3	2.4
5 d	C_7F_{15}	26.8	5.7	20.0	6.3	22.9	13.8
5 e	C_9F_{19}	36.2	8.1	34.5	11.5	37.2	23.0

[a] Conditions: mobile phase, acetonitrile–water (0 to 50 min, 50 / 50 up to 60 / 40, then 60 / 40 constant, v / v); flow rate, 0.7mL/min.

[b] Conditions: mobile phase, acetonitrile–water (0 to 40 min, 80 / 20 up to 100 / 0, then 100 / 0 constant, v / v); flow rate, 1.0 mL/min.

[c] Conditions: mobile phase, acetonitrile–water (0 to 40 min, 75 / 25 up to 100 / 0, then 100/0 constant, v/v); flow rate, 1.0 mL/min.

グラジエント，FluoroFlash：アセトニトリル／水＝75／25から100／0（40分）へのグラジエント，OA-7500：アセトニトリル／水＝50／50から60／40（50分）へのグラジエント）。これらの条件でフルオラスシリカゲルカラムと β-CDカラムとの比較を行うと，Fluofix および FluoroFlash はエステル 5 c，5 d，5 e を効率よく分離できるが，エステル 5 a，5 b，5 c の分離はOA-7500と比べて若干悪かった（表6）。フルオラスシリカゲルカラムはフッ素化合物の保持能力が大きいため，短いフルオラスタグ（CF_3, C_2F_5, C_3F_7）を持つ化合物を分離しようとすると長いフルオラスタグを持つ化合物を溶出するのに時間を要し，全てのフルオラス混合物を短い時間で溶出しようとすると短いフルオラスタグを持つ化合物の分離能が低下する。一方， β-CDカラムは適度なフルオラスタグ識別能を持つため，CF_3から C_9F_{19} のフルオラスタグを持つ化合物を比較的短い時間で効率よく分離することができる。

3.2 β-CDカラムを用いた効率的光学分割[18]

本来 β-CDカラムは，アキラルな混合物の分離を目的としたカラムではなく，光学異性体の分離を目的としたキラルカラムである。一方，CDの不斉認識を高める方法として，CDを化学修飾する方法と，ラセミ体にCDと相互作用しやすい置換基を導入する方法の二つがある。これらの方法の中で置換基を導入する方法は，さまざまなラセミ体に応用が可能であり有用である。その置換基としてパーフルオロアルキル基がふさわしいはずであると考えた。パーフルオロアルキル基は，β-CDの内孔に対して強い相互作用を示し，他の有機化合物とは異なる性質を持つ。それゆえ，CDの不斉認識に対して有効な置換基となり得る可能性がある。そこで，SUMICHIRAL OA-7000シリーズでフルオラスタグを持つラセミ体の光学分割を検討した。

第7章 Fluorous Chemistryを基礎とした高効率的フルオラス二相系触媒反応とキラルβ-シクロデキストリンカラムによるフルオラス化合物の光学分離技術の開発

初めに，フルオラスタグを持つラセミ体がβ-CDカラムによって光学分割できるかどうかを検討した。サンプルとして，合成が容易なO-アセチルマンデル酸を用い，フルオラスアルコールと反応させてタグを導入した。カラムとして芳香族エステルの光学分割に適したSUMICHIRAL OA-7500，移動相としてメタノール／水＝75／25を用いた。ここで，光学分割の効率を示す値として，分離能R_sを用いた[19]。この値は，分離の程度やピーク幅などを総合的に評価した値であり，(1)式で与えられる。Nは理論段数，$α$は分離係数，kは保持比を示す。

$$R_s = 1/4(N)^{1/2}\{(α-1)/α\}\{k'/(k'+1)\} \tag{1}$$

R_sが1.25以上のとき，2つのピークは十分に分離されたと見なせる。これらの条件下で，OA-7500はC_7F_{15}のフルオラスタグを持つエステル8cを大きく（R_s=3.19）分割できることが分かった（図14）。CDカラムを使用する場合，移動相として緩衝溶液を使うことがほとんどである。それに対して，普通の水で8cを大きく分割できたことは注目に値する。また，フルオラスエステル8cに対応するハイドロカーボンタグを持つエステル9について同じ条件で光学分割を行った。しかしながら，エステル9は，ハイドロカーボン系に適したOA-7500でも全く分割することができなかった（図14）。さらに，移動相およびカラムの変更を行ったが，エステル9は分割できなかった。これらの結果から，フルオラスタグがβ-CDを用いた光学分割において非常に有効であることが分かった。

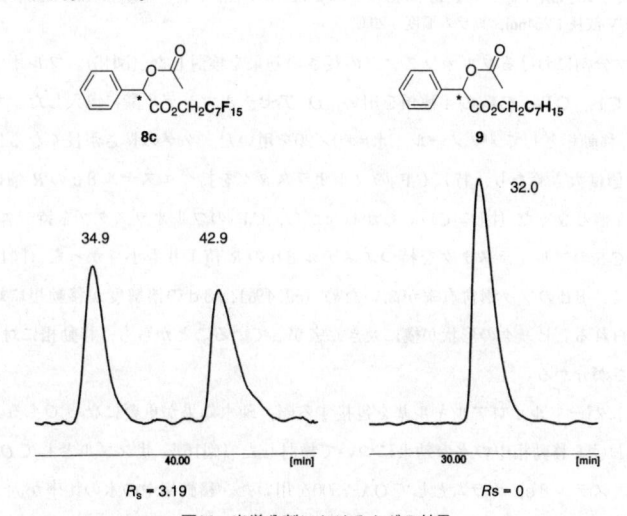

図14 光学分割におけるタグの効果
カラム：OA-7500，移動相：メタノール／水 (75／25, v/v)，
流速：0.5mL/min, UV波長：254nm, カラム温度：20℃

フルオラスケミストリー

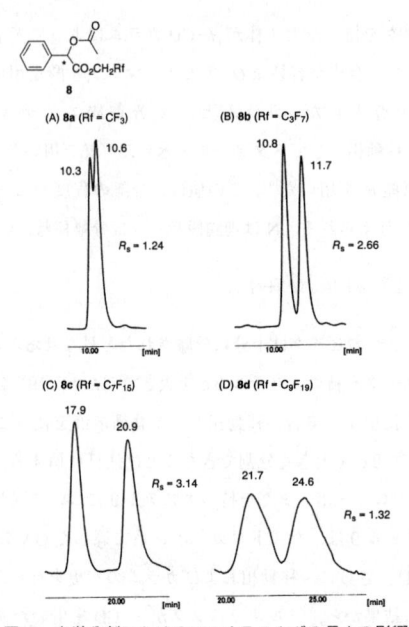

図15 光学分割におけるフルオラスタグの長さの影響
カラム：OA-7500，移動相：メタノール／水（80／20, v/v），流速：0.5mL/min，
UV波長：254nm，カラム温度：20℃

　次に，光学分割におけるフルオラスタグの長さの効果を検討した（図15）。フルオラスタグとして，CF_3，C_3F_7，C_7F_{15}，C_9F_{19}の4種類を用い，O-アセチルマンデル酸に導入した。カラムとしてOA-7500，移動相としてメタノール／水＝80／20を用いた。タグの長さが長くなるにつれて，分離度 R_s の値は大きくなり，特に C_7F_{15} のフルオラスタグを持つエステル8cの R_s 値は3.14と，非常に大きな値となった（図15(C)）。しかしながら，C_9F_{19} のフルオラスタグを持つエステル8dの R_s 値は，C_3F_7 のフルオラスタグを持つエステル8bの R_s 値よりも小さかった（図15(D)）。この理由として，8dのフッ素含有率が高いため（53.4%），8dの溶解度が移動相に対して低いことが考えられる。ピークの形状が横に大きく広がっていることからも，移動相に対する8dの溶解度の低さが分かる。

　β-CD中にパーフルオロアルキル基を包接する際，疎水効果が重要になってくる。そこで，光学分割における移動相中の水の効果について検討した（図16）。サンプルとして O-アセチルマンデル酸エステル8c，カラムとしてOA-7500を用いた。移動相中の水の比率が大きくなるにつれて R_s の値は大きくなった。これらの結果から，移動相中の水の量を増やすこと，すなわち，カラム中の β-CDの疎水効果を上げることが光学分割に対して重要であることが分かった。

第7章 Fluorous Chemistryを基礎とした高効率的フルオラス二相系触媒反応とキラルβ-シクロデキストリンカラムによるフルオラス化合物の光学分離技術の開発

図16 光学分割における水の影響
カラム：OA-7500，流速：0.5mL/min，UV波長：254nm，カラム温度：20℃

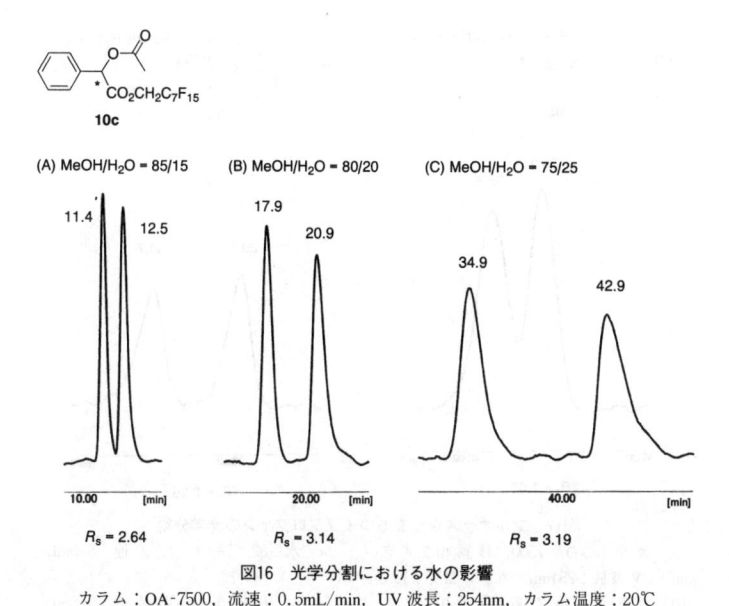

　ここまでは，フルオラスタグを持つO-アセチルマンデル酸エステルを用いて，β-CDを用いた光学分割における種々の条件の検討を行った。次に，O-アセチルマンデル酸エステル以外のラセミ化合物が，β-CDカラムで光学分割できるかどうかを検討した。まず，イブプロフェンの光学分割を行った（図17）。イブプロフェンのカルボン酸部位とフルオラスアルコールを反応させ，C_7F_{15}のフルオラスタグを持つイブプロフェンエステル10aを合成した。しかしながら，イブプロフェンエステル10aは，移動相中の水の比率，カラムの種類，およびカラム温度を変更しても完全に分割することはできなかった（図17(A)）。逆相系は，有機溶媒／水という移動相を用いるため，アミノ酸などの極性の高い化合物の分割に適する場合が多い。そこで，エステル10aより極性の高いアミド10bに変換することによって，イブプロフェンが分割できるかどうか検討した。カラムとして芳香族アミン類に有効なOA-7100，移動相としてメタノール／水＝85／15を用いた。その結果，イブプロフェンアミド10bの光学異性体は完全に分割された（図17(B)）。

　これまで分割してきたラセミ体は，分子内にベンゼン環を有している。β-CDは，空洞内にベンゼン環を1個または2個包接することができる。このため，これまで分割してきたラセミ体はベンゼン環に対するβ-CDの包接作用が働き，光学分割に多少影響している可能性がある。そこで，ベンゼン環を有しないDiels-Alder生成物であるエステル11の光学分割を試みた（図18）。カラムとしてOA-7500，移動相としてメタノール／水＝85／15を用いた。その結果，エス

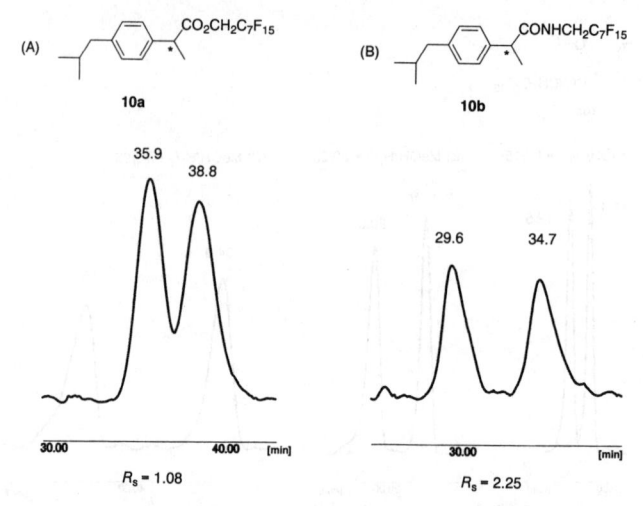

図17 フルオラスタグをもつイブプロフェンの光学分割
(A) カラム：OA-7500，移動相：メタノール／水 (82／18, v/v)，流速：0.5mL/min，UV波長：254nm，カラム温度：12℃
(B) カラム：OA-7100，移動相：メタノール／水 (85／15, v/v)，流速：0.5mL/min，UV波長：254nm，カラム温度：20℃

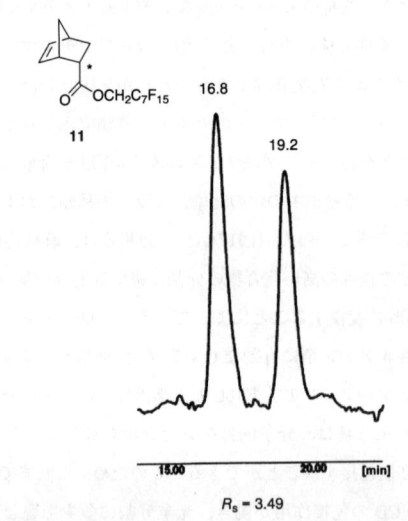

図18 フルオラスタグをもつ二環式化合物の光学分割
カラム：OA-7500，移動相：メタノール／水 (85／15, v/v)，流速：0.5mL/min，UV波長：220nm，カラム温度：20℃

テル11は分離度3.49という非常に大きな値で分割することができた。このことから，包接部位がパーフルオロアルキル基のみでも光学分割できることが分かった。これまでの結果から，ラセミ化合物にフルオラスタグを導入することにより，β-CDカラムを用いる光学分割が効率的に行えることが分かった。また，β-CDカラムがパーフルオロアルキル基の長さを識別し，異なるフルオラスタグを持つ混合物を分離することを見出している。

4　フルオラスラセミ合成

こうしたβ-CDカラムのフルオラスタグβ-CDカラムにしかできない新しい使い方として'フルオラスラセミ混合合成'を考案した（図19）。フルオラスラセミ混合合成は，以下の操作から成り立っている。①出発原料にそれぞれ異なる長さのフルオラスタグを結合させ混合する（tag and mix），②混合物のまま目的生成物までラセミ体で合成し，β-CDカラムを用いて混合物の分離およびラセミ体の光学分割を同時に行う（demix and enantiomeric separation），③フルオラスタグを外すことによって光学活性な二つのエナンチオマーを得る（detag）。これらの中でカギとなる操作は，β-CDカラムで混合物の分離とその単一のラセミ体の光学分割をまとめて行うことである。

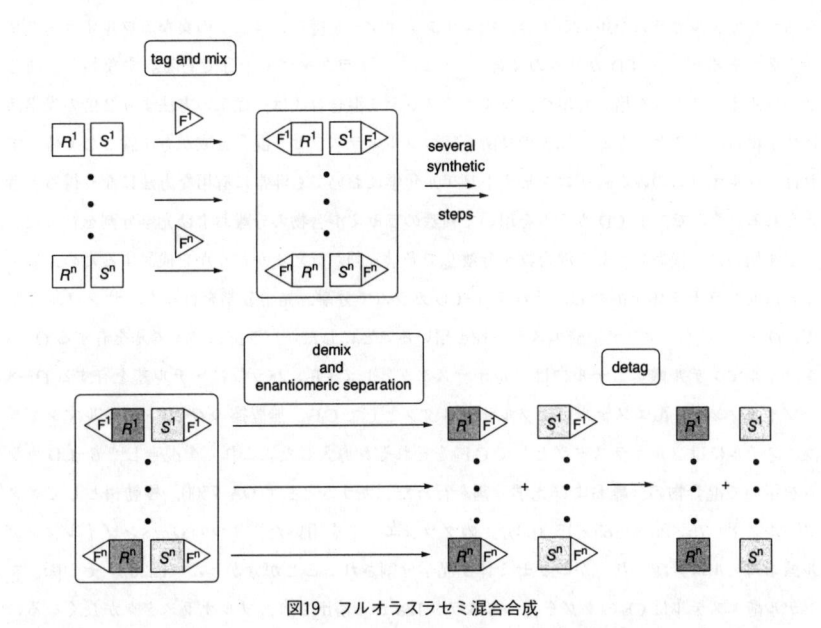

図19　フルオラスラセミ混合合成

この方法の特徴は，数種類の化合物が得られるだけでなく，その化合物の両エナンチオマーも得られる点にある。異なる方法論として Curran が考案した光学的に純粋な単一のエナンチオマーを用いる「擬ラセミ合成」があるが[20]，フルオラスラセミ混合合成には擬ラセミ合成にはない三つの長所を持つ。一つ目は，出発原料に光学活性な化合物を用いる必要がないことである。フルオラスシリカゲルカラムは，パーフルオロアルキル基が結合したシリカゲルを充填したアキラルなカラムであるため，両エナンチオマーを識別するには，光学活性な出発化合物に異なるフルオラスタグをそれぞれ結合させ，擬ラセミ化する必要がある。一方 β-CD カラムは，1つのフルオラスタグで両エナンチオマーの識別が可能であり，出発化合物が光学活性体である必要はない。二つ目は，目的生成物の合成までラセミ化に注意する必要がないことである。反応途中で化合物がラセミ化を引き起こすと，アキラルなフルオラスシリカゲルカラムで光学活性な化合物に戻すことは不可能である。実際 pyridovericin の擬ラセミ合成において，反応途中でラセミ化を引き起こしてしまうため，光学的に純粋な pyridovericin は得られていない[20h]。それに対して β-CD カラムの場合，出発原料がラセミ体であるときはもちろんのこと，例え出発原料に光学活性な化合物を用いて反応途中でラセミ化を引き起こしたとしても，光学活性な目的生成物を得ることが可能である。三つ目は，フルオラスシリカゲルカラムを用いた擬ラセミ合成と比べて，使用するフルオラスタグの本数を半分に減らせることである。先ほども述べたように，従来のフルオラスシリカゲルカラムを用いる場合，両エナンチオマーを得るには二つの異なるフルオラスタグが必要であるが，β-CD カラムの場合，一つのフルオラスタグで十分である。すなわち，同じ数のフルオラスタグを用いた場合，フルオラスラセミ混合合成は，従来の方法より2倍の光学活性体が得られることになる。以上の長所を持つフルオラスラセミ混合合成が方法論として確立すれば，フルオラスのみならずコンビナトリアル化学においても非常に有用な方法になり得ると考えられる。そこで，β-CD カラムを用いて複数のラセミ混合物の分離および光学分割を行った。

　まず始めに，複数のラセミ混合物を分離して光学分割が行えるかどうかを検討するため，個々に合成したラセミ体を混合し，それを β-CD カラムで分離，光学分割を行った。サンプルとして，O-ベンゾイルマンデル酸エステル12を用いることにした。パラ位にフッ素基を有する O-ベンゾイルマンデル酸エステルにはフルオラスタグとして CF_3，パラ位にメチル基を有する O-ベンゾイルマンデル酸エステルにはフルオラスタグとして C_3F_7，無置換の O-ベンゾイルマンデル酸エステルにはフルオラスタグとして C_7F_{15} をそれぞれ導入した。これらを混合し，β-CD カラムを用いて混合物の分離および光学分割を行った。カラムとして OA-7500，移動相としてメタノール／水＝75／25から85／15（60分）のグラジエントを用いた。3つの O-ベンゾイルマンデル酸エステルは分離され，かつラセミ体が光学分割されることが分かった（図20）。その際，マンデル酸エステルは CF_3 のタグを持つエステル12aから溶出され，フルオラスタグが長くなるに

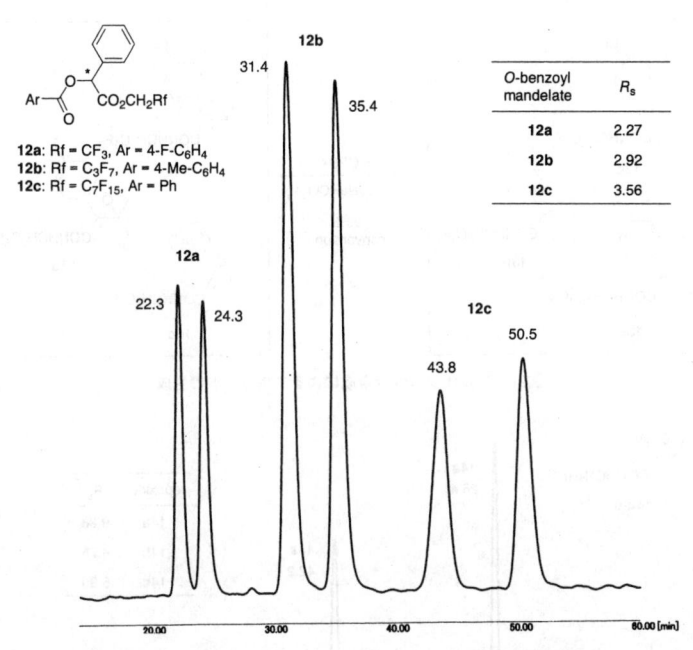

第7章 Fluorous Chemistryを基礎とした高効率的フルオラス二相系触媒反応とキラルβ-シクロデキストリンカラムによるフルオラス化合物の光学分離技術の開発

O-benzoyl mandelate	R_s
12a	2.27
12b	2.92
12c	3.56

12a: Rf = CF_3, Ar = 4-F-C_6H_4
12b: Rf = C_3F_7, Ar = 4-Me-C_6H_4
12c: Rf = C_7F_{15}, Ar = Ph

図20 フルオラスマンデル酸エステル12a~cの分離および光学分割
カラム:OA-7500,移動相:メタノール水(75/25から85/15のグラジエント(60 min),v/v),流速:0.5mL/min,UV波長:254nm,カラム温度:20℃

つれて分離度 R_s が向上した.これらの現象は,これまで検討して得られた,β-CDカラムのフルオラスタグ識別能とキラル識別能に関する知見と一致する.

次に,フルオラスラセミ混合合成の概念により近い形で検討を行うことにした.すなわち,異なるフルオラスタグを持つ複数のプロキラルな基質を混合し反応を行った後,β-CDカラムで分離,光学分割を行った.プロキラルなサンプルとして,3-メチル-2-フェニルクロトン酸エステル13を用いることにした.フェニル基のパラ位にクロロ基を有するクロトン酸にC_2F_5のフルオラスタグ,フッ素基を有するクロトン酸にC_3F_7のフルオラスタグ,無置換のクロトン酸にC_7F_{15}のフルオラスタグをそれぞれ導入した.これら3つのクロトン酸アミドを当量混合し,m-クロロ過安息香酸を用いてエポキシ化反応を行った(図21).反応後,粗生成物を^{1}H-NMRで確認したところ,原料のアルケンのピークは見られなかった.シリカゲルカラムを用いて粗生成物からエポキシドを大まかに単離し,これをβ-CDカラムで分離,光学分割を行った.カラムとしてOA-7500,移動相としてメタノール/水=65/35から75/25(50分)のグラジエントを用いた.これらの条件を用いることによって,3つのエポキシド14は分離され,かつラセミ体が光学分割

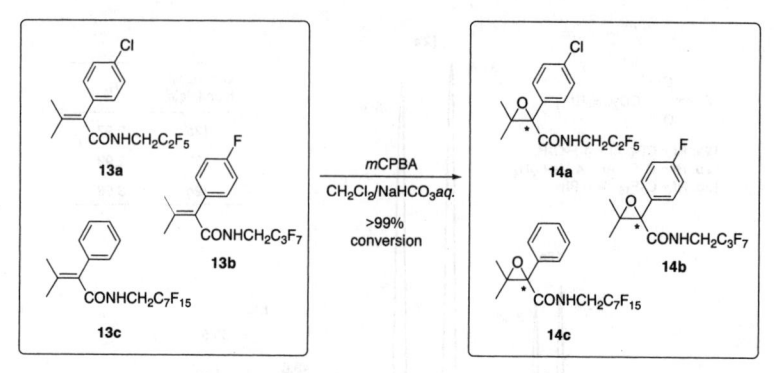

図21 フルオラス混合合成によるエポキシドの生成

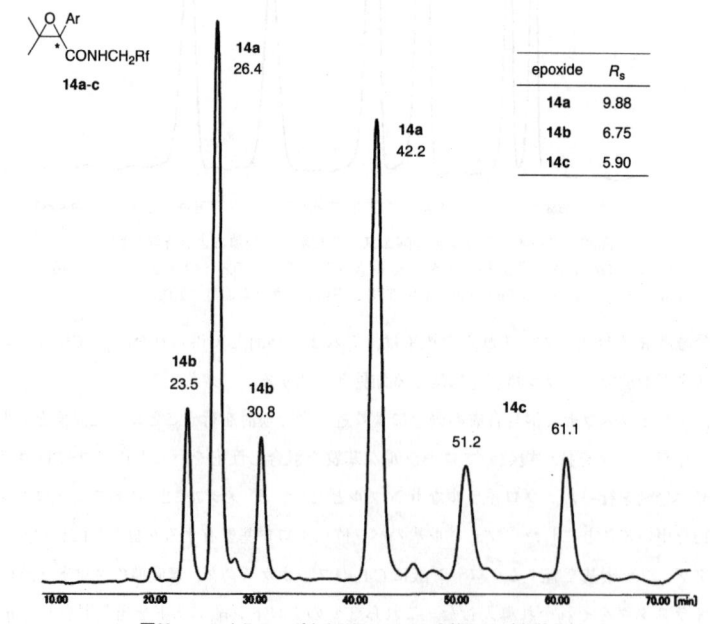

図22 フルオラスエポキシド14a〜cの分離および光学分割
カラム：OA‐7500, 移動相：メタノール／水 (65／35から75／25のグラジエント (50 min), その後75／25一定, v/v), 流速：0.4mL/min, UV波長：220nm, カラム温度：20℃

epoxide	R_s
14a	9.88
14b	6.75
14c	5.90

された（図22）。ただし，C_3F_7タグを持つエポキシド14bが，C_2F_5タグを持つエポキシド14aより早く溶出した。これは，フルオラスタグによる溶出順序より，基質の極性による溶出順序が優先したために見られた現象である。フルオラスタグを導入する際には，化合物の極性を考慮して導

入する必要がある。

　また，この方法は合成だけではなく，不斉反応開発における迅速的なエナンチオ選択性の評価にも利用できる。竹内，中村らは，異なるフルオラスタグを持つ4種類のケトンを混合し，Coreyのオキサザボロリジン触媒を用いて不斉還元反応を行ない，β-CDカラム（OA-7500）を用いて，得られたアルコール15のエナンチオ選択性をCD-HPLC[17]により測定している[18]。その値は，CDとUV吸収の比であるgファクターから求めた値と比べていくぶん低い値になった。この理由として，光学分割が完全になされていないことあげられる。図23に示したクロマトは，4つのラセミのアルコール15の分離および光学分割である。

　パーフルオロアルキル基に対するβ-シクロデキストリンの包接作用を利用して，β-CDカラム（SUMICHIRAL OA-7000シリーズ）を用いたフルオラス混合物の分離を検討した。その結果，β-CDカラムは，逆相系の移動相においてパーフルオロアルキル基の長さを識別し，異なる長さのフルオラスタグを持つ混合物を分離できることが分かった。その際，分離する化合物に応じてβ-CDカラムを選択する必要がある（表5参考）。また，順相系溶媒であるヘキサンおよびフルオラス溶媒（FC-72／ゼオローラH）を移動相としても混合物の分離はある程度可能であり，特にフルオラス溶媒を移動相に用いた場合，OA-7000あるいはOA-7100でエステル5を完全に分離することができた。

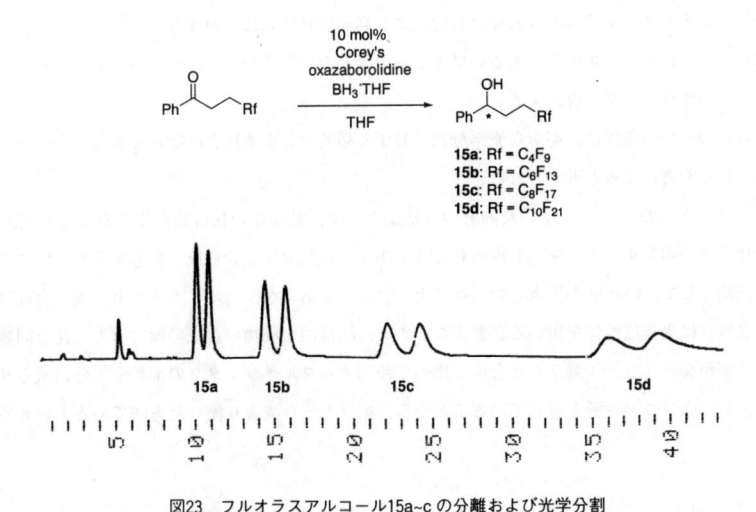

15a: Rf = C_4F_9
15b: Rf = C_6F_{13}
15c: Rf = C_8F_{17}
15d: Rf = $C_{10}F_{21}$

図23　フルオラスアルコール15a〜cの分離および光学分割
カラム：OA-7500，移動相：アセトニトリル／水（55／45, v/v），流速：0.5mL/min，UV波長：220nm

また，SUMICHIRAL OA-7000シリーズをフルオラス混合物の分離に用いる際，注意点があることが分かった。一つは，ガードカラムの使用である。水を多く含む移動相（>20%）を用いると，ガードカラム中のODSがフルオラスタグを識別し，実際の保持時間よりも長くなった。もう一つは，メチル化されたCDを持つOA-7500を用いたとき，パーフルオロアルキル基よりアルキル基を強く識別することである。この性質から，アルキル基とパーフルオロアルキル基の組み合わせによっては，短いフルオラスタグを持つ化合物からではなく，長いフルオラスタグを持つ化合物から溶出する。

フルオラスシリカゲルカラム（Fluofix, FluoroFlash）と β-CD カラム（OA-7500）との比較は，40分以内で5つのエステル5を効率よく分離する条件を検討し行った。その結果，フルオラスシリカゲルカラムは中長鎖のフルオラスタグ（C_3F_7, C_7F_{15}, C_9F_{19}）を持つ化合物を大きく分離できたのに対し，β-CD カラムは短鎖のフルオラスタグ（CF_3, C_2F_5, C_3F_7）を持つ化合物の分離にも優れていた。

次いで，β-CD カラムの持つフルオラスタグ識別能とキラル識別能を活かして，β-CD カラムを用い，フルオラスタグを持つラセミ体の光学分割を検討した。その結果，フルオラスタグの効果によって光学分割が非常に効率的に行えることを見出した。ここで，これまで得られた知見から，この光学分割法が効率よく行える条件を三つ提案する。

(1) フルオラスタグはフッ素含有率（<50%）を考慮してなるべく長いものを付ける。
(2) フルオラスタグ導入部は低極性官能基より高極性官能基に変換する。
(3) ラセミ体のキラル炭素（あるいはキラル炭素上の置換基）がCDの入口に接近するようにフルオラスタグを導入する。

これらの三つの条件は，完全な光学分割に対する必要十分な条件とは断言できないが，一つの指針として参考になると考えられる。

さらに，β-CD カラムを用いた固有の方法論として，数種類の化合物が得られると同時に，その化合物の両エナンチオマーも得られる「フルオラスラセミ混合合成」を考案した。同じような方法論として，Curranが提案した「擬ラセミ合成」があるが，フルオラスラセミ混合合成は，①出発原料に光学活性体を用いる必要がないこと，②目的生成物の合成の際にラセミ化を問題にする必要がないこと，③擬ラセミ合成に比べて使用するフルオラスタグの本数を半分に減らせること，という三つの長所を有していることから，擬ラセミ合成より優れた方法であると言える。

第 7 章　Fluorous Chemistry を基礎とした高効率的フルオラス二相系触媒反応とキラル β-シクロデキストリンカラムによるフルオラス化合物の光学分離技術の開発

文　献

1) 総説：(a) W. Ehrfeld, V. Hessel, H. Lehr, *Top. Curr. Chem.*, **194**, 233 (1998)
   (b) K. F. Jensen, *Chem. Eng. Sci.*, **56**, 293 (2001)
   (c) W. Ehrfeld, V. Hessel, H. Löwe, Microreactors: New Technology for Modern Chemistry, Wiley-VCH, Weinheim, Germany (2000)
   (d) 北森武彦，現代化学，14（2002）
2) (a) J. Nishikido, M. Kamishima, H. Matsuzawa, K. Mikami, *Tetrahedron*, **58**, 8345 (2002)
   (b) K. Mikami, Y. Mikami, H. Matsuzawa, Y. Matsumoto, J. Nishikido, F. Yamamoto, H. Nakajima, *Tetrahedron*, **58**, 4015 (2002)
   (c) K. Mikami, Y. Mikami, Y. Matsumoto, J. Nishikido, F. Yamamoto, H. Nakajima, *Tetrahedron Lett.*, **42**, 289 (2001)
3) (a) K. Mikami, M. Yamanaka, M. N. Islam, K. Kudo, N. Seino, M. Shinoda, *Tetrahedron Lett.*, **44**, 7545 (2003)
   (b) K. Mikami, M. Yamanaka, M. N. Islam, K. Kudo, N. Seino, M. Shinoda, *Tetrahedron*, **59**, 10593 (2003)
4) 総説：(a) E. M. Carreira, Comprehensive Asymmetric Catalysis, Eds. E. N. Jacobsen, A. Pfaltz, H. Yamamoto, Vol. 3, 997, Springer, Berlin (1999)
   (b) G. Nelson, *Tetrahedron Asymmetry*, **9**, 357 (1998)
   (c) T. Bach, *Angew. Chem. Int. Ed. Engl.*, **33**, 417 (1994)
   (d) T. Mukaiyama, *Org. React.*, **28**, 203 (1982)
5) 三上幸一，山中正浩，工藤憲一，富士電機システムズ㈱，マイクロリアクターチップ，特開2004‐195433
6) (a) J. Crank, The Mathematics of Diffusion, Oxford University Press, Oxford (1956)
   (b) H. S. Carslaw, J. C. Jaeger, Heat Conduction in Solids, Second Edition, Oxford University Press, Oxford (1959)
7) K. Mikami, M. N. Islam, M. Yamanaka, Y. Itoh, K. Kudo, N. Seino, M. Shinoda, *Tetrahedron Lett.*, **45**, 3681 (2004)
8) 総説：(a) G. R. Krow, *Org. React.*, **43**, 251 (1993)
   (b) M. Renz, B. Meunier, *Eur. J. Org. Chem.*, 737 (1999)
   (c) G. R. Krow, Comprehensive Organic Synthesis, Ed. B. M. Trost, Pergamon, Oxford, Vol. 7, 671 (1991)
9) (a) 宮本純之監訳，グリーンケミストリー―環境にやさしい21世紀の化学を求めて，化学同人（2002）
   (b) Green Chemistry: Theory and Practice, Ed. P. T. Anastas, J. C. Warner, Oxford University Press (1998)
   (c) Green Chemisty –Frontiers in Benign Chemical Syntheses and Processes, Ed. P. T. Anastas, T. C. Williamson, Oxford University Press (1998)
10) 金属パーオキソ種の例，Pt：(a) M. D. Todesco, F. Pinna, G. Strukul, *Organometallics*, **12**, 148 (1993)
    (b) G. Strukul, A. Varagnolo, F. Pinna, *J. Mol. Catal. A*, **117**, 413 (1997)
    (c) G. Roberta, C. Maurizio, P. Francesco, G. Strukul, *Organometallics*, **17**, 661 (1998)
    Re：(d) W. A. Herrmann, R. W. Fischer, *J. Mol. Catal*, **94**, 213 (1994)

(e) P. Huston, J. H. Espenson, A. Bakac, *Inorg. Chem.*, **32**, 4517 (1993)
(f) S. Yamazaki, *Chem. Lett.*, 127 (1995)
Mo: (g) S. E. Jacobson, R.Tang, F. Mares, *J. Chem. Soc. Chem. Commun.*, 888 (1978)
(h) S. E. Jacobson, R. Tang, F. Mares, *Inorg. Chem.*, **17**, 3055 (1978)

11) J. Nishikido, M. Nanbo, A. Yoshida, H. Nakajima, Y. Matsumoto, K. Mikami, *Synlett,* 1613 (2002)
12) 総説： (a) W. Zhang, *Chem. Rev.,* **104**, 2531 (2004)
(b) W. Zhang, *Arkivoc,* 101 (2004)
(c) W. Zhang, *Tetrahedron,* **59**, 4475 (2003)
(d) D. P. Curran, in Handbook of Fluorous Chemistry, J. Gladysz, D. P. Curran, I. T. Horváth, Eds., Wiley-VCH, Weinheim, Chapter 7, 101-127 and Chapter 8, 128-155 (2004)
(e) D. P. Curran, *Synlett,* 1488 (2001)
13) (a) T. Kamiusuki, T. Monde, K. Yano, T. Yoko, T. Konakahara, *J. Chromatogr. Sci.*, **37**, 388 (1999)
(b) T. Kamiusuki, T. Monde, K. Yano, T. Yoko, T. Konakahara, *Chromatographia,* **49**, 649 (1999)
(c) T. Konakahara, S. Okada, T. Monde, N. Nakayama, J. Furuhashi, J. Sugaya, *Nihon Kagaku Kaishi,* **12**, 1638 (1991)
(d) T. Konakahara, N. Nakayama, T. Monde, Jpn., Pat., Dec., 2505267 (1998)
14) (a) H. Matsuzawa, K. Mikami, *Synlett,* 1607 (2002)
(b) K. Mikami, H. Matsuzawa, S. Takeuchi, Y. Nakamura, D. P. Curran, *Synlett,* 2713 (2004)
15) L. D. Wilson, R. E. Verrall, *J. Phys. Chem. B*, **101**, 9270 (1997)
16) D. P. Curran, S. Dandapani, S. Werner, M. Matsugi, *Synlett,* 1545 (2004)
17) CD-HPLC: (a) K. Mikami, R. Angelaud, K. Ding, A. Ishii, A. Tanaka, N. Sawada, K. Kudo, M. Senda, *Chem. Eur. J.*, **7**, 730 (2001)
(b) K. Ding, A. Ishii, K. Mikami, Angew. *Chem. Int. Ed.,* **38**, 497 (1999)
18) (a) Y. Nakamura, S. Takeuchi, K. Okumura, Y. Ohgo, H. Matsuzawa, K. Mikami, *Tetrahedron Lett.,* **44**, 6221 (2003)
(b) H. Matsuzawa, K. Mikami, *Tetrahedron Lett.*, **44**, 6227 (2003)
19) (a) 化学総説 No.6, 光学異性体の分離, 日本化学会編, 学術出版センター (1989)
(b) J. J. Kirkland, Modern Practice of Liquid Chromatography, Wiley-Interscience, New York (1971)
20) (a) Z. Luo, Q. Zhang, Y. Oderaotoshi, D. P. Curran, *Science*, **291**, 1766 (2001)
(b) Q. Zhang, A. Rivkin, D. P. Curran, *J. Am. Chem. Soc.,* **124**, 5774 (2002)

第Ⅳ編　試薬・製品

第Ⅵ部　信条・賞品

第 1 章　Fluorous Technologies, Inc.

長島忠道[*1]
翻訳：松儀真人[*2]

1　はじめに

フルオラステクノロジー社は2000年に設立された。これまでに300以上の製品が開発され，現在もその数は増え続けている。ページ数の関係からその全てを本稿で取り扱うことはできないが，完全な製品リストは当社のwebサイトで入手可能なので参照されたい（http://www.fluorous.com/）。また，定期的なニュースレター（e-mail）による情報提供も行っており，最近のフルオラスケミストリーの展開や新フルオラス製品の情報を提供している。もしまだこのニュースレターに登録されていない場合は，ぜひこの機会に登録していただきたい。

本稿はフルオラス製品ごとの使用例で構成されている。すなわち，（1）ビルディングブロック，（2）保護基，（3）試薬，（4）捕捉剤，（5）タンパクのタグ化試薬，（6）吸着剤，である。また，これらの製品による有益な反応例も数例示した。

なお，FTIカタログナンバーは通常Fから始まり，6桁の数字が後に続く。最初の3桁の数字は製品中のフッ素原子の数を示しており，最後の3桁の数字はそれぞれ試薬独自の数字である。例えば，026という数字はパラ位に2-(perfluoroalkyl)ethyl基を有するフルオラスベンジルアルコールに割り当てられている（図1）。

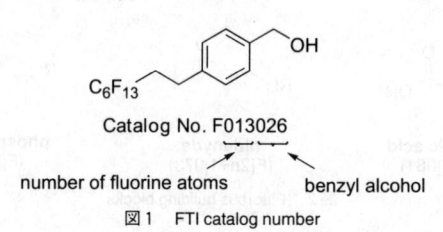

図1　FTI catalog number

[*1]　Tadamichi Nagashima　Fluorous Technologies, Inc. Discovery Chemistry　Research Scientist

[*2]　Masato Matsugi　名城大学　農学部　応用生物化学科　助教授

2 ビルディングブロック

　これらの化合物はパーフルオロアルキル基を導入する際に用いられる。さまざまな炭素鎖のパーフルオロアルキル基を有するビルディングブロックが入手可能であり、よく使用されるパーフルオロアルキル基は C_3F_7, C_4F_9, C_6F_{13}, C_7F_{15}, C_8F_{17}, C_9F_{19}, $C_{10}F_{21}$ である。図2に重要なビルディングブロックをいくつか示した。スキーム中や図中に出てくる Rf_n は n 個の炭素鎖を持つパーフルオロアルキル基（C_nF_{2n+1}）を意味している。

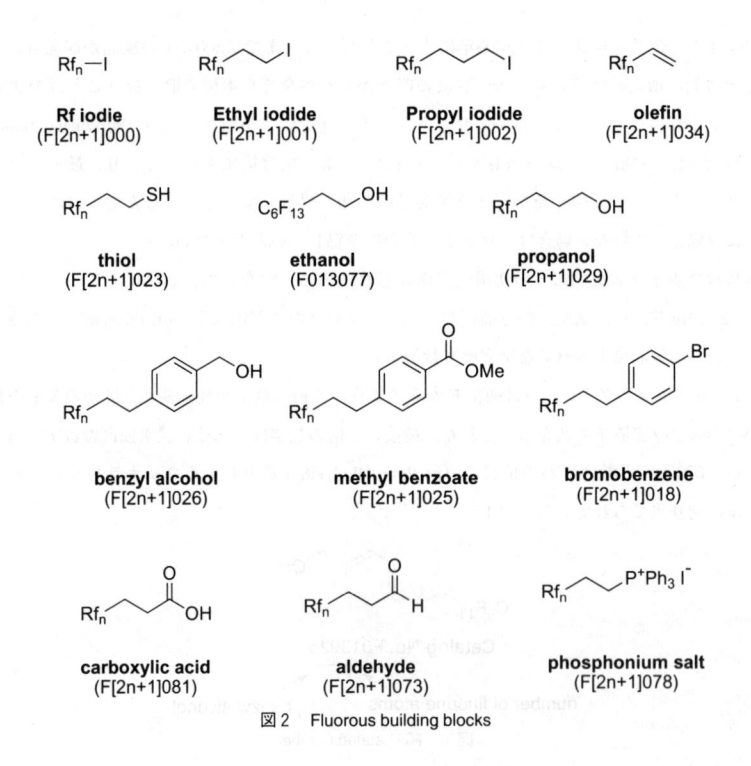

図2　Fluorous building blocks

2.1 Fluorous Iodides

　これらのヨウ化物は最も一般的な出発物質であり、最も安価なビルディングブロックである。多くのフルオラス製品はこれらのヨウ化物から誘導されている。以下に便利な反応をいくつか簡潔に示す。

第 1 章　Fluorous Technologies, Inc.

2.1.1　Rf–iodide

Rf–iodide はラジカル反応を経由するオレフィンへの付加反応によって，パーフルオロアルキル基の導入によく使われる．図3に示したように，ラジカル開始剤 AIBN 存在下での原子移動反応は 3-(perfluoroalkyl)-2-iodopropan-1-ol を与える[1]．次いで Pd/C 存在下での接触還元は 3-(perfluoroalkyl) alcohol を高収率で与える．

図3　Introduction of perfluoroalkyl group through racial addition

2.1.2　Rf–ethyl iodide

Rf–ethyl iodide はさまざまな炭素—炭素結合形成に有用なリチオ体や Grignard 試薬，アルキル亜鉛試薬などに変換することができる．図4にはこれらの試薬を用いた炭素—炭素結合形成反応と炭素—スズ結合形成反応を示した．リチオ体は ethyl iodide と 2 当量の t–BuLi をエーテル中で処理することで形成される．その後，アセトンとの反応でフルオラス3級アルコールが得られる（図4，式(1)）[2]．このアルコールは F–Boc–ON 試薬合成の出発物質である（次節参照）．Grignard 試薬は粉末マグネシウムと fluorous ethyl iodide から調製され（式(2)），続く phenyl–trichlorotin との反応により tris(perfluoroalkylethyl) phenyltin が得られる[3]．式(3)にはアルキル亜鉛試薬の形成が示されている．この亜鉛試薬はパラジウム触媒を用いた根岸カップリング反応で 1-bromo-4-(perfluoroalkylethyl) benzene を生成する[4]．

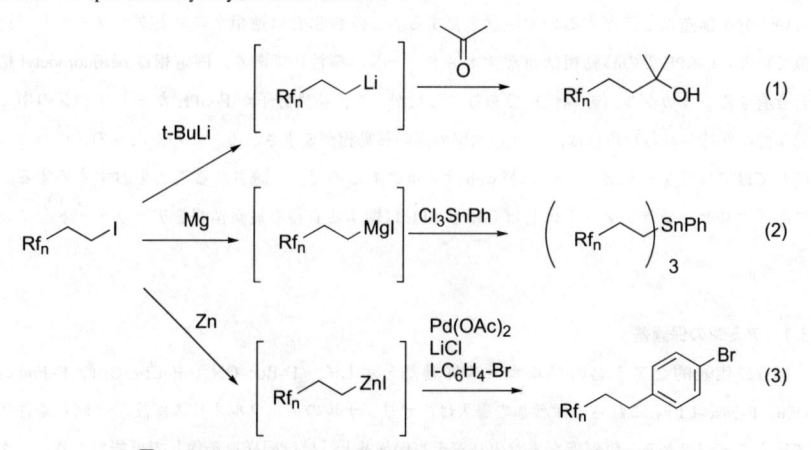

図4　Lithiate, Grignard, and Zinc reagents derived from Rf–ethyl iodide

2.1.3 Rf–propyl iodides

Rf–propyl iodides は Rf–ethyl iodides よりも高価であるが，これらは S_N2 型求核置換反応に対して特に便利な試薬である．なぜなら Rf–ethyl iodides では競争する HI の脱離反応のために，しばしば置換反応が進行しないからである．図5に fluorous 4 –alkoxybenzoate の形成反応を示した．

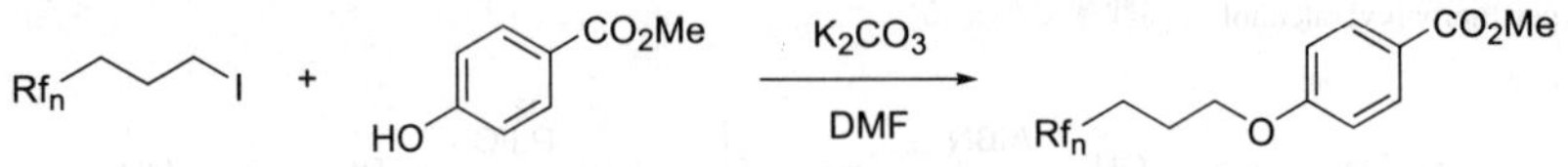

図5 O–Alkylation reaction with 3 –(perfluoroalkyl) propyl iodide

3 保護基[5)]

フルオラス保護基は液相合成において官能基の保護基として用いられる．ここで重要な点は，F–SPE（もしくはヘビーフルオラス分子の場合は液相—液相抽出）により全ての過剰試薬や出発原料を簡単に取り除くことができるという点である．それゆえ，フルオラス保護基の使用は固相合成での手法と似通っている．すなわち，目的生成物にフルオラスタグが付いているか，樹脂が付いているか，ということである．固相合成では中間体の精製は濾過洗浄に限定されるが，フルオラス保護基の使用では，再結晶やフラッシュカラムクロマトグラフィーなどの選択肢がある．さらに，反応は通常の TLC，HPLC，NMR などで簡単にモニタできる．

一般的に C_8F_{17} 基が1つ付いた基質は F–SPE においてよい保持時間を与えるが，保護基が付いている分子構造にも依存するので注意を要する．この F–SPE は逆相クロマトグラフィーと一見似ている．F–SPE での移動相は通常含水メタノール（極性）であり，固定相は perfluorooctyl 結合を有するシリカゲル（非極性）である．したがって，極性分子が F–SPE カートリッジの中で効果的に保持されるためには，より含水率の高い移動相が要求される．このあたりのノウハウに関してはアプリケーションノートが web サイトにあるので，一読されることをおすすめする．このアプリケーションノートはしばしば F–SPE に関する有益な最新情報をアップデートしている．

3.1 アミンの保護基

図6に代表的なアミンのフルオラス保護基を示した（F–Boc–ON[2]，F–Cbz–Osu[6]，F–Fmoc–OSu，F–Msc–Cl[7]）．これらの保護基の導入は，オリジナルのノンフルオラス保護基と同じ条件下で行うことができる．脱保護もまたオリジナル保護基と「ほぼ同様な条件」で可能である．しかしながら，パーフルオロアルキル基の電子吸引効果は保護基の反応性に影響を与える場合があ

る。例えば，F–Boc 基は TFA での脱保護に対してオリジナルの Boc 基よりも安定である。

F-Boc-ON
(F[2n+1]003)

F-Cbz-OSu
(F[2n+1]007)

F-Fmoc-OSu
(XP[2n+1]005)

F-Msc-Cl
(F[2n+1]169)

図 6　Fluorous protecting group for amines

3.2　アルコールの保護基

図 7 に代表的なアルコールのフルオラス保護基を示した。これらの保護基は使用前に活性化が必要である。F–benzyl alcohol と F–PMB アルコールは対応するブロミドに変換した後（例えば NBS–PPh$_3$ を用いて），アルコールの保護基として用いられる。同様に FTI は "Si–H" 型の "F–TIPS" を取り扱っている。1 当量のトリフルオロメタンスルホン酸との処理は対応する silyl triflate を与え，これはさまざまなアルコールと首尾よく反応する[8]。F–TIPS 基は fluorous mixture synthesis で用いられる（次節参照）。

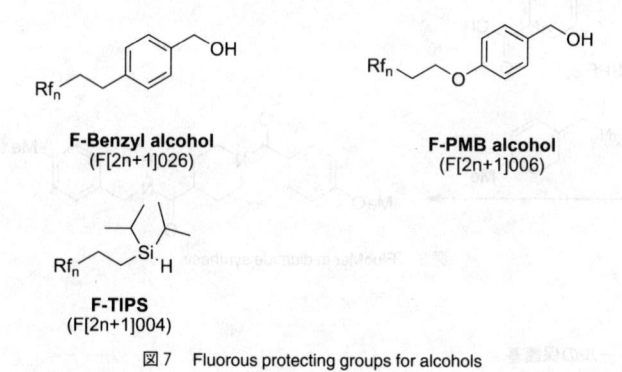

F-Benzyl alcohol
(F[2n+1]026)

F-PMB alcohol
(F[2n+1]006)

F-TIPS
(F[2n+1]004)

図 7　Fluorous protecting groups for alcohols

3.3 カルボン酸の保護基

図8に代表的なカルボン酸のフルオラス保護基を示した。F–tert–alcohol[9]は酸に不安定な保護基である。FluoMar[10]は Marshall linker のフルオラスバージョンで，合成最終段階でアミド体が欲しいときに使われる保護基である。FluoMar の導入は diisopropylcarbodiimide（DIC）–dimethyl-aminopyridine（DMAP）法により行われる。FluoMar は加熱条件下（通常約60℃）で1級もしくは2級アミンにより置き換えることができ，対応するアミド体を与える。図9にその反応例を示した。N–Boc–isonipecotic acid を FluoMar で保護した後，Boc 基の除去を経て benzoyl 基が導入されている。FluoMar は benzyl amine と置き換わり，ジアミド体を与える。

F-tert-Alcohol
(F[2n+1]007)

FluoMar™
(F[2n+1]027)

図8　Fluorous protecting groups for carboxylic acid

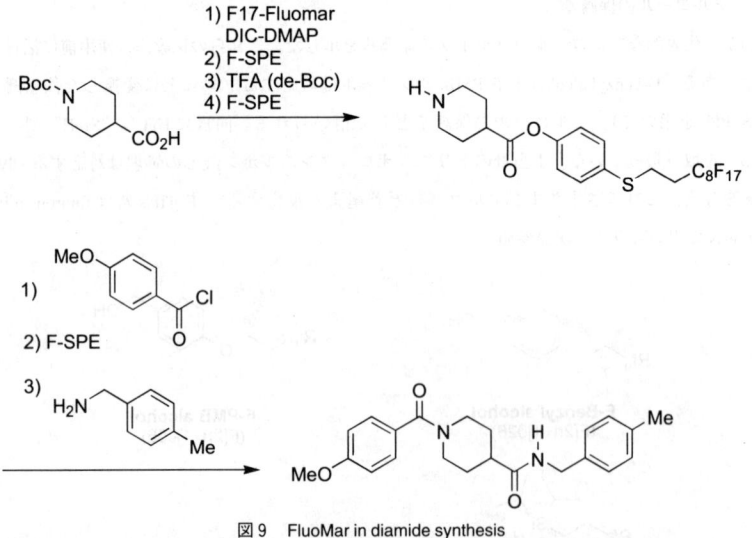

図9　FluoMar in diamide synthesis

3.4 フェノールの保護基

perfluorooctylsulfonyl fluoride[11]（図10）は相当する sulfonate としてフェノールを保護する。aryl

第 1 章 Fluorous Technologies, Inc.

triflates と同様に fluorous sulfonate 基は塩基条件下では不安定であるが，F–SPE による精製過程においては安定で問題なく使用できる．sulfonate はパラジウム触媒下での炭素―炭素結合，炭素―窒素結合，炭素―硫黄結合形成に用いられる．図11に perfluorooctylsulfonate を用いた鈴木カップリングの反応例を示した[11b]．

F17-Sulfonyl fluoride
(F017074)

図10　Perfluorooctylsulfonyl fluoride

図11　Perfluorooctylsulfonate in Suzuki coupling

3.5　Fluorous Mixture Synthesis

図6〜8に保護基をいくつか示したが，これらの多くはさまざまな長さのフルオラス鎖を有した保護基が入手可能であり（from C_3F_7 to $C_{10}F_{21}$），fluorous mixture synthesis への応用が可能である．例えば，F–TIPS は mappicin 合成におけるアルコールの保護基として用いられている（図12）[Ba, 12]．7種類のピリジン誘導体を混合した後，4段階の反応が行われている．そして最後に，

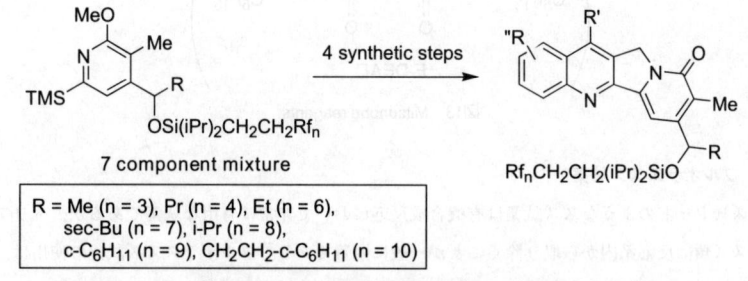

R = Me (n = 3), Pr (n = 4), Et (n = 6),
sec-Bu (n = 7), i-Pr (n = 8),
c-C_6H_{11} (n = 9), CH_2CH_2-c-C_6H_{11} (n = 10)

図12　Fluorous mixture synthesis of mappicines

フルオラス分取 HPLC により効率よくそれぞれ分離している。

4 試薬[13]

いくつかの試薬は現時点では試作品である。より詳細な最適化が進行中であり，より単純で確実，また高収率で高純度の製品の開発が進められている。これらの製品の改良情報などは FTI News Letters で入手可能である。

4.1 F−光延試薬[14]

光延反応のための fluorous azodicarboxylate は，最近 F–DIAD として改良された（図13）。この試薬は以前のエチレンスペーサーを有する azodicarboxylate（F–DEAD）に比べると，特にフェノールのアルキル化反応において優れた収率を与える。したがって現時点では，F26–DIAD と F17–TPP の組み合わせを光延反応に最も適した反応系として勧めることができる[14a]。この系ではさまざまな1級アルコールや2級アルコールがカルボン酸と反応し，収率よく対応するエステルを形成する。2級アルコールとフェノールとのアルキル化においては収率が改善され，さらに高純度の生成物が得られる（図14）。おそらく，この反応における副生成物の多くは，フェノールの代わりに azodicarboxylate へのアルキル化により副成しているものと思われる。

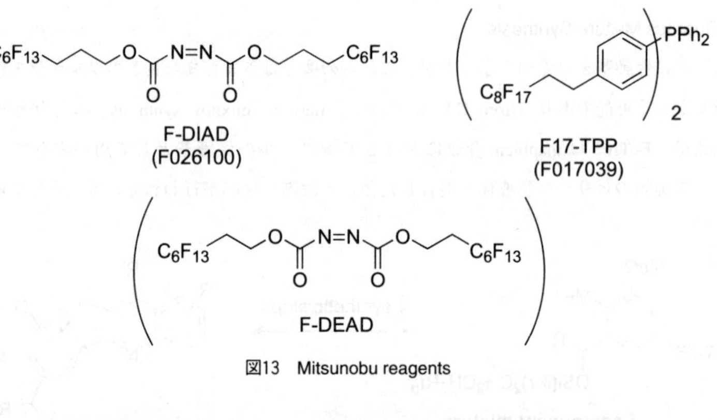

図13 Mitsunobu reagents

4.2 フルオラススズ試薬[15]

スズヒドリドのようなスズ試薬は有機合成反応において非常に有用な試薬であるが，トリアルキルスズ類は反応系内から取り除くことが一般に困難である。フルオラススズ試薬の使用は，この精製に関する問題を解決してくれる。図15に示したように，phenyl tin, tin bromide, tin azide, tin

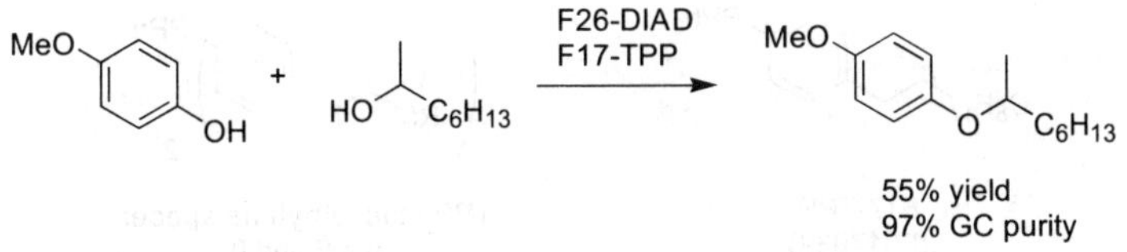

第 1 章　Fluorous Technologies, Inc.

図14　O–Alkylation to phenol

hydride, そして allyl tin が入手可能である。これらはトリブチルスズ類縁体として使用可能であり, F–SPE により簡単に除去できる。

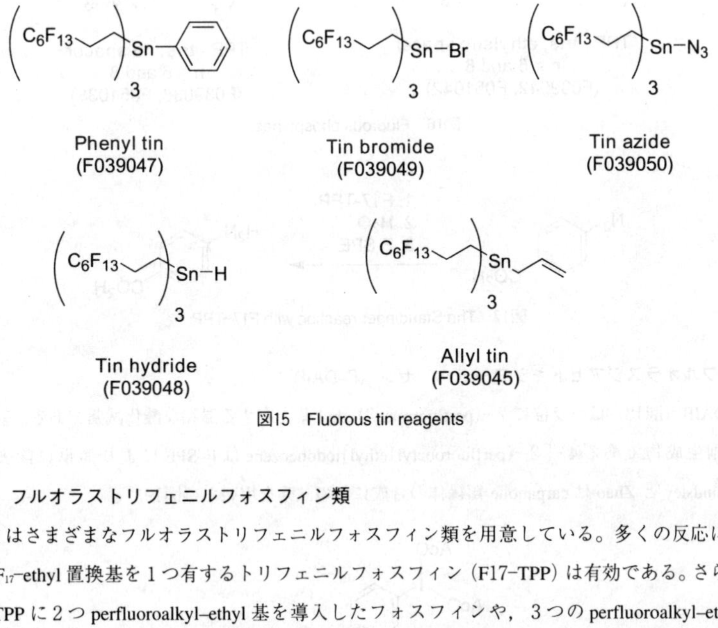

図15　Fluorous tin reagents

4.3.　フルオラストリフェニルフォスフィン類

　FTI はさまざまなフルオラストリフェニルフォスフィン類を用意している。多くの反応において C_8F_{17}–ethyl 置換基を 1 つ有するトリフェニルフォスフィン (F17–TPP) は有効である。さらに, F17–TPP に 2 つ perfluoroalkyl–ethyl 基を導入したフォスフィンや, 3 つの perfluoroalkyl–ethyl 基を導入したフォスフィンも入手できる (図16)。また, 直接 perfluoroalkyl 基をパラ位に導入したトリフェニルフォスフィン類も市販されている。ライトフルオラスフォスフィンである F17–TPP は F–SPE での後処理が適当であるが, ヘビーフルオラスフォスフィンである tris(C_8F_{17}–ethyl) triphenyl phosphines では液相―液相分離が用いられる。

　図17にはフルオラスフォスフィンを用いた Staudinger 反応を示した[16]。フルオラスフォスフィンを使用すると, ポリマー担持型トリフェニルフォスフィンに比べて約10倍反応が速く進行することが報告されている。

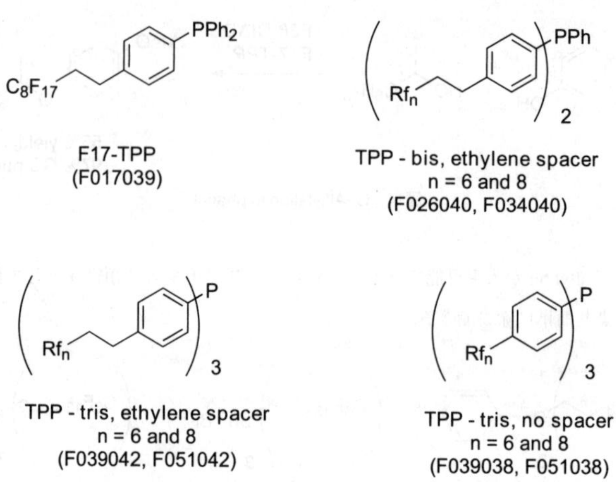

図16 Fluorous phosphines

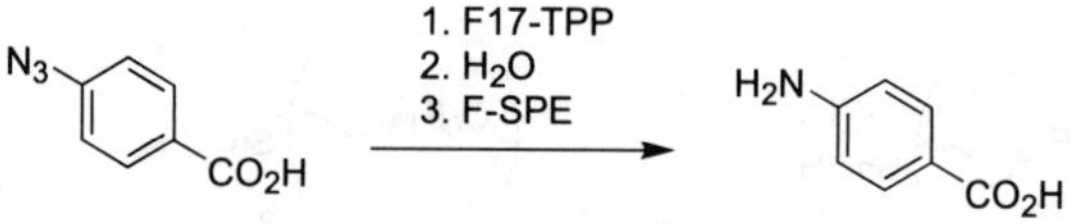

図17 The Staudinger reaction with F17-TPP

4.4 フルオラスジアセトキシヨードベンゼン（F–DAIB）

F–DAIB（図18）はパラ位に 2-(perfluorooctyl)ethyl 基を有する温和な酸化試薬である。試薬由来の副生成物である 4-[2-(perfluorooctyl)ethyl]iodobenzene は F-SPE により簡単に除去される。Lindsley と Zhao は carpanone 類縁体の合成にこの試薬を用いた（図19）[17]。

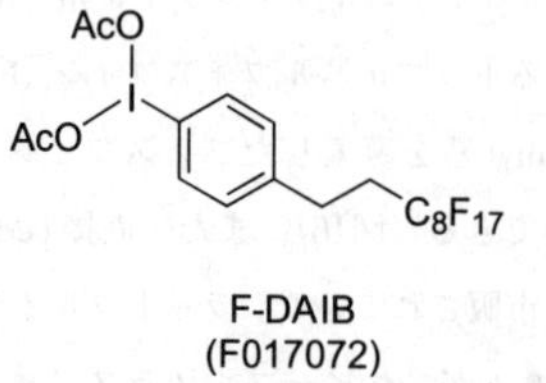

図18 Fluorous diacetoxy iodobenzene

4.5 フルオラスカップリング試薬

現在 FTI では，アミド結合形成反応のための F26–CDMT（Kaminski's reagent）[18]，F17–DCC（car-

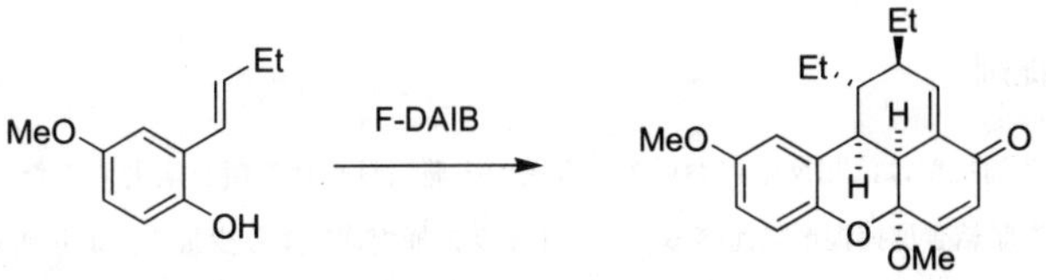

第 1 章　Fluorous Technologies, Inc.

図19　Synthesis of a carpanone analog by oxidative dimerization of 2-vinylphenol

bodiimide)，F19-pyridinium salt(Mukaiyama condensation reagent)[19]，F30-HOBt を市販している（図20）。F19-pyridinium salt はカルボン酸と HOBT から活性エステルを容易に形成することが報告されている（図21）。一般に，F17-DCC はジクロロメタン中でゲル状の尿素体を形成するので使用しにくい。そこで，改良型カルボジイミド試薬の探索が進行中である。

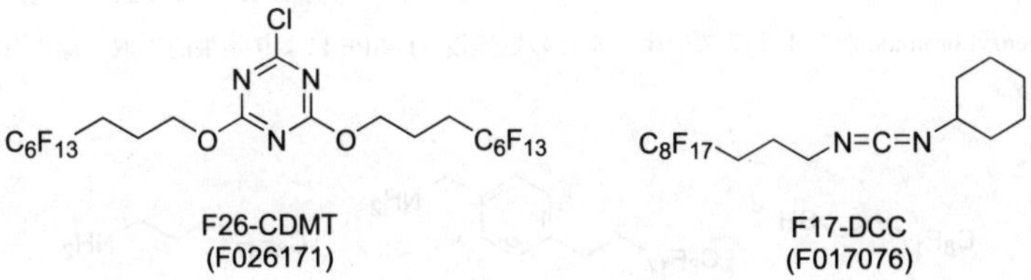

F26-CDMT
(F026171)

F17-DCC
(F017076)

F19-Pyridinium salt
(F019099)

F30-HOBt
(F030075)

図20　Fluorous reagents for amide formation

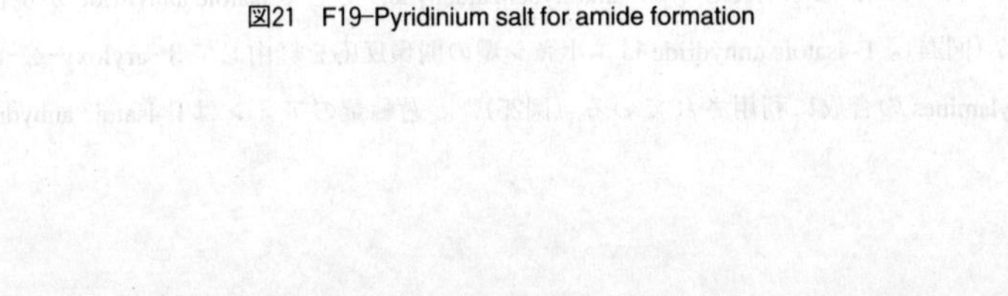

96% yield
99% HPLC purity

図21　F19-Pyridinium salt for amide formation

5 捕捉剤[20]

フルオラス捕捉剤は液相反応において,過剰の出発原料や試薬類を除去するために用いられる。固相の樹脂結合型捕捉剤に比べると,フルオラス捕捉剤はより少量で,より速く機能する。これまでに F–SPE で除去可能な C_8F_{17} 鎖を1つ有する捕捉剤がデザインされ,反応混合物のクリーンアップに貢献している。FTI は現在,求核的および求電子的な捕捉剤,ならびに金属捕捉剤も市販している。

5.1 求核的捕捉剤

図22にフルオラス求核的捕捉剤の構造を示した。フルオラスチオールは炭素—硫黄結合を形成することでハロゲン化アルキルを捕捉する。ベンジルアミン体の合成では,過剰に存在する4-fluorobenzyl bromide がフルオラスチオールとの処理後,F–SPE により効果的に取り除かれている (図23)[20b]。

図22 Fluorous nucleophilic scavengers

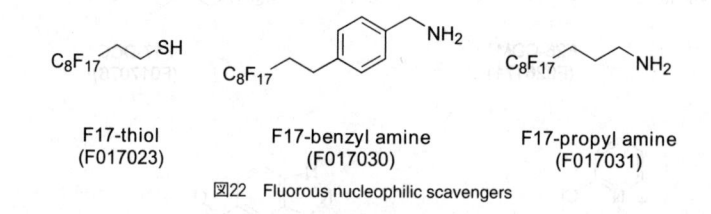

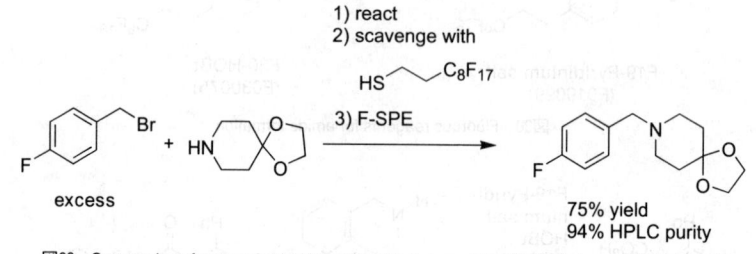

図23 Scavenging of excess benzyl bromide with fluorous thiol (Tetrahedron 2002, 58, 3871)

5.2 求電子的捕捉剤

イソシアネート体 (F17–NCO),4-alkoxybenzaldehyde,そして isatoic anhydride が現在入手可能である (図24)。F–isatoic anhydride はエポキシ環の開環反応を経由して3-aryloxy-2-hydroxy-1-propylamines の合成に利用されている (図25)[20e]。過剰量のアミンは F-isatoic anhydride との

反応で効果的に捕捉され，続く F–SPE により除去される．

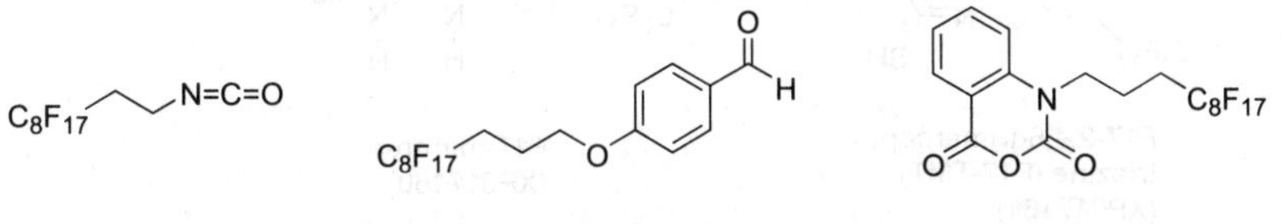

F17-NCO
(F017032)

F17-4-alkoxybenzaldehyde
(F017036)

F17-Isatoic anhydride
(F017028)

図24 Fluorous electrophilic scavengers

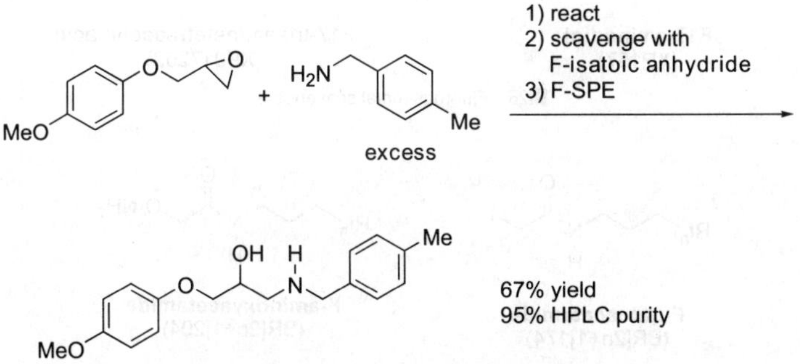

1) react
2) scavenge with F-isatoic anhydride
3) F-SPE

67% yield
95% HPLC purity

図25 Scavenging of excess amine with F–isatoic anhydride

5.3 金属捕捉剤

図26には現在 FTI から入手可能な金属捕捉剤を示してある．これらの製品のカタログナンバーには F の代わりに XP を使っている．これらの製品がまだ試作品で，実際の使用例を待っている段階であることを意味している．

6 タンパクのタグ化試薬[21]

図27の製品は「proteomics research」のために最近カタログに加えられた．この試薬は標的タンパク中のアミノ残基に特異的にフルオラスタグを導入する．今後，この分野では急速に多くの新しい製品が市販されていくものと予想される．最新の情報は http://www.fluorous.com/groups/Fluorous_Proteomics.html で入手できる．

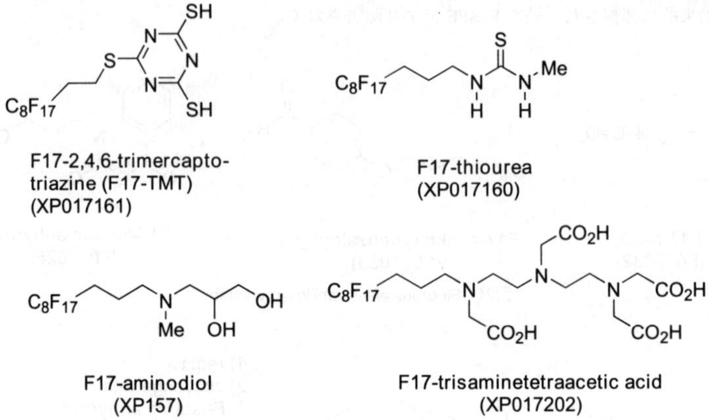

図26 Fluorous metal scavengers

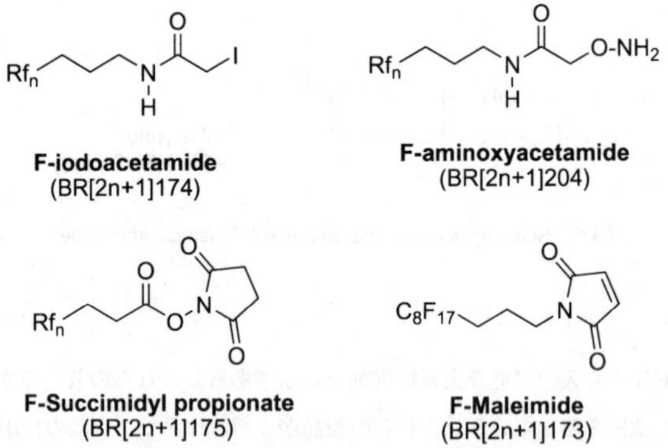

図27 Fluorous tagging reagents for proteomics

7 吸着剤[22]

FTI は *FluoroFlash* と呼ばれるフルオラスシリカゲルを市販している。このシリカゲルにはパーフルオロオクチル基が結合している。さらにバルクのフルオラスシリカゲル，F–SPE カートリッジ，HPLC カラム，そしてフルオラス TLC プレートなどが入手可能である。

SPE cartridges：2, 5, 10, 20 gram sizes

HPLC columns：4.6×50mm, 4.5×150mm, 10×50mm, 10×100mm, 20×50mm, 20

第1章　Fluorous Technologies, Inc.

×100mm，20×250mm sizes

TLC plates：10pack of 5×10cm with F254 indicator

Bulk silica gel（40μm）：25g，100g，1 kg sizes.

(perhaps some picture of SPE cartridges)

8　おわりに

本稿ではFTIで市販されている重要な製品群と，それらに関する簡単な説明を述べた。この「フルオラス分野」はさまざまな他の分野に間違いなく広がりを見せている（例えば，fluorous proteomicsなど）。FTIのwebサイトとニュースレターは，可能な限りその新展開をフルオラス製品のユーザにお伝えできるものと確信している。ユーザを支援するとともに，今後はユーザからの新情報などもニュースレターにおいて特集していくことになるだろう。

文　献

1) (a) Vincent, J.-M., Fish, R. H., 1,4,7-Tris-N-(4,4,5,5,6,6,7,7,8,8,9,9,10,10,11,11,11-heptadecafluoroundecyl)-1,4,7-triazacyclononane [R$_f$-TACN], A Fluorous Soluble Nitrogen Ligand via Alkylation with a Fluoroponytail, C$_8$F$_{17}$(CH$_2$)$_3$I, In *Handbook of Fluorous Chemistry*, Gladysz, J. A., Curran, D. P., Horvath, I. T., Eds., Wiley-VCH, Weinheim, 393-394 (2004)

   (b) Rabai, J., Kovesi, I., Bonto, A.-M., Perfluorooctylpropyl Alcohol, Radical Addition of Perfluorooctyl Iodide to Triallyl Borate, Followed by Reductive Dehalogenation and Aqueous Deprotection, In *Handbook of Fluorous Chemistry*, Gladysz, J. A., Curran, D. P., Horvath, I. T., Eds., Wiley-VCH, Weinheim, 419-420 (2004)

   (c) Lumbierres, M., Moreno-Manas, M, Vallribera, A., *Tetrahedron*, 58, 4061 (2002)

2) Luo, Z., Williams, J., Read, R. W., Curran, D. P., *J. Org. Chem.*, 66, 4261 (2001)

3) (a) Curran, D. P., Hadida, S., Kim, S.-Y., Luo, Z., *J. Am. Chem. Soc.*, 121, 6607 (1999)

   (b) Otera, J., Bis(1H,1H,2H,2H-perfluorooctyl) Tin Oxide and 1,3-Dichloro-tetra(1H,1H,2H,2H-perfluorooctyl)distannoxane, Synthesis and Applications of Fluorous Distannoxanes, In *Handbook of Fluorous Chemistry*, Gladysz, J. A., Curran, D.P., Horvath, I. T., Eds., Wiley-VCH, Weinheim, 412-414 (2004)

4) Zhang, Q., Luo, Z., Curran, D. P., *J. Org. Chem.*, 65, 8866 (2000)

5) Zhang, W., Fluorous Protecting Groups and Tags, In *Handbook of Fluorous Chemistry*, Gladysz, J. A., Curran, D. P., Horvath, I. T., Eds., Wiley-VCH, Weinheim, 222-236 (2004)

6) (a) Curran, D. P., Amatore, M., Guthrie, D., Campbell, M., Go, E., Luo, Z., *J. Org. Chem.*, 68, 4643 (2003)

- (b) Filippov, D. V., van Zoelen, D. J., Oldfield, S. P., van der Marel, G. A., Overkleeft, H. S., Drijfhout, J. W., van Boom, J. H., *Tetrahedron Lett.*, **43**, 7809 (2002)
7) de Visser P. C., van Helden M., Filippov D. V., van der Marel G. A., Drijfhout J. W., van Boom J. H., Noort D., Overkleeft H. S., *Tetrahedron Lett.*, **44**, 9013 (2003)
8) (a) Zhang, W., Luo, Z., Chen, C. H.-T., Curran, D. P., *J. Am. Chem. Soc.*, **124**, 10443 (2002)
- (b) Lu, Y., Zhang, W., Fluorous TIPS-triflate, In *Handbook of Reagents for Organic Synthesis, Reagents for High-Throughput Solid-Phase and Solution-Phase Organic Synthesis*, Wipf, P. Ed., Wiley, Chichester, 128-129 (2005)
9) Pardo, J., Cobas, A., Guitian, E., Castedo, L., *Org. Lett.*, **3**, 3711 (2001)
10) Chen, C. H.-T., Zhang, W., *Org. Lett.*, **5**, 1015 (2003)
11) (a) Zhang, W., Nagashima, T., Lu, Y., Chen, C. H.-T., *Tetrahedron Lett.*, **45**, 4611 (2004)
- (b) Zhang, W., Chen, C. H.-T., Lu, Y., Nagashima, T., *Org. Lett.*, **6**, 1473 (2004)
12) Luo, Z., Zhang, Q., Oderatoshi, Y., Curran, D. P., *Science*, **291**, 1766 (2001)
13) Dandapani, S., Synthetic Applications of Fluorous Reagents, In *Handbook of Fluorous Chemistry*, Gladysz, J. A., Curran, D. P., Horvath, I. T., Eds., Wiley-VCH, Weinheim, 175-181 (2004)
14) (a) Dandapani, S., Curran, D. P., *J. Org. Chem.*, **69**, 8751 (2004)
- (b) Dembinski, R., Approaches to the Fluorous Mitsunobu Reaction, In *Handbook of Fluorous Chemistry*, Gladysz, J. A., Curran, D. P., Horvath, I. T., Eds., Wiley-VCH, Weinheim, 190-201 (2004)
15) (a) Ryu, I., Radical Carbonylations Using Fluorous Tin Reagents: Convenient Workup and Facile Recycle of the Reagents, In *Handbook of Fluorous Chemistry*, Gladysz, J. A., Curran, D. P., Horvath, I. T., Eds., Wiley-VCH, Weinheim, 182-190 (2004)
- (b) Curran, D. P., Hadida, S., Kim, S.-Y., *Tetrahedron*, **55**, 8997 (1999)
16) Lindsley, C. W., Zhao, Z., Newton, R. C., Leister, W. H., Strauss, K. A., *Tetrahedron Lett.*, **43**, 4467 (2002)
17) Lindsley, C. W., Zhao, Z., 1,2-Diethyl-6a,10-dimethoxy-1,6a,11b,11c-tetrahydro-2H-benzo[kl]xanthen-4-one, β,β-Phenolic Coupling Reactions to Access Unnatural Carpanone Analogs with a Fluorous Diacetoxy Iodobenzene (F-DAIB) Reagent, In *Handbook of Fluorous Chemistry*, Gladysz, J. A., Curran, D. P., Horvath, I. T., Eds., Wiley-VCH, Weinheim, 371-372 (2004)
18) A fluorous Kaminski's reagent with two C_8F_{17} groups has been reported, Markowicz, M. W., Dembinski, R., *Synthesis*, 80 (2004)
19) Nagashima, T., Lu, Y., Petro, M. J., Zhang, W., *Tetrahedron Lett.*, **46**, 6585 (2005)
20) (a) Lindsley, C. W., Leister, W. H., Fluorous Scavengers, In *Handbook of Fluorous Chemistry*, Gladysz, J. A., Curran, D. P., Horvath, I. T., Eds., Wiley-VCH, Weinheim, 236-246 (2004)
- (b) Zhang, W., Curran, D. P., Chen, C. H.-T., *Tetrahedron*, **58**, 3871 (2002)
- (c) Lindsley, C. W., Zhao, Z., Leister, W. H., *Tetrahedron Lett.*, **43**, 4225 (2002)
- (d) Lindsley, C. W., Zhao, Z., Leister, W. H., Strauss, K. A., *Tetrahedron Lett.*, **43**, 6319 (2002)
- (e) Zhang, W., Chen, C. H.-T., Nagashima, T., *Tetrahedron Lett.*, **44**, 2065 (2003)
21) Brittain, S. M., Ficarro, S. B., Brock, A., Peters, E. C., *Nature Biotechnology*, **23**, 469 (2005)
22) Curran, D. P., Separations with Fluorous Silica Gel and Related Materisls, In *Handbook of Fluorous Chemistry*, Gladysz, J. A., Curran, D. P., Horvath, I. T., Eds., Wiley-VCH, Weinheim, 101-127 (2004)

第2章　ダイキン化成品販売㈱

下川和弘[*]

1　はじめに

　有機フッ素化合物の合成に必要なフッ素ガスやフッ化水素は，毒性，腐食性が強く，取り扱いには特殊な反応装置と技術が必要である．そこで，実験室でも手軽に利用できる市販品を使用するのも一つの手である．目的に応じた試薬を選択すれば，副反応の軽減や収率の向上が期待できる．

　ダイキンではグループとしてフッ素合成に関する種々の技術の開発を進めており，それらの技術を研究開発から工業化まで一貫して対応している．本稿ではダイキンが所有する含フッ素原料とこれらから誘導できるビルディングブロックおよび試薬類を紹介する．

　なお，カタログ試薬以外の化合物についてもご要望にそって対応していきたいと考えていますのでぜひご相談下さい．

2　含フッ素カタログ試薬

アルコール類

試薬コード	構造式	化学名	CAS NO	MW	bp, mp.	d, n
A-1110	CF_3CH_2OH	1H,1H-trifluoroethanol	75-89-8	100.03	b.p.:74–75℃ m.p.:−44℃	d^{20}:1.392 n^{20}:1.290
A-1210	$CF_3CF_2CH_2OH$	1H,1H-pentafluoropropanol	422-05-9	150.04	b.p.:81–83℃	d^{20}:1.505 n^{20}:1.289
A-1420	$F(CF_2)_4CH_2CH_2OH$	2-(perfluorobutyl)ethanol	2043-47-2	264.08	b.p.:140–143℃	d^{20}:1.590 n^{20}:1.319
A-1430	$F(CF_2)_4CH_2CH_2CH_2OH$	3-(perfluorobutyl)propanol	83310-97-8	278.11	b.p.:73–75℃/22mmHg	
A-1620	$F(CF_2)_6CH_2CH_2OH$	2-(perfluorohexyl)ethanol	647-42-7	364.1	b.p.:75–80℃/14mmHg	d^{20}:1.678 n^{20}:1.313
A-1630	$F(CF_2)_6(CH_2)_3OH$	3-(perfluorohexyl)propanol	80806-68-4	378.12	b.p.:80℃/10mmHg	d:1.629 n:1.329

*　Kazuhiro Shimokawa　ダイキン化成品販売㈱　技術部長

アルコール類（つづき）

A-1820	$F(CF_2)_8CH_2CH_2OH$	2-(perfluorooctyl)ethanol	678-39-7	464.11	b.p.:95-105℃/15mmHg m.p.:42-44℃	
A-1830	$F(CF_2)_8(CH_2)_3OH$	3-(perfluorooctyl)propanol	1651-41-8	478.14	b.p.:106-108℃/10mmHg	
A-2020	$F(CF_2)_{10}CH_2CH_2OH$	2-(perfluorodecyl)ethanol	865-86-1	564.12	b.p.:111-112℃/10mmHg m.p.:92-93℃	
A-5210	$CHF_2CF_2CH_2OH$	1H,1H,3H-tetrafluoropropanol(98% min.)	76-37-9	132.05	b.p.:109-110℃ m.p.:<-70℃	d^{20}:1.485 n^{20}:1.321
A-5410	$H(CF_2)_4CH_2OH$	1H,1H,5H-octafluoropentanol(98% min.)	355-80-6	232.07	b.p.:140-141℃ m.p.:<-50℃	d^{20}:1.665 n^{20}:1.320
A-5610	$H(CF_2)_6CH_2OH$	1H,1H,7H-dodecafluoroheptanol(93% min.)	335-99-9	332.08	b.p.:169-170℃ m.p.:-20℃	d^{20}:1.762 n^{20}:1.318
A-5810	$H(CF_2)_8CH_2OH$	1H,1H,9H-hexadecafluorononanol	376-18-1	432.09	b.p.:155-156℃/200mmHg m.p.:60-65℃	
A-7210	$(CF_3)_2CHOH$	2H-hexafluoro-2-propanol	920-66-1	168.04	b.p.:58.6℃ m.p.:-3.3℃	d^{20}:1.604 n^{20}:1.277
A-7310	$CF_3CHFCF_2CH_2OH$	1H,1H,3H-hexafluorobutanol	382-31-0	182.06	b.p.:108-113℃	d^{20}:1.564 n^{20}:1.312
A-7412	$HOCH_2(CF_2)_4CH_2OH$	2,2,3,3,4,4,5,5-octafluoro-1,6-hexanediol	355-74-8	262.1	b.p.100℃/3mmHg m.p.:68℃	
A-7612	$HOCH_2(CF_2)_6CH_2OH$	2,2,3,3,4,4,5,5,6,6,7,7-dodecafluoro-1,8-octanediol	90177-96-1	362.12	m.p.:80-83℃	

エポキシド類

試薬コード	構造式	化学名	CAS NO	MW	bp, mp.	d, n
E-1630	$F(CF_2)_4CH_2CH\text{-}CH_2\backslash O/$	3-perfluorohexyl-1,2-epoxypropane	38565-52-5	376.11	b.p.:80℃/41mmHg	d^{20}:1.645 n:1.319
E-1830	$F(CF_2)_8CH_2CH\text{-}CH_2\backslash O/$	3-perfluorooctyl-1,2-epoxypropane	38565-53-6	476.12	b.p.:87℃/19mmHg	d:1.712 n:1.319
E-2030	$F(CF_2)_{10}CH_2CH\text{-}CH_2\backslash O/$	3-perfluorodecyl-1,2-epoxypropane	38565-54-7	576.14	m.p.:(solid)	d:1.758 n:1.319
E-5244	$CHF_2CF_2CH_2OCH_2CH\text{-}CH_2\backslash O/$	3-(2,2,3,3-tetrafluoropoxy)-1,2-epoxypropane	19932-26-4	188.11	b.p.:50-52℃/4mmHg	d:1.331 n:1.365
E-5444	$H(CF_2)_4CH_2OCH_2CH\text{-}CH_2\backslash O/$	3-(1H,1H,5H-octafluoropentyloxy)-1,2-epoxypropane	19932-27-5	288.12	b.p.:75-79℃/4mmHg	d:1.509 n:1.353
E-5644	$H(CF_2)_6CH_2OCH_2CH\text{-}CH_2\backslash O/$	3-(1H,1H,7H-dodecafluoroheptyloxy)-1,2-epoxypropane	799-34-8	388.14	b.p.:97-98℃/4mmHg	d^{20}:1.614 n:1.346
E-5844	$H(CF_2)_8CH_2OCH_2CH\text{-}CH_2\backslash O/$	3-(1H,1H,9H-hexadecafluorononyloxy)-1,2-epoxypropane	125370-60-7	488.15	d:1.682 n:1.342	

第2章　ダイキン化成品販売㈱

エポキシド類（つづき）

E-7432	CH$_2$-CHCH$_2$(CF$_2$)$_4$CH$_2$CH-CH$_2$ (エポキシ環)	1,4-bis(2′,3′-epoxypropyl)-perfluoro-n-butane		314.17	b.p.:90℃/1.5mmHg

オレフィン類

試薬コード	構造式	化学名	CAS NO	MW	bp, mp.	d, n
F-1420	F(CF$_2$)$_4$CH=CH$_2$	(perfluorobutyl)ethylene	19430-93-4	246.07	b.p.:58℃	d^{20}:1.451 n:1.289
F-1620	F(CF$_2$)$_6$CH=CH$_2$	(perfluorohexyl)ethylene	25291-17-2	346.09	b.p.:106℃	d^{20}:1.560 n:1.296
F-1820	F(CF$_2$)$_8$CH=CH$_2$	(perfluorooctyl)ethylene	21652-58-4	446.1	b.p.:145-150℃	d^{20}:1.650 n^{20}:1.303
F-2020	F(CF$_2$)$_{10}$CH=CH$_2$		30389-25-4	546.,12	b.p.:71-72℃/14mmHg m.p.:(solid)	

アイオダイド類

試薬コード	構造式	化学名	CAS NO	MW	bp, mp.	d, n
I-1200	CF$_3$CF$_2$I	perfluoroethyl iodide	354-64-3	245.92	b.p.:12-13℃ m.p.:-92℃	n^0:1.339
I-1400	F(CF$_2$)$_4$I	perfluorobutyl iodide	423-39-2	345.93	b.p.:66-68℃	d^{20}:2.010 n^{20}:1.328
I-1420	F(CF$_2$)$_4$CH$_2$CH$_2$I	2-(perfluorobutyl)ethyl iodide	2043-55-2	373.98	b.p.:138-140℃ m.p.:-25℃	d^{20}1.940 n:1.374
I-1600	F(CF$_2$)$_6$I	perfluorohexyl iodide	.355-43-1	445.94	b.p.:114-120℃	d:2.009 n^{20}:1.328
I-1620	F(CF$_2$)$_6$CH$_2$CH$_2$I	2-(perfluorohexyl)ethyl iodide	2043-57-4	474	b.p.:180℃ m.p.:20.5℃	d^{25}:1.910 n^{25}:1.360
I-1800	F(CF$_2$)$_8$I	perfluorooctyl iodide	507-63-1	545.96	b.p.:160-161℃ m.p.:25℃	d^{25}:2.040 n^{25}:1.324
I-1820	F(CF$_2$)$_8$CH$_2$CH$_2$I	2-(perfluorooctyl)ethyl iodide	2043-53-0	574.01	b.p.:92-96℃/12mmHg m.p.:55-57℃	d^{60}:1.880 n^{60}:1.339
I-2000	F(CF$_2$)$_{10}$I	perfluorodecyl iodide	423-62-1	645.97	b.p.:195-200℃ m.p.:65-67℃	d^{70}:1.940
I-2020	F(CF$_2$)$_{10}$CH$_2$CH$_2$I	2-(perfluorodecyl)ethyl iodide	2043-4-1	674.03	b.p.:108℃/10mmHg m.p.:82-83℃	d^{90}:1.820 n^{90}:1.324
I-3200	(CF$_3$)$_2$CFI	heptafluoro-2-iodopropane	677-69-0	295.92	b.p.:39℃ m.p:-56℃	d^{20}:2.099 n^{20}:1.328

フルオラスケミストリー

アイオダイド類（つづき）

試薬コード	構造式	化学名	CAS NO	MW	bp, mp.	d, n
I-3800	$(CF_3)_2CF(CF_2)_6I$	perfluoro-7-methyloctyl iodide	865-77-0	595.97	b.p.:190℃ m.p.:(solid)	
I-3820	$(CF_3)_2CF(CF_2)_6CH_2CH_2I$	2-(perfluoro-7-methyloctyl)ethyl iodide	40678-31-7	624.02	m.p.:(solid)	
I-5210	$CHF_2CF_2CH_2I$	1H,1H,3H-tetrafluoropropyl iodide	679-87-8	241.95	b.p.:95-97℃	d^{20}:2.036 n:1.412
I-5410	$H(CF_2)_4CH_2I$	1H,1H,5H-octafluoropentyl iodide	678-74-0	341.97	b.p.:136-137℃	d:2.037 n:1.384
I-5610	$H(CF_2)_6CH_2I$	1H,1H,7H-dodecafluoroheptyl iodide	376-32-9	441.98	b.p.:78-79℃ /20mmHg	d^{20}:2.044 n^{20}:1.364

メタクリレート類

試薬コード	構造式	化学名	CAS NO	MW	bp, mp.	d, n
M-1110	$CF_3CH_2OCOC(CH_3)=CH_2$	2,2,2-trifluoroethyl methacrylate	352-87-4	168.1	b.p.:30℃/40 mmHg	d^{20}:1.181 n:1.359
M-1210	$CF_3CF_2CH_2OCOC(CH_3)=CH_2$	2,2,3,3,3-pentafluoropropyl methacrylate	45115-53-5	218.11	b.p.:55℃ /100mmHg	d:1.277 n:1.345
M-1420	$F(CF_2)_4CH_2CH_2OCOC(CH_3)=CH_2$	2-(perfluorobutyl)ethyl methacrylate	1799-84-4	332.15	b.p.:60-62℃ /5mmHg	d:1.402 n^{20}:1.353
M-1433	$F(CF_2)_4CH_2CH(OH)CH_2OCOC(CH_3)=CH_2$	3-(perfluorobutyl)-2-hydroxypropyl methacrylate	36915-03-4	362.18	b.p.:73-75℃ /0.8mmHg	
M-1620	$F(CF_2)_6CH_2CH_2OCOC(CH_3)=CH_2$	2-(perfluorohexyl)ethyl methacrylate	2144-53-8	432.17	b.p.:92℃/8 mHg	d^{25}:1.496 n:1.344
M-1633	$F(CF_2)_6CH_2CH(OH)CH_2OCOC(CH_3)=CH_2$	3-perfluorohexyl-2-hydroxypropyl methacrylate	86994-47-0	462.21	b.p.:96-98℃ /0.3-0.7mmHg	
M-1820	$F(CF_2)_8CH_2CH_2OCOC(CH_3)=CH_2$	2-(perfluorooctyl)ethyl methacrylate	1996-88-9	532.18	b.p.:60-70℃ /0.1mmHg m.p.:0℃	d:1.583 n^{25}:1.341
M-1833	$F(CF_2)_8CH_2CH(OH)CH_2OCOC(CH_3)=CH_2$	3-perfluorooctyl-2-hydroxypropyl methacrylate	93706-76-4	562.22	b.p.:109-111℃ /0.6mmHg	
M-2020	$F(CF_2)_{10}CH_2CH_2OCOC(CH_3)=CH_2$	2-(perfluorodecyl)ethyl methacrylate	2144-54-9	632.19	b.p.:95-100℃ /0.1mmHg m.p.:45-50℃	
M-3420	$(CF_3)_2CF(CF_2)_2CH_2CH_2OCOC(CH_3)=CH_2$	2-(perfluoro-3-methylbutyl)ethyl methacrylate	65195-44-0	382.16		d:1.481 n:1.352
M-3433	$(CF_3)_2CF(CF_2)_2CH_2CH(OH)CH_2OCOC(CH_3)=CH_2$	3-(perfluoro-3-methylbutyl)-2-hydroxypropyl methacrylate	16083-79-7	412.18	b.p.:83-86℃/ 0.8-0.9mmHg	d:1.480 n:1.355
M-3620	$(CF_3)_2CF(CF_2)_4CH_2CH_2OCOC(CH_3)=CH_2$	2-(perfluoro-5-methylhexyl)ethyl methacrylate	50836-66-3	482.17		d:1.567 n:1.347

第2章 ダイキン化成品販売㈱

メタクリレート類（つづき）

試薬コード	構造式	化学名	CAS NO	MW	bp, mp.	d, n
M-3633	$(CF_3)_2CF(CF_2)_4CH_2CH(OH)CH_2OCOC(CH_3)=CH_2$	3-(perfluoro-5-methyl-hexyl)-2-hydroxypropyl methacrylate	16083-81-1	512.19		d:1.561 n:1.350
M-3820	$(CF_3)_2CF(CF_2)_6CH_2CH_2OCOC(CH_3)=CH_2$	2-(pefluoro-7-methyloctyl)ethyl methacrylate	15166-00-4	582.19	m.p.:(sol~liq)	d:1.629 n:1.343
M-3833	$(CF_3)_2CF(CF_2)_6CH_2CH(OH)CH_2OCOC(CH_3)=CH_2$	3-(perfluoro-7-methyloctyl)-2-hydroxypropyl methacrylate	.88752-37-8	612.2	m.p.:(solid)	
M-5210	$H(CF_2)_2CH_2OCOC(CH_3)=CH_2$	1H,1H,3H-tetrafluoropropyl methacrylate	.45102-52-1	200.12	b.p.:70℃/50 mmHg	d^{25}:1.254 n^{20}:1.373
M-5410	$H(CF_2)_4CH_2OCOC(CH_3)=CH_2$	1H,1H,5H-octafluoropentyl methacrylate	355-93-1	300.14	b.p.:88℃/40 mmHg	d^{20}:1.432 n^{20}:1.358
M-5610	$H(CF_2)_6CH_2OCOC(CH_3)=CH_2$	1H,1H,7H-dodecafluoroheptyl methacrylate	2261-99-6	400.15	b.p.:112℃/40mmHg	d^{20}:1.536 n^{20}:1.348
M-5810	$H(CF_2)_8CH_2OCOC(CH_3)=CH_2$	1H,1H,9H-hexadecafluorononyl methacrylate	1841-46-9	500.16		d:1.618 n^{20}:1.342
M-7210	$(CF_3)_2CHOCOC(CH_3)=CH_2$	1H-1-(trifluoromethyl)trifluoroethyl methacrylate	3063-94-3	236.1	b.p.:99℃	d:1.373 n:1.345
M-7310	$CF_3CHFCF_2CH_2OCOC(CH_3)=CH_2$	1H,1H,3H-hexafluorobutyl methacrylate	36405-47-7	250.13	b.p.:73-74℃/40mmHg	d^{20}:1.352 n^{20}:1.356

アクリレート類

試薬コード	構造式	化学名	CAS NO	MW	bp, mp.	d, n
R-1110	$CF_3CH_2OCOCH=CH_2$	2,2,2-trifluoroethyl acrylate	407-47-6	154.08	b.p.:91-93℃	d^{25}:1.216 n^{25}:1.348
R-1210	$CF_3CF_2CH_2OCOCH=CH_2$	2,2,3,3,3-pentafluoropropyl acrylate	356-86-5	204.08	b.p.:50℃/100mmHg	d^{20}:1.320 n^{20}:1.336
R-1420	$F(CF_2)_4CH_2CH_2OCOCH=CH_2$	2-(perfluorobutyl)ethyl acrylate	117374-41-1	318.13		d:1.440 n^{20}:1.340
R-1433	$F(CF_2)_4CH_2CH(OH)CH_2OCOCH=CH_2$	3-(perfluorobutyl)-2-hydroxypropyl acrylate	98573-25-2	348.15	b.p.:89-90℃/3mmHg	d:1.442 n:1.353
R-1620	$F(CF_2)_6CH_2CH_2OCOCH=CH_2$	2-(perfluorohexyl)ethyl acrylate	17527-29-6	418.14		d^{25}:1.554 n:1.336
R-1633	$F(CF_2)_6CH_2CH(OH)CH_2OCOCH=CH_2$	3-perfluorohexyl-2-hydroxypropyl acrylate	.127377-12-2	448.16		d:1.540 n:1.374
R-1820	$F(CF_2)_8CH_2CH_2OCOCH=CH_2$	2-(perfluorooctyl)ethyl acrylate	27905-45-9	518.15	b.p.:90℃/4mmHg m.p.:-3℃	d:1.643 n:1.334

アクリレート類（つづき）

試薬コード	構造式	化学名	CAS NO	MW	bp, mp	d, n
R-1833	$F(CF_2)_8CH_2CH(OH)CH_2OCOCH=CH_2$	3-perfluorooctyl-2-hydroxypropyl acrylate		548.17	m.p.:(solid)	
R-2020	$F(CF_2)_{10}CH_2CH_2OCOCH=CH_2$	2-(perfluorodecyl)ethyl acrylate	17741-60-5	618.17	b.p.:122℃/4 mmHg m.p.:(solid)	
R-3820	$(CF_3)_2CF(CF_2)_6CH_2CH_2OCOCH=CH_2$	2-(pefluoro-7-methyloctyl)ethyl acrylate	15577-26-1	568.16		d:1.667 n:1.337
R-5210	$H(CF_2)_2CH_2OCOCH=CH_2$	1H,1H,3H-tetrafluoropropyl acrylate	7383-71-3	186.09	b.p.:78℃/100mmHg	d^{20}:1.309 n^{20}:1.363
R-5410	$H(CF_2)_4CH_2OCOCH=CH_2$	1H,1H,5H-octafluoropentyl acrylate	376-84-1	286.11	b.p.:80℃/40 mmHg	d^{25}:1.481 n^{25}:1.346
R-5610	$H(CF_2)_6CH_2OCOC(CH_3)=CH_2$	1H,1H,7H-dodecafluoroheptyl acrylate	2993-85-3	386.12	b.p.:78–79℃/6mmHg	d^{20}:1.581 n^{20}:1.341
R-5810	$H(CF_2)_8CH_2OCOCH=CH_2$	1H,1H,9H-hexadecafluorononyl acrylate	4180-26-1	486.14		d^{25}:1.646 n^{25}:1.337
R-7210	$(CF_3)_2CHOCOCH=CH_2$	1H-1-(trifluoromethyl)trifluoroethyl acrylate	2160-89-6	222.07	b.p.:88–89℃	d:1.432 n:1.331
R-7310	$CF_3CHFCF_2CH_2OCOCH=CH_2$	1H,1H,3H-hexafluorobutyl acrylate	54052-90-3	236.1		d:1.376 n:1.346

エーテル類

試薬コード	構造式	化学名	CAS NO	MW	bp, mp	d, n
T-1111	$CF_3CH_2OCH_3$	2,2,2-trifluoroethyl methyl ether	460-43-5	114.06	b.p.:30℃	
T-1211	$CF_3CF_2CH_2OCH_3$	2,2,3,3,3-pentafluoropropyl methyl ether	378-16-5	164.07	b.p.:46℃	d:1.269 n:1.285
T-1216	$CF_3CF_2CH_2OCF_2CF_2H$	2,2,3,3,3-pentafluoropropyl-1,1,2,2-tetrafluoroethyl ether	50807-74-4	250.06	b.p.:68℃	d:1.567 n:1.283
T-5201	$HCF_2CF_2OCH_3$	1,1,2,2-tetrafluoroethyl methyl ether	425-88-7	132.05	b.p.:36–37℃ m.p.:−107℃	d^{20}:1.294 n:1.284
T-5202	$HCF_2CF_2OCH_2CH_3$	1,1,2,2-tetrafluoroethyl ethyl ether	512-51-6	146.08	b.p.:57.5℃	d^{25}:1.198 n^{25}:1.294
T-5206	$HCF_2CF_2OCH_2CF_3$	1,1,2,2-tetrafluoroethyl-2,2,2-trifluoroethyl ether	406-78-0	200.05	b.p.:50℃	d^{20}:1.487 n:1.276
T-5216	$H(CF_2)_2CH_2OCF_2CF_2H$	1,1,2,2-tetrafluoroethyl-2,2,3,3-tetrafluoropropyl ether	16627-68-2	232.07	b.p.:92℃	d^{20}:1.533
T-7301	$(CF_3)_2CHOCH_3$	hexafluoroisopropyl methyl ether	13171-18-1	182.06	b.p.:50℃	d:1.390 n^{20}:1.284

第2章　ダイキン化成品販売㈱

F6イソプロピリデン誘導体

試薬コード	構造式	化学名	CAS NO	MW	bp, mp.	d, n
YZ0001		2,2-bis(4-hydroxy,phenyl) hexafluoropropane (Bis AF)	1478-61-1	336.22	m.p.:161-162℃	
YZ0002		2,2-bis(3,4-anhydrocarboxyphenyl) hexafluoropropane(6FDA)	1107-00-2	444.21	m.p.:248℃	

＊取り扱い上のご注意
1．必ず局所排気装置のある場所で取り扱い，蒸気を吸わないようにご注意下さい。
2．保護メガネ，保護手袋，防毒マスクを着用下さい。
3．皮膚につけたり飲み込んだりしないで下さい。
4．周囲に火気のない場所で使用して下さい。
5．取り扱い後は顔や手をよく洗って下さい。
＊応急処置
1．眼に入った場合は直ちに大量の水で洗い流し，医師の手当てを受けて下さい。
2．蒸気を吸入した場合は直ちに新鮮な空気のところに移動し，医師の手当てを受けてください。
3．皮膚に付着した場合は，直ちに多量の石鹸水で洗い落とし，異常があれば医師の診断を受けて下さい。
　なお，このリストに記載している化合物は，試験研究用として供されるものです。それ以外の目的でご使用の場合は，あらかじめ当社にご相談下さい。

3　含フッ素原料の製造フロー

　フッ素の源であるほたる石（フッ化カルシウム）と濃硫酸との反応からフッ化水素を合成し，ハロゲン交換でクロロジフルオロメタン（HCFC-22）が得られる。この HCFC-22 は熱分解することで重合性の高いテトラフルオロエチレン（TFE）へ，さらに TFE の熱分解でヘキサフルオロプロペン（HFP）およびオクタフルオロイロブチルメチルエーテル（OIME）が得られる。なお HFP は，酸化すると反応性の高いヘキサフルオロプロピペンオキサイド（HFPO）へと変換できる。
　さらに，TFE はホルムアルデヒドを付加させることでテトラフルオロオキセタン（TFO）へと誘導でき，また，適当なテロゲン共存下でラジカル反応を行うことにより直鎖状のフッ素アルコール（$H(CF_2CF_2)_nCH_2OH$），パーフルオロアルキルアイオダイド（$C_2F_5(CF_2CF_2)_nI$），パーフルオロアルキルジアイオダイド（$I(CF_2CF_2)_nI$）へと誘導することもできる。
　また，各種クロロフルオロメタン類は，フッ化水素を用いたクロロメタン類のハロゲン交換により合成している。

フルオラスケミストリー

Scheme 1.

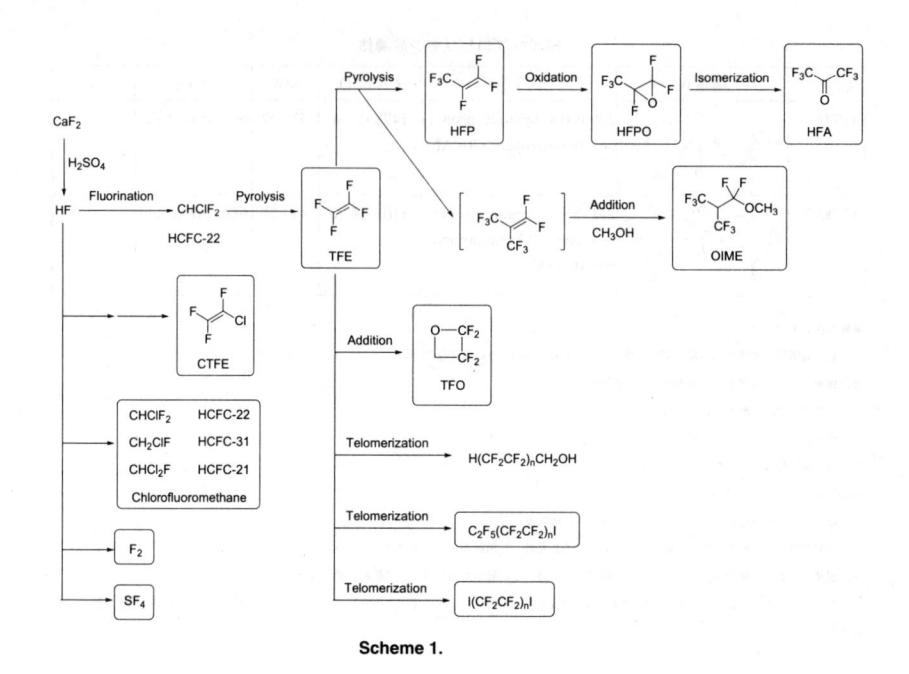

4 含フッ素原料の反応例

4.1 オレフィン類

　フルオロオレフィン類は通常のオレフィンと異なりフッ素の電子吸引性により求核試薬（Nu⁻）の付加反応が進行する。求核試薬が有機金属の場合は付加反応後，金属フルオリドとして脱離反応が進行する場合が多いが，ハロゲン，アルコール，アミン，メルカプタン類の付加反応は収率良く進行する。

　また，酸性度の高い水素を同じ炭素に有するトリフルオロメチル基は，段階的にカルボン酸またはエステルに誘導することができる。

　さらにα位にジフルオロメチレン基を有するアミン，エーテル類は，酸による加水分解により，Rf基を有するアミド，エステルに誘導できる（Scheme 2.）。

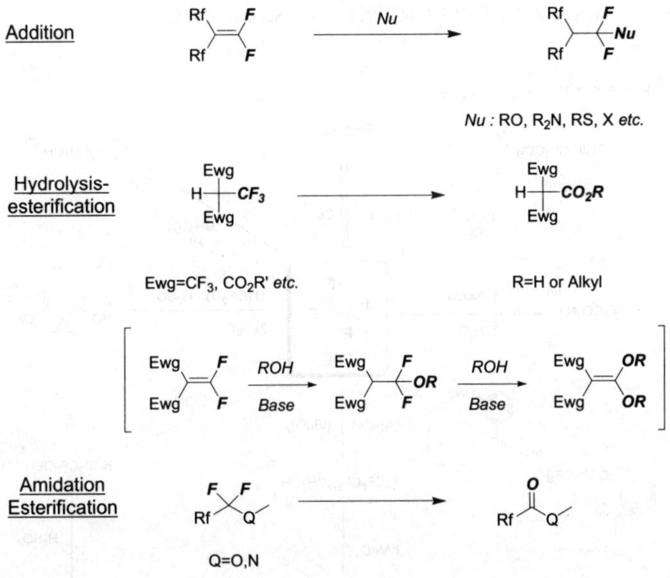

第2章 ダイキン化成品販売㈱

Addition

Rf₂C=CF₂ + Nu ⟶ Rf₂C(H)–C(F)(Nu)(F)

Nu : RO, R₂N, RS, X etc.

Hydrolysis-esterification

$\text{Ewg}_2\text{CH–CF}_3 \longrightarrow \text{Ewg}_2\text{CH–CO}_2\text{R}$

Ewg=CF₃, CO₂R' etc.　　　　　　　R=H or Alkyl

$$\left[\begin{array}{c} \text{Ewg}_2\text{C=CF}_2 \xrightarrow[\text{Base}]{\text{ROH}} \text{Ewg}_2\text{C(F)–C(OR)(F)} \xrightarrow[\text{Base}]{\text{ROH}} \text{Ewg}_2\text{C=C(OR)}_2 \end{array} \right]$$

Amidation Esterification

Rf–CF₂–QMe ⟶ Rf–C(=O)–QMe

Q=O,N

Scheme 2.

これら含フッ素オレフィン類の主な反応例を示す（Scheme 3, 4, 5）。

（1）テトラフルオロエチレン（TFE）

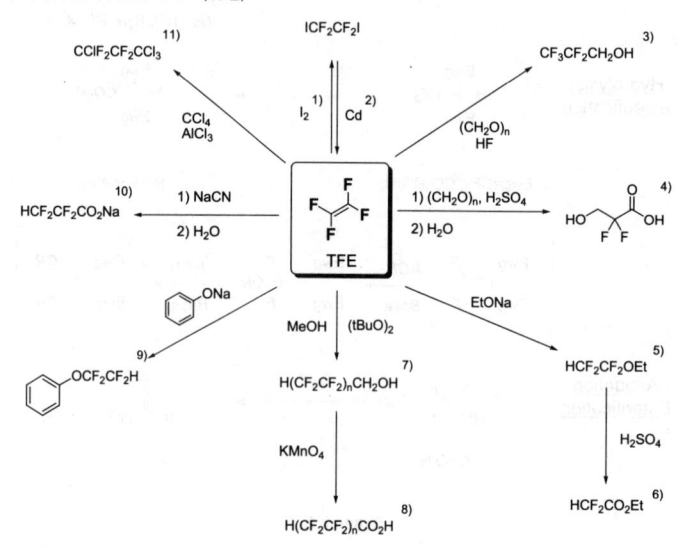

Scheme 3.

1) I_2/Et_2O: D. D. Coffman. et al., J. Org. Chem., 14, 747 (1949)
2) Cd/MeCN: G. J. Chen. et al., J. Fluorine Chem., 36, 123 (1987)
3) $(CH_2O)_n$/HF: V. Weinmayr, J. Org. Chem., 28, 492 (1963)
4) i) $(CH_2O)_n$/H_2SO_4 ii) H_2O: D. D. Coffman. et al., J. Org. Chem., 14, 747 (1949)
5) EtONa/EtOH: 同上
6) H_2SO_4: J. A. Young. et al., J. Am. Chem. Soc., 72, 1860 (1950)
7) MeOH/$(tBuO)_2$: ダイキン，特公昭62-42893
8) $KMnO_4$/AcOH: du Pont, U.S. Patent 2,559,629 (1951)
9) PhONa/DMF: D. C. England. et al., J. Am. Chem. Soc., 82, 5116 (1960)
10) aq. NaCN/MeCN: ダイキン，特公昭54-9171
11) CCl_4, $AlCl_3$: D. D. Coffman. et al., J. Am. Chem. Soc., 71, 979 (1949)

（2）ヘキサフルオロプロペン（HFP）

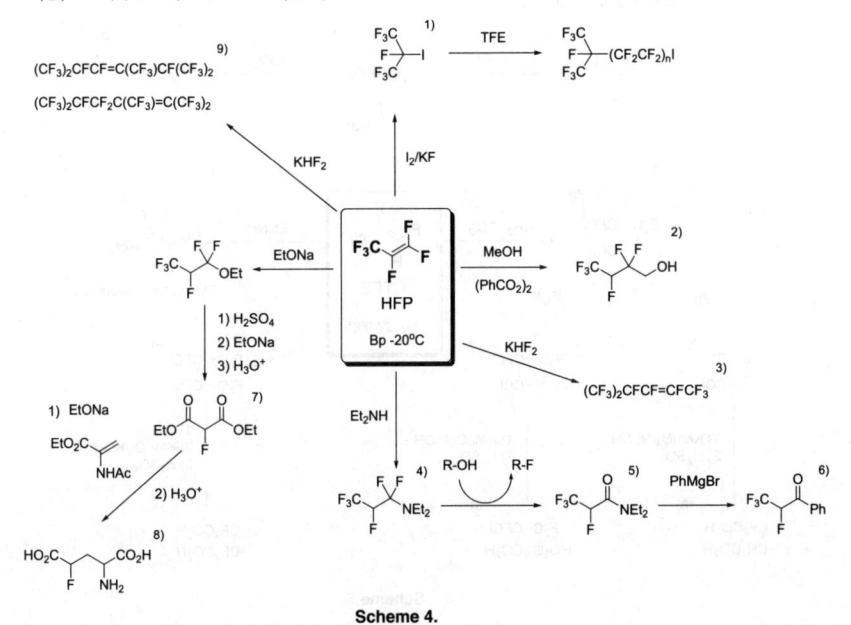

Scheme 4.

1) I_2, KF/MeCN: C. G. Krespan, *J. Org. Chem.*, **27**, 1813（1962）
2) MeOH/(PhCO$_2$)$_2$: J. D. LaZerte. *et al.*, *J. Am. Chem. Soc*., **77**, 910（1955）
3) KHF$_2$/MeCN: 石川延男ほか，日本化学会誌，2214（1972）
4) Et$_2$NH/Et$_2$O: 石川延男ほか，有機合成化学協会誌，**37**, 606（1979）
5) ROH: 同上
6) PhMgBr/THF: 高岡昭生ほか，日本化学会誌，2169（1985）
7) i）EtONa/EtOH, ii）H$_2$SO$_4$, iii）EtONa/EtOH, iv）H$_3$O$^+$: N. Ishikawa. *et al.*, *Chem. Lett*., **107**（1981）
8) i）EtO$_2$CC(=CH$_2$)NHAc, EtONa/EtOH, ii）H$_3$O$^+$/Δ: T. Tsushima. *et al.*, *Tetrahedron*, **44**, 5375（1988）
9) KHF$_2$/DMF: 石川延男ほか，日本化学会誌，2214（1972）

（3）クロロフルオロエチレン（CTFE）

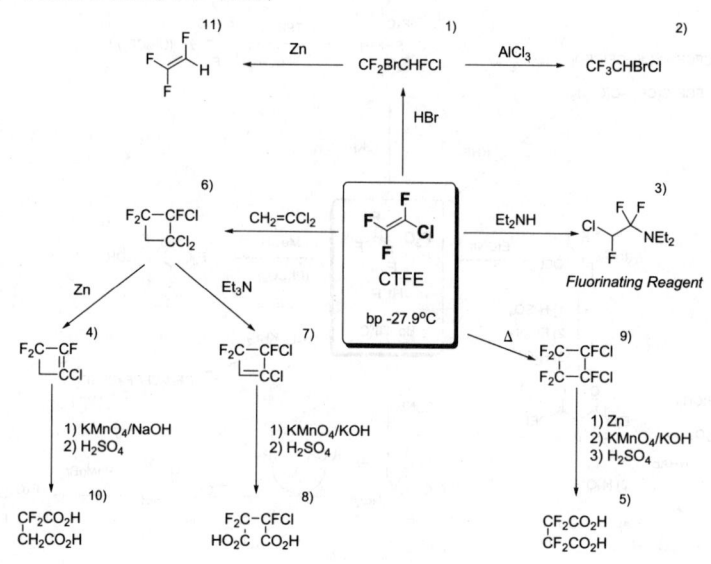

Scheme 5.

1) HBr/hv: Hoechst, Canadian Patent, 692,039 (1964)
2) AlCl$_3$: Hoechst, Canadian Patent, 650,600 (1962)
3) Et$_2$NH/Et$_2$O: 石川延男ほか，有機合成化学協会誌, **37**, 606 (1979)
4) Δ: A. L. Henne. *et al.*, *J. Am. Chem. Soc.*, **69**, 279 (1947)
5) i) Zn/EtOH, ii) KMnO$_4$/aq. KOH, iii) H$_2$SO$_4$: A. L. Henne. *et al.*, *J. Am. Chem. Soc.*, **69**, 281 (1947)
6) CH$_2$=CCl$_2$: M. S. Raasch. *et al.*, *J. Am. Chem. Soc.*, **81**, 2678 (1959)
7) Et$_3$N/Et$_2$O: 同上
8) i) KMnO$_4$/aq. KOH, ii) H$_2$SO$_4$: 同上
9) Zn/EtOH: 同上
10) i) KMnO$_4$/aq. NaOH, ii) H$_2$SO$_4$: 同上
11) Zn/H$_2$O: ダイキン，特公平1-22251

4.2 エーテル類

含フッ素エーテル類は，フッ素の電子吸引基により求核試薬（Nu）との反応で種々のビルディングブロックに誘導できる。

4.2.1 ヘキサフルオロプロピレンオキサイド（HFPO）

求核種 Nu は，C-2炭素上を攻撃し開環して相当する酸フロリドに変換する。Nu がハロゲンま

第2章　ダイキン化成品販売㈱

たはかさ高い塩基の場合は，異性化反応が進行する場合もある（Scheme 6.）。

Scheme 6.

以下に反応例を示す（Scheme 7.）。

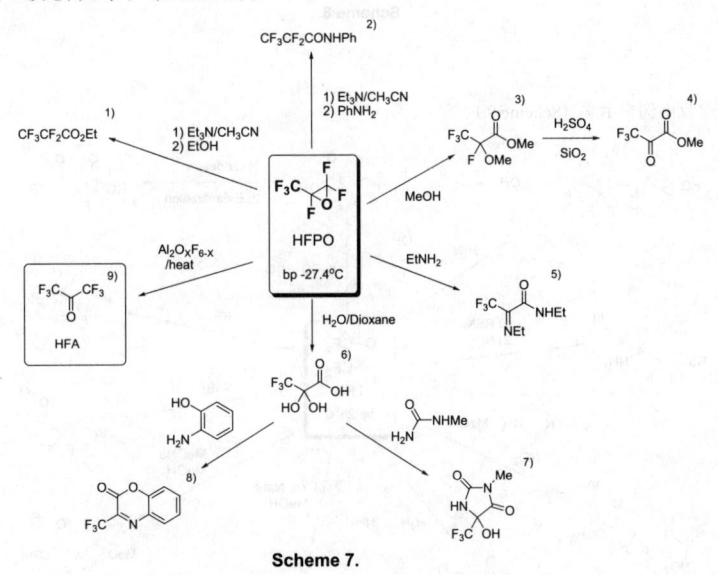

Scheme 7.

1） i) Et$_3$N/MeCN, ii) EtOH: 石川延男ほか，日本化学会誌，1954（1976）
2） i) Et$_3$N/MeCN, ii) PhNH$_2$: 同上
3） MeOH: D. Sianesi. *et al.*, *J. Org. Chem*., **31**, 2312（1966）
4） I. L. Knunyants. *et al.*, *Dokl. Akad. Nauk SSSR.*, **169**,584（1966）

5) EtNH$_2$/Et$_2$O: 同上
6) H$_2$O/dioxane: 同上
7) H$_2$NCONHMe/dioxane: M. E. Mustafa. *et al.*, *J. Fluorine Chem.*, 30, 463 (1986)
8) 2-H$_2$NC$_5$H$_4$OH/dioxane: ダイキン, 特開昭62-178577
9) Al$_2$O$_x$F$_{6-x}$/Δ: ダイキン, 特公昭 60-22689

4.2.2 テトラフルオロオキセタン (TFO)

求核剤 Nu は, C-2メチレン炭素を攻撃し, フッ素イオンの脱離を伴い開環して β 位に Nu を持つ α,α-ジフルオロケトン, エステル, アミドなどに変換できる (Scheme 8.)。

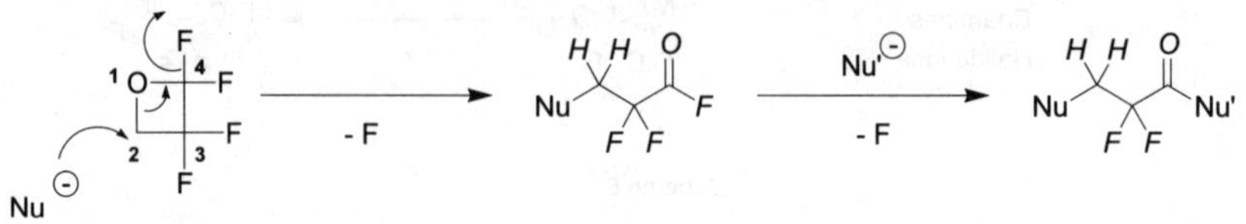

Nu:RO, R$_2$N, RS, X *etc.*

Scheme 8.

以下に反応例を示す (Scheme 9.)。

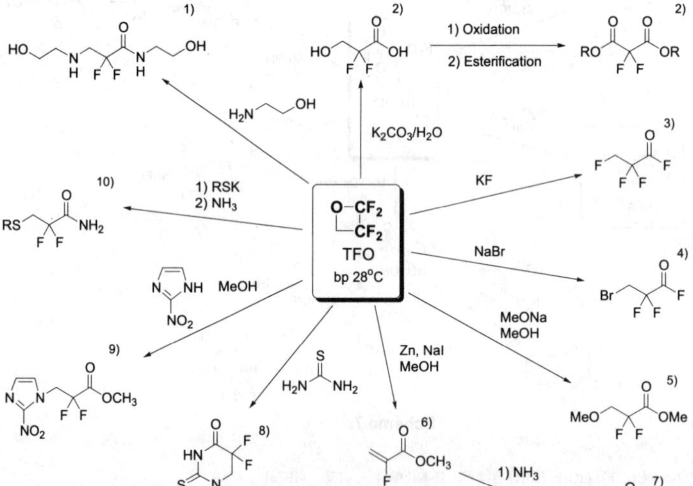

Scheme 9.

なり，Rf 基の強い電子吸引性のため，求核種 Nu との反応性が著しく低く，以下のを導入する。

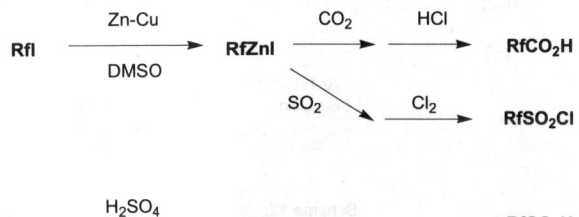

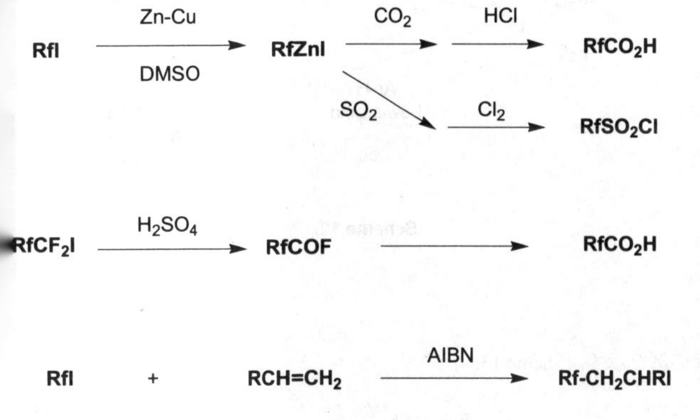

Rfl $\xrightarrow[\text{DMSO}]{\text{Zn-Cu}}$ RfZnI $\xrightarrow{\text{CO}_2}$ $\xrightarrow{\text{HCl}}$ RfCO$_2$H

$\xrightarrow{\text{SO}_2}$ $\xrightarrow{\text{Cl}_2}$ RfSO$_2$Cl

RfCF$_2$I $\xrightarrow{\text{H}_2\text{SO}_4}$ RfCOF $\longrightarrow$ RfCO$_2$H

RfI + RCH=CH$_2$ $\xrightarrow{\text{AIBN}}$ Rf-CH$_2$CHRI

Scheme 14.

例を示す（Scheme 15, 16）。

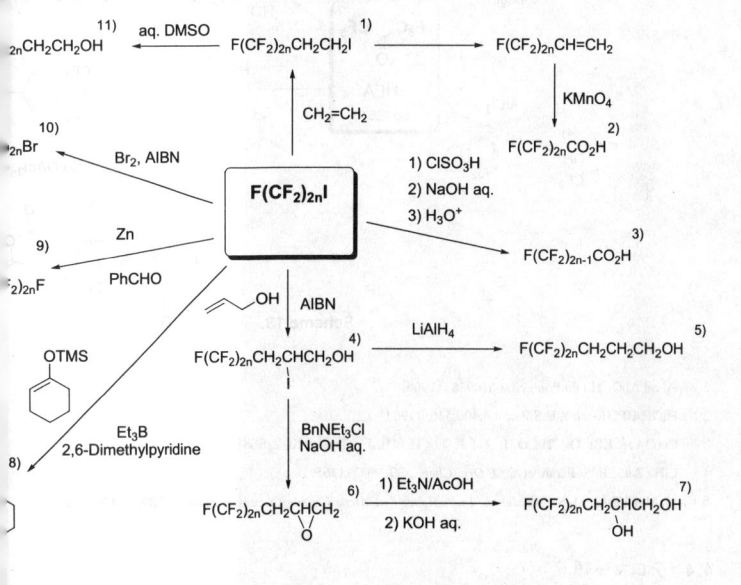

Scheme 15 (F(CF$_2$)$_{2n}$I を中心とした反応):
- 11) aq. DMSO → F(CF$_2$)$_{2n}$CH$_2$CH$_2$OH ← F(CF$_2$)$_{2n}$CH$_2$I → F(CF$_2$)$_{2n}$CH=CH$_2$
- KMnO$_4$ → F(CF$_2$)$_{2n}$CO$_2$H 2)
- CH$_2$=CH$_2$
- 10) Br$_2$, AIBN → F(CF$_2$)$_{2n}$Br
- 1) ClSO$_3$H, 2) NaOH aq., 3) H$_3$O$^+$ → F(CF$_2$)$_{2n-1}$CO$_2$H 3)
- 9) Zn, PhCHO → F(CF$_2$)$_{2n}$F
- OTMS, Et$_3$B, 2,6-Dimethylpyridine 8)
- allyl-OH, AIBN → F(CF$_2$)$_{2n}$CH$_2$CHCH$_2$OH 4) $\xrightarrow{\text{LiAlH}_4}$ F(CF$_2$)$_{2n}$CH$_2$CH$_2$CH$_2$OH 5)
- BnNEt$_3$Cl, NaOH aq. → F(CF$_2$)$_{2n}$CH$_2$CHCH$_2$(O) 6) 1) Et$_3$N/AcOH 2) KOH aq. → F(CF$_2$)$_{2n}$CH$_2$CHCH$_2$OH (OH) 7)

Scheme 15.

1) HOC$_2$H$_4$NH$_2$/diglyme: ダイキン，特公平4-3379
2) unpublished data
3) KF/diglyme: ダイキン，特公平1-49340
4) NaBr/diglyme: ダイキン，特公平2-37904
5) MeONa/MeOH: ダイキン，特公平5-2660
6) Zn, NaI/MeOH: ダイキン，特公平1-50214
7) i) NH$_3$, ii) HCl: ダイキン，WO 03089402
8) S=C(NH$_2$)$_2$/monoglyme: ダイキン，特開昭63-22566
9) 2-nitroimidazole/MeOH: ダイキン，特開昭64-79159
10) i) RSK/THF, ii) NH$_3$: ダイキン，特開昭61-280468

4.2.3 オクタフルオロイソブチルメチルエーテル（OIME）

以下のように，塩基性条件下では HF の脱離を伴い活性なビニルエーテルに変換し，これを各種 Nu と反応させることで種々の化合物に誘導できる。また，酸性条件下では，加水分解によりエステルへと変換できる。（Scheme 10.）。

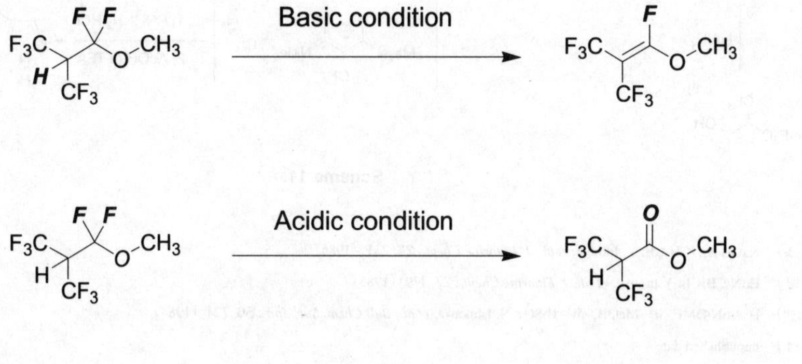

F$_3$C-CH(H)-C(F)(CF$_3$)-O-CH$_3$ $\xrightarrow{\text{Basic condition}}$ F$_3$C-C=C(F)(CF$_3$)-O-CH$_3$

F$_3$C-CH(H)-C(F)(CF$_3$)-O-CH$_3$ $\xrightarrow{\text{Acidic condition}}$ F$_3$C-CH(H)-C(=O)(CF$_3$)-O-CH$_3$

Scheme 10.

以下に反応例を示す（Scheme 11.）。

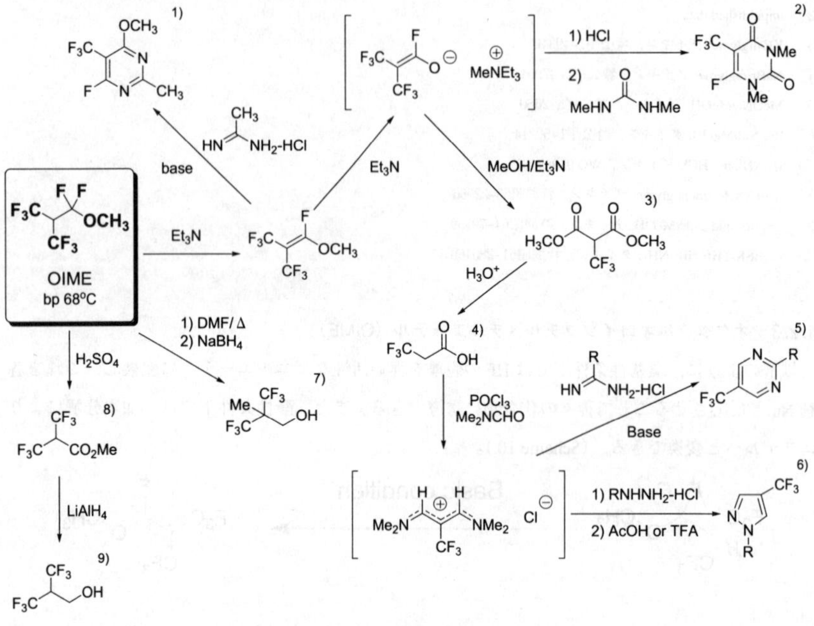

Scheme 11.

1) NaOH aq. /CH₂Cl₂: Y. Inouye. et al., *J. Fluorine Chem.*, **27**, 231 (1985)
2) Et₃N/CH₂Cl₂: Y.Inouye. et al., *J. Fluorine Chem.*, **27**, 379 (1985)
3) i) Et₃N/DMF, ii) MeOH, iii) H₂SO₄: N. Ishikawa. et al., *Bull Chem. Soc. Jpn.*, **56**, 724 (1983)
4) unpublished data
5) Et₃N, RC(NH₂)=NH・HCl: H. Yamanaka, T. Ishihara. et al. *Tetrahedron Lett.*, **37**,1829 (1996)
6) i) RNHNH₂・HCl, NaOMe, ii) AcOH or CF₃CO₂H: 同上
7) i) DMF/Δ, ii) NaBH₄: ダイキン, 特開平1-153657
8) H₂SO₄: ダイキン, 特公昭57-61332
9) LiAlH₄/Et₂O: 同上

4.3 ヘキサフルオロアセトン（HFA）の反応

無水 HFA は，通常の反応条件下でアルキルリチウムやグリニャール試薬による付加反応やフリーデルクラフト反応が進行し，ヘキサフルオロプロピル基を導入することができる。

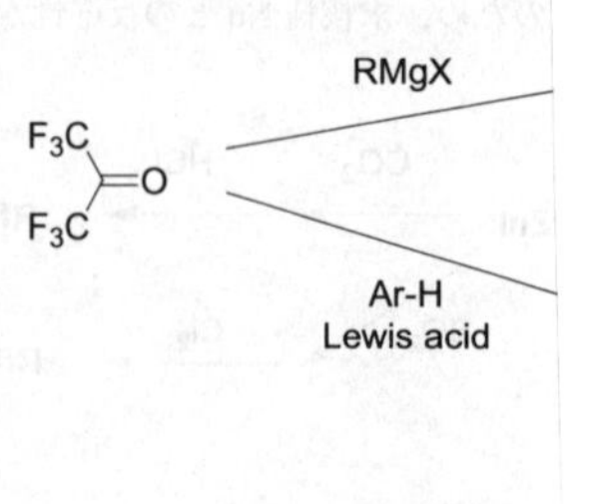

Scheme 12.

以下に反応例を示す（Sheme 13.）。

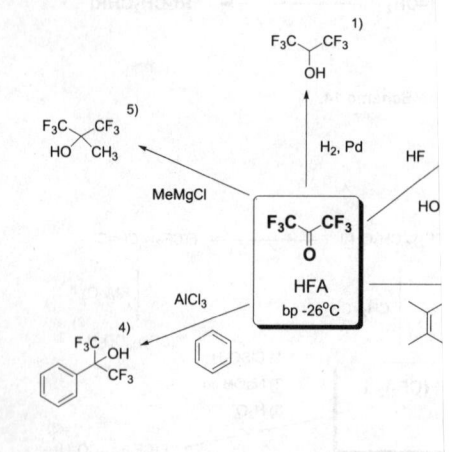

Scheme 13.

1) Pd on Al₂O₃, H₂: du Pont, NL 6610936 (1966)
2) PhOH/HF: Hoechst, U.S.Patent 4,400,546 (1983)
3) Co(OAc)₂, KBr, O₂/CH₃CO₂H: ダイキン／住金化工，特開平10-22668
4) C₆H₆, AlCl₃: B. S. Farah. et al., *J. Org. Chem.*, **30**, 998 (1965)
5) MeMgCl/Et₂O: M. Schwab. et al., *Journal fuer Praktische Chemie/Chemi*

4.4 テロマー類

次の式で示されるパーフルオロアルキルアイオダイド

1) $CH_2=CH_2$: Haszeldine., *J. Chem. Soc*., 2789 (1950)
2) $KMnO_4$: *J. Chem. Soc*., 2789 (1950)
3) i) $ClSO_3H$, ii) aq. NaOH, iii) H_3O^+, M. Hauptschein. *et al., J. Am. Chem. Soc*., **83**, 2500 (1961)
4) $CH_2=CHCH_2OH$, AIBN: ダイキン，特公昭54-11284
5) $LiAlH_4$ /Et_2O: N. O. Brace. *et al., J. Fluorine Chem*., 20, 313 (1982)
6) $C_6H_5CH_2(C_2H_5)_3N^+Cl$ /aq. NaOH: ダイキン，特公昭59-22712
7) Et_3N/AcOH, ii) aq. KOH/MeOH: ダイキン，特公昭60-542928
8) 1-trimethylsilyloxy-1-cyclohexene, Et_3B, 2,6-dimethyl pyridine / hexane : K. Miura. *et al., Bull. Chem. Soc., Jpn*., **64**, 1542 (1991)
9) Zn, PhCHO/DMF/ultrasound: ダイキン，特公平6-55046
10) Br_2, AIBN: ダイキン，特開昭60-184033
11) aq. DMSO: ダイキン，特公平2-28585

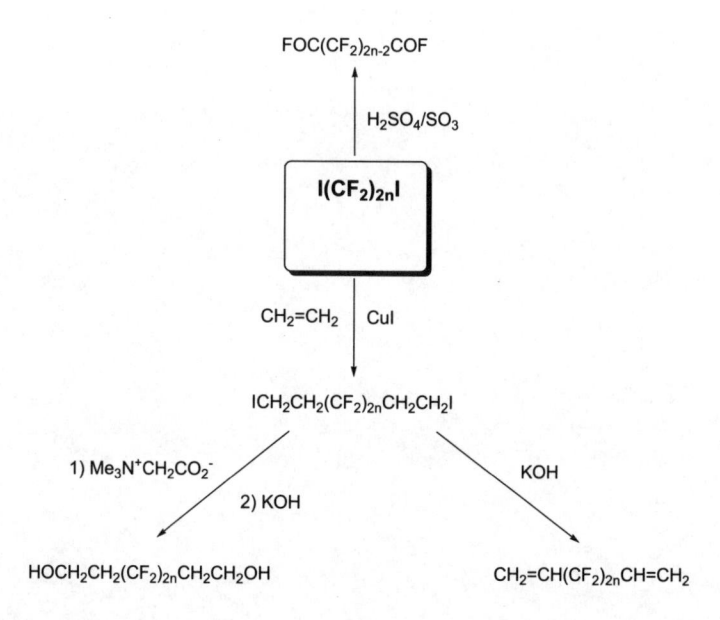

Scheme 16.

1) H_2SO_4/SO_3: ダイキン，特公昭63-45657
2) $CH_2=CH_2$, CuI/MeCN: A. Manseri. *et al., J. Fluorine Chem*., **73**, 151 (1995)
3) KOH/EtOH: 同上
4) i) $Me_3N^+CH_2CO_2^-$ /BuOH, ii) aq. KOH: ダイキン，特公平6-60116

《CMCテクニカルライブラリー》発行にあたって

　弊社は、1961年創立以来、多くの技術レポートを発行してまいりました。これらの多くは、その時代の最先端情報を企業や研究機関などの法人に提供することを目的としたもので、価格も一般の理工書に比べて遙かに高価なものでした。

　一方、ある時代に最先端であった技術も、実用化され、応用展開されるにあたって普及期、成熟期を迎えていきます。ところが、最先端の時代に一流の研究者によって書かれたレポートの内容は、時代を経ても当該技術を学ぶ技術書、理工書としていささかも遜色のないことを、多くの方々から指摘されています。

　弊社では過去に発行した技術レポートを個人向けの廉価な普及版《CMCテクニカルライブラリー》として発行することとしました。このシリーズが、21世紀の科学技術の発展にいささかでも貢献できれば幸いです。

2000年12月

株式会社　シーエムシー出版

フルオラスケミストリーの基礎と応用　(B0942)

2005年11月30日　初　版　第1刷発行
2010年11月25日　普及版　第1刷発行

監　修　大寺　純蔵　　　　　　　　　　　Printed in Japan
発行者　辻　　賢司
発行所　株式会社　シーエムシー出版
　　　　東京都千代田区内神田1-13-1　豊島屋ビル
　　　　電話 03 (3293) 2061
　　　　http://www.cmcbooks.co.jp

〔印刷　倉敷印刷株式会社〕　　　　　　　© J. Otera, 2010

定価はカバーに表示してあります。
落丁・乱丁本はお取替えいたします。

ISBN978-4-7813-0278-2 C3043 ¥4200E

本書の内容の一部あるいは全部を無断で複写（コピー）することは、法律で認められた場合を除き、著作者および出版社の権利の侵害になります。

CMCテクニカルライブラリー のご案内

プロジェクターの技術と応用
監修／西田信夫
ISBN978-4-7813-0260-7　B935
A5判・240頁　本体3,600円＋税（〒380円）
初版2005年6月　普及版2010年8月

構成および内容：プロジェクターの基本原理と種類／CRTプロジェクター（背面投射型と前面投射型 他）／液晶プロジェクター（液晶ライトバルブ 他）／ライトスイッチ式プロジェクター／コンポーネント・要素技術（マイクロレンズアレイ 他）／応用システム（デジタルシネマ 他）／視機能から見たプロジェクターの評価（CBUの機序 他）
執筆者：福田京平／菊池 宏／東 忠利 他18名

有機トランジスタ―評価と応用技術―
監修／工藤一浩
ISBN978-4-7813-0259-1　B934
A5判・189頁　本体2,800円＋税（〒380円）
初版2005年7月　普及版2010年8月

構成および内容：【総論】【評価】材料（有機トランジスタ材料の基礎評価 他）／電気物性（局所電気・電子物性 他）／FET（有機薄膜FETの物性 他）／薄膜形成【応用】大面積センサー／ディスプレイ応用／印刷技術による情報タグとその周辺機器【技術】遺伝子トランジスタによる分子認識の電気的検出／単一分子エレクトロニクス 他
執筆者：鎌田俊英／堀田 収／南方 尚 他17名

昆虫テクノロジー―産業利用への可能性―
監修／川崎建次郎／野田博明／木内 信
ISBN978-4-7813-0258-4　B933
A5判・296頁　本体4,400円＋税（〒380円）
初版2005年6月　普及版2010年8月

構成および内容：【総論】昆虫テクノロジーの研究開発動向【基礎】昆虫の飼育法／昆虫ゲノム情報の利用【技術各論】昆虫を利用した有用物質生産（プロテインチップの開発 他）／カイコ等の絹タンパク質の利用／昆虫の特異機能の解析とその利用／害虫制御技術等農業現場への応用／昆虫の体の構造、運動機能、情報処理機能の利用 他
執筆者：鈴木幸一／竹田 敏／三田和英 他43名

界面活性剤と両親媒性高分子の機能と応用
監修／國枝博信／坂本一民
ISBN978-4-7813-0250-8　B932
A5判・305頁　本体4,600円＋税（〒380円）
初版2005年6月　普及版2010年7月

構成および内容：自己組織化及び最新の構造測定法／バイオサーファクタントの特性と機能利用／ジェミニ型界面活性剤の特性と応用／界面制御とDDS／超臨界状態の二酸化炭素を活用したリポソームの調製／両親媒性高分子の機能設計と応用／メソポーラス材料開発／食べるナノテクノロジー―食品の界面制御技術によるアプローチ 他
執筆者：荒牧賢治／佐藤高彰／北本 大 他31名

キラル医薬品・医薬中間体の研究・開発
監修／大橋武久
ISBN978-4-7813-0249-2　B931
A5判・270頁　本体4,200円＋税（〒380円）
初版2005年7月　普及版2010年7月

構成および内容：不斉合成技術の展開／不斉エポキシ化反応の工業化 他／バイオ法によるキラル化合物の開発（生体触媒による光学活性カルボン酸の創製 他）／光学活性体の光学分割技術（クロマト法による光学活性体の分離・生産 他）／キラル医薬中間体開発（キラルテクノロジーによるジルチアゼムの製法開発 他）／展望
執筆者：齊藤隆夫／鈴木謙二／古川喜朗 他24名

糖鎖化学の基礎と実用化
監修／小林一清／正田晋一郎
ISBN978-4-7813-0210-2　B921
A5判・318頁　本体4,800円＋税（〒380円）
初版2005年4月　普及版2010年7月

構成および内容：【糖鎖ライブラリー構築のための基礎研究】生体触媒による糖鎖の構築 他【多糖および糖クラスターの設計と機能化】セルロース応用／人工複合糖質高分子／側鎖型糖質高分子 他【糖鎖工学における実用化技術】酵素反応によるグルコースポリマーの工業生産／N-アセチルグルコサミンの工業生産と応用 他
執筆者：比能 洋／西村紳一郎／佐藤智典 他41名

LTCCの開発技術
監修／山本 孝
ISBN978-4-7813-0219-5　B926
A5判・263頁　本体4,000円＋税（〒380円）
初版2005年5月　普及版2010年6月

構成および内容：【材料供給】LTCC用ガラスセラミックス／低温焼結ガラスセラミックグリーンシート／低温焼成多層基板用ペースト／LTCC用導電性ペースト 他【LTCCの設計・製造】回路と電磁界シミュレータの連携によるLTCC設計技術 他【応用製品】車載用セラミック基板およびベアチップ実装技術／携帯端末用Txモジュールの開発 他
執筆者：馬屋原芳夫／小林吉伸／富田秀幸 他23名

エレクトロニクス実装用基板材料の開発
監修／柿本雅明／高橋昭雄
ISBN978-4-7813-0218-8　B925
A5判・260頁　本体4,000円＋税（〒380円）
初版2005年1月　普及版2010年6月

構成および内容：【総論】プリント配線板および技術動向【素材】プリント配線基板の構成材料（ガラス繊維とガラスクロス 他）【基材】エポキシ樹脂銅張積層板／耐熱性材料（BTレジン材料 他）／高周波用材料（熱硬化型PPE樹脂 他）／低熱膨張性材料-LCPフィルム／高熱伝導性材料／ビルドアップ用材料【受動素子内蔵基板】他
執筆者：髙木 清／坂本 勝／宮里桂太 他20名

※書籍をご購入の際は、最寄りの書店にご注文いただくか、㈱シーエムシー出版のホームページ（http://www.cmcbooks.co.jp/）にてお申し込み下さい。

1) HOC$_2$H$_4$NH$_2$ /diglyme: ダイキン,特公平4-3379
2) unpublished data
3) KF/diglyme: ダイキン,特公平1-49340
4) NaBr/diglyme: ダイキン,特公平2-37904
5) MeONa/MeOH: ダイキン,特公平5-2660
6) Zn, NaI/MeOH: ダイキン,特公平1-50214
7) i) NH$_3$, ii) HCl: ダイキン,WO 03089402
8) S=C(NH$_2$)$_2$/monoglyme: ダイキン,特開昭63-22566
9) 2-nitroimidazole/MeOH: ダイキン,特開昭64-79159
10) i) RSK/THF, ii) NH$_3$: ダイキン,特開昭61-280468

4.2.3 オクタフルオロイソブチルメチルエーテル(OIME)

以下のように,塩基性条件下ではHFの脱離を伴い活性なビニルエーテルに変換し,これを各種Nuと反応させることで種々の化合物に誘導できる。また,酸性条件下では,加水分解によりエステルへと変換できる。(Scheme 10.)。

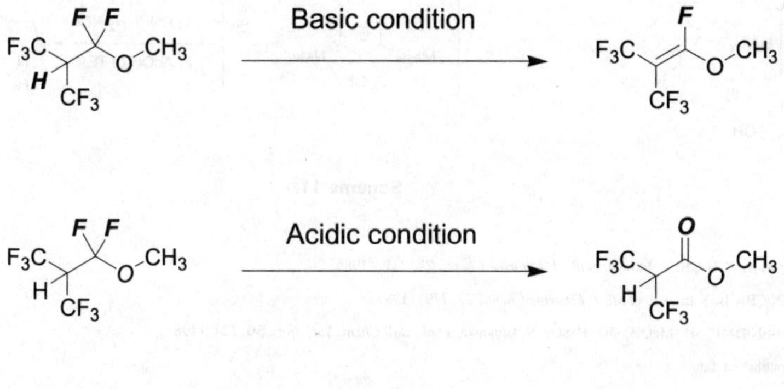

Scheme 10.

以下に反応例を示す（Scheme 11.）。

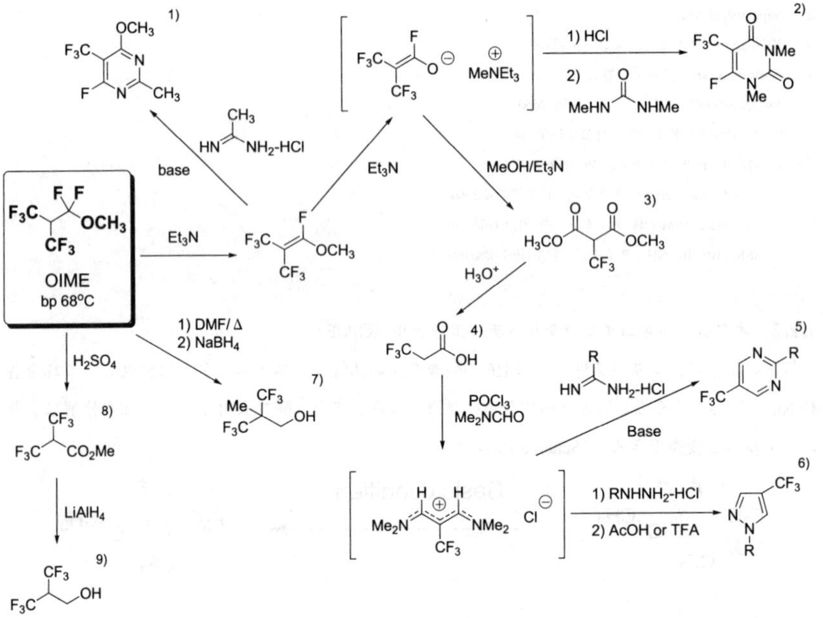

Scheme 11.

1) NaOH aq. /CH$_2$Cl$_2$: Y. Inouye. *et al., J. Fluorine Chem*., **27**, 231（1985）
2) Et$_3$N/CH$_2$Cl$_2$: Y.Inouye. *et al., J. Fluorine Chem*., **27**, 379（1985）
3) i) Et$_3$N/DMF, ii) MeOH, iii) H$_2$SO$_4$: N. Ishikawa. *et al., Bull Chem. Soc. Jpn*., **56**, 724（1983）
4) unpublished data
5) Et$_3$N, RC(NH$_2$)=NH・HCl: H. Yamanaka, T. Ishihara. *et al. Tetrahedron Lett.*, **37**,1829（1996）
6) i) RNHNH$_2$・HCl, NaOMe, ii) AcOH or CF$_3$CO$_2$H: 同上
7) i) DMF/Δ, ii) NaBH$_4$: ダイキン，特開平1-153657
8) H$_2$SO$_4$: ダイキン，特公昭57-61332
9) LiAlH$_4$/Et$_2$O: 同上

4.3 ヘキサフルオロアセトン（HFA）の反応

無水 HFA は，通常の反応条件下でアルキルリチウムやグリニャール試薬による付加反応やフリーデルクラフト反応が進行し，ヘキサフルオロプロピル基を導入することができる。

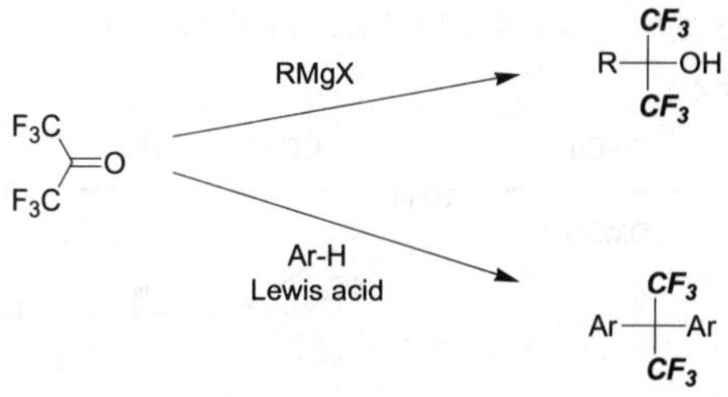

Scheme 12.

以下に反応例を示す（Sheme 13.）。

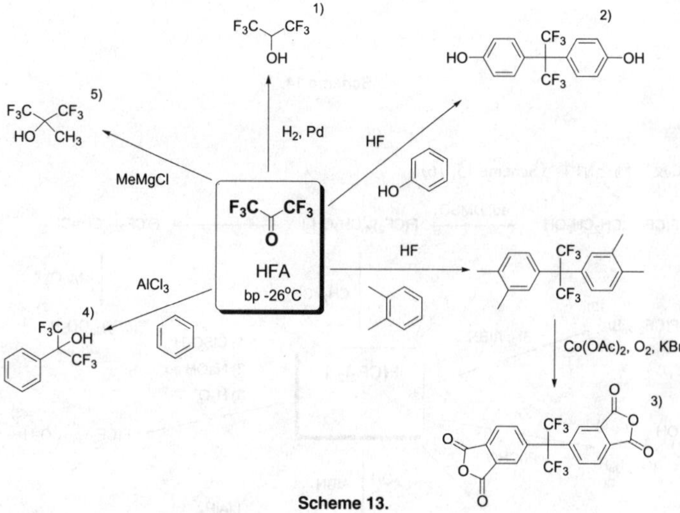

Scheme 13.

1) Pd on Al$_2$O$_3$, H$_2$: du Pont, NL 6610936 (1966)
2) PhOH/HF: Hoechst, U.S.Patent 4,400,546 (1983)
3) Co(OAc)$_2$, KBr, O$_2$/CH$_3$CO$_2$H: ダイキン／住金化工, 特開平10-226681
4) C$_6$H$_6$, AlCl$_3$: B. S. Farah. *et al., J. Org. Chem*., **30**, 998 (1965)
5) MeMgCl/Et$_2$O: M. Schwab. *et al., Journal fuer Praktische Chemie/Chemiker-Zeitung*, **339**, 5, 479 (1997)

4.4 テロマー類

次の式で示されるパーフルオロアルキルアイオダイド類のヨウ素原子は，通常の炭化水素系の

ヨウ化物と異なり，Rf 基の強い電子吸引性のため，求核種 Nu との反応性が著しく低く，以下の方法で官能基を導入する。

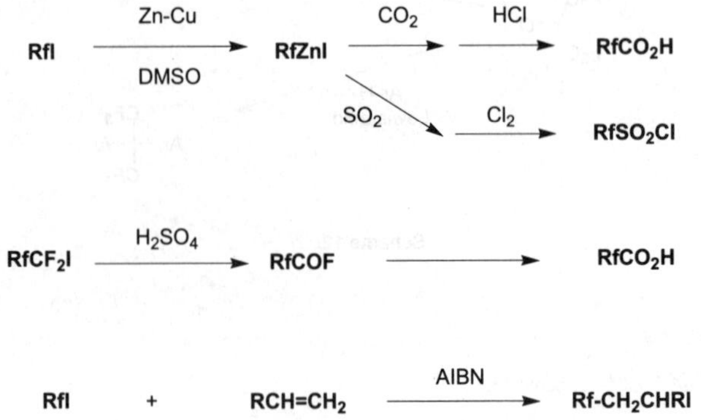

$$Rfl \xrightarrow[\text{DMSO}]{\text{Zn-Cu}} RfZnI \xrightarrow{CO_2} \xrightarrow{HCl} RfCO_2H$$

$$RfZnI \xrightarrow{SO_2} \xrightarrow{Cl_2} RfSO_2Cl$$

$$RfCF_2I \xrightarrow{H_2SO_4} RfCOF \longrightarrow RfCO_2H$$

$$Rfl + RCH=CH_2 \xrightarrow{AIBN} Rf\text{-}CH_2CHRI$$

Scheme 14.

以下に反応例を示す（Scheme 15, 16）。

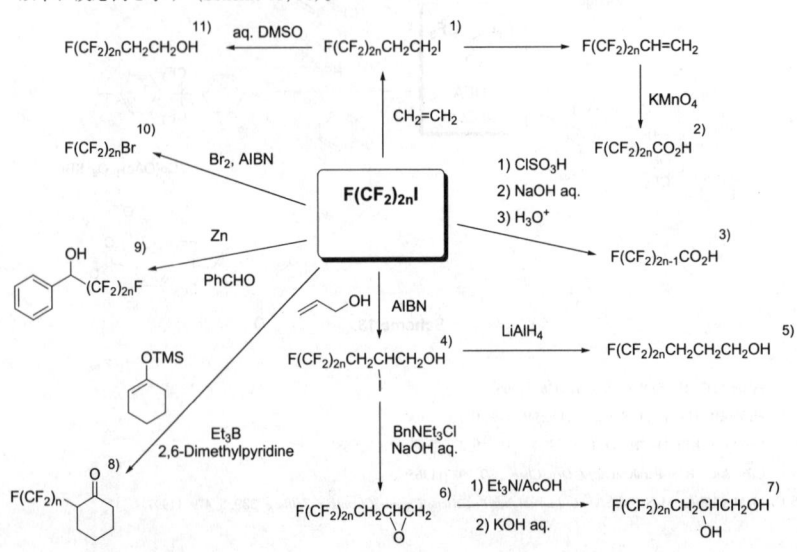

Scheme 15.

第2章　ダイキン化成品販売㈱

1) $CH_2=CH_2$: Haszeldine., *J. Chem. Soc.*, 2789 (1950)
2) $KMnO_4$: *J. Chem. Soc.*, 2789 (1950)
3) i) $ClSO_3H$, ii) aq. NaOH, iii) H_3O^+, M. Hauptschein. *et al., J. Am. Chem. Soc.*, **83**, 2500 (1961)
4) $CH_2=CHCH_2OH$, AIBN: ダイキン, 特公昭54-11284
5) $LiAlH_4$ /Et_2O: N. O. Brace. *et al., J. Fluorine Chem.*, 20, 313 (1982)
6) $C_6H_5CH_2(C_2H_5)_3N^+Cl$ /aq. NaOH: ダイキン, 特公昭59-22712
7) Et_3N/AcOH, ii) aq. KOH/MeOH: ダイキン, 特公昭60-542928
8) 1-trimethylsilyloxy-1-cyclohexene, Et_3B, 2,6-dimethyl pyridine / hexane : K. Miura. *et al., Bull. Chem. Soc., Jpn.*, **64**, 1542 (1991)
9) Zn, PhCHO/DMF/ultrasound: ダイキン, 特公平6-55046
10) Br_2, AIBN: ダイキン, 特開昭60-184033
11) aq. DMSO: ダイキン, 特公平2-28585

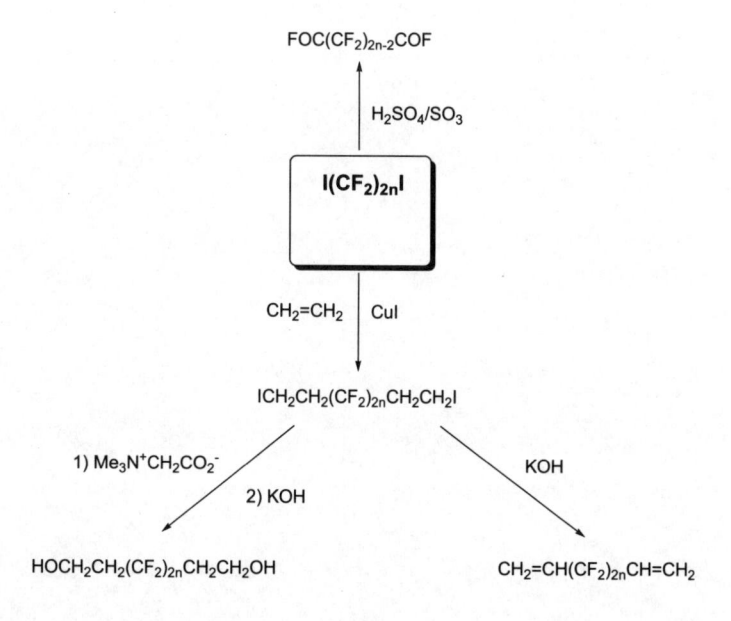

$$FOC(CF_2)_{2n-2}COF$$
$$\uparrow H_2SO_4/SO_3$$
$$I(CF_2)_{2n}I$$
$$\downarrow CH_2=CH_2 \mid CuI$$
$$ICH_2CH_2(CF_2)_{2n}CH_2CH_2I$$

1) $Me_3N^+CH_2CO_2^-$
2) KOH

KOH

$$HOCH_2CH_2(CF_2)_{2n}CH_2CH_2OH \qquad CH_2=CH(CF_2)_{2n}CH=CH_2$$

Scheme 16.

1) H_2SO_4/SO_3 : ダイキン, 特公昭63-45657
2) $CH_2=CH_2$, CuI/MeCN: A. Manseri. *et al., J. Fluorine Chem.*, 73, 151 (1995)
3) KOH/EtOH: 同上
4) i) $Me_3N^+CH_2CO_2^-$ /BuOH, ii) aq. KOH: ダイキン, 特公平6-60116

《CMCテクニカルライブラリー》発行にあたって

弊社は、1961年創立以来、多くの技術レポートを発行してまいりました。これらの多くは、その時代の最先端情報を企業や研究機関などの法人に提供することを目的としたもので、価格も一般の理工書に比べて遙かに高価なものでした。

一方、ある時代に最先端であった技術も、実用化され、応用展開されるにあたって普及期、成熟期を迎えていきます。ところが、最先端の時代に一流の研究者によって書かれたレポートの内容は、時代を経ても当該技術を学ぶ技術書、理工書としていささかも遜色のないことを、多くの方々が指摘されています。

弊社では過去に発行した技術レポートを個人向けの廉価な普及版《CMCテクニカルライブラリー》として発行することとしました。このシリーズが、21世紀の科学技術の発展にいささかでも貢献できれば幸いです。

2000年12月

株式会社　シーエムシー出版

フルオラスケミストリーの基礎と応用 (B0942)

2005年11月30日　初　版　第1刷発行
2010年11月25日　普及版　第1刷発行

監　修　大　寺　純　蔵　　　　　　　　　Printed in Japan
発行者　辻　　　賢　司
発行所　株式会社　シーエムシー出版
　　　　東京都千代田区内神田1-13-1　豊島屋ビル
　　　　電話 03 (3293) 2061
　　　　http://www.cmcbooks.co.jp

〔印刷　倉敷印刷株式会社〕　　　　　　　　© J. Otera, 2010

定価はカバーに表示してあります。
落丁・乱丁本はお取替えいたします。

ISBN978-4-7813-0278-2 C3043 ¥4200E

本書の内容の一部あるいは全部を無断で複写（コピー）することは、法律で認められた場合を除き、著作者および出版社の権利の侵害になります。

CMCテクニカルライブラリー のご案内

プロジェクターの技術と応用
監修／西田信夫
ISBN978-4-7813-0260-7　　　　B935
A5判・240頁　本体3,600円＋税（〒380円）
初版2005年6月　普及版2010年8月

構成および内容：プロジェクターの基本原理と種類／CRTプロジェクター（背面投射型と前面投射型 他）／液晶プロジェクター（液晶型／液晶バルブ型 他）／ライトスイッチ式プロジェクター／コンポーネント・要素技術（マイクロレンズアレイ 他）／応用システム（デジタルシネマ 他）／視機能から見たプロジェクターの評価（CBUの機序 他）
執筆者：福田京平／菊池　宏／東　忠利 他18名

有機トランジスター評価と応用技術—
監修／工藤一浩
ISBN978-4-7813-0259-1　　　　B934
A5判・189頁　本体2,800円＋税（〒380円）
初版2005年7月　普及版2010年8月

構成および内容：【総論】【評価】材料（有機トランジスタ材料の基礎評価 他）／電気物性（局所電気・電子物性 他）／FET（有機薄膜FETの物性 他）／薄膜形成【応用】大面積センサー／ディスプレイ応用／印刷技術による情報タグとその周辺機器【技術】遺伝子トランジスタによる分子認識の電気的検出／単一分子エレクトロニクス　他
執筆者：鎌田俊英／堀田　収／南方　尚 他17名

昆虫テクノロジー─産業利用への可能性─
監修／川崎建次郎／野田博明／木内　信
ISBN978-4-7813-0258-4　　　　B933
A5判・296頁　本体4,400円＋税（〒380円）
初版2005年6月　普及版2010年8月

構成および内容：【総論】昆虫テクノロジーの研究開発動向【基礎】昆虫の飼育法／昆虫ゲノム情報の利用【技術各論】昆虫を利用した有用物質生産（プロテインチップの開発 他）／カイコ等の絹タンパク質の利用／昆虫の特異機能の解析とその利用／害虫制御技術等農業現場への応用／昆虫の体の構造，運動機能，情報処理機能の利用　他
執筆者：鈴木幸一／竹田　敏／三田和英 他43名

界面活性剤と両親媒性高分子の機能と応用
監修／國枝博信／坂本一民
ISBN978-4-7813-0250-8　　　　B932
A5判・305頁　本体4,600円＋税（〒380円）
初版2005年6月　普及版2010年7月

構成および内容：自己組織化及び最新の構造測定法／バイオサーファクタントの特性と機能利用／ジェミニ型界面活性剤の特性と応用／界面制御とDDS／超臨界状態の二酸化炭素を活用したリポソームの調製／両親媒性高分子の機能設計と応用／メソポーラス材料開発／食べるナノテクノロジー—食品の界面制御技術によるアプローチ　他
執筆者：荒牧賢治／佐藤高彰／北本　大 他31名

キラル医薬品・医薬中間体の研究・開発
監修／大橋武久
ISBN978-4-7813-0249-2　　　　B931
A5判・270頁　本体4,200円＋税（〒380円）
初版2005年7月　普及版2010年7月

構成および内容：不斉合成技術の展開／不斉エポキシ化反応の工業化 他／バイオ法によるキラル化合物の開発（生体触媒による光学活性カルボン酸の創製 他）／光学活性体の光学分割技術（クロマト法による光学活性体の分離・生産 他）／キラル医薬中間体開発（キラルテクノロジーによるジルチアゼムの製法開発 他）／展望
執筆者：齊藤隆夫／鈴木謙二／古川喜朗 他24名

糖鎖化学の基礎と実用化
監修／小林一清／正田晋一郎
ISBN978-4-7813-0210-2　　　　B921
A5判・318頁　本体4,800円＋税（〒380円）
初版2005年4月　普及版2010年7月

構成および内容：【糖鎖ライブラリー構築のための基礎研究】生体触媒による糖鎖の構築 他【多糖および糖クラスターの設計と機能化】セルロース応用／人工複合糖質高分子／側鎖型糖質高分子【糖鎖工学における実用化技術】酵素反応によるグルコースポリマーの工業生産／N-アセチルグルコサミンの工業生産と応用　他
執筆者：比能　洋／西村紳一郎／佐藤智典 他41名

LTCCの開発技術
監修／山本　孝
ISBN978-4-7813-0219-5　　　　B926
A5判・263頁　本体4,000円＋税（〒380円）
初版2005年5月　普及版2010年6月

構成および内容：【材料供給】LTCC用ガラスセラミックス／低温焼結ガラスセラミックグリーンシート／低温焼成多層基板用ペースト／LTCC用導電性ペースト【LTCCの設計・製造】回路と電磁界シミュレータの連携によるLTCC設計技術 他【応用製品】車載用セラミック基板およびベアチップ実装技術／携帯端末用Txモジュールの開発　他
執筆者：馬屋原芳夫／小林吉伸／富田秀幸 他23名

エレクトロニクス実装用基板材料の開発
監修／柿本雅明／高橋昭雄
ISBN978-4-7813-0218-8　　　　B925
A5判・260頁　本体4,000円＋税（〒380円）
初版2005年1月　普及版2010年6月

構成および内容：【総論】プリント配線板および技術動向【素材】プリント配線基板の構成材料（ガラス繊維とガラスクロス 他）【基材】エポキシ樹脂銅張積層板／耐熱性材料（BTレジン材料 他）／高周波用材料（熱硬化型PPE樹脂 他）／低熱膨張性材料-LCPフィルム／高熱伝導性材料／ビルドアップ材料【受動素子内蔵基板】　他
執筆者：高木　清／坂本　勝／宮里桂太 他20名

※書籍をご購入の際は、最寄りの書店にご注文いただくか、㈱シーエムシー出版のホームページ（http://www.cmcbooks.co.jp/）にてお申し込み下さい。

CMCテクニカルライブラリーのご案内

木質系有機資源の有効利用技術
監修／舩岡正光
ISBN978-4-7813-0217-1　　B924
A5判・271頁　本体4,000円＋税（〒380円）
初版2005年1月　普及版2010年6月

構成および内容：木質系有機資源の潜在量と循環資源としての視点／細胞壁分子複合系／植物細胞壁の精密リファイニング／リグニン応用技術（機能性バイオポリマー 他）／糖質の応用技術（バイオナノファイバー 他）／抽出成分（生理機能性物質 他）／炭素骨格の利用技術／エネルギー変換技術／持続的工業システムの展開
執筆者：永松ゆきこ／坂 志朗／青柳 充 他28名

難燃剤・難燃材料の活用技術
著者／西澤 仁
ISBN978-4-7813-0231-7　　B927
A5判・353頁　本体5,200円＋税（〒380円）
初版2004年8月　普及版2010年5月

構成および内容：解説（国内外の規格，規制の動向／難燃材料，難燃剤の動向／難燃化技術の動向 他）／難燃剤データ（総論／臭素系難燃剤／塩素系難燃剤／りん系難燃剤／無機系難燃剤／窒素系難燃剤，窒素-りん系難燃剤／シリコーン系難燃剤 他）／難燃材料データ（高分子材料と難燃材料の動向／難燃性PE／難燃性ABS／難燃性PET／難燃性変性PPE樹脂／難燃性エポキシ樹脂 他）

プリンター開発技術の動向
監修／高橋恭介
ISBN978-4-7813-0212-6　　B923
A5判・215頁　本体3,600円＋税（〒380円）
初版2005年2月　普及版2010年5月

構成および内容：【総論】【オフィスプリンター】IPSiO Color レーザープリンタ 他【携帯・業務用プリンター】カメラ付き携帯電話用プリンターNP-1 他【オンデマンド印刷機】デジタルドキュメントパブリッシャー（DDP）他【ファインパターン技術】インクジェット分注技術 他【材料・ケミカルスと記録媒体】重合トナー／情報用紙 他
執筆者：日高重助／佐藤眞澄／醒井雅裕 他26名

有機EL技術と材料開発
監修／佐藤佳晴
ISBN978-4-7813-0211-9　　B922
A5判・279頁　本体4,200円＋税（〒380円）
初版2004年5月　普及版2010年5月

構成および内容：【課題編（基礎，原理，解析）】長寿命化技術／高発光効率化技術／駆動回路技術／プロセス技術【材料編（課題を克服する材料）】電荷輸送材料（正孔注入材料 他）／発光材料（蛍光ドーパント／共役高分子材料 他）／リン光用材料（正孔阻止材料 他）／周辺材料（封止材料 他）／各社ディスプレイ技術 他
執筆者：松本敏男／照元幸次／河村祐一郎 他34名

有機ケイ素化学の応用展開
―機能性物質のためのニューシーズ―
監修／玉尾皓平
ISBN978-4-7813-0194-5　　B920
A5判・316頁　本体4,800円＋税（〒380円）
初版2004年11月　普及版2010年5月

構成および内容：有機ケイ素化合物群／オリゴシラン，ポリシラン／ポリシランのフォトエレクトロニクスへの応用／ケイ素を含む共役電子系（シロールおよび関連化合物）／シロキサン，シルセスキオキサン，カルボシラン／シリコーンの応用（UV硬化型シリコーンハードコート剤他）／シリコン表面，シリコンクラスター 他
執筆者：岩本武明／吉良満夫／今 喜裕 他64名

ソフトマテリアルの応用展開
監修／西 敏夫
ISBN978-4-7813-0193-8　　B919
A5判・302頁　本体4,200円＋税（〒380円）
初版2004年11月　普及版2010年4月

構成および内容：【動的制御のための非共有結合性相互作用の探索】生体分子を有するポリマーを利用した新規細胞接着基質 他【水素結合を利用した階層構造の構築と機能化】サーフェスエンジニアリング 他【複合機能の時空間制御】モルフォロジー制御 他【エントロピー制御と相分離リサイクル】ゲルの網目構造の制御 他
執筆者：三原久和／中村 聡／小畠英理 他39名

ポリマー系ナノコンポジットの技術と用途
監修／岡本正巳
ISBN978-4-7813-0192-1　　B918
A5判・299頁　本体4,200円＋税（〒380円）
初版2004年12月　普及版2010年4月

構成および内容：【基礎技術編】クレイ系ナノコンポジット（生分解性ポリマー系ナノコンポジット／ポリカーボネートナノコンポジット 他）／その他のナノコンポジット（熱硬化性樹脂系ナノコンポジット／補強用ナノカーボン調製のためのポリマーブレンド技術）【応用編】耐熱，長期耐久性ポリ乳酸ナノコンポジット／コンポセラン 他
執筆者：祢宜行成／上田一恵／野中裕文 他22名

ナノ粒子・マイクロ粒子の調製と応用技術
監修／川口春馬
ISBN978-4-7813-0191-4　　B917
A5判・314頁　本体4,400円＋税（〒380円）
初版2004年10月　普及版2010年4月

構成および内容：【微粒子製造と新規微粒子】微粒子作製技術／注目を集める微粒子（色素増感太陽電池 他）／微粒子集積技術・粉体の応用展開】レオロジー・トライボロジーと微粒子／情報・メディアと微粒子／生体・医療と微粒子（ガン治療法の開発 他）／光と微粒子／ナノテクノロジーと微粒子／産業用微粒子 他
執筆者：杉本忠夫／山本孝夫／岩村 武 他45名

※ 書籍をご購入の際は、最寄りの書店にご注文いただくか、㈱シーエムシー出版のホームページ(http://www.cmcbooks.co.jp/)にてお申し込み下さい。

CMCテクニカルライブラリー のご案内

防汚・抗菌の技術動向
監修／角田光雄
ISBN978-4-7813-0190-7　　　　B916
A5判・266頁　本体4,000円＋税　(〒380円)
初版2004年10月　普及版2010年4月

構成および内容：防汚技術の基礎／光触媒技術を応用した防汚技術（光触媒の実用化例 他）／高分子材料によるコーティング技術（アクリルシリコン樹脂 他）／帯電防止技術の応用（粒子汚染への静電気の影響と制電技術 他）／実際の応用例（半導体工場のケミカル汚染対策／超精密ウェーハ表面加工における防汚 他）

執筆者：佐伯義光／髙濱孝一／砂田香矢乃 他19名

ナノサイエンスが作る多孔性材料
監修／北川　進
ISBN978-4-7813-0189-1　　　　B915
A5判・249頁　本体3,400円＋税　(〒380円)
初版2004年11月　普及版2010年3月

構成および内容：【基礎】製造方法（金属系多孔性材料／木質系多孔性材料 他）／吸着理論（計算機化学 他）【応用】化学機能材料への展開（炭化シリコン合成法／ポリマー合成への応用／光応答性メソポーラスシリカ／ゼオライトを用いた単層カーボンナノチューブの合成 他）／物性材料への展開／環境・エネルギー関連への展開

執筆者：中嶋英雅／大久保達也／小倉　賢 他27名

ゼオライト触媒の開発技術
監修／辰巳　敬／西村陽一
ISBN978-4-7813-0178-5　　　　B914
A5判・272頁　本体3,800円＋税　(〒380円)
初版2004年10月　普及版2010年3月

構成および内容：【総論】【石油精製用ゼオライト触媒】流動接触分解／水素化分解／水素化精製／パラフィンの異性化【石油化学プロセス用】芳香族化合物のアルキル化／酸化反応【ファインケミカル合成用】ゼオライト系ピリジン塩基類合成触媒の開発【環境浄化用】NO_x選択接触還元／Co-βによるNO_x選択還元／自動車排ガス浄化【展望】

執筆者：窪田好浩／増田立男／岡崎　肇 他16名

膜を用いた水処理技術
監修／中尾真一／渡辺義公
ISBN978-4-7813-0177-8　　　　B913
A5判・284頁　本体4,000円＋税　(〒380円)
初版2004年9月　普及版2010年3月

構成および内容：【総論】膜ろ過による水処理技術 他【技術】下水・廃水処理システム 他【応用】膜型浄水システム／用水・下水・排水処理システム（純水・超純水製造／ビル排水再利用システム／産業廃水処理システム／廃棄物最終処分場浸出水処理システム／膜分離活性汚泥法を用いた畜産廃水処理システム 他／海水淡水化施設 他

執筆者：伊藤雅喜／木村克輝／住田一郎 他21名

電子ペーパー開発の技術動向
監修／面谷　信
ISBN978-4-7813-0176-1　　　　B912
A5判・225頁　本体3,200円＋税　(〒380円)
初版2004年7月　普及版2010年3月

構成および内容：【ヒューマンインターフェース】読みやすさと表示媒体の形態的特性／ディスプレイ作業と紙による作業の比較と分析【表示方式】表示方式の開発動向（異方性流体を用いた微粒子ディスプレイ／摩擦帯電型トナーディスプレイ／マイクロカプセル型電気泳動方式 他）／液晶とELの開発動向【応用展開】電子書籍普及のためには 他

執筆者：小清水実／眞島　修／髙橋泰世 他22名

ディスプレイ材料と機能性色素
監修／中澄博行
ISBN978-4-7813-0175-4　　　　B911
A5判・251頁　本体3,600円＋税　(〒380円)
初版2004年9月　普及版2010年2月

構成および内容：液晶ディスプレイと機能性色素（課題／液晶プロジェクターの概要と技術課題／高精細LCD用カラーフィルター／ゲスト-ホスト型液晶用機能性色素／偏光フィルム用機能性色素／LCD用バックライトの発光材料 他）／プラズマディスプレイと機能性色素／有機ELディスプレイと機能性色素／LEDと発光材料／FED 他

執筆者：小林駿介／鎌倉　弘／後藤泰行 他26名

難培養微生物の利用技術
監修／工藤俊章／大熊盛也
ISBN978-4-7813-0174-7　　　　B910
A5判・265頁　本体3,800円＋税　(〒380円)
初版2004年7月　普及版2010年2月

構成および内容：【研究方法】海洋性VBNC微生物とその検出法／定量的PCR法を用いた難培養微生物のモニタリング 他【自然環境中の難培養微生物】有機性廃棄物の生分解処理と難培養微生物／ヒトの大腸内細菌叢の解析／昆虫の細胞内共生微生物／植物の内生窒素固定細菌 他【微生物資源としての難培養微生物】EST解析／系統保存化 他

執筆者：木暮一啓／上田賢志／別府輝彦 他36名

水性コーティング材料の設計と応用
監修／三代澤良明
ISBN978-4-7813-0173-0　　　　B909
A5判・406頁　本体5,600円＋税　(〒380円)
初版2004年8月　普及版2010年2月

構成および内容：【総論】【樹脂設計】アクリル樹脂／エポキシ樹脂／環境対応型高耐久性フッ素樹脂および塗料／硬化方法／ハイブリッド樹脂【塗料設計】塗料の流動性／顔料分散／添加剤【応用】自動車用塗料／アルミ建材用電着塗料／家電用塗料／缶用塗料／水性塗装システムの構築 他【塗装】【排水処理技術】塗装ラインの排水処理

執筆者：石倉慎一／大西　清／和田秀一 他25名

※書籍をご購入の際は、最寄りの書店にご注文いただくか、㈱シーエムシー出版のホームページ(http://www.cmcbooks.co.jp/)にてお申し込み下さい。